KB063821

조선후기 儀象改修論과 儀象 정책

조선후기 과학사상사 연구 II

조선후기 儀象改修論과 儀象 정책

구만옥 지음

혜안

일찍이 이순지(李純之)는 세종 27년(1445)에 『제가역상집(諸家曆象集)』
이라는 책을 편찬하면서 그 편목(篇目)을 '천문(天文)', '역법(曆法)', '의상
(儀象)', '구루(晷漏)'라는 네 가지 범주로 구분하였다. 이는 전통 천문역산
학과 관련한 핵심 주제를 선정하여 자기 나름의 목차 구성을 한 것이었다.
이순지는 그 가운데 '의상(儀象)'의 대표적 예로 대·소간의(大小簡儀), 일성
정시의(日星定時儀), 혼의(渾儀), 혼상(渾象)을 거론했다. 요컨대 '의상'이란
대체로 이상에서 거론한 것처럼 대간의, 소간의, 일성정시의, 혼의 등과
같은 천체 관측 기구, 하늘의 별을 둥근 구면 위에 표시한 혼상과 같은
일종의 천구의(天球儀)를 포함한 일체의 '천문의기(天文儀器)'를 가리키는
용어이다.

조선왕조는 건국 이래로 19세기에 이르기까지 수많은 천문의기를 제작
하고, 보수하고, 개량했다. 조선왕조의 역사에서 '의상'이 차지하는 의미
는 무엇일까? 이 책은 조선왕조 의상의 역사를 구조적 관점에서 종합적·
체계적으로 재구성하는 것을 그 일차적 목표로 삼는다. 따라서 이 연구에
서는 각종 천문의기의 구조와 제작법, 사용법에 대한 논의에 많은 지면을
할애하지 않았다. 그에 대해서는 전상운, 니덤(Joseph Needham), 남문현,
한영호, 이용삼, 김상혁 선생님 등의 기존 연구를 통해 상당한 진전이

이루어졌으며 많은 부분이 해명되었다고 보기 때문이다.

이 연구는 '조선후기 과학사상사'의 관점에서 진행되었고, 각종 천문의기 제작의 이념적 배경을 살펴보는 데 초점을 맞추었다. 조선왕조 정부의 의상 정책을 중점적으로 살펴보고자 한 이유가 여기에 있었다. 국왕을 비롯한 조선왕조의 위정자들은 왜 의상의 문제에 주목했으며, 반정(反正) 과 전란(戰亂) 등 정치적 격변을 겪고 난 후에 의상의 복구(復舊)·중수(重修) ·개수(改修)를 반복해서 시도했는가? 그들이 제창했던 의상개수론의 이념적·사상적 근거는 무엇이고, 조선왕조 정부는 그와 같은 의상개수론을 수렴하여 어떻게 정책에 반영하였는가? 이 연구는 그와 같은 질문에 대한 해답을 찾고자 하였다.

이 책을 구성하는 데 밑거름이 된 필자의 기존 연구는 다음과 같다.

- 「조선후기 '선기옥형'에 대한 인식의 변화」, 『한국과학사학회지』 제26
  권 제2호, 韓國科學史學會, 2004.
- 「崔攸之(1603~1673)의 竹圓子-17세기 중반 朝鮮의 水激式 渾天儀-」,
  『韓國思想史學』 25, 韓國思想史學會, 2005.
- 「朝鮮後期 實學的 自然認識의 전개와 世界觀의 轉變」, 『세도정권기 조선
  사회와 대전회통』, 혜안, 2007.
- 「'天象列次分野之圖' 연구의 爭點에 대한 檢討와 提言」, 『東方學志』 140,
  延世大學校 國學研究院, 2007.
- 「朝鮮後期 '儀象' 改修論의 推移」, 『東方學志』 144, 延世大學校 國學研究
  院, 2008.
- 「肅宗代(1674-1720) 天文曆算學의 정비」, 『韓國實學研究』 24, 韓國實學學
  會, 2012.
- 「徐有本(1762~1822)의 학문관과 自然學 담론」, 『韓國史研究』 166, 韓國

史硏究會, 2014.

─『영조 대 과학의 발전』, 한국학중앙연구원출판부, 2015.

─『세종시대의 과학기술』, 도서출판 들녘, 2016.

─「조선후기 과학사 연구에서 '실학'의 문제」,『韓國實學硏究』36, 韓國實學學會, 2018.

이상의 연구 성과들은 대체로 필자가 2004년 3월 경희대학교 사학과에 부임한 이후에 이루어진 것이다. 그동안 좋은 환경에서 편안하게 연구 활동에 전념할 수 있었던 것은 학과의 발전을 위해 개인적 이해관계를 뛰어넘어 타인을 배려하고, 합리적 의사결정이 가능한 학과 풍토를 일구어 낸 선배·동료 교수님들 덕분이다. 지난 10여 년간 경희대 사학과는 다른 어느 대학의 어느 학과와 비교해도 손색없다고 자부할 수 있다. 필자는 그 구성원으로서 자긍심을 느끼며, 조인성 선생님을 비롯한 학과의 교수님들께 사랑과 존경의 말씀을 올린다.

지난 10여 년간 사학과 학생들과 함께 즐겁고 보람찬 시간을 보냈다. 강의실과 교정에서, 전국 각지의 답사 현장에서, 서울 시내를 비롯한 인근 지역의 '일일답사'에서 그들과 많은 이야기를 나누었다. 치기(稚氣) 어린 행동과 장난도 있었고, 묵직한 이야기가 오가기도 했으며, 유쾌한 음주가무(飮酒歌舞)가 곁들여졌다. 그들은 선생을 비추는 빛나는 거울이었다. 그들의 말과 행동은 끊임없이 선생의 부족함을 일깨워 주었고 분발을 촉구하였다. 돌이켜보면 행복한 나날들이었다. 앞으로도 그 시간이 지속되기를 간절히 바란다.

2004년 이후 경희대 사학과의 학부 과정에서 필자의 강의를 들었던 몇몇 학생들이 대학원 진학 의사를 타진했다. 미래를 기약할 수 없는 상황에서 대학 졸업 후 10년 안팎의 시간 동안 공부에 전념한다는 것은 결코 쉬운 선택이 아니다. 학위를 마친다고 해서 여유로운 삶이 보장되는 것도 아니다. 때문에 필자는 학생들에게 대학원 진학을 적극 권유하지 못했다. 지금도 그렇다. 그 어려운 상황 속에서 조선시대사를 전공하겠다는 학생들이 하나둘 늘어갔다. 연구자로서의 삶을 소망했던 그들 가운데 일부는 학위 과정을 마무리하지 못하고 중도에 학교를 떠나기도 했다. 돌이켜 보면 모두 지도교수로서 필자의 부족함 때문이었다. 그 미안함은 시간이 쉽게 해결해 줄 수 있는 것이 아니다. 그리고 몇몇 학생들이 남아서 어려운 여건에 굴하지 않고 묵묵히 연구에 전념하고 있다. 부디 그들의 노력이 합당한 결실을 거두기를 간절히 바라며, 그들과의 남은 여정을 잘 마무리하고 싶다.

이 연구는 한국연구재단의 「2014년도 인문사회분야 학술지원사업」의 일환인 '저술출판지원사업'의 지원을 받아 진행되었다. 3년 동안의 연구 기간(2014.7~2017.6)을 거쳤고, 이후 2년의 수정·보완 작업을 거쳐 그 결과물을 이 책으로 출간하게 되었다. 필자는 2004년에 박사학위논문을 수정·보완하여 단행본으로 출간하면서 '조선후기 과학사상사 연구 Ⅰ-주자학적 우주론의 변동-'이라는 제목을 달았다. 앞으로 연구 분야를 확장하여 재이론(災異論), 천문역법론(天文曆法論), 천문의기론(天文儀器論) 등에 대한 탐구를 차례차례 진행한 다음 그 결과물을 종합해서 시리즈 형식의 책으로 묶어 내겠다는 다짐과 약속의 의미였다. 따라서 '천문의기'의 문제를 다룬 이 책의 제목은 마땅히『조선후기 과학사상사 연구 Ⅱ-의상개수론(儀象改修論)과 의상(儀象) 정책-』이 되어야 한다. 그러나 한국연구재단의 '저술출판지원사업'에 이와 같은 제목으로는 지원할 수 없었기 때문에 <조선후기 의상개수론(儀象改修論)과 의상(儀象) 정책>이라는 연구과제명으로 지원하였고, 재단의 규정에 따라 최종 결과물의 제목을 변경할 수 없었기 때문에 부득이하게 '조선후기 과학사상사 연구 Ⅱ'라는 부제(副題)를 표지의 상단에 덧붙이게 되었다. 독자 여러분께서는 이 점을 헤아려 주시기 바란다.

필자는 앞으로 후속 작업을 통해 '조선후기 과학사상사 연구' 시리즈를 축차적으로 출간하고자 한다. 향후의 출판 계획은 아래와 같다.

Ⅲ. 천문역산학(天文曆算學)의 주요 쟁점

Ⅳ. 조석설(潮汐說)의 추이와 동해무조석론(東海無潮汐論)

Ⅴ. 성호학파(星湖學派)의 자연학(自然學)

Ⅵ. 황윤석(黃胤錫)의 박학적(博學的) 학문 경향과 자연학(自然學)

Ⅶ. 유희(柳僖)의 천문역법론(天文曆法論)과 '도수지학(度數之學)'

앞으로의 연구의 진행 과정에서 시리즈의 순서와 주제는 일부 변경될 수도 있고, 다른 주제가 추가될 수도 있을 것이다. 필자에게 주어진 시간과 여건이 허락한다면 앞으로 9년 이내에 이 작업을 마무리하고 싶다.

출판 원고의 마무리 작업이 진행 중이던 지난 2월 말 어머니께서 갑자기 뇌출혈로 쓰러지셨다. 전혀 예상하지 못한 일이었다. 이후 69일 동안 어머니는 중환자실에서 악전고투하셨다. 당신의 삶을 온전히 자식들을 위해 희생하신 어머니의 마지막 길은 선종(善終)이기를 간절히 바랐으나 뜻대로 되지 않았다. 영결(永訣)은 참담했고, 어머니의 부재(不在)는 눈물겹다. 부디 저세상에서는 이승의 모든 짐을 벗어버리고 훨훨 날아다니시길. 이 책을 어머니의 영전에 바친다.

본래 이 책의 원고는 2019년 3월 초에 출판사에 넘기기로 사전 약속이 되어 있었는데, 어머니께서 쓰러지신 후 경황이 없어서 원고를 제때 보내지 못했다. 그 와중에도 책의 간행을 흔쾌히 맡아주신 도서출판 혜안의 오일주 사장님과 촉박한 기간 동안 편집과 교정 작업을 하느라 고생하신 김태규, 김현숙 선생님께 머리 숙여 감사의 말씀을 올린다.

2019년 6월 12일

구 만 옥

책머리에

표 목차

그림 목차

제1장 서론

조선왕조는 건국 이래로 19세기에 이르기까지 천체 관측 기구인 천문의기(天文儀器)를 제작하고, 보수하고, 개량했다. 건국 초기인 태조 4년(1395)에 「천상열차분야지도(天象列次分野之圖)」라는 석각 천문도를 제작하였고, 세종 대에는 경복궁의 경회루(慶會樓) 주변에 간의대(簡儀臺)라는 천문대를 축조하고 여러 가지 천문의기를 제작하여 그 주변에 설치하였다. 왜란(倭亂)을 겪고 나서 광해군은 흠경각(欽敬閣)을 재건하고 보루각(報漏閣)을 개수(改修)하기 위해 많은 노력을 기울였으며, 효종 대 이후 정조 대에 이르기까지 여러 차례 국가사업으로 혼천의(渾天儀)의 제작과 중수(重修)가 이루어졌다. 국보 제249호인 「동궐도(東闕圖)」에서 볼 수 있듯이 19세기까지 궁궐 안에는 각종 천문의기가 곳곳에 비치되어 있었다. 이는 조선왕조의 역사에서 천문의기가 차지하는 위상을 짐작할 수 있는 몇 가지 사례들이다. 과연 조선왕조의 역사에서 천문의기는 어떤 의미를 지니는 것일까?

천문의기를 뜻하는 '의상(儀象)'이라는 용어가 사서에 처음 등장하는 것은 당대(唐代)에 편찬된 『진서(晉書)』「천문지(天文志)」라고 알려져 있다. 여기에서는 『서경(書經)』「순전(舜典)」의 내용을 설명하면서 『춘추문요구(春秋文曜鉤)』를 인용했는데, 그 가운데 다음과 같은 구절이 있다.

『춘추문요구(春秋文曜鉤)』에서 이르기를 "당요(唐堯)가 즉위하니 희화(義和)가 혼의(渾儀＝혼천의)를 설치하였다."고 하였으니, 이는 의상(儀象)을 설치한 유래가 오래된 것이다.[1]

이후로 '의상'이라는 용어는 천문의기를 가리키는 말로 사용되었다. 천문의기의 구조와 사용법을 다룬 글에서 의상이라는 용어가 사용된 사례에서 그 사실을 확인할 수 있다. 『원사(元史)』에서 찰마노정(扎馬魯丁, Jamal al-Din) 등이 제작한 이슬람식의 천문의기를 '서역의상(西域儀象)'이라고 지칭한 것이 대표적 예이다.[2] 이는 각종 천문의기 관련 서적에서도 확인할 수 있다. 송대(宋代) 소송(蘇頌, 1020~1101)의 『신의상법요(新儀象法要)』가 대표적이다. 그는 수운의상대(水運儀象臺)를 건립하였는데, 그 기계장치의 원리와 사용방법을 저술한 책이 『신의상법요』였다.[3] 원대 곽수경(郭守敬, 1231~1316)은 자신이 제작한 천문의기를 『의상법식(儀象法式)』이라는 책에 수록하였으며,[4] 청대 서양 선교사 남회인(南懷仁：

---

1) 『晉書』 卷11, 志 第1, 天文上, 儀象, 284쪽(點校本 『晉書』, 北京：中華書局, 1996의 쪽수). "春秋文曜鉤云, 唐堯卽位, 義和立渾儀, 此則儀象之設, 其來遠矣."
2) 『元史』 卷48, 志 第1, 天文 1, 西域儀象, 998~999쪽(點校本 『元史』, 北京：中華書局, 1995의 쪽수 이하 같음).
3) 『新儀象法要』, 提要, 1ㄱ~3ㄱ(786책, 80~81쪽－영인본 『文淵閣 四庫全書』, 臺灣商務印書館의 책수와 쪽수. 이하 같음)；『新儀象法要』 卷下, 「水運儀象臺」, 2ㄱ~4ㄱ (786책, 112~113쪽) 참조.
4) 『元史』 卷164, 列傳 卷51, 郭守敬, 3851쪽. "其測驗書, 有儀象法式二卷, 二至晷景考二十卷, 五星細行考五十卷, 古今交食考一卷, 新測二十八舍雜星座諸星入宿去極一卷, 新測無名諸星一卷, 月離考一卷, 並藏之官."

18

Ferdinandus Verbiest, 1623~1688)의 『신제영대의상지(新製靈臺儀象志)』
나 대진현(戴進賢 : Ignatius Kögler, 1680~1746)의 『흠정의상고성(欽定儀
象考成)』 역시 그와 같은 전통을 계승한 것이다.

　조선왕조를 비롯한 역대 왕조의 천체 관측 기구 역시 '의상(儀象)',
또는 '의기(儀器)'라고 불렀다.[5] 조선왕조 '의상'의 범형(範型)이 만들어진
시기는 세종 때인데, 당시 정부의 과학기술 정책을 주도했던 관료·학자들
은 '의상'과 '구루(晷漏)'를 구분하였다. 그들에게 '의상'이란 천지의 운행
을 관찰하는 기구였고, '구루'란 밤낮의 한계를 구분하는 기준이 되는
도구였다.[6] 엄밀한 의미에서 '의상'이란 '구루', 또는 '표루(表漏)'와 구분
된다.[7] 천체 관측 기구인 '의상'과 시간 측정 기구인 규표(圭表), 해시계
[晷], 물시계[漏]의 차이였다. '의상' 역시 '의(儀)'와 '상(象)'으로 구분할
수 있지만 그 이름이 하나만은 아니다. 그것은 천지를 관측하여 '민사(民
事)'를 알려주는 일체의 기구를 뜻하는 것이기도 했다.[8]

　세종조에는 의상이라는 용어와 함께 '의표(儀表)'라는 표현도 사용하였
다. 김돈(金墩)의 「간의대기(簡儀臺記)」에 따르면 세종이 경연에서 정인지
(鄭麟趾)에게 '관천지기(觀天之器)'의 제작을 명하면서 "대제학 정초(鄭招)

---

5) 『高麗史』에서 '의상'이라는 표현은 한 번 등장한다. 그것도 元에서 授時曆을
　반포하면서 보내온 관련 조서에 등장하는 용어였다.[『高麗史』 卷29, 世家 29,
　忠烈王 2, 31ㄱ~ㄴ(上, 603쪽-영인본 『高麗史』, 亞細亞文化社, 1990의 책수와
　쪽수). "(七年, 春正月)今命太史院, 作靈臺, 制儀象, 日測月驗, 以考度數之眞, 積年日法
　皆所不取, 庶幾脗合天運, 而永終無弊."]

6) 『東文選』 卷50, 「報漏閣銘并序」(金墩), 7ㄱ(2책, 187쪽-影印標點 『東文選』, 民族文化
　推進會, 1999의 책수와 쪽수. 이하 같음). "盖非儀象無以察天地之運, 非晷漏無以準晝
　夜之限."

7) 『東文選』 卷50, 「日星定時儀銘并序」(金墩), 11ㄴ(2책, 189쪽). "聖神應期, 祖述二帝,
　表漏儀象, 悉復古制."

8) 『東文選』 卷50, 「日星定時儀銘并序」(金墩), 11ㄴ(2책, 189쪽). "曰儀曰象, 不一其名,
　俯察仰觀, 以授民事."

와 더불어 고전(古典)을 강구(講究)하여 의표를 창제(創制)함으로써 측험(測驗)에 대비하라."고 하였다고 한다.9) 김돈은 "수시(授時)의 요체는 하늘을 관측하는 데 근거하고, 하늘을 관측하는 요체는 의표에 있다."고 하여 의표의 중요성을 강조하기도 했다.10) 그는 흠경각(欽敬閣)이 완성된 후 지은 기문에서도 "수시의 요체는 하늘을 관측하고 기후를 살피는 데 있으니, 이는 기형(璣衡)과 의표를 설치하게 되는 바이다."라고 하여 천상(天象)을 관측하기 위한 도구로서 기형(=璿璣玉衡)과 함께 의표의 중요성을 언급하였다.11) 요컨대 의표란 혼의(渾儀 : 혼천의)와 규표(圭表)로 대표되는 천체 관측 기구를 지칭하는 용어로 사용되었던 것이다.12)

조선후기에 서유본(徐有本, 1762~1822)과 같은 학자는 '의'와 '상'의 차이점을 명확히 구분했다. 그에 따르면 하늘을 관측하는 기구[觀天之器]에는 '의'와 '상'이 있는데, '상'은 하늘의 형체를[肖天體], '의'는 하늘의 운행을 본뜬 것[則天運]이며, 『서전』에 수록되어 있는 선기옥형(璿璣玉衡)의 제도는 바로 의와 상을 겸해서 하나의 기구로 만든 것이라고 보았다.13)

---

9) 『世宗實錄』卷77, 世宗 19년 4월 15일(甲戌), 9ㄴ(4책, 67쪽－영인본『朝鮮王朝實錄』, 國史編纂委員會의 책수와 쪽수. 이하 같음). "宣德七年壬子秋七月日, 上御經筵, 論曆象之理, 乃謂藝文館提學臣鄭麟趾曰, 我東方邈在海外, 凡所施爲, 一遵華制, 獨觀天之器有闕. 卿旣提調曆筭矣, 與大提學鄭招講究古典, 創制儀表, 以備測驗."

10) 『世宗實錄』卷77, 世宗 19년 4월 15일(甲戌), 10ㄴ(4책, 67쪽). "臣切[竊]惟授時之要, 本乎測天, 而測天之要, 在乎儀表."

11) 『世宗實錄』卷80, 世宗 20년 1월 7일(壬辰), 5ㄱ(4책, 123쪽). "若稽帝王發政成務, 必先於明曆授時, 而授時之要, 在於觀天察候, 此璣衡儀表所由設也."

12) 儀表가 천문의기를 가리키는 용어로 사용된 오래된 용례로는 『後漢書』「律曆志」 등을 거론할 수 있다.[『後漢書』志第3, 律曆下, 曆法, 3057쪽(點校本『後漢書』, 北京 : 中華書局, 1996의 쪽수. 이하 같음). "曆數之生也, 乃立儀表, 以校日景. 景長則日遠, 天度之端也.";『後漢書』志第3, 律曆下, 曆法, 3075쪽. "黃道去極, 日景之生, 據儀表也. 漏刻之生, 以去極遠近差乘節氣之差."] 그런데 이때의 의표는 대체로 해그림자의 길이를 측정하는 (圭)表를 뜻하는 것이었다.

13) 『左蘇山人集』卷第7,「璿璣玉衡記」, 6ㄴ(續106책, 126쪽－影印標點『韓國文集叢刊』, 民族文化推進會(한국고전번역원)의 책수와 쪽수. 이하 같음). "觀天之器, 有儀有象,

요컨대 천경환(天經環)은 지평환(地平環)에 걸치고[跨], 천위환(天緯環)은 천경환에 물려서[銜] 세 개의 고리[環]가 서로 연결되어 안팎이 움직이지 않으니 이것이 하늘의 형체를 본뜬 것이고, 삼신의(三辰儀)는 황도환(黃道環)과 적도환(赤道環)을 거느리고, 사유의(四遊儀)는 규형(窺衡)을 인도하여 동서로 회전하니 이것은 하늘의 운행을 본뜬 것이라고 보았던 것이다.[14]

이상과 같은 연유로 조선왕조 천문역산학의 연혁을 정리한 책에서는 '의상'이라는 편목을 설정하여 각종 천체 관측 기구의 제작의 역사를 기술하였다. 이순지(李純之)가 세종 대 천문역산학 정비 사업의 성과를 정리한『제가역상집(諸家曆象集)』을 편찬하면서 그 편목을 '천문(天文)', '역법(曆法)', '의상(儀象)', '구루(晷漏)'로 구분한 것이 그 대표적 사례이다.[15] 조선후기에도『동국문헌비고(東國文獻備考)』「상위고(象緯考)」와『국조역상고(國朝曆象考)』,『연려실기술(燃藜室記述)』등에서 '의상' 항복을 확인할 수 있다.[16]

'의상'과 비교해 볼 때 '의기(儀器)'라는 말은 후대에 일반화된 용어라고

象以肖天體, 儀以則天運也. 蔡傳所載璿璣玉衡之制, 兼儀象而爲一器.";『左葊山人集』卷第5,「璿璣玉衡測驗說」, 9ㄴ(續106책, 87쪽). "璣衡之兼儀象而爲一之制, 愚旣論之詳矣."

14)『左葊山人集』卷第7,「璿璣玉衡記」, 6ㄴ(續106책, 126쪽). "天經跨地平, 天緯銜天經, 三環相結, 表裏不動, 則所以肖天體也. 三辰摠挈黃赤道, 四游導窺衡, 以之東西旋轉, 則所以則天運也."

15)『世宗實錄』卷107, 世宗 27년 3월 30일(癸卯), 21ㄴ~22ㄱ(4책, 612쪽) ;『諸家曆象集』卷3, 儀象, 1ㄱ~34ㄴ(265~332쪽 - 영인본『諸家曆象集·天文類抄』, 誠信女子大學校 出版部, 1983의 쪽수. 이하 같음).

16)『東國文獻備考』卷2, 象緯考 2, 儀象, 1ㄱ~29ㄱ(국립중앙도서관 소장 M古3-2002-59-1-3) ;『增補文獻備考』卷2, 象緯考 2, 儀象 1, 22ㄱ~33ㄴ(上, 40~46쪽 - 영인본『增補文獻備考』, 明文堂, 1985(3版)의 책수와 쪽수. 이하 같음) ;『增補文獻備考』卷3, 象緯考 3, 儀象 2, 1ㄱ~11ㄴ(上, 47~52쪽) ;『國朝曆象考』卷3, 儀象, 1ㄱ~42ㄴ(481~564쪽 - 영인본『書雲觀志·國朝曆象考』, 誠信女子大學校 出版部, 1982의 쪽수. 이하 같음) ;『燃藜室記述』別集, 卷15, 天文典故, 儀象, 583~590쪽(『국역 연려실기술』 XI, 민족문화추진회, 1967의 原文 쪽수).

여겨진다. '의기'와 유사한 용어로는 '의상지기(儀象之器)'를 들 수 있다. 일찍이 소송은 「진의상장(進儀象狀)」에서 '의상지기'라는 표현을 사용한 바 있으며,[17] 『원사』「천문지」에서도 "송(宋) '정강(靖康)의 난'으로 말미암아 '의상지기'가 모두 금(金)에 귀속되었다."[18]라고 하였다. 심언광(沈彦光, 1487~1540)은 중종 대에 「보루각정시의명(報漏閣定時儀銘)」을 작성하면서 이 구절을 그대로 인용하였으며,[19] 최석정(崔錫鼎)은 숙종 대에 「제정각기(齊政閣記)」를 작성하면서 '의상지기'라는 표현을 사용한 적이 있다.[20] 대체로 조선왕조에서 '의기'라는 용어는 18세기 이후에 본격적으로 사용하기 시작했던 것으로 보인다.

'의기'라는 용어의 대두와 관련해서 주목해야 할 서적이 있다. 서양 선교사 나아곡(羅雅谷 : Giacomo Rho, 1598~1638)의 저술로 알려져 있는 『측량전의(測量全義)』가 바로 그것이다. 『측량전의』 권10에는 '의기도설(儀器圖說)'이라는 편목이 있는데, 여기에서는 서양의 옛 의기 4개—삼직유의(三直游儀)·육환의(六環儀)·상운전의(象運全儀)·호시의(弧矢儀)—와 신법의기 5개—측고의(測高儀)·지평경위의(地平經緯儀)·거도의(距度儀)·적도경위의(赤道經緯儀)·황도경위의(黃道經緯儀)—의 구조와 용법을 소개하고 있으며, 부록으로 서사(西史) 제곡(第谷 : Tycho Brahe)이 사용한 의기의 총목[西史第谷所用儀器總目 : 測高象限, 黃赤道經緯度儀, 渾球大儀]과 규표의(圭表儀)를 첨부하였다.[21]

---

17) 『新儀象法要』 卷上, 「進儀象狀」, 6ㄱ(786책, 84쪽). "今則兼採諸家之說, 備存儀象之器, 共置一臺中. 臺有二隔, 渾儀置於上, 渾象置於下, 樞機輪軸隱於中 ……."

18) 『元史』 卷48, 志 第1, 天文 1, 989쪽. "宋自靖康之亂, 儀象之器盡歸于金."

19) 『漁村集』 卷9, 「報漏閣定時儀銘井序奉教撰」, 30ㄴ(24책, 206쪽). "宋靖康之亂, 儀像[象]之器盡歸于金."

20) 『明谷集』 卷9, 「齊政閣記」, 3ㄱ(154책, 5쪽). "其贊舜曰, 在璿璣玉衡, 以齊七政, 誠以政莫先於敬天勤民, 而苟非儀象之器, 無以觀天而察時也."

21) 『新法算書』 卷96, 測量全義 卷10, 儀器圖說, 1ㄱ~47ㄴ(725~748쪽).

조선후기의 실록에서 '의기'라는 용어가 확인되는 것은 숙종 39년 (1713)이 처음이다.[22] 조선후기 문집에서 의기라는 용어의 용례를 찾아보면 신경준(申景濬, 1712~1781)이나 홍양호(洪良浩, 1724~1802)가 첫머리에 등장한다. 신경준은 그의 생조부(生祖父)인 신선보(申善溥, 1667~1744)의 묘지명에서 "기형(璣衡)·의기(儀器)·보시종(報時鍾)"이라고 하여 의기라는 용어를 사용한 바 있고,[23] 홍양호도 기윤(紀昀, 1724~1805)에게 보낸 편지에서 자신이 일찍이 천주당(天主堂)을 방문해서 견문한 내용을 전하면서 서양의 "측상의기(測象儀器)가 매우 정교해서 거의 인공(人工)이 미칠 수 있는 바가 아니었으니 기예(技藝)가 거의 신기(神技)에 가깝다고 일컬을 만하다."고 감탄하였다.[24] 요컨대 의기라는 용어의 본격적 사용은 중국에서는 명말청초(明末淸初) 이후에, 조선에서는 18세기 이후부터 시작된 것으로 보인다. 18세기 후반 홍대용(洪大容)의 『농수각의기지(籠水閣 儀器志)』나 19세기 남병철(南秉哲)의 『의기집설(儀器輯說)』과 같은 저술에서 '의기'라는 표현을 사용한 것은 이러한 경향성을 반영한 것으로 보인다.

'의기'라는 용어의 본격적 사용에 따라 18세기 후반부터는 의상과 의기라는 용어를 혼용하는 경향이 증대하는 것을 볼 수 있다. 이규경(李圭

---

22) 『肅宗實錄』卷54, 肅宗 39년 7월 30일(乙亥). "泰耈曰, 五官司曆出來時, 許遠學得儀器·算法, 仍令隨往義州, 盡學其術矣. 儀器之用, 有儀象志·黃赤正球等冊. 算書及此等冊, 使之印布, 儀器亦令造成 ……." 『承政院日記』에는 숙종 39년 윤5월 15일 기사에서 처음 '의기'라는 용어가 나온다.

23) 『旅菴遺稿』卷12, 「本生祖考進士公墓誌銘」, 12ㄴ~13ㄱ(231책, 159~160쪽). "凡璣衡儀器報時鍾, 戰陣機械, 舟車水車, 其他開物利用之具, 解古制之難解, 或創智以成者多, 而皆試之己, 不示於人, 畏其名也."

24) 『耳溪集』卷15, 「與紀尚書書-別幅」, 28ㄴ(241책, 267쪽). "不侫於曩歲赴京, 往見天主堂, 則繪像崇虔, 一如梵宇, 荒詭奇衰, 無足觀者, 而惟其測象儀器, 極精且巧, 殆非人工所及, 可謂技藝之幾於神者也." 홍양호는 「渾儀說」이라는 글에서도 '의기'라는 표현을 사용했다.[『耳溪集』卷18, 「渾儀說」, 34ㄱ~ㄴ(241책, 331쪽). "近世泰西之人, 始造儀器, 極精且巧, 多發前人所未及, 中國翕然信之, 而獨未及傳於我東."]

景)은 "우리나라의 '의상'의 여러 기구는 중원(中原)으로부터 유전(流傳)된 것으로 본국에서 창제한 것이 극히 적으니 사람들이 관심을 두지 않았기 때문이다. …… '의기' 가운데 간혹 중국의 여러 방법에 인해 윤색(潤色)하고 손익(損益)한 것이 있는데 지금 아울러 변증한다. 상서(尙書) 서호수가 편찬한 『국조역상고』에는 본국에서 창제한 '의기'들이 빠짐없이 상세히 기록되어 있으며, 담헌(湛軒) 홍대용이 저술한 『의상지(儀象志)』한 권도 아울러 살펴볼 만하다."25)라고 하였는데, 의상과 의기라는 용어를 혼용하고 있는 대표적 사례라 할 수 있다.

지금까지 조선왕조 '의상'에 대한 국내외 학계의 연구는 다음의 몇 가지 주제에 집중하여 왔다. 첫째, 「천상열차분야지도」로 대표되는 천문도에 대한 관심과 연구이다. 20세기 초 루퍼스(W. C. Rufus, 1876~1946)의 연구 이래로 최근에 이르기까지 다양한 각도에서 천문도의 제작 과정과 역사적 의미가 검토되었다. 이를 통해 「천상열차분야지도」의 구성과 내용에 대한 치밀한 분석이 이루어졌고, 천문도의 제작 과정, 천문도의 관측 연대, 천문도의 유래와 개정 여부 등 다양한 논점들이 종합적으로 정리되었다.26)

---

25) 『五洲衍文長箋散稿』卷59, 「目輪剋敵弓諸兵器辨證說」(下, 901쪽 - 영인본 『五洲衍文長箋散稿』, 明文堂, 1982의 책수와 쪽수. 이하 같음). "我東儀象諸器, 并自中原流傳, 而本國所刱者絶罕, 更無人留心故也. …… 儀器中, 或因中國諸法, 潤色損益者, 今并辨證. 按徐尙書浩修撰國朝曆象考, 本國所創儀器, 詳錄無遺. 洪湛軒大容著儀象志一弓[卷], 并可攷也."

26) 「天象列次分野之圖」에 대한 기존의 연구로는 다음의 논저를 참조. W. C. Rufus, "The Celestial Planisphere of King Yi Tai-Jo", Journal of the Royal Asiatic Society, Transactions of the Korea Branch, 4.3., 1913 ; 洪以燮, 『朝鮮科學史』, 正音社, 1946 ; 李龍範, 「法住寺所藏의 新法天文圖說에 對하여 - 在淸天主敎神父를 通한 西洋天文學의 朝鮮傳來와 그 影響 - 」, 『歷史學報』31, 歷史學會, 1966 ; 全相運, 『韓國科學技術史』, 正音社, 1975 ; 朴星來, 「世宗代의 天文學 발달」, 『世宗朝文化研究(Ⅰ)』, 博英社, 198

둘째, 세종 대에 창제된 여러 가지 천문의기의 구조와 원리에 대한 탐구이다. 세종 대에는 천체 관측에서 가장 기초적인 시간 측정 장치를 비롯하여 천체의 좌표를 측정할 수 있는 위치 측정 장치, 그리고 다양한 관상용 천문의기들이 제작되었다. 그 가운데 앙부일구(仰釜日晷)를 비롯한 해시계와 자격루(自擊漏)로 대표되는 물시계, 간의(簡儀), 일성정시의(日星定時儀), 혼의(渾儀), 혼상(渾象) 등등의 천체 관측 기구가 연구의 주요 대상이었다.[27]

---

2 ; 羅逸星,「朝鮮時代의 天文儀器 研究－天文圖篇－」,『東方學志』42, 延世大學校 國學研究院, 1984 ; 이은성,「천상열차분야지도의 분석」,『세종학연구』1, 세종대 왕기념사업회, 1986 ; 朴成桓,「太祖의 石刻天文圖와 肅宗의 石刻天文圖와의 比較」, 『東方學志』54·55·56, 延世大學校 國學研究院, 1987 ; 박명순,「天象列次分野之圖에 대한 考察」,『한국과학사학회지』제17권 제1호, 韓國科學史學會, 1995 ; 全相運, 「「天象列次分野之圖」 刻石이 國寶 제228호로 지정되기까지」,『東方學志』93, 延世大學校 國學研究院, 1996 ; 나일성,「「천상열차분야지도」와 각석 600주년 기념 복원」, 『東方學志』93, 延世大學校 國學研究院, 1996 ; 南文鉉·韓永浩,「朝鮮地名이 있는 「天象列次分野之圖」 시본」,『東方學志』93, 延世大學校 國學研究院, 1996 ; 박창범, 「天象列次分野之圖의 별그림 분석」,『한국과학사학회지』제20권 제2호, 韓國科學史學會, 1998 ; 전용훈,「전방위적인 업적을 남긴 천문역산학자－이순지」,『한국과학기술 인물12인』, 해나무, 2005 ; 구만옥,「'天象列次分野之圖' 연구의 爭點에 대한 檢討와 提言」,『東方學志』140, 延世大學校 國學研究院, 2007 ; 한영호,「천상열차분야지도(天象列次分野之圖)의 실체 재조명」,『古宮文化』1, 國立古宮博物館, 2007 ; 양홍진,『디지털 천상열차분야지도』, 경북대학교출판부, 2014.

27) 세종 대 천문의기에 대한 전반적인 소개로는 全相運,『韓國科學技術史』, 正音社, 1975 ; Joseph Needham, Lu Gwei-Djen, John H. Combridge, John S. Major, *The Hall of Heavenly Records : Korean Astronomical Instruments and Clocks 1380-1780*, Cambridge University Press, 1986(조지프 니덤·노계진·존 콤브리지·존 메이저(이성규 옮김),『조선의 서운관』, 살림출판사, 2010) ; 남문현,『한국의 물시계』, 건국대학교출판부, 1995 ; 한영호,「유교왕국 조선의 천문의기」,『韓國儒學思想大系』XII(科學技術思想編), 한국국학진흥원, 2009 등을, 개별 천문의기에 대한 세부적인 연구로는 李勇三,「世宗代 簡儀의 構造와 使用法」,『東方學志』93, 延世大學校 國學研究院, 1996 ; 이용삼·남문현·김상혁,「남병철의 혼천의 연구 Ⅰ」,『천문학회지(Journal of the Korean Astronomical Society)』34-1, 한국천문학회, 2001 ; 이용삼·김상혁,「세종시대 창제된 천문관측의기 소간의(小簡儀)」,『한국우주과학회지(Journal of Astronomy and Space Science)』19-3, 한국우주과학회, 2002 ; 이용

셋째, 양란(兩亂) 이후 천문의기 복원 사업과 관련하여 혼천의(渾天儀)의 개수 및 중수 과정을 다룬 연구가 있다. 양란을 겪고 나서 조선왕조 정부는 전후 복구의 차원에서 조선전기에 제작되었던 각종 천문의기에 대한 복원 사업을 추진하였다. 혼천의는 그 가운데서도 가장 중시되었던 천문의기였기 때문에 일찍부터 많은 연구자들의 주목을 받았다. 그동안 일련의 연구를 통해 이민철(李敏哲)과 송이영(宋以穎)의 그것으로 대표되는 조선후기 혼천의는 과거의 전통을 계승하면서도 시대 변화에 맞추어 변통을 가한 독창적 작품으로 높이 평가되었다.[28]

삼·정장해·김천휘·김상혁, 「조선의 세종시대 규표(圭表)의 원리와 구조」, 『한국 우주과학회지』 23-3, 한국우주과학회, 2006 ; 이용삼·김상혁·정장해, 「동아시아 천문관서의 자동 시보와 타종장치 시스템의 고찰-수운의상대, 자격루, 옥루, 송이영 혼천시계 등을 중심으로-」, 『한국우주과학회지』 26-3, 한국우주과학회, 2009 ; 이용삼·양홍진·김상혁, 「조선의 8척 규표 복원 연구」, 『한국과학사학회지』 제33권 제3호, 한국과학사학회, 2011 ; 민병희·김상혁·이기원·안영숙·이용삼, 「조선시대 소규표(小圭表)의 개발 역사와 구조적 특징」, 『천문학논총』 26-3, 한국천문학회, 2011 ; 민병희·이기원·김상혁·안영숙·이용삼, 「조선전기 대규표의 구조에 대한 연구」, 『천문학논총』 27-2, 한국천문학회, 2012 ; 김상혁·민병희·이민수·이용삼, 「조선 천체위치측정기기의 구조 혁신-소간의, 일성정시의, 적도경위의를 중심으로-」, 『천문학논총』 27-3, 한국천문학회, 2012 등을 참조.

28) 全相運, 「璿璣玉衡(天文時計)에 對하여」, 『古文化』 2, 1963(전상운, 『한국과학사의 새로운 이해』, 연세대학교 출판부, 1998, 553~570쪽에 재수록) ; 朴星來, 「世宗代의 天文學 발달」, 『世宗朝文化研究(Ⅱ)』, 韓國精神文化研究院, 1984 ; Joseph Needham, Lu Gwei-djen, John H. Combridge, John S. Major, *The Hall of Heavenly Records : Korean Astronomical Instruments and Clocks 1380-1780*, Cambridge University Press, 1986 ; 南文鉉·韓永浩·李秀雄·梁必承, 「朝鮮朝의 渾天儀 연구」, 『學術誌』(人文·社會篇) 제39집, 건국대학교, 1995 ; 韓永浩·南文鉉, 「조선조 중기의 혼천의 복원 연구 : 李敏哲의 渾天時計」, 『한국과학사학회지』 제19권 제1호, 한국과학사학회, 1997 ; 韓永浩·南文鉉·李秀雄, 「朝鮮의 天文時計 연구-水激式 渾天時計-」, 『韓國史研究』 113, 韓國史研究會, 2001 ; 구만옥, 「조선후기 '선기옥형'에 대한 인식의 변화」, 『한국과학사학회지』 제26권 제2호, 韓國科學史學會, 2004 ; 구만옥, 「崔攸之(1603~1673)의 竹圓子-17세기 중반 朝鮮의 水激式 渾天儀-」, 『韓國思想史學』 25, 韓國思想史學會, 2005 ; 김상혁, 『송이영의 혼천시계』, 한국학술정보, 2012.

끝으로 조선후기 관인(官人)·유자(儒者)들이 제작한 천문의기에 대한 개별적 연구가 있다. 조선후기에는 천문의기와 관련하여 심도 있는 논의를 전개한 학자들이 여럿 있었다. 통천의(統天儀), 혼상의(渾象儀), 측관의(測管儀), 구고의(句股儀) 등의 기구를 제작하여 천체 관측을 시도했던 홍대용(洪大容, 1731~1783), 18세기를 대표하는 사대부 천문역산가인 서호수(徐浩修, 1736~1799)와 이가환(李家煥, 1742~1801), 『관상지(觀象志)』의 저자 유희(柳僖, 1773~1837), 『의기집설(儀器輯說)』 등 천문의기 관련 저술을 펴낸 남병철(南秉哲, 1817~1863)·남병길(南秉吉, 1820~1869) 형제, 그리고 남병철 형제와 밀접한 관계를 가지면서 혼평의(渾平儀)·간평의(簡平儀)·지세의(地勢儀) 등을 제작한 박규수(朴珪壽, 1807~1877) 등이 그 대표적 인물이다.[29]

이상과 같은 연구를 통해 조선왕조 '의상(儀象)'의 창제 과정과 양란 이후의 중수(重修) 과정, 그리고 그 안에서 이루어졌던 여러 가지 천문의기의 제작을 둘러싼 다양한 문제들이 대체로 해명되었다. 그럼에도 불구하고 아직도 의상 분야에서는 해결해야 할 여러 가지 과제가 남아 있다. 이 글에서는 기존 연구의 성과를 바탕으로 조선왕조 의상의 역사를 구조적 관점에서 종합적·체계적으로 재구성하는 작업을 시도하고자 한다.

---

29) 金文子, 「朴珪壽の實學-地球儀の製作を中心に-」, 『朝鮮史研究會論文集』 17, 朝鮮史研究會, 1980 ; 孫炯富, 「<闢衛新編評語>와 <地勢儀銘并序>에 나타난 朴珪壽의 西洋論」, 『歷史學報』 127, 歷史學會, 1990 ; 金明昊, 「朴珪壽의 <地勢儀銘并序>에 대하여」, 『震檀學報』 82, 震檀學會, 1996 ; 韓永浩·李載孝·李文揆·徐文浩·南文鉉, 「洪大容의 測管儀 연구」, 『歷史學報』 164, 歷史學會, 1999 ; 김명호·남문현·김지인, 「南秉哲과 朴珪壽의 天文儀器 製作-『儀器輯說』을 중심으로-」, 『朝鮮時代史學報』 12, 朝鮮時代史學會, 2000 ; 문중양, 「19세기의 사대부 과학자 남병철」, 『계간 과학사상』 33, 범양사, 2000 ; 이용삼·남문현·김상혁, 「남병철의 혼천의 연구 I」, 『천문학회지(Journal of the Korean Astronomical Society)』 34-1, 한국천문학회, 2001 ; 김상혁, 「의기집설의 혼천의 연구」, 충북대학교 대학원 석사학위논문, 2002 ; 韓永浩, 「籠水閣 天文時計」, 『歷史學報』 177, 歷史學會, 2003.

먼저 제2장에서는 본격적 논의에 앞서 조선왕조 의상의 원형이 어떻게 창제되었는가 하는 문제를 세종 대의 천문역산학 정비 사업과 그 일환으로 시행된 천문의기 제조 사업을 중심으로 살펴보고자 한다. 특히 대간의(大簡儀), 소간의(小簡儀), 일성정시의(日星定時儀), 혼의(渾儀), 혼상(渾象) 등 엄밀한 의미의 '의상' 뿐만 아니라 해시계와 물시계를 비롯한 구루(晷漏) 일체, 그리고 천문 관측과 관련된 여타의 기구들이 어떤 목적하에서, 어떤 원리에 바탕을 두고, 어떤 과정을 거쳐 제작되었는지 살펴볼 것이다.

세종대에 완성된 의상에 대한 전면적 수리가 시도되었던 것은 중종 대였다. 이후 명종 대와 선조 대를 거치면서 간의대(簡儀臺), 보루각(報漏閣), 흠경각(欽敬閣)에 대한 개수가 이루어졌다. 이처럼 세종 대에 그 제도가 완비된 조선왕조의 의상은 우여곡절을 거치긴 했지만 조선전기 내내 그 기본 틀이 유지되었다. 그런데 양란이라는 미증유의 전란으로 인해 조선전기의 의상은 전면적 중수와 개조에 직면하게 되었다. 제3장에서는 이러한 일련의 과정을 『조선왕조실록』을 비롯한 연대기 자료, 『국조역상고(國朝曆象考)』, 『서운관지(書雲觀志)』, 『증보문헌비고(增補文獻備考)』「상위고(象緯考)」 등의 천문역산학 관련 서적, 그리고 당시의 문집 자료를 통해 입체적으로 재구성하고자 한다.

한편 조선후기 의상의 중수와 개조 과정에서 당시 전래된 서양식 천문의기는 새로운 의상 제작에 지적 자극과 활력을 제공하였다. 따라서 조선후기 천문의기의 문제를 다룰 때는 전통적 의상의 제작 원리에 대한 탐구와 함께 서양식 천문의기에 대한 평가, 신구(新舊) 천문의기의 비교, 서양식 천문의기의 원리를 응용한 새로운 천문의기의 제작 등이 종합적으로 검토되어야 한다. 간평의(簡平儀)와 혼개통헌의(渾蓋通憲儀), 그리고 그 제작 원리를 설명한 『간평의설(簡平儀說)』과 『혼개통헌도설(渾蓋通憲圖說)』은 조선후기 의상 제작 과정에서 중요하게 거론되어야 할 대상이다.

제4장에서는 이러한 점을 염두에 두고 서학(西學)의 전래에 따른 서양식 천문의기의 도입 과정과 그것이 조선후기 의상개수론에 끼친 영향을 분석하고자 한다.

제5장에서는 다양하게 전개된 조선후기 의상개수론(儀象改修論)의 흐름을 계통적으로 정리하고자 한다. 조선후기 의상 정비 사업은 크게 두 방향으로 추진되었던 것 같다. 하나는 세종 대 이래 조선왕조 의상의 전통을 회복하는 일이었다. 간의대에 설치되었던 각종 천문의기의 복원 사업, 혼천의의 보수와 개량 사업 등이 그 일환으로 추진되었다. 다른 하나는 17세기 중엽 이후 본격적으로 도입된 서양 천문역산학을 소화하여 새로운 형태의 천문의기를 제작하는 일이었다. 실제의 천체 관측에 여러 가지 불편함을 초래했던 종래 구형 의기의 한계를 서양식 평면 의기를 통해 극복하려는 노력이었다. 이 과정에서 천문역산학 개혁의 일환으로 '의상개수론'이 대두하였다. 의상개수론의 내용과 방향은 각각의 논자가 처한 현실적 처지, 학문적 토대, 정치사상적 지향에 따라 판이하였다. 여기에서는 이와 같은 조선후기 의상개수론의 추이를 사상적 계통에 따라 몇 가지 계열로 분류·정리하고자 한다. 이와 같은 계열별 분류 방식은 조선후기 사상계의 지형을 재구성하는 작업에 일조할 것으로 생각한다.

제6장에서는 이상의 논의에 기초하여 조선왕조 정부가 추진한 천문역산학의 개혁, 특히 의상 개수의 방향을 정리하고자 한다. 정조 13년(1789)에 출제된 정조의 「천문책(天文策)」은 조선후기 천문역산학의 정비 과정과 그 흐름을 유추하는 데 매우 중요한 자료이다. 이것은 전통 천문역산학의 각종 이론들을 체계적으로 정리하고, 유구한 개력(改曆)의 역사를 개관하여 역대 역법의 장단점을 파악하고, 아울러 각종 천문의기의 특징과 장단점을 정리한 다음, 새롭게 전래된 서양 천문학의 이론적 특성과

문제점을 적출하고, 그 장점을 전통 천문역산학과 융합하여 보다 완비된 형태의 천문역산학을 체계화하고자 하는 데 그 목적이 있었다. 이는 한편으로 요순(堯舜)으로 대표되는 역대 성왕의 '역상(曆象)'을 복원하는 작업이었고, 다른 한편으로는 조선왕조 '국가(國家)의 대전(大全)'을 정비하는 작업이기도 했다. 정조 대의 의상 개수 정책은 그 일환으로 추진되었던 것이다. 이와 같은 정조 대의 의상 개수 정책은 조선후기 의상 정책의 흐름을 가늠하는 데 좋은 지표가 된다. 여기에서는 이를 토대로 숙종대 이후 정조 대에 이르기까지 조선후기 의상 정책의 추진 과정과 내용, 그 역사적 의미에 대해 살펴보고자 한다.

이 연구의 착수 단계에서 다음과 같은 몇 가지 기대 효과를 염두에 두었다. 첫째, 이 연구는 조선후기 의상 문제의 실상에 본질적으로 접근할 수 있는 통로를 제공할 수 있을 것이다. 지금까지 개별적·분산적으로 다루어져 왔던 천문도, 혼천의, 각종 일구(日晷)와 자격루[보루각루], 기타 천문의기에 대한 연구를 비판적으로 종합해서 체계화함으로써 조선후기 의상 문제를 역사적·계통적으로 이해할 수 있는 기반을 구축하고자 한다.

둘째, 이 연구를 통해 조선후기 천문역산학의 여러 문제를 둘러싼 논의 과정과 주요 쟁점의 일단을 정리할 수 있을 것이다. 의상개수론은 조선후기 천문역산학의 주요 주제 가운데 하나였다. 거기에는 역대 성왕(聖王)의 제작으로 간주해 온 고대(古代)의 의상을 어떻게 이해할 것인가, 다시 말해 동아시아 전통 천문의기의 역사적 의미와 가치를 어떻게 평가할 것인가 하는 문제로부터 서학(西學)의 전래 이후 구법(舊法)과 신법(新法)의 대립·갈등 문제에 이르기까지 다양한 층위의 논란이 내재되어 있었다. 따라서 조선후기 의상개수론의 대두와 전개 과정을 고찰하는 이 연구는 조선후기 천문역산학의 주요 문제와 그것의 해결책으로 제기되었던 다기한 논의의 흐름을 계통적으로 파악하는 데 일조할 수 있을 것이다.

셋째, 이 연구는 천문의기의 기계적 구조와 작동 원리, 재현과 복원에 관심을 기울였던 기존의 연구 성과를 토대로 하는 한편, 천문의기를 둘러싼 사상과 이데올로기의 문제까지 구명함으로써 조선후기 과학사상사의 지평을 확대할 수 있을 것이다. 이를 통해 과학기술사와 사상사의 유기적 연구에 유용한 기초 자료를 제공할 것이며, '한국과학사상사'의 학문적 기초를 수립하는 데 일정하게 기여할 것이다. 이는 궁극적으로 조선후기 과학기술사와 사상사 연구의 질적 수준을 제고하는 작업이 될 것이며, 조선후기의 사상과 문화를 입체적으로 이해하는 데 필요한 기반을 제공할 것이다.

넷째, 이 연구는 조선후기 정치사상사의 폭을 확장하는 데 기여할 수 있을 것이다. 광해군 대 이후 정조 대에 이르기까지 천문의기의 복원, 개수, 개량 사업이 꾸준히 이루어졌다. 그것은 선란으로 파괴된 천문의기를 복구하는 수준에 그치지 않았다. 천문의기의 복원, 개수, 개량에는 당대의 정치사가 투영되어 있다. 국왕의 처지에서 볼 때 거기에는 왕위 계승의 정당성을 확립하고자 하는 정치적 의도나 중흥군주(中興君主)로서의 정체성을 표방하고자 하는 정치적 기획이 개재되어 있었다. 따라서 이 연구에서는 정부의 의상 개수 정책의 수립과 집행 과정을 검토함으로써 천문의기를 매개로 정치사의 이면에 접근할 수 있을 것이다. 이는 조선왕조의 국정 운영 체제를 이해하는 데에도 도움을 줄 것이다.

이상과 같은 원래의 기획 의도가 어느 정도 달성되었는지는 자신 있게 말하기는 어렵다. 조금이나마 볼만한 것이 있기를 기대한다.

제2장 조선왕조 의상(儀象)의 창제(創制)

1. 세종 대 천문역산학(天文曆算學)의 정비

천문역산학의 발달과 그에 기초한 정교한 역법(曆法)의 제정을 위해서는 다음과 같은 몇 가지 조건이 충족되어야 한다. 첫째, 정확한 천체 관측 기술이 확보되어야 한다. 이를 위해서는 정밀한 관측을 보장할 수 있는 천체 관측 기구, 즉 천문의기(天文儀器)가 필요하다. 전통적 천문의기의 핵심은 '의상(儀象)'과 '구루(晷漏)'라 할 수 있는데, "상고해 실험하는 법칙은 의상과 구루에 있으니, 대저 의상이 아니면 천지의 운행을 살필 수 없고, 구루가 아니면 밤낮의 한계를 표준할 수 없"[1]기 때문이다. 세종 대에 혼의(渾儀)·혼상(渾象)·규표(圭表)·간의(簡儀)·일성정시의(日星定時儀) 등의 각종 천문의기와 앙부일구(仰釜日晷)·천평일구(天平日晷)·현주일구(懸珠日晷)·정남일구(定南日晷) 등의 해시계와 자격루(自擊漏)로 대표되는 물시계와 같은 각종 시계를 제작하고 간의대(簡儀臺)를 축조한 것은

---

1) 『世宗實錄』 卷65, 世宗 16년 7월 1일(丙子), 2ㄴ(3책, 577쪽). "帝王之政, 莫重於協時正日, 而考驗之則, 在於儀象晷漏, 蓋非儀象, 無以察天地之運, 非晷漏, 無以準晝夜之限."

바로 이와 같은 목적 아래 이루어진 사업이었다.[2]

간의대가 이루어진 후 김돈(金墩, 1385~1440)은 그 과정을 글로 정리하였는데, 이를 통해 세종 대 천문역법 사업의 추진 배경과 목적을 짐작할 수 있다. 김돈은 '수시(授時)'의 요체가 하늘을 관측[測天]하는 데 있고, 하늘을 관측하는 요체는 천문의기[儀表]에 있다는 점을 전제로[3] 세종 대 천문의기 제작의 목적이 요순(堯舜)의 그것과 일치하는 것이라고 말하고 있다.[4] '역상수시(曆象授時 : 일월성신을 역상해서 인시(人時)를 준다)'를 위해서는 '측험(測驗)'을 해야 하고, '측험'을 위해서는 의기의 제작이 선행되어야 한다는 주장이었다. 역대 천문의기 가운데는 원대(元代) 곽수경(郭守敬, 1231~1316)이 제작한 것이 가장 정밀하다고 정평이 나 있었는데 세종 대의 천문의기는 곽수경의 그것에 버금가는 것이라고 자부하였다.[5] 김돈은 "이미 수시력을 교정하고, 또 하늘을 관측하는 의기를 만들어, 위로는 천시(天時)를 받들고 아래로는 민사(民事)에 부지런하시니, 우리 전하께서 인물(人物)을 개발하여 사업을 성취하는[開物成務] 지극한 어지심과 농사에 힘쓰고 근본을 중히 여기는[務農重本] 지극한 뜻은 실로 우리 동방에 일찍이 없었던 거룩한 일"이라고 평가하였다.[6]

---

2) 『世宗實錄』卷77, 世宗 19년 4월 15일(甲戌), 7ㄱ~11ㄴ(4책, 66~68쪽). 簡儀臺에 대한 선구적인 연구로는 全相運, 「書雲觀과 簡儀臺」, 『鄕土서울』20, 1964(전상운, 『한국과학사의 새로운 이해』, 연세대학교 출판부, 1998, 571~592쪽 재수록)을, 최근의 종합적 연구 성과로는 이용삼 엮음, 『조선시대 천문의기 : 천문대·천문관측기기·천문시계, 그 복원을 논하다』, 민속원, 2016을 참조.

3) 『世宗實錄』卷77, 世宗 19년 4월 15일(甲戌), 10ㄴ(4책, 67쪽). "臣竊惟授時之要, 本乎測天, 而測天之要, 在乎儀表."

4) 『世宗實錄』卷77, 世宗 19년 4월 15일(甲戌), 8ㄱ(4책, 66쪽). "我殿下制作之美意, 直與堯·舜同一揆, 吾東方千古以來未有之盛事也."

5) 『世宗實錄』卷77, 世宗 19년 4월 15일(甲戌), 11ㄱ(4책, 68쪽). "恭惟我殿下以聖神之資·欽敬之心, 萬機之暇, 念曆象之未精而使之考定, 慮測驗之未備而使之制器, 雖堯·舜之用心, 何以加此. 其制器也 …… 雖元之郭守敬, 亦無以施其巧矣."

6) 『世宗實錄』卷77, 世宗 19년 4월 15일(甲戌), 11ㄱ(4책, 66쪽). "於戲. 旣校授時之曆,

둘째, 관측의 연속성이 보장되어야 한다. 역산(曆算)의 정확도를 높이기 위해서는 수없이 많은 관측을 통해 얻은 자료들을 통계 처리하는 방법을 사용해야 한다. 데이터의 양이 많으면 많을수록 오차 한계를 줄일 수 있으므로 역대의 관측 자료를 풍부하게 확보하는 한편 지속적인 관측을 수행할 필요가 있었다. 그를 위해서는 천문 관측 기구(기관)를 제도화, 상설화하는 것이 급선무였다. 그것이 바로 세종 대에 간의대를 축조하고 서운관 관리들로 하여금 지속적으로 관측하도록 한 이유였다.

김돈의 기록에 따르면 천문관측 시설인 간의대가 세워지게 된 계기는 세종 14년(1432) 경연에서 세종이 천문의기의 미비를 지적하면서 정인지(鄭麟趾, 1396~1478)와 정초(鄭招, ?~1434)에게 간의를 제작하게 한 것이었다. 이에 정인지와 정초는 옛 제도를 검토하고 이천(李蕆, 1376~1451)이 실무적인 공역을 담당하여 간의를 완성하였다. 바로 이 간의를 설치하기 위한 시설물로 축조한 것이 경회루(慶會樓) 북쪽에 만든 간의대였으니, 그 높이가 31척, 길이가 47척, 너비가 32척이었다. 간의대의 주변에는 정방안(正方案)·동표(銅表)·혼의(渾儀)·혼상(渾象) 등의 의기를 배열하여 종합적이고 체계적인 관측이 가능하도록 하였다.[7] 세종은 간의대 축조의 임무를 호조판서 안순(安純, 1371~1440)에게 부여했는데, 실무적인 일은 지중추원사(知中樞院事) 이천과 선공감정(繕工監正) 서인도(徐仁道) 등의 기술진이 담당했던 것으로 보인다.[8]

又制觀天之器, 上以奉天時, 下以勤民事, 我殿下開物成務之至仁·務農重本之至意, 實吾東方未有之盛事, 而將與高臺並傳於無期矣."

[7] 『世宗實錄』 卷77, 世宗 19년 4월 15일(甲戌), 9ㄴ(4책, 67쪽). "將成, 命戶曹判書臣安純, 乃於後苑慶會樓之北, 築石爲臺, 高三十一尺, 長四十七尺, 廣三十二尺, 繚以石欄, 顚置簡儀, 敷正方案於其南. 臺之西植銅表高五倍八尺之臬, 斲靑石爲圭, 圭面刻丈尺寸分, 用影符取日中之影, 推得二氣盈縮之端. 表西建小閣, 置渾儀渾象, 儀東象西."

[8] 徐仁道가 工匠을 거느리고 簡儀臺 圭表石을 다듬었다는 기록[『世宗實錄』 卷65, 世宗 16년 7월 26일(辛丑), 12ㄴ(3책, 582쪽). "時繕工監正徐仁道, 率工匠三十四名住

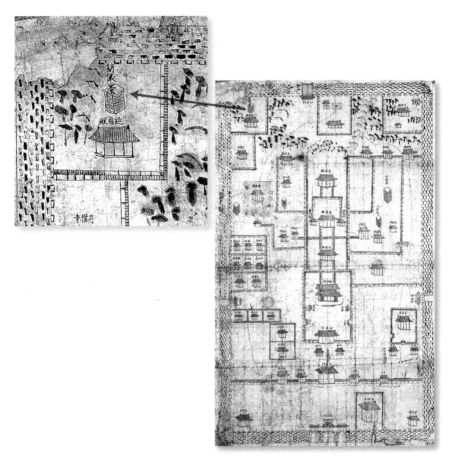

<그림 2-1> 경복궁도(景福宮圖)의 간의대(簡儀臺)

간의대의 축조 시기는 정확하게 알 수 없지만9) 정초·이천·정인지·김빈

清州, 聚船軍二百名, 斲簡儀臺圭表石, 以水灾亦停之."]과 簡儀臺提調 李蕆, 郎廳 徐仁道
등의 이름이 보이는 것을 통해 짐작할 수 있다.[『世宗實錄』卷68, 世宗 17년
6월 8일(戊申), 24ㄱ(3책, 633쪽)]

9) 『世宗實錄』卷61, 世宗 15년 7월 21일(壬申), 14ㄱ(3책, 494쪽). "予命製簡儀, 於慶會
樓北垣墻之內, 築臺設簡儀, 欲構屋于司僕門內, 使書雲觀入直看候, 如何." 이 기록이
간의대에 대한 최초의 언급이 아닌가 한다.

(金鑌＝金銚, ?~1455) 등이 혼천의를 제작하여 진상한 세종 15년(1433) 8월에는 이미 간의대가 축조되어 있었다. 당시 세자가 간의대에서 정초 등과 간의 및 혼천의의 제도를 강문하고, 김빈과 최습(崔濕) 등에게 간의대에서 숙직하면서 천체의 운동을 관측하여 간의와 혼천의가 제대로 제작되었는지를 검토하게 했다는 기록이 있기 때문이다.[10] 또한 이순지(李純之, 1406?~1465) 역시 상시로 간의대에서 근무하면서 천문을 관측하였다고 한다.[11] 그런데 간의대가 축조되었을 초기에는 위의 기록에서 알 수 있는 것처럼 국왕의 명을 받은 관원들이 간의대에 파견되어 천문을 관측했던 것으로 보인다. 그것은 세종 20년(1438)에 이르러 "따로 관원을 보내 천문을 살피도록 하는 것은 장구한 계책이 아니니 이제부터는 서운관에서 관장하게 하고 밤마다 다섯 사람씩 입직시켜서 천기(天氣)를 살피게 하라." 고 지시한 내용에서 알 수 있다.[12]

간의대는 그 후 얼마 되지 않아 이궁(離宮)의 건설 문제로 인해 그 폐지 여부가 논란되었다. 세종 24년(1442) 간의대의 동쪽에 별궁(別宮)을 설치하고 간의대를 그 북쪽으로 옮기게 하였던 것이다.[13] 간의대 자리에 이궁을 건축하려는 세종의 의도는 여러 신하들의 반발을 샀지만[14] 세종은

---

10) 『世宗實錄』卷61, 世宗 15년 8월 11일(辛卯), 24ㄱ(3책, 499쪽). "大提學鄭招·知中樞院使[事]李蕆·提學鄭麟趾·應敎金鑌等, 進渾天儀, 上覽之, 遂命世子, 與李蕆質問制度, 世子入啓. 世子至簡儀臺, 與鄭招·李蕆·鄭麟趾·金鑌等, 講問簡儀與渾天儀之制, 乃命鑌及中官崔濕, 夜直簡儀, 參驗日月星辰, 考其得失, 仍賜衣于鑌, 以其夜直也. 自是上與世子, 每日至簡儀臺, 與鄭招等同議, 定其制度."

11) 『世宗實錄』卷75, 世宗 18년 12월 26일(丁亥), 25ㄴ(4책, 45쪽). "上謂承政院曰, 奉常判官李純之常仕簡儀臺, 測候天文, 今丁母喪, 僉擧可代純之者, 若無代者, 則予當起復任之. 且予嘗以謂非關係大體之人, 則不令起復, 今予之致意於簡儀者至矣. 簡儀, 非小事也."

12) 『世宗實錄』卷80, 世宗 20년 3월 4일(戊子), 26ㄴ(4책, 134쪽). "別差官員, 以候天文, 非長久之計. 今後令書雲觀主之, 每夜五人入直, 以候天氣."

13) 『世宗實錄』卷98, 世宗 24년 12월 26일(壬子), 28ㄱ(4책, 453쪽). "召繕工提調朴從愚·李思儉及星原君李正寧, 議營別宮于後苑, 仍命相基于簡儀臺之東, 遂移臺於其北."

간의대를 새로 지을 자리를 물색하여[15] 공사를 강행했던 것으로 보인다. 세종 25년(1443) 7월에는 간의대가 거의 성취되었다는 기록[16]으로 보아 이때를 전후하여 새로운 간의대가 완성되었을 것으로 추측된다.

이후 간의대는 연산군 11년(1505) 철거되었다가 중종 대에 다시 개수되었으며,[17] 명종 원년(1546)에는 규표를 보수하였고,[18] 그 후 선조 13년(1580) 대대적으로 개수되었다.[19] 간의대는 세종 대에 창건된 이후 여러 차례의 개수 과정을 거치면서 중앙천문대로서의 기능을 담당하였다.

셋째, 관측 자료를 처리할 수 있는 계산법, 즉 수학의 발전이 전제되어야 한다. 국가적 차원에서 산학(算學)을 권장하는 이유는 여러 가지로 생각해 볼 수 있다. 먼저 유교·주자학을 국정교학으로 하는 조선왕조에서는 유교 지식인의 기본 교양인 '육예(六藝 : 禮·樂·射·御·書·數)'의 하나로서 산학을 중시하였다.[20] 그것은 집권국가의 관료제 운영과도 매우 밀접한

---

14) 『世宗實錄』卷99, 世宗 25년 1월 14일(庚午), 6ㄱ(4책, 457쪽) ; 『世宗實錄』卷99, 世宗 25년 1월 22일(戊寅), 8ㄴ~9ㄱ(4책, 458쪽) ; 『世宗實錄』卷99, 世宗 25년 1월 23일(己卯), 9ㄱ~ㄴ(4책, 458쪽) ; 『世宗實錄』卷99, 世宗 25년 2월 15일(辛丑), 17ㄱ~ㄴ(4책, 462쪽).

15) 『世宗實錄』卷99, 世宗 25년 2월 4일(庚寅), 12ㄱ(4책, 460쪽). "命都承旨趙瑞康等, 相簡儀臺改築之地."

16) 『世宗實錄』卷101, 世宗 25년 7월 8일(辛酉), 6ㄱ(4책, 491쪽). "且簡儀臺, 雖云役民, 然旣已成之."

17) 『中宗實錄』卷20, 中宗 9년 5월 20일(壬午), 29ㄱ(15책, 15쪽). "政院啓曰, 臺諫辭職, 未有如此之久也. 旱災必有所召, 臺諫廢事已久, 下民冤枉必多, 須速決斷, 使之就職. 且簡儀臺修理, 伐木運石, 呼耶之聲, 動於闕內, 恐未安於謹災也. 傳曰, 無咎大臣, 不可輕遞, 故每敎臺諫, 使之就職矣. 簡儀臺修理, 果不急也, 其停之."

18) 『明宗實錄』卷3, 明宗 원년 6월 24일(己酉), 99ㄱ~ㄴ(19책, 428쪽).

19) 『宣祖實錄』卷14, 宣祖 13년 5월 25일(癸巳), 4ㄴ(21책, 361쪽).

20) 太祖年間에 '六學'을 설치하여 양반자제들을 교육시킨 것은 유교적 교양 교육의 연장선상에서 국가의 관료 자원을 확보하기 위한 노력의 일환이었다고 여겨진다. 『太祖實錄』卷4, 太祖 2년 10월 27일(己亥), 12ㄱ(1책, 51쪽). "設六學, 令良家子弟隸[肄]習. 一兵學, 二律學, 三字學, 四譯學, 五醫學, 六籌學." ; 『太祖實錄』卷11, 太祖 6년 1월 24일(丁丑), 2ㄱ(1책, 100쪽). "置義興府舍人所, 凡大小兩班子壻弟姪, 皆屬之,

관련을 지니고 있었다. 산학은 중앙과 지방 관청의 회계 업무에 요긴한 분야로서,[21] 또 국가의 토지 파악 방법인 양전사업(量田事業)의 필수적 지식으로서 그 필요성이 강조되었다.[22] 때문에 그것은 국왕과 신료 사이에서 '국가요무(國家要務)'로 인정되었다.[23]

국왕인 세종 스스로『산학계몽(算學啓蒙)』을 익히고,[24] 집현전(集賢殿) 교리(校理)인 김빈·우효강(禹孝剛)에게 산법을 익히라고 명한 것이나,[25] 승정원에 산학을 예습할 방도를 의논하게 하고, 집현전으로 하여금 역대 산학의 방법을 상고하게 한 것은[26] 이와 같은 필요성에 의해서였다. 당시 국왕과 지식인들이 익힌 산학의 구체적 내용은 세종 12년(1430) 제정된 산학의 취재수목(取才數目)을 통해 살펴볼 수 있는데, 상명산(詳明算)·계몽산(啓蒙算)·양휘산(揚輝算)·오조산(五曹算)·지산(地算) 등이 바로 그것이었다.[27] 지산을 제외한 나머지는 각각『상명산법(詳明算法)』,『산학

肄習經史·兵書·律文·筭數·射御等藝 以備擢用."

21) 『世宗實錄』 卷22, 世宗 5년 11월 15일(壬辰), 13ㄴ(2책, 564쪽). "近年筭學失職, 至使各司吏典輪次除拜, 殊失設官本意, 中外會計, 徒爲文具."

22) 『世宗實錄』 卷41, 世宗 10년 8월 18일(丁酉), 10ㄱ(3책, 141쪽) ; 『世宗實錄』 卷41, 世宗 10년 9월 17일(丙寅), 18ㄱ(3책, 145쪽) ; 『世宗實錄』 卷41, 世宗 10년 9월 24일(癸酉), 18ㄴ~19ㄱ(3책, 145쪽).

23) 『世宗實錄』 卷102, 世宗 25년 11월 17일(戊辰), 25ㄴ(4책, 524쪽). "上謂承政院曰, 筭學雖爲術數, 然國家要務, 故歷代皆不廢."

24) 『世宗實錄』 卷50, 世宗 12년 10월 23일(庚寅), 10ㄱ(3책, 267쪽). "上學啓蒙筭, 副提學 鄭麟趾入侍待問, 上曰, 筭數在人主無所用, 然此亦聖人所制, 予欲知之."

25) 『世宗實錄』 卷51, 世宗 13년 3월 12일(丙子), 28ㄴ(3책, 300쪽). "命集賢殿校理金鑌· 漢城叅軍禹孝剛習筭法."

26) 『世宗實錄』 卷102, 世宗 25년 11월 17일(戊辰), 25ㄴ(4책, 524쪽). "上謂承政院曰, 算學雖爲術數, 然國家要務, 故歷代皆不廢. 程·朱雖不專心治之, 亦未嘗不知也. 近日改量 田品時, 若非李純之·金淡輩, 豈易計量哉. 今使預習算學, 其策安在. 其議以啓. 都承旨李 承孫啓, 初入仕取才時, 除家禮, 以算術代試何如. 上曰, 令集賢殿考歷代算學之法以啓."

27) 『世宗實錄』 卷47, 世宗 12년 3월 18일(戊午), 28ㄴ(3책, 225쪽). "筭學, 詳明筭·啓蒙筭 ·揚輝筭·五曹筭·地筭."

계몽(算學啓蒙)』, 『양휘산법(揚輝算法)』, 『오조산경(五曹算經)』 등의 산학서 (算學書)를 뜻한다. 이 가운데 상명산, 계몽산, 양휘산은 후에 『경국대전(經國大典)』의 산학 취재 과목으로 확정되기에 이르렀다.[28)

한편 산학은 천문역산학의 기초 지식으로서도 중시되었다. 조선 초에 서운관에서는 여러 방면의 수학 교육을 행하였다. 세종 대에는 산법(算法) 을 알아야만 역법(曆法)을 알 수 있다는 대전제하에 여러 종류의 역산 서적을 구해 서운관(書雲觀)·습산국(習算局)·산학중감(算學重監) 등으로 하 여금 탐구하게 하였다. 그러나 그 내용을 아는 자가 없었기 때문에 따로 '산법교정서(算法校正所)'를 두어 문신 3~4인과 산학인들로 하여금 산법 을 익히게 한 후 역법을 추보하게 했다. 그 후에 그 내용이 후세에 전하지 못할까 염려하여 세종 19년(1437) '역산소(曆算所)'를 설치하여[29) 훈도(訓 導) 3인과 학관(學官) 10인으로 하여금 산법과 역산 관계의 서적을 항상 익히게 하였다고 한다.[30)

이상에서 살펴본 바와 같이 조선왕조는 정확한 천체 관측을 위해 각종 천문의기를 제작하였고, 천체 관측의 연속성을 보장하기 위하여 간의대를 설립하였으며, 천문역산학을 발전시키기 위해 그 기초가 되는 산학 연구 를 활성화·제도화하는 방안을 꾸준히 강구하였다. 이와 같은 제도적·학문 적 토대 위에서 고려후기 이래 지속적으로 추진되었던 독자적 천문역법,

---

28) 『經國大典』 卷3, 禮典, 取才, 38ㄱ(287쪽). "筭學, 詳明·啓蒙·揚輝(已上筭)."

29) 『世祖實錄』 卷30, 世祖 9년 3월 2일(辛卯), 16ㄱ(7책, 569쪽). "歲在丁巳(1437년, 世宗 19-인용자), 世宗大王念曆法之未明, 別設曆筭所, 擇衣冠子弟年少聰敏者十人充 之, 教訓勸勵之方, 曲盡無遺, 故通筭書曆經者, 相繼而出."

30) 『世祖實錄』 卷20, 世祖 6년 6월 16일(辛酉), 39ㄱ~40ㄱ(7책, 402~403쪽). "筭法未 知, 又焉能知曆法乎. 惟我世宗慨念曆法之未明, 博求曆筭之書, 幸得大明曆·回回曆·授時 曆·通軌及啓蒙·楊輝全集·揵用九章等書. 然書雲觀·習筭局·筭學重監等無一人知之者. 於是別置筭法校正所, 命文臣三四人及筭學人等先習筭法, 然後推求曆法, 數年之內算筭 與曆經皆能通曉. 然猶慮未傳於後世, 又設曆筭所, 訓導三人·學官十人, 筭書·曆經, 常時 習熟, 每旬置簿, 每旬取才, 考其勤慢, 勸懲鍊業, 故知筭法者相繼而出."

즉 '본국력(本國曆)'의 수립이 가능하게 되었다. 그것이 바로 『칠정산(七政算)』의 편찬이었다.

2. 의상의 창제

앞에서 살펴보았듯이 세종 14년(1432)에 이르러 세종은 천문의기의 미비를 지적하면서 정인지와 정초에게 의표(儀表)의 창제를 명하였다. 이것은 세종 19년(1437)에 이르러 대체로 완성되는 세종 대 의상 창제 사업의 시발점이었다. 세종 19년 4월 15일의 실록 기록을 통해 그 상세한 내막을 알 수 있다.[31] 당시의 실상을 전해주는 기록이 김돈의 「일성정시의명병서(日星定時儀銘幷序)」[32]와 「소일성정시의후서(小日星定時儀後序)」[33], 정초의 「소간의명병서(小簡儀銘幷序)」,[34] 김돈의 「간의대기(簡儀臺記)」[35]이다. 김돈의 「일성정시의명병서」와 「소일성정시의후서」에서는 일성정시의(日星定時儀)와 소일성정시의(小日星定時儀)를, 정초의 「소간의명병서」에서는 소간의(小簡儀)를, 그리고 김돈의 「간의대기」에서는 간의대와 그 주변에 설치된 간의(簡儀), 정방안(正方案), 규표(圭表), 혼의(渾儀), 혼상(渾象), 그리고 보루각(報漏閣)에 설치된 자격루(自擊漏), 흠경각(欽敬閣)에 설치된 흠경각루(欽敬閣漏), 소간의, 앙부일구(仰釜日晷), 일성정시의(日星

---

31) 『世宗實錄』卷77, 世宗 19년 4월 15일(甲戌), 7ㄱ~11ㄴ(4책, 66~68쪽).

32) 『東文選』卷50, 「日星定時儀銘幷序」, 9ㄱ~12ㄴ(2책, 188~189쪽)에도 수록되어 있다.

33) 『東文選』卷94, 「小日星定時儀後序」, 9ㄱ~ㄴ(3책, 137쪽). 『世宗實錄』에는 이 後序가 鄭招의 「小簡儀銘幷序」 뒤에 저자 金墩의 이름이 생략된 채 수록되어 있다.[『世宗實錄』卷77, 世宗 19년 4월 15일(甲戌), 9ㄱ~ㄴ(4책, 67쪽).]

34) 『東文選』卷50, 「小簡儀銘」, 6ㄱ~7ㄴ(2책, 186~187쪽).

35) 『東文選』卷82, 「簡儀臺記」, 5ㄱ~9ㄱ(2책, 615~617쪽).

定時儀), 소일성정시의(小日星定時儀), 현주일구(懸珠日晷), 행루(行漏), 천평일구(天平日晷), 정남일구(定南日晷) 등을 소개하고 있다.

그런데 그 내용을 검토해 보면 실제로 천문의기의 세부적 구조를 묘사한 것은 일성정시의, 소간의, 소일성정시의 등이고, 간의, 정방안, 규표, 혼의, 혼상 등 다섯 가지에 대해서는 "이 다섯 가지는 고사(古史)에 상세하다."라고 하면서 아주 간략하게 소개하고 있을 뿐이다. '고사'라고 지목된 것 가운데 대표적 예가 『원사(元史)』의 「천문지(天文志)」이다. 여기에서는 간의, 정방안, 규표를 비롯한 다양한 천문의기의 제도가 상세히 기술되어 있다.[36] 김돈의 「간의대기」에서 자격루와 흠경각의 제도에 대해 논한 내용은 매우 소략한데, 이는 세종 16년(1434) 보루각이 완성되었을 때 김빈이 「보루각명병서(報漏閣銘幷序)」[37]를, 김돈이 「보루각기(報漏閣記)」[38]를 지었고, 세종 20년(1438) 흠경각이 완성되었을 때 김돈이 「흠경각기(欽敬閣記)」[39]를 지었기 때문에 간략하게 서술한 것 같다. 「간의대기」에서는 소간의, 앙부일구, 일성정시의, 소일성정시의에 대한 내용도 매우 소략하게 다루었다. 이 역시 이미 「일성정시의명」과 「소일성정시의후서」, 「소간의명」 등에서 상세히 다루었기 때문일 것이다.

요컨대 세종 대 의상의 창제에서 이전 시기의 그것과 구별되는 기구는 보루각, 흠경각, 소간의, 앙부일구, 일성정시의, 소일성정시의 등 여섯 가지였다. 고사(古史)에 상세히 기록되어 있는 간의, 정방안, 동표, 혼의, 혼상 등의 다섯 가지 기구와는 달리 이들 여섯 가지 기구에 대해서 각각

---

36) 『元史』 卷48, 志 第1, 天文 1, 990~999쪽 참조.

37) 『世宗實錄』 卷65, 世宗 16년 7월 1일(丙子), 1ㄱ~3ㄴ(3책, 577~578쪽) ; 『東文選』 卷50, 「報漏閣銘幷序」, 7ㄱ~8ㄴ(2책, 187쪽).

38) 『東文選』 卷82, 「報漏閣記」, 9ㄱ~12ㄴ(2책, 617~618쪽).

39) 『世宗實錄』 卷80, 世宗 20년 1월 7일(壬辰), 5ㄱ~6ㄱ(4책, 123~124쪽) ; 『東文選』 卷82, 「欽敬閣記」, 3ㄱ~5ㄱ(2책, 614~615쪽).

자세한 서(序)와 명(銘)을 붙여 설명했던 이유가 바로 여기에 있었다.[40]

세종 대 창제된 각종 천문의기의 구조와 용법에 대해서는 이미 많은 연구가 축적되어 있다.[41] 여기에서는 기존의 연구 성과를 바탕으로 삼아 김돈, 정초, 김빈 등의 글을 중심으로 세종 대에 창제된 천문의기의 구조와 특징을 개략적으로 살펴보도록 하겠다.

1) 간의와 소간의

앞서 살펴보았듯이 세종 대 의상 창제 과정에서 제일 먼저 제작한 것은 간의였다. 북극출지고도(北極出地高度)를 측정하는 것이 급선무였기 때문이다. 간의의 제작에는 정초, 정인지, 이천 등이 참여하였다. 정초와 정인지는 옛 제도를 상고하는 일을 맡았고, 제작의 실무는 이천이 감독하였다. 먼저 나무로 간의를 만들어 북극출지고도를 측정하니 '38도소(度少)'여서 『원사(元史)』에서 측정한 것과 부합하였다.[42] 이에 청동으로 주조하여 간의를 제작하였고, 그것을 설치하기 위한 관측대로 간의대를 축조하였다.[43]

---

40) 『世宗實錄』卷77, 世宗 19년 4월 15일(甲戌), 10ㄱ(4책, 67쪽). "此六件者, 各有序銘盡之矣."

41) 기존 연구로는 全相運, 『韓國科學技術史』, 正音社, 1975 ; Joseph Needham, Lu Gwei-Djen, John H. Combridge, John S. Major, *The Hall of Heavenly Records : Korean Astronomical Instruments and Clocks 1380-1780*, Cambridge University Press, 1986(조지프 니덤·노계진·존 콤브리지·존 메이저(이성규 옮김), 『조선의 서운관』, 살림출판사, 2010) ; 남문현, 『한국의 물시계』, 건국대학교출판부, 1995 ; 한영호, 「유교왕국 조선의 천문의기」, 『韓國儒學思想大系』 XII(科學技術思想編), 한국국학진흥원, 2009 ; 김상혁 외, 『天文을 담은 그릇』, 한국천문연구원, 2013 ; 이용삼 엮음, 『조선시대 천문의기 : 천문대·천문관측기기·천문시계, 그 복원을 논하다』, 민속원, 2016 등을 참조.

42) 『元史』卷48, 志 第1, 天文 1, 四海測驗, 1000쪽. "高麗, 北極出地三十八度少."

43) 『世宗實錄』卷77, 世宗 19년 4월 15일(甲戌), 9ㄴ(4책, 67쪽). "宣德七年壬子秋七月日,

<그림 2-2> 간의(簡儀)

　　그런데 간의의 제작 시점은 분명하지 않다. 김돈의「간의대기」에는
세종 14년(1432) 7월의 경연 석상에서 정인지에게 간의를 제작하라고
지시한 사실만 언급되어 있을 뿐 그것이 완성된 시점에 대해서는 분명히
밝히지 않았기 때문이다. 다만 세종 15년(1433) 8월의 실록 기사를 보면
이때 이미 간의대가 설치되어 있었으니,[44] 간의의 제작 시점은 그 이전의

　　　上御經筵, 論曆象之理, 乃謂藝文館提學臣鄭麟趾曰, 我東方邈在海外, 凡所施爲, 一遵華
　　制, 獨觀天之器有闕。　卿旣提調曆算矣, 與大提學鄭招講究古典, 創制儀表, 以備測驗,
　　然其要在乎定北極出地高下耳, 可先制簡儀以進. 於是臣鄭招·臣鄭麟趾掌稽古制, 中樞院
　　使臣李蕆掌督工役, 先製木樣, 以定北極出地三十八度少, 與元史所測合符, 遂鑄銅爲儀.
　　將成, 命戶曹判書臣安純, 乃於後苑慶會樓之北, 築石爲臺, 高三十一尺·長四十七尺·廣三
　　十二尺, 繚以石欄, 顚置簡儀 ……."
44)『世宗實錄』卷61, 世宗 15년 8월 11일(辛卯), 24ㄱ(3책, 499쪽). "大提學鄭招·知中樞
　　院使[事]李蕆·提學鄭麟趾·應敎金鑌等, 進渾天儀, 上覽之, 遂命世子, 與李蕆質問制度,
　　世子入啓. 世子至簡儀臺, 與鄭招·李蕆·鄭麟趾·金鑌等, 講問簡儀與渾天儀之制, 乃命鑌
　　及中官崔濕, 夜直簡儀, 參驗日月星辰, 考其得失, 仍賜衣于鑌, 以其夜直也. 自是上與世

어느 때라고 볼 수 있다. 그런데 정초는 「소간의명」에서 간의가 제작된 이후에 그것이 '전용(轉用)'하기 어렵다는 이유로 소간의 2건을 제작했다고 하였다. 따라서 소간의의 제작 시점은 간의의 제작 시기를 판단할 때 고려해야 할 요소의 하나라고 할 수 있다. 「소간의명」에 따르면 소간의는 '금상(今上) 16년 가을'에 이천·정초·정인지 등이 제작했다고 하였다. 그런데 여기서 말하는 '금상 16년'이 정확히 언제를 가리키는 것인지 애매하다. 즉위년을 기준으로 한 것인지, 원년을 기준으로 한 것인지 불분명하기 때문이다. 전자의 경우라면 소간의의 제작이 세종 15년(1433) 가을에 이루어진 것이니 간의의 제작 시기와 거의 시차가 없게 된다. 후자의 경우라면 간의를 제작하고 거의 1년 후인 세종 16년(1434) 가을에 소간의가 만들어진 것으로 볼 수 있다. 그렇다면 세종 14년 7월에 간의 제작 지시가 내려진 이후 1년여의 작업 끝에 간의가 완성되었고[1433년 8월 이전], 다시 그것의 규모를 줄여서 1년여의 작업 끝에 소간의가 제작되었던 것이다.[1434년 가을]

정초는 「소간의명병서(小簡儀銘幷序)」에서 소간의의 구조적 특징을 다음과 같이 서술하였다.[번호는 인용자가 삽입한 것으로 이하 의기의 경우도 같음]

① 금상 16년 가을에 이천(李蕆)·정초(鄭招)·정인지(鄭麟趾) 등에게 작은 모양의 간의를 만들도록 명하니, 비록 옛 제도[古制]에 말미암았으나 실은 새로운 법[新規]에서 나왔다.

② '받침대[趺]'는 정련한 구리[精銅]로 만들고, 수로[水渠]로 가장자리를 둘러서 수평을 정하고 남북의 위치를 잡는다.

子, 每日至簡儀臺, 與鄭招等同議, 定其制度."

③ '적도환(赤道環)'의 표면은 주천도분(周天度分)을 나누었는데[주천도를 도와 분으로 나누어 눈금을 새겼는데], 동서로 운전(運轉)하여 칠정(七政 : 일월오행성)과 중외관(中外官 : 中官·外官)의 입수도분(入宿度分)을 측정한다.

④ '백각환(百刻環)'은 '적도환'의 안에 있는데, 표면은 12시(時)·100각(刻)을 나누었는데[나누어 눈금을 새겼는데], 낮에는 해그림자[日晷]를 변별하고 밤에는 중성(中星)을 측정한다.

⑤ '사유환(四游環)'은 '규형(窺衡)'을 갖고 있는데, 동서로 운전하고, 남북으로 내렸다 올렸다[低昻]하면서 규측(窺測)하기를 기다린다.

⑥ 기둥을 세워서 세 개의 고리[三環 : 적도환·백각환·사유환]를 꿰었다.

⑦ <그것을> 비스듬히 세우면 사유환은 북극에 준하고[사유환은 북극을 가리키고], 적도환은 천복(天腹 : 적도)에 준한다[적도환은 적도를 가리킨다].

⑧ <그것을> 곧게 세우면 사유(四維 : 四游의 誤記 － 인용자 주)45)가 입운(立運)이 되고 백각이 음위(陰緯)가 된다[사유환이 지면과 수직

---

45) 『世宗實錄』에는 '四維'로 되어 있으나 『東文選』에 수록된 「小簡儀銘」에는 '四游'라고 적혀 있다.[『東文選』 卷50, 「小簡儀銘」, 6ㄴ(2책, 186쪽).] 『新增東國輿地勝覽』, 卞季良(1369~1430)의 『春亭集』, 申緯(1769~1845)의 『警修堂全藁』 등에도 '四游'라고 기록하였다.[『新增東國輿地勝覽』 卷1, 京都上, 宮闕, 景福宮, 簡儀臺, 30ㄱ(37쪽) ; 『春亭集』 卷12, 「小簡儀銘」, 29ㄱ~ㄴ(8책, 161쪽) ; 『警修堂全藁』 冊1, 縞紵錄, 「簡儀」(291책, 9쪽)] 『춘정집』에 「소간의명」이 수록된 것은 문집을 편찬한 사람들이 이를 변계량의 작품으로 오인했기 때문이다. 『동문선』의 「소간의명」에는 지은이의 성명이 기재되어 있지 않은데, 이 글이 변계량의 작품인 「新鑄鐘銘幷序」 다음에 수록되어 있기 때문에 변계량의 작품으로 오인했던 것이다. 따라서 1937년에 간행된 『春亭先生續集』의 「年譜」에서 변계량이 태종 16년(1416) 가을에 「소간의명」을 찬술했다고 한 것 역시 오류이다.[『春亭集』 續集, 卷2, 年譜, 11ㄱ(8책, 183쪽). "(太宗十六年)秋, 撰小簡儀銘(見原集)."]. 「소간의명」에 등장하는 "今上十六年秋"를 태종 16년으로 오인했던 것이다.

인 입운환(立運環)의 역할을, 백각환이 지면과 수평인 음위환(陰緯環)＝지평환(地平環)의 역할을 한다].46)

소간의는 받침대와 그 위에 세워진 기둥, 그리고 기둥에 꿰인 세 개의 고리로 구성되어 있다. 기둥과 직각으로 설치된 고리가 적도환과 백각환이며, 이에 수직으로 설치된 고리가 사유환이고, 사유환의 내부에는 규형이 있다. 기둥을 비스듬히 세우면 적도좌표계를 이용해서 천체의 적경과 적위를 측정할 수 있고, 기둥을 곧게 세우면 지평좌표계를 이용해서 천체의 고도와 방위를 측정할 수 있다. 아울러 해그림자와 중성을 관측함으로써 주야의 시간을 측정할 수도 있는 이동식 천문의기이다. 시간을 측정할 때는 적도좌표계를 이용하고 백각환을 통해 시간을 읽는다.

정초의 「소간의명병서」에서는 소간의의 구성 요소를 위와 같이 서술하고 있는데 그 구체적 규격에 대해서는 언급이 없다. 따라서 소간의의 규격을 헤아리기 위해서는 다른 기록을 참조해야 한다. 그것이 『동국문헌비고(東國文獻備考)』에 수록되어 있는 성종 대의 소간의 관련 기록이다. 성종 때 소간의가 제작되었다는 사실은 실록에서는 확인할 수 없다. 아마도 그것을 처음으로 분명하게 언급한 문헌은 『동국문헌비고』라 할 수 있다. 그에 따르면 "성종 25년(1494)에 영의정 이극배(李克培, 1422~1495)에게 명하여 구리로 주조해서 소간의를 만들었다. 제도는 세종조 소간의에 따랐으며, 적도단환(赤道單環)과 사유쌍환(四游雙環)의

---

46) 『世宗實錄』卷77, 世宗 19년 4월 15일(甲戌), 9ㄱ(4책, 67쪽). "今上十六年秋, 命李蕆·鄭招·鄭麟趾等, 作小樣簡儀, 雖由古制, 實出新規. 趺以精銅, 緣以水渠, 以定準平, 子午斯位. 赤道一環, 面分周天度分, 東西運轉, 以測七政·中外官入宿度分. 百刻環在赤道環內, 面分十二時百刻, 晝以知日晷, 夜以定中星. 四游環持窺衡, 東西運轉, 南北低昂, 以待窺測. 乃樹以柱, 以貫三環. 斜倚之, 則四游準北極, 赤道準天腹. 直竪之, 則四維[游]爲立運, 百刻爲陰緯."

직경은 모두 2척[兩尺]으로 했다."고 한다.[47] 이 기사에서 주목되는 것은
두 가지다. 하나는 적도환은 하나의 고리로 구성된 단환(單環)이고, 사유환
은 두 개의 고리로 구성된 쌍환(雙環)이라는 것이고, 다른 하나는 적도환과
사유환의 지름이 2척이라는 사실이다.

이를 통해 성종 25년에 세종조의 제도에 의거하여 청동으로 소간의를
제작하였으며, 세종조 소간의 기록에서는 분명히 언급하지 않았던 적도환
과 사유환의 직경을 2척으로 정했다는 사실을 확인할 수 있다. 이와
같은 『동국문헌비고』의 기사는 이후 『국조역상고』 단계를 거치면서 증보
되었다. 『국조역상고』에서는 이극배 이외에 당시 소간의 제작 사업에
참여했던 관리들 ― 안침(安琛)·김응기(金應箕)·최부(崔溥)·이지영(李枝榮)·
임만근(林萬根) ― 의 명단을 추가하였고, 당시 제작된 소간의가 정조 대
관상감에 보관되어 있다는 사실을 언급하였으며, 최부의 「소간의명(小簡
儀銘)」을 첨부하였다.[48]

순조 18년(1818)에 간행된[49] 『서운관지』에서는 이상의 내용을 종합
정리하여 성종 대 소간의 제작 사업의 참여 인원과 소간의의 구조 및
최부의 「소간의명」을 차례대로 정리하였다.[50] 이와 같은 『서운관지』의

---

47) 『東國文獻備考』卷2, 象緯考 2, 儀象, 15ㄴ[국립중앙도서관 소장 『東國文獻備考』(청
   구기호 : 한고조31-20) 참조]. "(成宗)二十五年, 命領議政李克培, 鑄銅爲小簡儀. 制依
   世宗朝小簡儀, 赤道單環及四游雙環徑, 俱二尺."; 『增補文獻備考』卷2, 象緯考 2, 儀象
   1, 33ㄱ(上, 46쪽). "(成宗)二十五年, 命領議政李克墩鑄銅爲小簡儀(制依世宗朝小簡儀,
   赤道單環及四遊雙環徑俱兩尺)."

48) 『國朝曆象考』卷3, 儀象, 31ㄱ~32ㄱ(541~543쪽).

49) 『承政院日記』2107冊, 純祖 18년 12월 3일(丙寅). "李光文, 以觀象監提調意啓曰,
   本監卽欽天換[授]時之所, 而文獻不足, 事例無稽, 監官成周悳, 裒輯故實, 彙成書雲觀志
   四編, 李景魯·李儀鳳·金元鐸等, 校正監印, 以備一監掌考之資, 其意殊可嘉尙."; 『純祖
   實錄』卷21, 純祖 18년 12월 3일(丙寅), 32ㄱ(48책, 142쪽).

50) 『書雲觀志』卷4, 書器, 小簡儀, 5ㄴ~6ㄴ(320~322쪽 ― 영인본 『書雲觀志·國朝曆象
   考』, 誠信女子大學校 出版部, 1982의 쪽수. 이하 같음).

서술은 『국조역상고』와 『세종실록』의 내용을 토대로 재정리한 것임을 알 수 있다. 신위(申緯, 1769~1845)가 순조 11년(1811) 12월부터 순조 12년(1812) 3월까지 지은 시를 모은 「윤비록(綸扉錄)」에는 「간의(簡儀)」라는 시가 수록되어 있다.51) 여기에는 세종 대에 대간의와 소간의가 제작된 과정, 소간의의 구조, 정초의 「소간의명」과 함께 성종 25년에 소간의를 제작한 사실이 주석으로 정리되어 있다.52)

이와 같은 성종 대 소간의 제작 사업은 대체로 성종 25년 8월 무렵에 진행되었던 것으로 보인다. 상세한 내막은 알 수 없으나 당시 부제학(副提學) 성세명(成世明) 등이 올린 상소문과 이에 대한 성종의 답변을 통해서 당시 간의청(簡儀廳)이 설치되어 영의정의 감독하에 간의(=소간의) 제작 사업이 진행되고 있었음을 알 수 있다.53) 당시 성종은 이 사업이 거의 마무리되었다고 하였으나54) 실제로 그랬는지는 미지수이다. 이듬해인 연산군 원년(1495) 1월의 기록을 보면 호조판서 홍귀달(洪貴達) 등이 흉년을 이유로 경비를 절약하기 위해 소간의청(小簡儀廳)의 혁파를 주장하고 있기 때문이다.55)

소간의를 제작한 이유는 간의가 혼의(渾儀)보다 간략하기는 하지만 이동하면서 사용하기에는 불편했기 때문이었다. 소간의는 간의를 더욱 간소화한 의기지만 그 용도는 간의와 같았다. 정초가 「소간의명」에서

---

51) 순조 11년(1811) 겨울에 彗星이 출현하자 신위에게 이를 측후하라는 명이 내려졌다. 이에 신위가 서운관(=관상감)에 숙직하면서 지은 13首의 시를 수록한 것이 「綸扉錄」이다.[『警修堂全藁』 冊1, 「綸扉錄辛未十二月至壬申三月」(291책, 9쪽). "辛未冬彗見, 祗承測候之命, 寓直書雲觀有作, 通錄十三首."]

52) 『警修堂全藁』 冊1, 綸扉錄, 「簡儀」(291책, 9쪽).

53) 『成宗實錄』 卷293, 成宗 25년 8월 25일(辛巳), 15ㄴ~20ㄴ(12책, 575~578쪽).

54) 『成宗實錄』 卷293, 成宗 25년 8월 25일(辛巳), 19ㄱ(12책, 577쪽). "濟川亭, 非遊觀之所, 簡儀廳, 政丞監其事, 綱目廳, 宰相掌其事, 事且垂畢, 故爲之耳."

55) 『燕山君日記』 卷2, 燕山君 원년 1월 4일(戊子), 4ㄴ(12책, 629쪽).

"옛날의 간의는 / 기둥을 세운 것이 많았는데 / 지금 이 의기는 / 가지고 다닐 만하고 / 그 쓸 만함은 / 간의와 같으니 / 대개 간편한 것 가운데 또 간편한 것이다."[56]라고 했던 이유가 여기에 있었다. 소간의는 두 개를 만들었는데 하나는 천추전 서쪽에 설치하였고, 다른 하나는 서운관에 하사하였다.[57]

소간의의 구조와 그를 이용한 구체적 천체 관측 방법은 성종 대 김응기(金應箕)·조지서(趙之瑞)·이종민(李宗敏) 등이 성종에게 올린 보고서를 통해서도 재차 확인할 수 있다.[58] 성종 21년(1490) 11월 29일에 김응기 등이 간밤에 관측한 혜성의 상황을 보고하였다. 그것은 혜성이 어느 별자리에 위치해 있고 거극도(去極度)가 얼마이며, 꼬리의 길이가 얼마나 되는가 하는 내용이었다. 이 보고를 받은 성종은 자신도 매일 밤 혜성을 보고 있는데, 사람마다 보는 것이 같지 않은데 그것을 어떻게 측정한 것이냐고 물었다. 이에 대해 김응기는 관측한 바를 짐작하여 보고한 것이고, 거극도는 소간의로 관측한 것이라고 답변하였다.[59] 이와 같은 문답의 연장선에서 성종은 소간의의 사용 방법을 질문했던 것이다.

당시 혜성의 출현을 감지한 시점은 11월 22일 밤이었다. 관상감에서는 성종 21년(1490) 11월 23일에 지난 밤 1경에 성변(星變)이 발생했다고 보고했고, 이에 성종은 김응기와 조지서로 하여금 관측하게 하였다. 이에 11월 23일 밤부터 김응기 등이 관측을 시작했고, 11월 24일부터 이듬해

---

56) 『世宗實錄』卷77, 世宗 19년 4월 15일(甲戌), 9ㄱ(4책, 67쪽). "古之簡儀, 架柱棧棧. 今妓器也, 近可提携. 其入用也, 同於簡儀, 蓋簡之又簡之者也."

57) 『世宗實錄』卷77, 世宗 19년 4월 15일(甲戌), 10ㄱ(4책, 67쪽). "簡儀雖簡於渾儀, 難於轉用, 作小簡儀二件, 蓋儀雖極簡, 而用同於簡儀者也. 一置千秋殿西, 一賜書雲觀."

58) 『成宗實錄』卷248, 成宗 21년 12월 5일(壬子), 4ㄱ~ㄴ(11책, 671쪽). 이 보고에서 처음으로 사유환이 쌍환이라고 적시하였는데["其柱上雙環日四游"], 그 규격에 대해서는 분명히 말하지 않았다.

59) 『成宗實錄』卷247, 成宗 21년 11월 29일(丁末), 15ㄴ~16ㄱ(11책, 668~669쪽).

<그림 2-3> 소간의(小簡儀)

(1491) 1월 3일 혜성이 소멸할 때까지 11월 28일, 12월 10일, 15일, 24일, 29일, 30일, 1월 2일 등을 제외하고 매일 혜성 관측 보고가 이루어졌다(총 33일의 보고 기록).[60] 그 대체적 내용을 도표로 정리하면 다음 표와 같다.

---

60) 『成宗實錄』卷247, 成宗 21년 11월 23일(辛丑), 13ㄴ(11책, 667쪽) ; 『成宗實錄』卷247, 成宗 21년 11월 24일(壬寅), 13ㄴ~14ㄱ(11책, 667~668쪽) ; 『成宗實錄』卷247, 成宗 21년 11월 25일(癸卯), 14ㄱ(11책, 668쪽) ; 『成宗實錄』卷247, 成宗 21년 11월 26일(甲辰), 14ㄱ~ㄴ(11책, 668쪽) ; 『成宗實錄』卷247, 成宗 21년 11월 27일(乙巳), 14ㄴ~15ㄱ(11책, 668쪽) ; 『成宗實錄』卷247, 成宗 21년 11월 29일(丁未), 15ㄴ~16ㄱ(11책, 668~669쪽) ; 『成宗實錄』卷248, 成宗 21년 12월 1일(戊申), 1ㄴ(11책, 669쪽) ; 『成宗實錄』卷248, 成宗 21년 12월 2일(己酉), 2ㄱ(11책, 670쪽) ; 『成宗實錄』卷248, 成宗 21년 12월 3일(庚戌), 2ㄴ(11책, 670쪽) ; 『成宗實錄』卷248, 成宗 21년 12월 4일(辛亥), 3ㄴ(11책, 670쪽) ; 『成宗實錄』卷248, 成宗 21년 12월 5일(壬子), 3ㄴ~4ㄱ(11책, 670~671쪽) ; 『成宗實錄』卷248, 成宗 21년 12월 6일(癸丑), 4ㄴ~5ㄱ(11책, 671쪽) ; 『成宗實錄』卷248, 成宗 21년 12월 7일(甲寅), 7ㄱ(11책, 672쪽) ; 『成宗實錄』卷248, 成宗 21년 12월 8일(乙卯), 7ㄱ(11책, 672쪽) ; 『成宗實錄』卷248, 成宗 21년 12월 9일(丙辰), 11ㄴ(11책, 674쪽) ; 『成宗實錄』卷248, 成宗 21년 12월 11일(戊午), 12ㄴ(11책, 675쪽) ; 『成宗實錄』卷248, 成宗 21년 12월 12일(己未), 12ㄴ~13ㄱ(11책, 675쪽) ; 『成宗實錄』卷248, 成宗 21년 12월 13일(庚申), 14ㄱ(11책, 676쪽) ; 『成宗實錄』卷248, 成宗 21년 12월 14일(辛酉), 14ㄴ(11책, 676쪽) ; 『成宗實錄』卷248, 成宗 21년 12월 16일(癸亥), 15ㄱ(11책, 676쪽) ; 『成宗實錄』卷248, 成宗 21년 12월 17일(甲子), 15ㄱ(11책, 676쪽) ; 『成宗實錄』卷248, 成宗 21년 12월 18일(乙丑), 15ㄴ(11책, 676쪽) ; 『成宗實錄』卷248, 成宗 21년 12월 19일(丙寅), 15ㄴ~16ㄱ(11책, 676~677쪽) ; 『成宗實錄』卷248, 成宗 21년 12월 20일(丁卯), 16ㄱ(11책, 677쪽) ; 『成宗實錄』卷248, 成宗 21년 12월 21일(戊辰), 16ㄱ(11책, 677쪽) ; 『成宗實錄』卷248, 成宗 21년 12월 22일(己巳), 16ㄴ(11책, 677쪽) ; 『成宗實錄』卷248, 成宗 21년 12월 23일(庚午), 16ㄴ(11책, 677쪽) ; 『成宗實錄』卷248, 成宗 21년 12월 25일(壬申), 17ㄴ(11책, 677쪽) ; 『成宗實錄』卷248, 成宗 21년 12월 26일(癸酉), 18ㄱ(11책, 678쪽) ; 『成宗實錄』卷248, 成宗 21년 12월 27일(甲戌), 18ㄴ(11책, 678쪽) ; 『成宗實錄』卷248, 成宗 21년 12월 28일(乙亥), 19ㄴ(11책, 678쪽) ; 『成宗實錄』卷249, 成宗 22년 1월 1일(戊寅), 1ㄱ(11책, 679쪽) ; 『成宗實錄』卷249, 成宗 22년 1월 3일(庚辰), 1ㄱ(11책, 679쪽).

52

<표 2-1> 성종 21년(1490)의 혜성 관측 기록61)

번호	날짜 (음력)	관측 시각	혜성의 위치	관측 내용	비고
1	21/11/23	前夜 1更	虛星	有微光, 長三四尺	觀
2	21/11/24	23일 1更	虛星	微光星, 向東行, 光射四五尺許	金趙等
3	21/11/25	去夜	危星	微光星, 移入危星度	金趙
4	21/11/26	去夜 1更	未知所在之度	密雲, 其星或見或隱	金趙
5	21/11/27	去夜	危六度	去極六十五度	金趙
6	21/11/29	去夜	危十一度	去極七十六度半, 光長丈餘	金等
7	21/12/01	去夜	危十四度	去極七十九度	金趙
8	21/12/02	去夜 去夜 1更	室星二度 室南大星東	去極八十一度 光長一丈許	金趙 觀
9	21/12/03	去夜 去夜 1更	室星四度半 室星度, 雷電星東	去極八十四度 長一丈許	金等 觀
10	21/12/04	今夜 4更	太微西垣第二三星閒		觀
11	21/12/05	去夜	室星度內雲雨星上		金等
12	21/12/06	去夜	室星度內, 雲雨星東第一星下		金等
13	21/12/07	去夜	室星度內, 雲雨星東第一星南三四尺許		金等
14	21/12/08	去夜	壁星南		金等
15	21/12/09	去夜 夜 2更	壁星南 壁星南		金等 觀
16	21/12/11	去夜 夜 1更	壘壁星·天溷星間 壘壁星·天溷星間		金等 觀
17	21/12/12	去夜 夜 1更	天倉西第一星上 天倉西第一星上		金等 觀
18	21/12/13	去夜	天倉西第二星西		金等
19	21/12/14	去夜	天倉西第二星		金等
20	21/12/16	去夜 初更	天倉星中		金等
21	21/12/17	去夜 初更	天倉東第二星西南, 相去二三尺許		觀
22	21/12/18	去夜 1更	天倉星東第二星, 相去一尺許		觀
23	21/12/19	去夜 1更 去夜 初更	天倉東第二星東南, 相去二三尺許 天倉東第二星東南, 相去一二尺許	星體漸小, 光芒甚微 星體漸小, 光芒甚微, 若有若無	觀 金趙

24	21/12/20	去夜 初更	天倉東第二星東南, 相去一二尺許	星體漸小, 光芒甚微, 若有若無	金等
		去夜 一更	天倉東第二星東南, 相去二三尺許	星體漸小, 光芒甚微	觀
25	21/12/21	去夜 初更	天倉東第一星西北, 相去二三尺許		金等
26	21/12/22	去夜 一更	天倉東第一星		觀
27	21/12/23	去夜 一更	天倉東第一星東, 相去一尺許		觀
28	21/12/25	昨日夜 一更	天倉東第一星東		觀
			天倉東第一星東		金等
29	21/12/26	去夜 初更	天倉東第一星東		金等
		去夜 一更	天倉東第一星東		觀
30	21/12/27	去夜 初更	天倉東第一星東		金等
31	21/12/28	去夜 一更	天倉東第一星東	無光芒, 其體甚微	趙
32	22/01/01		天倉東		
33	22/01/03			彗星滅	

* 비고의 '觀'은 관상감의 보고, '金趙等'은 金應箕·趙之瑞 등의 보고, '金趙'는 金應箕·趙之瑞의 보고, '金等'은 金應箕 등의 보고, '趙'는 趙之瑞의 보고를 뜻함

2) 일성정시의와 소일성정시의

일성정시의의 제작을 명한 것은 세종이었다. 세종은 '주야측후지기(晝夜測候之器)', 다시 말해 밤낮으로 연속적 관측이 가능한 기구의 제작을 명하였고, 이에 따라 만들어진 것이 일성정시의였다. 모두 네 건(件)을 제작했는데 궁궐에 비치한 것은 구름을 타고 하늘로 오르는 용[雲龍]으로 장식하여 화려함을 더했고, 나머지 셋은 다만 받침대[趺]가 있어서 윤환(輪環)의 자루[輪柄]를 받고, 기둥을 세워서 정극환(定極環)을 받들게 하였다. 하나는 서운관(書雲觀)에 하사하여 점후(占候)의 용도로 사용하게 하였

---

61) 이에 대해서는 이용삼·김상혁, 「세종시대 창제된 천문관측의기 소간의(小簡儀)」, 『한국우주과학회지(Journal of Astronomy and Space Science)』 19-3, 한국우주과학회, 2002, 236쪽에서 정리한 바 있다. 여기에서는 몇 가지 빠진 내용을 추가하여 다시 정리하였다.

고, 두 개는 함길도와 평안도의 절제사영(節制使營)에 나누어 주어서 군대 안에서 경비하는 데 쓰게 하였다.[62] 그것은 낮에는 해그림자를, 밤에는 별을 관측함으로써 밤낮으로 시각을 측정할 수 있는 기구라는 의미에서 '주야시각지기(晝夜時刻之器)'라고도 불렸다.[63]

김돈은 일성정시의의 구조를 다음과 같이 서술하였다.

① 그 제도는 구리[銅]를 써서 만들었는데, 먼저 바퀴를 만드는데 그 형세는 적도(赤道)에 준하고 자루[柄]가 있다. 바퀴의 지름[徑]은 2척, 두께[厚]는 4분, 너비[廣]는 3촌이다. <바퀴의> 가운데 십자거(十字距)가 있는데, 너비는 1촌 5분이고 두께는 바퀴와 같다. 십자 가운데 는 축이 있는데, 길이는 5분 반(半)[5.5분]이고 지름은 2촌이다. <축 의> 북쪽 면을 깎아 파되, 중심에 1리(釐)를 남겨두어서 두께로 하고[두께 1리 정도만 남겨두고 파낸다], 가운데에 겨자씨[芥]와 같은 둥근 구멍을 만들었다. 축은 계형(界衡)을 꿰기 위한 것이고, 구멍은 별을 살피기 위한 것이다.

② 아래에는 서리고 있는 용[蟠龍]이 있어 바퀴 자루[輪柄]를 물고 있는 데, 자루의 두께는 1촌 8분이고, 용의 입에 들어간 것이 1척 1촌, 밖에 나온 것이 3촌 6분이다.

③ 용의 밑에는 받침대[臺]가 있는데, 너비[廣]는 2척이고 길이[長]는 3척 2촌이며, 도랑과 연못이 있으니, 수평(水平)을 취하기 위한 것이다.

---

62) 『世宗實錄』卷77, 世宗 19년 4월 15일(甲戌), 7ㄱ(4책, 66쪽). "初, 上命作晝夜測候之器, 名曰日星定時儀, 至是告成, 凡四件, 一置內庭, 飾以雲龍, 餘三件, 但有趺以受輪柄, 植柱而捧定極環. 一賜書雲觀, 以爲占候之用, 二分賜咸吉·平安兩道節制使營, 以爲軍中警守之備."

63) 『世宗實錄』卷77, 世宗 19년 4월 15일(甲戌), 7ㄱ~ㄴ(4책, 66쪽). "然日周有百刻, 而晝夜居半, 晝則測晷知時, 器已備矣, 至於夜則周禮有以星分夜之文, 元史有以星定之之語, 而不言所以測用之術. 於是命作晝夜時刻之器, 名曰日星定時儀."

④ 바퀴의 윗면에 세 개의 고리[環]를 설치하는데, 주천도분환(周天度分環)·일구백각환(日晷百刻環)·성구백각환(星晷百刻環)이라고   한다. '주천도분환'은 바깥에 있으면서 운전(運轉)하며 외부에 두 귀[耳]가 있다. 지름은 2척, 두께는 3분, 너비는 8분이다. '일구백각환'은 가운데에 있어 회전하지 않는다. 지름은 1척 8촌 4분이고, 너비와 두께는 바깥의 고리[外環=주천도분환]와 같다. '성구백각환'은 안쪽에 있으면서 운전하며 안에 두 귀가 있다. 지름은 1척 6촌 8분이고, 너비와 두께는 가운데와 바깥 고리[中外環=일구백각환·주천도분환]와 같다. 귀가 있는 것은 움직이게 하기 위한 것이다.[64]

⑤ 세 고리의 위에 계형(界衡)이 있으니, 길이는 2척 1촌, 너비는 3촌, 두께는 5분이다. <계형> 양쪽의 머리<부분은> 가운데가 비어 있는데, 길이는 2촌 2분이고, 너비는 1촌 8분이니, 세 개의 고리[三環]의 그림[눈금]을 가리지 않게 하기 위한 것이다.

⑥ <계형의> 허리<부분> 좌우에 각각 용이 하나씩 있으니, 길이는 1척인데, <두 마리 용이> 함께 '정극환(定極環)'을 받든다. <정극환의> 고리는 둘인데, 바깥 고리[外環]와 안쪽 고리[內環]의 사이에는 구진대성(句陳大星)이 나타나고, 안쪽 고리의 안에는 천추성(天樞星)이 나타나니, 남북과 적도를 바르게 하기 위한 것이다. 바깥 고리는 지름이 2촌 3분, 너비가 3분이며, 안쪽 고리는 지름이 1촌 4분 반(半), 너비가 4리(釐)이고, 두께는 모두 2분인데, 약간 서로 접해서 십자<모양>과 같다[십자 모양으로 바깥 고리와 안쪽 고리를 서로 연결

---

64) 지름의 길이가 줄어드는 것이 세 개의 고리가 모두 겹쳐서 보이게 하기 위함이다. 주천도분환의 너비가 8분이기 때문에 지름에서 너비를 빼면 1척 8촌 4분[2.0-0.16=1.84]이 되니, 이것을 일구백각환의 지름으로 삼는다. 마찬가지로 일구백각환의 지름에서 너비를 빼면 1척 6촌 8분[1.84-0.16=1.68]이 되니 이것을 성구백각환의 지름으로 삼는다.

<그림 2-4> 일성정시의(日星定時儀) | Joseph Needham et al., 1986.

시킨다. 바깥 고리의 안쪽 지름은 1촌 7분이고, 안쪽 고리의 지름은
1촌 4분 반이니 두 고리 사이의 간격은 2.5분이다. 이 틈 사이에
십자 모양의 선을 설치해서 두 고리를 연결시키는 것이다].

⑦ '계형' 양쪽 끄트머리의 빈 곳의 안팎에 각각 작은 구멍이 있고,
'정극환' 바깥 고리의 양쪽 가장자리[兩邊]에도 작은 구멍이 있어,
가는 노끈[細繩]으로 여섯 구멍[六穴]을 관통하여 '계형'의 양쪽 끄트

머리에 매었는데, 위로는 해와 별을 살피고 아래로는 시각을 고찰하기 위한 것이다.

⑧ '주천환(周天環)'에는 주천도(周天度)를 새기는데, 각각의 도(度)를 4분(分)으로 한다. '일구환(日晷環)'은 100각(刻)을 새기는데, 각각의 각(刻)을 6분(分)으로 한다. 성구환(星晷環)도 일구환과 같이 새기는데, 다만 자정이 신전자정(晨前子正)에 지나면 주천환과 같이 1도를 더 지나가는 것과 같이 다를 뿐이다.[65]

⑨ '주천환'을 사용하는 방법은, 먼저 수루(水漏)를 내려서 동지의 신전자정[冬至晨前子正]을 맞추고, '계형'으로 북극 두 번째 별이 있는 곳을 살펴서 바퀴의 가장자리[輪邊]에 표시하고, 인해 주천(周天) 첫 번째 도의 초[周天初度之初]를 그것에 맞게 한다. 그러나 세월이 오래 되면 천세(天歲 : 1周天과 1周歲)에 반드시 차이가 생긴다. 『수시력(授時曆)』을 상고해 보면, 16년이 약간 지나서 1분 후퇴하고, 66년이 약간 지나서 1도가 후퇴하니, 이때에 이르러 다시 살펴서 정한다[세차운동을 고려해서 66년이 지날 때마다 주천환을 시계 반대 방향으로 1도씩 움직인다]. 북극의 두 번째 별은 북극[北辰]에서 가깝고 가장 붉게 빛나서, 여러 사람이 볼 수 있기 때문에 이것으로 측후(測候)하는 것일 뿐이다.

⑩ '일구환'의 사용법은 '간의(簡儀)'와 같다.

⑪ '성구환'을 사용하는 방법은 첫해 동지 첫날의 새벽 전 야반 자정[初

---

65) 지구의 자전과 공전으로 인해 태양은 황도상에서 하루에 약 1도씩 동쪽으로 움직인다. 이에 따라 1태양일(solar day : 태양이 남중한 때부터 다음에 남중할 때까지의 시간)은 1항성일(sidereal day : 별[춘분점]이 남중한 때부터 다음에 남중할 때까지의 시간)보다 약 4분 정도 길게 된다. 이를 보정하기 위한 장치가 성구백각환이다. 기준이 되는 별이 매일 1도씩 더 움직이게 되면, 관측하는 사람은 성구백각환의 자정정각의 위치를 하루에 1도씩 이동시켜 이를 보정하였다. 이용삼 엮음, 앞의 책, 2016, 190~191쪽 참조.

年冬至初日晨前夜半子正]을 시초로 하여 '주천환' 초도의 초[周天初度之初]에 맞게 한다. 1일 1도, 2일 2도, 3일 3도로 하여 364일에 이르면 곧 364도가 된다. 다음해 동지 첫날 자정에는 365도가 되고, 1일에 공도(空度)[0도] 3분, 2일에 1도 3분, 364일에 이르면 곧 363도 3분이 된다[363.75]. 또 다음해 동지 첫날에는 364도 3분이 되고, 1일에 공도[0도] 2분, 2일에 1도 2분, 364일에 이르면 곧 363도 2분이 된다[363.5]. 또 다음해 동지 첫날에는 364도 2분이 되고, 1일에 공도[0도] 1분, 2일에 1도 1분, 365일에 이르면 곧 364도 1분이니 [364.25], 이를 일진(一盡)이라고 일컫는다. 일진(一盡)이 되면 다시 처음으로 돌아온다.[66]

---

66) 『世宗實錄』卷77, 世宗 19년 4월 15일(甲戌), 7ㄴ~8ㄱ(4책, 66쪽). "其制用銅爲之, 先作輪, 勢准赤道有柄. 輪經二尺·厚四分·廣三寸, 中有十字距, 廣一寸五分, 厚如輪. 十字之中有軸, 長五分半·經二寸. 北面剡掘, 中心存一釐以爲厚. 中爲圜穴如芥. 軸以貫界衡, 穴以候星也. 下有蟠龍, 含輪柄, 柄厚一寸八分, 入龍口一尺一寸, 出外三寸六分. 龍下有臺, 廣二尺·長三尺二寸, 有渠有池, 所以取平也. 輪之上面, 置三環, 曰周天度分環, 曰日晷百刻環, 曰星晷百刻環. 其周天度分環居外運轉, 外有兩耳, 經二尺·厚三分·廣八分. 日晷百刻環居中不轉, 經一尺八寸四分, 廣厚與外環同. 星晷百刻環居內運轉, 內有兩耳, 經一尺六寸八分, 廣厚與中外環同, 有耳, 所以運也. 三環之上, 有界衡, 長二尺一寸·廣三寸·厚五分. 兩頭中虛, 長二寸二分·廣一寸八分, 所以不蔽三環之畫也. 腰中左右, 各有一龍, 長一尺, 共捧定極環. 環有二. 外環內環之間, 勾陳大星見, 內環之內, 天樞星見, 所以正南北赤道也. 外環經三寸三分·廣三分, 內環經一寸四分半·廣四釐, 厚皆二分, 些少相接如十字. 界衡兩端虛處內外, 各有小穴, 定極外環兩邊亦有小穴, 以細繩通貫六穴而結於界衡之兩端, 所以上候日星, 而下考時刻者也. 周天環, 刻周天度, 每度作四分, 日晷環, 刻百刻, 每刻作六分, 星晷環亦刻如日晷, 但子正過晨前子正, 如周天, 過一度爲異耳. 用周天環之術, 先下水漏, 得冬至晨前子正, 以界衡候北極第二星所在, 以誌輪邊, 仍以周天初度之初當之, 然年久則天歲必差, 以授時曆考之, 十六年有奇, 退一分, 六十六年有奇, 退一度, 至是須更候以定之. 北極第二星, 近北辰而最昭明, 衆所易見, 故以之測候耳. 日晷環用, 如簡儀. 用星晷環之術. 初年冬至初日晨前夜半子正爲始, 當周天初度之初. 一日一度, 二日二度, 三日三度, 至三百六十四日乃三百六十四度, 次年冬至初日子正三百六十五度, 一日空度三分, 二日一度三分, 至三百六十四日乃三百六十三度三分, 又次年冬至初日三百六十四度三分, 一日空度二分, 二日一度二分, 至三百六十四日乃三百六十三度二分, 又次年冬至初日三百六十四度二分, 一日空度一分, 二日一度一分, 至三百六十五日乃三百六

위의 인용문에서 볼 수 있는 바와 같이 일성정시의를 구성하고 있는 주요 부품은 적도와 평행인 바퀴[赤道輪]와 그 위에 설치된 주천도분환(周天度分環)·일구백각환(日晷百刻環)·성구백각환(星晷百刻環)이라는 세 개의 고리, 그리고 세 개의 고리 위에 설치된 계형(界衡)과 계형의 중심부에 두 마리의 용이 떠받치고 있는 정극환(定極環)이다. 적도륜의 중심에는 축이 부착되어 있는데, 받침대 위에 똬리를 틀고 있는 모양으로 세워진 반룡(蟠龍)의 입에 물려 고정되어 있다.

일성정시의를 제작하게 된 이유는 밤에 시간을 측정할 마땅한 기구가 없었기 때문이다. 일성정시의의 제작을 구상하던 때는 이미 앙부(仰釜)·천평(天平)·현주(縣珠)일구 등 해시계가 만들어져 있었다. 따라서 낮 시간의 측정은 해시계를 통해서 할 수 있었지만 해가 떨어진 다음의 시간 측정에는 어려움이 있었다. 이때 주목한 것이 『주례(周禮)』와 『원사(元史)』의 기록이었다. 『주례』에는 별로써 밤 시각을 구분하는[以星分夜] 내용이 있고,[67] 『원사』에도 "별로써 시각을 정한다[以星定之]"는 말이 있었다.[68] 그러나 그 측정 방법에 대해서는 구체적 언급이 없었다. 이에 세종은 '밤낮으로 시각을 알려주는 기구[晝夜時刻之器]'의 제작을 명했던 것이다.[69]

김돈은 「일성정시의명」의 끝에서 "몇 번이나 선철(先哲)을 거쳤으나 /

十四度一分, 是謂一盡, 盡則復初."

67) 『周禮注疏』卷36, 秋官司寇下, 1142~1143쪽(十三經注疏 整理本 『周禮注疏』, 北京大學出版社, 2000의 쪽수). "司寤氏掌夜時(夜時, 謂夜晚早, 若今甲乙至戊). 以星分夜, 以詔夜士夜禁(夜士, 主行夜徼候者, 如今都候之屬)."

68) 『元史』卷48, 志 第1, 天文 1, 簡儀, 993쪽. "百刻環, 轉界衡令兩線與日相對, 其下直時刻, 則晝刻也, 夜則以星定之."

69) 『世宗實錄』卷77, 世宗 19년 4월 15일(甲戌), 7ㄱ~ㄴ(4책, 66쪽). "然日周有百刻, 而晝夜居半, 晝則測晷知時, 器已備矣, 至於夜則周禮有以星分夜之文, 元史有以星定之之語, 而不言所以測用之術. 於是命作晝夜時刻之器, 名曰日星定時儀."

이와 같은 제도가 없었는데 / 우리 임금께서 하늘보다 앞서 / 처음으로 이 의기를 만드셨다."[70]라고 특기하였다. 일성정시의가 간의의 구조적 형태를 차용한 것이기는 하지만 조선에서 창제된 독특한 천문의기라는 점을 강조했던 것이다. 아울러 주목해야 할 사실은 김돈이 지은 「일성정시의명」의 핵심적 내용인 위 인용문의 ①에서 ⑪까지의 글이 '세종의 친제(親製)'라는 사실이다. 사관은 이 사실을 다음과 같이 기록하였다.

> 그 글에, "그 제도는 구리 써서 만들었다."로부터 "일진(一盡)이 되면 다시 처음으로 돌아온다."까지는 상이 친히 지은 것이다. 승지 김돈과 직제학 김빈에게 보이며 이르기를, "내가 감히 글을 짓고자 함이 아니라, 다만 경들이 이를 가지고 깎고 윤색해서 명(銘)과 서(序)를 지어 영구히 전하기를 도모하고자 한다."고 하였다. 임금이 (일성)정시의의 제도를 서술한 것이 간이(簡易)하고 상세하여 손바닥을 가리키는 것과 같이 명백했기 때문에 김돈 등이 능히 한 글자도 바꾸지 못하고 다만 그 글에 앞부분과 뒷부분만 보태어 그대로 명을 지었다고 한다.[71]

한편 김돈은 「소일성정시의후서」에서 소일성정시의를 제작하게 된 이유와 그 구조적 특징을 다음과 같이 서술하였다.

> 전에 만든 일성정시의는 너무 무거워서 행군할 때에 불편하기 때문에,

---

70) 『世宗實錄』 卷77, 世宗 19년 4월 15일(甲戌), 8ㄴ(4책, 66쪽). "幾經先哲, 玆制惟缺. 我后先天, 斯儀肇造."

71) 『世宗實錄』 卷77, 世宗 19년 4월 15일(甲戌), 8ㄴ4책, 66쪽). "自其制用銅爲之, 止盡則復初, 乃上親製也. 示承旨金墩·直提學金鑌曰, 予非敢爲文, 但欲卿等就此刪潤撰銘若序, 以圖不朽爾. 上之鋪叙定時制度, 簡易詳悉, 昭若指掌, 故墩等不能贊易隻字, 而只補其首尾, 仍贊銘云."

다시 작은 정시의[小定時儀=小日星定時儀]를 만들었으니, 그 제도는 전의 의기와 대동소이(大同小異)하다. 정극환을 제거한 것은 가볍고 편리하게 [輕便] 하고자 함이다. 먼저 누수(漏水 : 물시계)로써 '첫해 동지의 새벽 전 야반[初年冬至晨前夜半]'을 얻고, 북극의 두 번째 별이 있는 곳을 살펴 바퀴의 가장자리[輪邊]에 표시하되[標], 그 획을 가장 길게 긋는다. 북쪽을 향하여 다시 세 획을 긋는데 점점 짧게 하고, 그 사이의 거리는 모두 1/4도로 한다. '첫해 동지 첫날 새벽 전 야반[初年冬至初日晨前夜半]'에 주천환(周天環)의 초도(初度)를 바퀴 가장자리의 긴 획에 맞추고, 다음 해에는 다음[두 번째] 획에 맞추며, 또 다음 해에는 또 다음[세 번째] 획에 맞추고, 또 다음 해에는 가장 짧은 획에 맞춘다. 해마다 한 번씩 옮겨서 5년째에 이르면 다시 처음<의 위치>로 돌아간다. 동지 첫날에 성구환(星晷環)의 신전자정(晨前子正)이 주천환의 초도에 닿고, 1일 자정 에는 1도, 2일에는 2도, 3일에는 3도에 놓여서, 매년 다 그렇게 되어 여분이 없으니, 이것은 전의 의기와 조금 다른 것이다. 일구(日晷)를 사용하는 법은 전의 의기와 같다.[72]

일성정시의와 관련해서 성종 대에 흥미로운 기사가 남아 있다. 성종 18년(1487)에 성종은 경복궁의 보루각처럼 창덕궁에도 보루각을 설치하 라고 지시하면서 어느 곳이 설치 장소로 적합한지 문의하였다. 이에 대해 관상감 제조인 윤필상(尹弼商, 1427~1504)의 보고가 있었는데, 여기

---

72) 『世宗實錄』卷77, 世宗 19년 4월 15일(甲戌), 9ㄱ~ㄴ(4책, 67쪽). "前造日星定時儀太 重, 不便於軍行, 故更造小定時儀, 其制與前儀大同小異, 去定極環, 蓋欲輕便也. 先以漏 水, 得初年冬至晨前夜半, 候北極第二星所在, 以誌輪邊, 其畫最長. 向北更畫三畫, 以漸而 短, 其間皆距四分度之一. 初年冬至初日晨前夜半, 以周天環之初度, 當輪邊之長畫, 次年 當次畫, 又次年又當次畫, 又次年當最短之畫, 每年一移, 至第五年, 還復於初. 冬至初日, 以星晷環之晨前子正, 當周天環之初度. 一日子正當一度, 二日二度, 三日三度, 每歲皆然, 無有餘分, 此小異於前儀也. 日晷之用, 與前儀同."

에 다음과 같은 추가 내용이 포함되어 있었다.

> 세종조에 사성정시의(四星定時儀)를 만들다가 이룩하지 못하고, 다만
> 네 개의 반룡(蟠龍)을 주조(鑄造)하여 관상감에 보관하였습니다. 지금
> 대석(臺石)을 세워서 반룡을 설치하고 때때로 측후(測候)하는 것이 좋겠습
> 니다.[73)]

위의 인용문을 보면 '사성정시의(四星定時儀)'라고 한 것은 네 개의
일성정시의를 가리키는 것으로 보인다. 세종 때 네 개의 일성정시의를
만들기 위한 사업에 착수하였고, 일성정시의의 받침대가 되는 네 개의
반룡은 주조하였으나 작업을 마치지 못했다는 것이다. 사업의 착수 시점
과 그것이 미완으로 끝난 이유는 확인할 수 없다. 다만 그 부품 가운데
하나인 네 개의 반룡이 성종 대의 관상감에 여전히 보관되어 전해져
내려오고 있었음을 알 수 있다.

3) 자격루와 흠경각루

세종 15년(1433) 9월에 '자격궁루(自擊宮漏)'라는 이름의 새로운 물시계
가 제작되었다. 그것은 세종의 명에 따라 장영실(蔣英實)이 만든 것이었다.
세종은 원의 순제(順帝) 때에 '자격궁루'가 있었지만 그 제도의 정교함을

---

73) 『成宗實錄』 卷200, 成宗 18년 2월 24일(甲午), 14ㄱ(11책, 192쪽). "仍啓曰, 世宗朝作
四星定時儀, 未就, 只鑄四蟠龍, 藏于觀象監. 今可立臺石置蟠龍, 以時測候." 김돈의
「간의대기」에 따르면 세종조에 제작된 일성정시의는 네 건이며, 하나는 萬春殿
동쪽에 설치하고, 하나는 書雲觀에, 나머지 둘은 동서 兩界의 元帥營에 하사했다고
한다[『世宗實錄』 卷77, 世宗 19년 4월 15일(甲戌), 10ㄱ(4책, 67쪽). "……名曰日星定
時儀. 爲四件, 一置萬春殿東, 一賜書雲觀, 二分賜東西兩界元帥營."].

따져보면 아마도 장영실이 만든 것에 미치지 못할 것이라고 자부하였다.[74] '자격궁루'라는 이름의 물시계를 제작하는 사업은 그 전부터 진행되었던 것으로 보인다.[75] 이때 만들어진 물시계는 이듬해 6월 말까지 시험 운행을 거쳤다. 세종 16년(1434) 6월 24일에 세종은 신하들에게 이전의 물시계[舊漏]를 그대로 사용할지, 아니면 새로운 물시계를 사용하는 것이 좋을지 하문했고, 이에 도승지 안숭선(安崇善, 1392~1452)은 정밀성이 확인된 새로운 물시계를 사용해야 한다고 건의했다.[76] 이에 따라 7월 1일부터 새로운 물시계[新漏]를 사용하게 되었다.[77] 이것이 바로 보루각(報漏閣)의 자격루(自擊漏)이다. 그 구조는 다음과 같다.[78]

---

74) 『世宗實錄』 卷61, 世宗 15년 9월 16일(乙未), 55ㄴ(3책, 514쪽). "今造自擊宮漏, 雖承予敎, 若非此人, 必未製造. 予聞元順帝時, 有自擊宮漏, 然制度精巧, 疑不及英實之精也." 원 순제 때의 자격궁루에 대해서는 『元史』 卷43, 本紀 第43, 順帝 6, 918쪽. "又自製宮漏, 約高六七尺, 廣半之, 造木爲匱, 陰藏諸壺其中, 運水上下. 匱上設西方三聖殿, 匱腰立玉女捧時刻籌, 時至, 輒浮水而上. 左右列二金甲神人, 一懸鐘, 一懸鉦, 夜則神人自能按更而擊, 無分毫差. 當鐘鉦之鳴, 獅鳳在側者皆翔舞. 匱之西東有日月宮, 飛僊六人立宮前, 遇子午時, 飛僊自能耦進, 度僊橋, 達三聖殿, 已而復退立如前. 其精巧絶出, 人謂前代所鮮."을 참조. 이 기사는 『治平要覽』에도 수록되어 있는 것으로 보아 세종이 이 사실을 숙지하고 있었음을 알 수 있다.[『治平要覽』 卷146, 元, 順帝, 23ㄴ]

75) 세종 15년(1533) 7월 사헌부와 사간원의 상소를 보면 당시 "漏刻看候造成", "宮城北門漏刻看更家"라는 대목이 등장하는데, 이를 통해 물시계와 그것을 보관하는 건물의 공사가 진행되고 있었음을 알 수 있다.[『世宗實錄』 卷61, 世宗 15년 7월 26일(丁丑), 18ㄱ(3책, 496쪽) ; 『世宗實錄』 卷61, 세종 15년 7월 27일(戊寅), 20ㄴ(3책, 497쪽)]

76) 『世宗實錄』 卷64, 世宗 16년 6월 24일(己巳), 44ㄴ(3책, 574쪽).

77) 『世宗實錄』 卷65, 世宗 16년 7월 1일(丙子), 1ㄱ(3책, 577쪽). "是日, 始用新漏. 上以舊漏未臻精密, 命改鑄漏器."

78) 『世宗實錄』 卷65, 世宗 16년 7월 1일(丙子), 1ㄱ~2ㄴ(3책, 577쪽). 열람의 편의를 위해 해당 원문은 본문의 각 항목 뒤에 수록하였다. 이에 대한 상세한 연구는 南文鉉, 「金墩의 「報漏閣記」에 대하여-自擊漏의 原理와 構造-」, 『韓國史研究』 101, 韓國史研究會, 1998을 참조.

① 임금이 예전 물시계[舊漏]가 정밀하지 못하다고 하여 누기(漏器)를 개주(改鑄)하라고 명하였다. [上以舊漏未臻精密, 命改鑄漏器.]

② 파수용호(播水龍壺 : 물을 흘려보내는 데 쓰는 용 문양으로 장식이 된 항아리)가 네 개인데 크고 작은 차이가 있다. 수수용호(受水龍壺 : 물을 받는 데 쓰는 용 문양으로 장식이 된 항아리)는 두 개인데, 물을 갈아 넣을 때에 바꾸어서 사용하며, 길이는 11척 2촌이고, 원의 지름[圓經]은 1척 8촌이다. [播水龍壺四, 大小有差. 受水龍壺二, 遞水時更用之, 長十一尺二寸, 圓經一尺八寸.]

③ 잣대[箭]가 두 개인데, 길이가 10척 2촌이다. <잣대의> 면(面)을 12시(時)로 나누고, 매시(每時)는 8각인데, 초(初)와 정(正)의 여분(餘分 : 4각)을 아우르면 100각(刻)이 된다. 1각은 12분(分)으로 나눈다. [箭二, 長十尺二寸, 面分十二時, 每時八刻, 并初正餘分, 爲百刻, 刻作十二分.]

④ 밤의 시간을 측정하는 데 쓰이는 잣대[夜箭]는 예전에는 21개였는데, 교체하여 사용하는 것이 번거로워서, 다시 수시력(授時曆)의 주야분(晝夜分) 승강률(升降率)에 의거해서, <24기(氣)의> 두 기[二氣]로 요약해서 잣대[箭] 한 개에 해당하게 하니, 모두 12개의 잣대가 되었다. 간의(簡儀)와 참고(參考)하면 털끝만큼도 어긋나지 않는다. [夜箭舊二十有一, 徒煩遞用, 更據授時曆, 晝夜分升降, 率約二氣當一箭, 凡十二箭. 與簡儀參考, 不失毫釐.]

⑤ 임금이 또 시간을 알리는 자가 잘못[差謬]을 면치 못할까 염려하여, 호군(護軍) 장영실(蔣英實)에게 명하여 사신목인(司辰木人 : 시간을 알리는 일을 맡은 나무 인형)을 만들어 시간에 따라 스스로 알리게 하여, 사람의 힘을 빌리지 않도록 하였다. [上又慮報時者未免差謬, 命護軍蔣英實, 制司辰木人, 隨時自報, 不假人力.]

⑥ 그 제도는 먼저 세 칸[楹]짜리 집[閣]을 짓고, 동쪽 칸[楹] 사이에 2층으로 자리[座]를 설치하여, 위층[上層]에는 세 개의 신(神 : 시보 인형)을 세웠다. 하나는 시(時)를 맡아 종(鍾)을 울리고, 하나는 경(更)을 맡아 북[鼓]을 울리며, 하나는 점(點)을 맡아 징[鉦]을 울린다. 중간층[中層]의 아래에는 평륜(平輪 : 평평한 바퀴)을 설치하고, 바퀴를 따라 12신(神)을 나열하였는데, 각각 굵은 철사[鐵條]로서 줄기[幹]를 만들어 오르내릴 수 있으며, 각각 시패(時牌 : 시간이 적힌 팻말)를 잡고 번갈아서 시간을 알린다. [其制, 先建閣三楹. 東楹之間, 設座二層. 上層立三神, 一司時鳴鍾, 一司更鳴鼓, 一司點鳴鉦. 中層之下, 設平輪, 循輪列十二神, 各以鐵條爲幹而能上下, 各執時牌, 更迭報時.]

⑦ 그 기구를 운행하는 방법은 가운데 칸[中楹]의 사이에 다락[樓]을 설치하여, 위에는 파수호(播水壺 : 물을 흘려보내는 항아리)를 배열하고, 아래에는 수수호(受水壺 : 물을 받는 항아리)를 설치한다. <수수>호(壺)의 위에는 방목(方木)을 세우는데, <방목의> 가운데는 비어 있고, 앞면은 트여 있다[中空面虛]. <방목의> 길이는 11척 4촌이고, 너비는 6촌, 두께는 8분(分), 깊이는 4촌이며, 비어 있는 가운데에는 칸막이[隔]가 있다. <방목의> 앞면에서 1촌 가량 들어가서 왼쪽에 동판(銅板)을 설치하는데 그 길이는 잣대[10척 2촌]에 준하고, 너비는 2촌이다. 판면(板面)에는 12개의 구멍[竅]을 뚫어서 구리로 만든 작은 구슬[銅小丸]을 받도록 하는데, 그 크기는 탄환(彈丸)만 하다[판면에는 12개의 구멍을 뚫어서 탄환만한 크기의 작은 구리 구슬이 통과할 수 있도록 한다]. 모든 구멍[또는 구슬 구멍]에는 기구[機]가 있어서 여닫을 수 있도록 하였으며, 12시를 주관한다[제어한다]. 오른쪽에도 동판을 설치하는데, 길이는 잣대에 준하고, 너비는 2촌 5분이다. 판면에는 25개의 구멍을 뚫어, 또한 왼쪽 판과

같이 구리로 만든 작은 구슬을 받도록 한다. 12개의 잣대에 준하여 모두 12개의 판이 있는데, 절기(節氣)에 따라 교체해서 사용하며, 경점(更點)을 주관한다[제어한다]. [其機運之術, 中楹之間置樓, 上列播水壺, 下置受水壺. 壺上植方木, 中空面虛, 長十一尺四寸, 廣六寸, 厚八分, 深四寸. 空中有隔, 去面入一寸許. 左設銅板, 長準箭, 廣二寸. 板面穿十二竅, 以受銅小丸, 大如彈丸. 九[丸, 또는 凡]竅皆有機, 令可開閉, 主十二時. 右設銅板, 長準箭, 廣二寸五分. 板面穿二十五竅, 亦受銅小丸如左板. 準十二箭, 凡十二板, 隨節氣遞用, 主更點.]

⑧ 수수호의 부전(浮箭 : 물에 뜨는 잣대)은 잣대의 머리에 가로로 젓가락[筋] 모양의 쇠를 부착하는데 그 길이는 4촌 5분이다. [受水壺浮箭, 箭首擊橫鐵如筋, 長四寸五分.]

⑨ <수수>호의 앞에는 구덩이[陷 : 우묵 들어간 곳]가 있다. 구덩이 안에는 넓은 판[廣板]을 비스듬히 설치하는데, 머리는 속이 빈 방목의 밑[方空木底]에 접하고, 꼬리는 동쪽 칸의 자리 아래[東楹座下]에 다다른다. [壺前有陷, 陷中斜置廣板, 首接方空木底, 尾達東楹座下.]

⑩ 칸막이 네 개를 용도(甬道 : 양쪽에 담을 쌓은 길)의 모양과 같이 설치하고, 칸막이 위에는 큰 쇠구슬[鐵丸]을 안치하는데 그 크기는 계란만하다. 왼쪽의 12개는 시(時)를 주관하고, 가운데 5개는 경(更)과 매경(每更)의 초점(初點)을 주관하며, 오른쪽 20개는 점(點)을 주관한다[제어한다]. 그 구슬을 안치한 곳에는 모두 둥근 고리[環]가 있어서 열리고 닫히며, 또 가로로 된 기구[橫機]를 설치하였는데, 그 기구의 모양은 숟가락과 같아서, 한쪽 끝은 구부러져서 고리[環]를 붙잡을 수 있고, 한쪽 끝은 둥글어서[오목해서] 구슬을 받을 수 있으며, 가운데 허리에는 모두 둥근 축이 있어서 내리고 올릴 수 있으며, 그 둥근[오목한] 끝은 구리통[銅筒]의 구멍에 닿는다.

[設隔四如甬道狀, 隔上安大鐵丸, 大如雞卵. 左十二主時, 中五主更及每更
初點, 右二十主點. 其安丸處, 皆有丸[環]開閉. 且設橫機, 其機狀類匙, 一端
曲可以拘環, 一端圓可以受丸, 中腰皆有圓軸令底昂, 其圓端當銅筒之竅.]

⑪ 구리통은 두 개가 있는데 칸막이 위에 비스듬히 설치하였다. 왼쪽
  <구리통>의 길이는 4척 5촌, 원의 지름은 1촌 5분으로 시(時)를
  주관하며, 아랫면에는 12개의 구멍[竅]을 뚫었다. 오른쪽 <구리통>
  의 길이는 8척, 원의 지름은 왼쪽 통과 같고 경점(更點)을 주관하며,
  아랫면에는 25개의 구멍을 뚫었다. 구멍에는 모두 기구가 있는데,
  처음에는 구멍을 모두 열어 놓는다. <방목 속에 설치한> 동판(銅板)
  의 작은 구슬[小丸]이 떨어져 내려서 기구를 작동시키면, 기구가
  저절로 구멍을 닫아서 다음 구슬이 굴러 지나가는 길이 되는데[길을
  만들어 주는데], 차례차례로 모두 그렇게 된다. [銅筒有二, 斜設於隔
  上, 左長四尺五寸·圓經一寸五分, 主時, 下面穿十二竅. 右長八尺, 圓經如
  左筒, 主更點, 下面穿二十五竅. 竅皆有機, 初令竅盡開. 銅板之小丸, 墜注
  動機, 則機自掩竅, 以爲次丸轉過之路, 次次皆然.]

⑫ 동쪽 칸의 자리 위층의 아래 왼쪽[座上層之下左]에는 짧은 통[短筒]
  두 개를 매달았는데, 하나는 구슬을 받고, <다른> 하나의 안에는
  숟가락 같은 기구[機匙]를 설치하였는데, 숟가락(같은 기구)의 둥근
  끝이 <짧은 통의 바깥으로> 반쯤 나와서 구리 구슬을 받는 통[受丸
  筒] 밑에 닿는다. [東楹座上層之下左, 懸短筒二, 一受丸, 一內設機匙.
  匙之圓端半出, 當受丸筒底.]

⑬ 오른쪽에는 원주(圓柱 : 둥근 기둥)와 방주(方柱 : 사각 기둥)를 각각
  두 개씩 세웠다. 원주의 속은 비어 있어서, 안에 기구를 설치하였는데,
  모양은 역시 숟가락과 같고, 반은 나와 있고 반은 들어가 있는데,
  왼쪽 기둥에는 다섯 개, 오른쪽 기둥에는 열 개이다. 방주에는 작은

통[小筒]을 비스듬히 꿰는데 기둥마다 각각 네 개씩이다. <작은
통의> 한쪽 끝은 연잎 모양이고, <다른> 한쪽 끝은 용의 입 모양인
데, 연잎은 구슬을 받고, 용의 입은 구슬을 뱉는다. 용의 입과 연잎은
위아래로 서로 맞닿아 있다. 그 위에 별도로 매달아 놓은 짧은 통[短
筒] 두 개가 있는데, 하나는 경환(更丸 : 경을 알리는 구슬)을 받고,
하나는 점환(點丸 : 點을 가리키는 구슬)을 받는다. 오른쪽 방주의
매 연잎 아래에는 각각 직단통(直短筒 : 곧은 짧은 통) 두 개와 횡단통
(橫短筒 : 가로된 짧은 통) 한 개를 부착하는데, 횡통(橫筒=횡단통)의
한쪽 끝은 왼쪽 방주[오른쪽 방주의 오기(?)] 연잎 아래에 접해 있다.
왼쪽 원주의 다섯 개 숟가락과 오른쪽 원주의 다섯 개 숟가락은
그 둥근 끝이 각각 용의 입과 연잎의 사이에 닿아 있다. 오른쪽
원주의 다섯 개 숟가락은 그 둥근 끝의 반은 직통(直筒=직단통)
안에 들어가 있다. [右立圓柱方柱各二. 圓柱中空, 內設機, 形亦如匙,
半出半入, 左柱則五, 右柱則十. 方柱斜貫小筒, 每柱各四. 一端爲蓮葉,
一端爲龍口, 蓮葉則受丸, 龍口則吐丸, 龍口蓮葉, 上下相當. 其上別有懸短
筒二, 一受更丸, 一受點丸. 右方柱每蓮葉下, 各附直短筒二·橫短筒一. 其
橫筒一端, 接於左方柱蓮葉下. 左圓柱之五匙·右圓柱之五匙, 其圓端各當
龍口蓮葉間. 右圓柱之五匙, 其圓端半入直筒之內.]

⑭ <파수호의> 누수(漏水)가 수수호에 흘러 들어가면, 부전(浮箭 : 물
위에 띄운 잣대)이 점점 올라가면서 시간에 응하여, 왼쪽 동판(銅版)
구멍에 설치한 기구를 퉁기면, 작은 구리 구슬[小丸]이 떨어져 내려서
구리 통[銅筒]에 굴러 들어간다. 구멍에 떨어져서 그 기구를 퉁기면,
기구가 열리고 큰 구슬이 떨어져 자리 밑에 매달아 놓은 단통(短筒)으로
굴러 들어가 떨어지면서 숟가락 모양의 기구[機匙]를 움직여서, 기구
의 한 끝이 통 안으로부터 위로 올라가서 시간을 맡은 인형[司時神]의

팔꿈치를 건드리면 곧 종이 울린다. [漏水下注於受水壺, 則浮箭漸升, 應時撥左銅板竅機, 而小丸墜下, 轉入銅筒, 從竅墜撥其機, 機開而大丸墜, 轉入座下懸短筒, 墜動機匙, 則機一端自筒內上觸司時神之肘, 卽鳴鍾.]

⑮ 경점도 또한 그렇게 하는데, 다만 경을 울리는 구슬[更丸]은 매달아 놓은 단통(短筒)에 들어가서 떨어지면서 숟가락 모양의 기구를 퉁기면, 왼쪽 원주의 가운데로부터 경을 맡은 인형[司更神]의 팔꿈치를 건드려 북을 올리고, 점통(點筒)에 굴러 들어가서 다시 초점(初點)의 기구[初點之機]를 돌리면, 오른쪽 기둥의 가운데로부터 점을 맡은 인형[司點神]의 <팔꿈치>를 건드려 징을 울리고, 연잎 아래에 있는 직소통(直小筒: 곧은 작은 통. 直短筒)에 들어가 멈춘다. 그 굴러 들어가는 곳에는 기구를 설치하여, 처음에는 경을 알리는 구슬[更丸]의 길을 막아 놓았다가, 굴러 들어감에 미쳐서는 들어온 길이 닫히고, <다음> 경(更)의 길이 열린다. 나머지 경에도 모두 그렇게 한다. 5경이 마치기를 기다려[5경이 끝나면] 빗장이 뽑혀 빠져나온다. [更點亦然, 但更丸則注入懸短筒, 墜撥機匙, 自左圓柱中上觸司更神之肘鳴鼓, 轉入點筒, 復發初點之機, 自右柱中上觸司點神鳴鉦, 而止于蓮葉下直小筒. 其轉入處設機, 初閉更丸之路, 及其轉入, 則所入之路閉而更路開, 餘更皆然. 待五更終, 抽扃出之.]

⑯ 매경(每更)의 2점(點) 이하의 구슬은 매달아 놓은 단통(短筒)에 떨어져 들어가서, 연잎으로 굴러 들어가 그 점의 기구[其點之機]를 퉁기고 멈춘다. 다음 점의 구슬도 굴러 지나가면서 또 그 점의 기구를 퉁기고 멈춘다. 그 구슬이 멈춘 통에는 구멍이 있는데, 빗장을 질러서 닫는다. 5점의 구슬이 떨어지면서 그 가장 아래에 있는 기구를 움직이면, 기구와 연결된 쇠줄[鐵繩]이 차례대로 여러 빗장을 뽑아서, 앞서 <멈춰 있는> 3점의 구슬과 함께 일시에 모두 <아래로> 떨어진다.

[每更二點以下之丸, 則墜注懸短筒, 轉入蓮葉, 撥其點之機而止, 次點之丸
轉過, 亦撥其點之機而止. 其止丸之筒, 有竅加局閉之. 及五點之丸, 墜動其
最下之機, 則連機鐵繩, 以次抽諸局, 與前三點之丸一時俱下矣.]

⑰ 그 시간을 주관하는 큰 구슬[主時大丸]이 매달아 놓은 단통(短筒)에
떨어져서 원주(圓柱)에 붙어 있는 통으로 굴러 들어가 떨어지면서
횡목(橫木 : 가로 막대)의 북쪽 끝을 누른다. 횡목의 길이는 6척 6촌,
너비는 1촌 5분, 두께는 1촌 7분이다. 횡목의 가운데 허리 부분에
짧은 기둥[短柱]을 세워서 횡목을 끼고 둥근 축[圓軸]에 접하여
오르내릴 수 있게 한다. 횡목의 남쪽 끝에는 손가락 같은 둥근 나무[圓
木]를 세웠는데, 길이는 2척 2촌이고, 시간을 알리는 인형[報時神]의
발아래에 닿아 있다. 발끝에는 작은 바퀴와 축[小輪軸]이 있는데,
큰 구슬이 떨어져서 북쪽 끝을 누르면, 남쪽 끝이 올라가면서 인형의
발을 들어서 자리 가운데 층의 위[座中層之上]에 올려 준다. 횡목의
북쪽 끝의 북쪽에 작은 판[小板]을 세워서 여닫게 한다, 판에는
쇠줄이 있어서 위로는 시간을 주관하는[제어하는] 매달아 놓은 통
[懸筒]의 숟가락 같은 기구에 연결되어 있어, 숟가락 같은 기구가
움직이면 판이 열려서 앞의 구슬이 나오게 한다. 횡목의 남쪽 끝이
낮아지면 시간을 알리는 인형[報時神]은 윤면(輪面)으로 돌아오고,
다음 시간의 인형이 곧바로 대신 올라간다. [其主時大丸, 墜注懸短筒,
轉入于附圓柱筒, 墜踏橫木北端. 木長六尺六寸, 廣一寸五分, 厚一寸七分.
當橫木中腰主短柱, 狹橫木, 接以圓軸, 令可低昂. 於橫木南端, 立圓木如
指, 長二尺二寸, 當報時神之足下. 足端有小輪軸, 大丸抽壓北端, 則南端仰
而擎神之足, 升座中層之上. 橫木北端之北, 立小板, 令可開闔. 板有鐵繩,
上連主時懸筒之機匙, 匙動則板開, 令出前丸, 橫木南端低, 而報時神還於
輪面, 次時神卽代升.]

⑱ 그 바퀴를 돌리는 제도는 <다음과 같다.> 바퀴 밖에 길이가 1척 정도의 작은 판[小板]을 가로로 놓고, 그 가운데에 4~5촌 정도 되는 구멍을 내서 동판(銅板)이 그 위에 가로로 걸칠 수 있도록 하는데, 그 형세가 순하게[완만하게] 기울어지게 한다. 한쪽 끝에 축(軸)을 설치하여 여닫게 한다. 시간을 알리는 <인형의> 발은 처음에는 동판(銅板)의 아래로 반촌[半寸] 정도 들어가 있는데, <발이 들어> 올려지면 동판이 열려서 위로 올라오고, 올라온 <다음에는> 도로 닫힌다. 그 시간이 다하면 윤면(輪面)으로 돌아오고, 발끝의 쇠바퀴[鐵輪]가 동판을 따라서 돌면서 아래로 내려오니 잠시라도 머무를 수 없다. 다음 시간의 인형도 또한 그렇게 한다. [其輪轉之制, 輪外橫置小板長尺許, 坎其中四五寸許, 令銅板橫跨其上, 其勢順傾. 一端設軸, 令可開閉. 報時之足, 初入銅板下半寸許, 升則開銅板而上, 上則還閉. 及其時盡, 而還輪面, 則足端鐵輪順轉銅板而下, 暫不能住, 次時神亦然.]

⑲ 무릇 여러 기계는 모두 다 숨겨져 있어서 드러나지 않고, 보이는 것은 관대(冠帶)를 갖춘 목인(木人 : 나무 인형)뿐이다. 이것이 그 대개(大率=대강)이다. [凡諸機械, 皆藏隱不現, 而所見者, 具冠帶木人而已, 此其大率也.]

보루각루(報漏閣漏), 즉 보루각 자격루의 제작에서 장영실은 주도적 역할을 하였는데, 특히 자격루의 자동시보 장치를 고안한 것으로 보인다.[79] 그는 동래현(東萊縣)의 관노(官奴) 출신으로 성품이 정교하여 궐내의 공장(工匠) 일을 도맡아 처리했다고 전해지고 있다.[80]

---

79) 『世宗實錄』卷65, 世宗 16년 7월 1일(丙子), 1ㄴ(3책, 577쪽). "上又慮報時者未免差謬, 命護軍蔣英實, 制司辰木人, 隨時自報, 不假人力."

보루각루 이전에도 물시계는 있었다. 일찍이 삼국의 신라에서는 성덕왕 때 누각(漏刻)을 처음 만들고 누각전(漏刻典)을 설치하였다.[81] 조선왕조에 들어와서는 태조 7년(1398)에 종루(鍾樓)에 '경루(更漏)'를 설치하였으니,[82] 이는 밤의 시각을 알리기 위한 것으로 추정된다.[83] 세종 6년(1424)에는 궐내의 '경점지기(更點之器)'를 중국의 체제를 상고하여 청동으로 주조해서 제작하게 하였는데,[84] 이 역시 밤의 시각을 알리는 기구였던 것으로 보인다.

자격루의 완성에 즈음하여 한양 도성의 보시(報時) 체계가 정비되었다. 그것은 보루각과 경회루(慶會樓) 남문, 월화문(月華門 : 근정문의 서쪽 협문)·근정문(勤政門), 영추문(迎秋門)과 광화문(光化門)을 연결하는 노선이었다. 경회루의 남문과 월화문·근정문에는 각각 금고(金鼓 : 징과 북)를, 영추문에는 대고(大鼓)를, 광화문에는 대종(大鍾)과 대고(大鼓)를 설치하였다. 보루각의 물시계인 자격루는 서운관생(書雲觀生)이 번갈아 입직하면서 감독하였고, 경회루 남문과 영추문·광화문은 서운관생이 담당하고, 나머지 문들은 각각 그 문에 숙직하는 갑사(甲士)들이 맡았다. 밤마다 각 문의 금고를 담당하는 자는 자격루의 목인(木人 : 나무인형)이 내는 금고의 소리를 듣고 차례대로 전하여 치도록 하였다[보루각 → 경회루 남문 → 월화문·근정문 → 광화문]. 영추문에 세운 대고는 오시에 자격루 목인

---

80) 『世宗實錄』 卷65, 世宗 16년 7월 1일(丙子), 3ㄴ(3책, 578쪽). "英實, 東萊縣官奴也. 性精巧, 常掌闕內工匠之事."

81) 『三國史記』 卷8, 新羅本紀 8, 聖德王, "(17년)始造漏刻.";『三國史記』 卷38, 雜志 第7, 職官上, "漏刻典, 聖德王十七年始置. 博士六人, 史一人."

82) 『太祖實錄』 卷14, 太祖 7년 윤5월 10일(乙酉), 7ㄱ(1책, 124쪽). "置更漏于鍾樓."

83) 『世宗實錄』 卷66, 世宗 16년 10월 2일(乙巳), (3책, 592쪽). "凡所設施, 莫大時也. 夜有更漏, 晝難知也."

84) 『世宗實錄』 卷24, 世宗 6년 5월 6일(庚辰), 10ㄴ(2책, 595쪽). "命闕內更點之器, 其考中國體制, 鑄銅以進."

<그림 2-5> 자격루(自擊漏)

이 내는 북소리를 들으면 치도록 하였고, 광화문의 북을 맡은 자도 전하여 치도록 했다[보루각 → 영추문 → 광화문].85)

---

85) 『世宗實錄』卷65, 世宗 16년 7월 1일(丙子), 3ㄴ(3책, 578쪽). "報漏閣置新漏, 使書雲觀生, 更迭入直監之. 慶會樓南門·月華門·勤政門, 各置金鼓, 光化門, 建大鍾鼓, 當夜各門掌金鼓者, 聞木人金鼓之聲, 以次傳擊. 迎秋門亦建大鼓, 午時聞木人鼓聲, 亦擊之, 掌光化門

세종 20년(1438)에 흠경각이 완성되었다. 보루각 자격루와 마찬가지로 흠경각 누기(漏氣)의 제작도 장영실이 주도하였다. 김돈은 「흠경각기(欽敬閣記)」에서 흠경각루의 구조를 다음과 같이 서술하였다.[86]

① 풀[糊] 먹인 종이로 산을 만들었는데 높이는 7척쯤이고, 그 <흠경각의> 가운데에 설치했다. 그 <산의> 안에는 옥루기륜(玉漏機輪)을 설치하여 물로써 작동시켰다.

② 금으로 해를 만들었는데 그 크기는 탄환(彈丸)만 하고, 오색구름이 그것[해]을 둘러서 산허리 위를 운행하며, 하루에 한 바퀴를 돌아서 낮에는 산 밖에 나타나고 밤에는 산속에 들어가는데, 비스듬한 형세[斜勢 : 해가 동쪽에서 떠서 비스듬히 하늘을 가로질러 서쪽으로 지는 모습]는 하늘의 운행[天行]에 준하고, 극(極)으로부터 멀고 가까이 떨어져서 출입하는 분수가 각각의 절기에 따라서 하늘에 떠 있는 해[天日]와 더불어 합치한다.

③ 해 밑에는 옥녀(玉女) 넷이 손에 금탁(金鐸)을 잡고 구름을 타고 사방에 서서, 인(寅)·묘(卯)·진(辰)시 초(初)와 정(正)에는 동쪽에 있는 자[옥녀]가 그것[금탁]을 울리고, 사(巳)·오(午)·미(未)시 초와 정에는 남쪽에 있는 자가 그것을 울리며, 서쪽[申·酉·戌]과 북쪽[亥·子·丑]도 모두 그렇게 한다.

④ 밑에는 사신(四神 : 네 방위를 맡은 신)이 있어 각각 그 곁에 세웠는데 모두 산을 향하여 있어, 인시(寅時)가 되면 청룡신(靑龍神)은 북쪽으로 향하고, 묘시(卯時)가 되면 동쪽으로 향하며, 진시(辰時)가 되면

鼓者, 又傳擊之. 慶會樓南門·迎秋門·光化門, 書雲觀生掌之, 餘門各其門直宿甲士掌之."
86) 欽敬閣漏의 구조에 대한 최근의 연구로는 윤용현·기호철, 「세종의 흠경각 건립 의미와 옥루의 구조」, 『民族文化』 49, 한국고전번역원, 2017을 참조.

남쪽으로 향하고, 사시(巳時)가 되면 <본래의 방향으로> 돌아와서 다시 서쪽으로 향하며, <이와 동시에> 주작신(朱雀神)은 다시 동쪽으로 향하고, 이전에 <청룡이 했던 것과 같이 시간의> 차례대로 방위를 향하며, 다른 것도 이와 같다.[87]

⑤ 산의 남쪽 기슭에는 높은 대[高臺]가 있어, 사신(司辰) 한 사람이 강공복(絳公服 : 붉은 명주로 만든 두루마기)을 갖추어 입고 산을 등지고 섰으며, 무사(武士) 세 사람이 있어 모두 갑옷과 투구[甲冑]를 갖추었는데, 하나는 종과 방망이[鍾槌]를 잡고 서쪽을 향해서 동쪽에 섰고, 하나는 북과 북채[鼓枹]를 잡고 동쪽을 향해 서쪽에서 약간 북쪽으로 가까운 곳에 섰고, 하나는 징과 채찍[鉦鞭]을 잡고 동쪽을 향해서 서쪽에서 약간 남쪽으로 가까운 곳에 서 있다. 매시(每時)가 되면 사신(司辰)이 종인(鍾人 : 종 치는 武士)을 돌아다보고, 종인도 또한 사신을 돌아보면서 종을 친다. 매경(每更)에는 고인(鼓人 : 북 치는 武士)이 북을 치고, 매점(每點)에는 정인(鉦人 : 징 치는 武士)이 징을 치는데, 서로[司辰과 鼓人·鉦人이] 돌아보는 것은 또한 그[鍾人]와 같이 한다. 경·점마다 북과 징을 치는 숫자는 정해진 규칙[常法]과 같다.

⑥ 또 그[산] 아래 평지의 위에는 12신(神)이 각각 그 방위에 엎드려 있고, 12신의 뒤에는 각각 구멍이 있어 항상 닫혀 있다. 자시(子時)가

---

87) 四神은 처음에 모두 중앙의 산을 향하고 있다고 했으므로 靑龍은 西向, 朱雀은 北向, 白虎는 東向, 玄武는 南向이었다. 이후 시간의 변화에 따른 사신의 움직임은 다음과 같다.

	子	丑	寅	卯	辰	巳	午	未	申	酉	戌	亥
靑龍			北向	東向	南向	西向						
朱雀						東向	南向	西向	北向			
白虎									南向	西向	北向	東向
玄武	北向	東向	南向									西向

되면 쥐 <모양으로 만든 신> 뒤에 있는 구멍이 저절로 열리면서 옥녀(玉女)가 시패(時牌)를 잡고 나오고, 쥐 <모양으로 만든 신>은 그 앞에 일어선다. 자시가 끝나면 옥녀는 되돌아서 들어가고 그 구멍은 다시 저절로 닫히고 쥐 <모양으로 만든 신>도 다시 엎드린다. 축시가 되면 소 <모양으로 만든 신> 뒤의 구멍이 저절로 열리면서 옥녀가 또 나오고, 소 <모양으로 만든 신>이 또 일어서는데, 열두 시간이 모두 이렇게 되어 있다.

⑦ 오위(午位)의 앞에는 또 대(臺)가 있고 대 위에는 기기(欹器)[88]를 설치하였다. 그릇[欹器]의 북쪽에는 관인(官人 : 관원 모양의 인형)이 있어 금병(金瓶)을 잡고 물을 따르는데, 누기(漏器)에 사용하고 남은 물을 이용하여 끊임없이 흐르게 하여, 그릇이 비면 기울고 반쯤 차면 반듯해지며, 가득 차면 엎어지니 모두 옛 가르침과 같다.

⑧ 또 산 동쪽에는 봄 석 달의 풍경을 만들었고, 남쪽에는 여름 석 달의 풍경을 <만들었으며>, 가을과 겨울도 또한 그렇게 하였다. <『시경(詩經)』> 「빈풍」의 그림[豳風圖][89]에 따라 인물(人物)·조수(鳥獸)·초목(草木)의 형상을 나무를 깎아 만들어서, 그 절후(節候)를 살펴 벌여 놓았는데 「칠월(七月)」 한 편의 일이 갖추어지지 않은 것이 없다.

⑨ 전각의 이름을 '흠경(欽敬)'이라고 한 것은 <『서경』의> 요전(堯典)

---

88) 欹器는 『荀子』「宥坐」篇에 등장하는 기구로 물이 비면 기울어지고, 알맞으면 바로 서고, 가득 차면 엎어지는 것이다. 임금의 자리 오른쪽[宥坐]에 두고 경계로 삼았다. 『荀子』卷20, 宥坐篇 第28, 1ㄱ~ㄴ. "孔子觀於魯桓公之廟, 有欹器焉. 孔子問於守廟者曰, 此爲何器. 守廟者曰, 此蓋爲宥坐之器. 孔子曰, 吾聞宥坐之器者, 虛則欹, 中則正, 滿則覆. 孔子顧謂弟子曰, 注水焉. 弟子挹水而注之. 中而正, 滿而覆, 虛而欹. 孔子喟然而嘆曰, 吁, 惡有滿而不覆者哉."

89) 여기서 말하는 豳風圖는 『書傳』의 卷首, 詩傳圖나 『六經圖』등에 수록되어 있는 「豳公七月風化之圖」를 가리키는 것이다.

<그림 2-6> 흠경각(欽敬閣)

편의 '하늘을 공경히 따라서 민시(民時=人時 : 농사의 절후)를 공경히 준다[欽若昊天, 敬授人時]'는 뜻을 취한 것이다.90)

---

90) 『世宗實錄』卷80, 世宗 20년 1월 7일(壬辰), 5ㄱ~ㄴ(4책, 123쪽). "糊紙爲山, 高七尺許, 置於其中. 內設玉漏機輪, 以水激之. 用金爲日, 大如彈丸. 五雲繞之, 行於山腰之上, 一日一周, 晝現山外, 夜沒山中, 斜勢準天行, 去極遠近出入之分, 各隨節氣與天日合. 日下有玉女四人, 手執金鐸, 乘雲而立於四方. 寅卯辰初正, 在東者每振之；巳午未初正, 在南者振之, 西北皆然. 下有四神, 各立其傍, 皆面山. 寅時至則靑龍北向, 卯時至則東向, 辰時至則南向, 巳時至則還復西向而朱雀復東向, 以次向方如前. 他倣此. 山之南麓有高臺. 司辰一人具絳公服, 背山而立. 有武士三人, 皆具甲冑, 一執鍾槌, 西向立於東, 一執鼓桴, 東向立於西近北, 一執鉦鞭, 亦東向立於西近南. 每時至則司辰回顧鍾人, 鍾人亦回視司辰, 乃擊鍾. 每更, 鼓人擊鼓, 每點, 鉦人擊鉦, 其相顧亦如之. 更點鉦鼓之數, 竝如常法. 又其下平地之上, 十二神各伏其位, 十二神之後, 各有穴常閉. 子時至則鼠後之穴自開, 有玉女執時牌出而鼠起於前, 子時盡則玉女還入, 其穴還自閉鼠還伏, 丑時至則牛後之穴自開, 玉女亦出, 牛亦起, 十二時皆然. 午位之前又有臺, 臺上置欹器, 器北有官人執金瓶以注之, 用漏之餘水, 源源不絶, 虛則欹, 中則正, 滿則覆, 皆如古訓. 又山之東則作春三月之景, 南則夏三月之景, 秋冬亦然. 依豳風之圖, 刻木爲人物鳥獸草木之形, 按其節候而布之, 七月一篇之事, 無不備具. 閣名曰欽敬, 取堯典欽若昊天敬授民時之(之)義也."

흠경각의 건설 과정에서 장영실이 중요한 역할을 담당하였다. 복잡한 기계 장치를 능숙하게 다루는 장영실의 빼어난 솜씨를 여기에서도 엿볼 수 있다. 그럼에도 불구하고 흠경각의 규모와 제도를 확정하는 데는 세종의 역할이 중요했다.[91] 흠경각을 경복궁의 연침(燕寢)인 천추전(千秋殿) 옆에 설치한 것은 국왕이 수시로 살펴보기 위함이었다. 흠경각의 건설 이전에 이미 간의대가 설치되었고, 간의를 비롯한 여러 의상이 갖추어져 있었다. 그러나 그것은 모두 후원(後苑)에 있었기 때문에 때때로 살펴보기 어려워서 흠경각을 건설했던 것이다.[92]

김돈은 「흠경각기」에서 흠경각의 건설 의미를 몇 가지로 정리했다. 그가 보기에 역대 '측후의 기구[測候之器]'는 요순시대 이후로 각 시대마다 각각의 제도가 있었다. 특히 당송(唐宋) 이후로 그 제작법이 점차 갖추어졌는데, 당의 황도유의(黃道遊儀)와 수운혼천(水運渾天), 송의 부루표영(浮漏表影)과 혼천의상(渾天儀象), 원(元)의 앙의(仰儀)와 간의(簡儀) 등은 모두 정묘(精妙)하다고 일컬어졌다. 그러나 그것은 각각 하나의 제도를 이룩한 것일 뿐 겸해서 상고할[兼考] 수 없었고, 운용하는 방법도 사람의 힘을 빌려야만 했다.[93] 흠경각은 여러 천문의기의 용도를 겸했을 뿐만 아니라 사람의 힘을 빌리지 않고 수력을 이용해 자동으로 운행하는 기구라는 점에 그 특징이 있었다.

---

91) 『世宗實錄』卷80, 世宗 20년 1월 7일(壬辰), 5ㄱ(4책, 123쪽). "欽敬閣成. 大護軍蔣英實經營之, 其規模制度之妙, 皆出睿裁."

92) 『世宗實錄』卷80, 世宗 20년 1월 7일(壬辰), 5ㄱ(4책, 123쪽). "閣在景福宮燕寢之傍. …… 我主上殿下命攸司制諸儀象, 若大小簡儀·渾儀·渾象·仰釜日晷·日星定時·圭表·禁漏等器, 皆極精巧, 夐越前規, 猶慮制度未精, 且諸器皆設於後苑, 難以時時占察, 乃於千秋殿西庭, 建一間小閣."

93) 『世宗實錄』卷80, 世宗 20년 1월 7일(壬辰), 5ㄴ(4책, 123쪽). "夫自唐·虞, 測候之器, 代各有制, 唐·宋以來, 其法浸備. 若唐之黃道遊儀·水運渾天, 宋之浮漏表影·渾天儀象, 以至元朝仰儀·簡儀, 皆號精妙, 然大率各成一制, 未得兼考, 而運用之機, 多借人爲."

뿐만 아니라 남은 물을 이용해서 작동하는 기기(欹器)는 천도(天道)의 영허(盈虛)하는 이치를 보여주는 것이고, 산의 사방에 펼쳐 놓은 빈풍(豳風)의 풍경[豳風之圖]은 백성들이 농사짓는 어려움을 볼 수 있게 한 것이다.[94] 김돈은 이와 같은 흠경각의 제작은 하늘을 본받고 천시에 따르는 공경하는 뜻이 매우 극진한 것이며, 백성을 사랑하고 농업을 중시하는 어질고 후한 덕은 주(周)나라와 같이 아름답게 되어 무궁토록 전해질 것이라고 하였다.[95] 흠경각의 건설이 '경천근민(敬天勤民)'이라는 유교적 정치사상을 함축하고 있음을 보여주는 표현이라 할 수 있다. 요컨대 흠경각은 '흠경의 뜻'과 '인후(仁厚)한 덕'을 바탕으로 나라를 다스리면 조선왕조는 주나라와 같이 융성하게 될 것이라는 소망과 다짐을 표현한 정치사상적 기구였던 것이다.

4) 일구(日晷) : 앙부일구, 현주일구, 행루(行漏), 천평일구, 정남일구

(1) 앙부일구(仰釜日晷)

세종 대 의상의 창제 과정에서 여러 가지 해시계가 제작되었다. 그 가운데 대표적인 것이 앙부일구였다. 김돈은 「간의대기」에서 앙부일구에 대해 다음과 같이 매우 간략하게 언급하였다.

무지한 남녀들이 시각에 어두우므로 앙부일구 2건(件)을 만들고 안에

---

94) 『世宗實錄』 卷80, 世宗 20년 1월 7일(壬辰), 6ㄱ(4책, 124쪽). "而又用漏之餘水作欹器, 以觀天道盈虛之理, 山之四方, 陳豳風, 以見民生稼穡之艱."
95) 『世宗實錄』 卷80, 世宗 20년 1월 7일(壬辰), 6ㄱ(4책, 124쪽). "其法天順時欽敬之意, 至矣盡矣, 而愛民重農仁厚之德, 當與周家竝美而傳於無窮矣."

는 시신(時神)을 그렸으니, 대개 무지한 자들로 하여금 굽어보게 하여서[俯視] 시각을 알게 하고자 함이다. 하나는 혜정교(惠政橋) 가에 놓고, 하나는 종묘(宗廟) 남쪽 거리에 놓았다.96)

앙부일구가 혜정교와 종묘 앞에 설치된 시점은 세종 16년(1434)이다.97) 당시 김돈이 지은 「앙부일구명(仰釜日晷銘)」은 다음과 같다.98)

凡所設施, 莫大時也 설시(設施 : 계획하고 시행함)하는 데는 시간보다 중한 것이 없다.

夜有更漏, 晝難知也 밤에는 물시계[更漏]가 있지만 낮에는 알기 어렵다.

鑄銅爲器, 形似釜也 구리를 부어 기구를 만드니 형태는 가마솥과 비슷하다.

徑[經]設圓距, 子對午也 테두리[徑=經]에 둥근 모양의 막대기[圓距]99)를 설치하니 자(子)와 오(午)가 마주하였다.

---

96) 『世宗實錄』卷77, 世宗 19년 4월 15일(甲戌), 10ㄱ(4책, 67쪽). "愚夫愚婦昧於時刻, 作仰釜日晷二件, 內畫時神, 蓋欲愚者俯視知時也. 一置惠政橋半[泮], 一置宗廟南街."
97) 『世宗實錄』卷66, 世宗 16년 10월 2일(乙巳), 1ㄱ(3책, 592쪽). "初置仰釜日晷於惠政橋與宗廟前, 以測日影."
98) 『世宗實錄』卷66, 世宗 16년 10월 2일(乙巳), 1ㄱ(3책, 592쪽) ; 『東文選』卷50, 「仰釜日晷銘」(金墩), 8ㄴ~9ㄱ(2책, 187~188쪽). "凡所設施, 莫大時也. 夜有更漏, 晝難知也. 鑄銅爲器, 形似釜也. 徑[經]設圓距, 子對午也. 嶮隨拗回, 點芥然也. 畫度於內, 半周天也. 圖畫神身, 爲愚氓也. 刻分昭昭, 透日明也. 置于路旁, 觀者聚也. 自今伊始, 民知作也." [ ]안의 글자는 실록의 표기.
99) 이는 혼천의의 부속품인 直距와 비교해 보면 그 모양을 추측할 수 있다. 직거는 직사각형 모양으로 된 기구로 天經環=黑雙環의 남북 양축을 연결하고 가운데 조그만 구멍을 뚫어 玉衡의 허리에 위치한 축을 받게 하였다. 그렇다면 圓距는 긴 직사각형을 원 모양으로 둥글게 구부린 기구임을 알 수 있다. 현전하는 조선후기의 앙부일구를 보면 오목한 반구의 상단에 둥근 고리 모양의 地平環이 설치되어 있다. 여기에는 계절선과 만나는 지점에 24氣의 명칭을 기록했고, 바깥쪽에는 子午를 비롯한 24방위가 표시하였다. 원거는 바로 지평환을 가리키는 것이라고 추측된다.

<그림 2-7> 앙부일구(仰釜日晷)

篆隨拗回, 點芥然也 　새겨진 글씨[篆]가 굽어지는 <면을> 따라 도는
　　　　　　　　　　 것은 겨자씨를 점찍어 놓은 것 같다.100)

畫度於內, 半周天也 　안에는 도수(度數)를 그렸는데 주천(周天)의 반(半)이
　　　　　　　　　　 된다.

圖畫神身, 爲愚氓也 　(12)신(神)의 몸을 그린 것은 어리석은 백성을 위함이다.

刻分昭昭, 透日明也 　각(刻)과 분(分)이 뚜렷한 것은 햇빛이 통하기 때문이다.

置于路旁, 觀者聚也 　길가에 설치한 것은 보는 사람들이 모이기 때문이다.

自今伊始, 民知作也 　지금부터 비로소 백성들이 농사지을 <때>를 알게
　　　　　　　　　　 될 것이다.

---

100) 이 구절이 정확하게 무엇을 뜻하는지 분명하지 않다. 기존의 번역본에서는
　　 "구멍이 꺾이는 데 따라서 도니 겨자씨를 점찍은 듯하다."라거나 "구멍이 꺾임을
　　 따라 도는 것은 점을 찍어서 그러하다."라고 해석하였다. 이는 '篆(관)'을 구멍으
　　 로 보았기 때문인데, 앙부일구에서 '구멍'이 무엇을 가리키는 것인지 알 수
　　 없다. 따라서 여기에서는 '篆'을 '篆=款', 즉 鍾鼎이나 彝器 등에 새겨진 문자를
　　 뜻하는 '落款'의 의미로 해석하고자 한다. 이럴 경우 이 구절을 앙부일구의
　　 지평환에 새겨진 문자가 원의 형태를 이루며 둥글게 분포하는데, 그 모습이
　　 마치 겨자씨를 점찍어 놓은 것과 같다는 뜻으로 풀이할 수 있다.

앙부일구는 천구의 모양을 본떠 만든 반구 형태의 해시계이다. 위의 인용문에서 볼 수 있듯이 혜정교 옆과 종묘 남쪽 거리에 설치하여 일반 백성들도 볼 수 있게 하였으니 공중용 해시계의 기능을 담당하였다. 현존하는 앙부일구는 대부분 조선후기에 제작된 것으로 알려져 있다. 그 구조는 가마솥 모양의 반구 안에 북극을 가리키는 영침(影針), 영침의 그림자를 받아 계절과 시간을 알려주는 시반면(時盤面)으로 이루어져 있다. 시반면에는 24기(氣)를 나타내는 13개의 가로선과 시각을 나타내는 세로선이 표시되어 있다.

(2) 현주일구(懸珠日晷)

김돈의 「간의대기」에서는 현주일구에 대해 다음과 같이 서술하였다.

> 또 현주일구(懸珠日晷)를 만들었는데, 네모난 밑받침[方趺]의 길이는 6촌 3분이다. 밑받침의 북쪽에는 기둥을 세우고, 밑받침의 남쪽에는 못을 파서, 밑받침의 북쪽에는 십자를 그리고, 기둥머리에 추(錘)를 달아서 십자와 서로 닿게 하면, 수준(水準)을 보지 않아도 자연히 평평하다[平正]. 작은 바퀴[小輪]에 100각(刻)을 그리는데, 바퀴의 지름은 3촌 2분이고 자루가 있어서 기둥에 비스듬히 꿰었다. 바퀴 중심에 구멍[竅]이 있어 하나의 가느다란 줄[細線]을 꿰어서 위로는 <밑받침의 북쪽에 세운> 기둥의 끝에 매고, 아래로는 밑받침의 남쪽에 매어서, 줄의 그림자가 있는 곳을 보고 곧 시각을 안다.[101]

---

101) 『世宗實錄』卷77, 世宗 19년 4월 15일(甲戌), 10ㄱ(4책, 67쪽). "又作懸珠日晷, 方趺長六寸三分, 堅柱趺北, 鑿池趺南, 畫十字於趺北, 懸錘於柱頭, 與十字相當, 則不必水準, 自然平正. 畫百刻於小輪, 輪經三寸二分, 有柄斜貫於柱. 輪心有竅, 貫一細線, 上繫柱端,

<그림 2-8> 현주일구(懸珠日晷)

　현주일구는 적도시반(赤道時盤)을 가진 해시계이다. 100각이 그려진
작은 바퀴가 바로 하늘의 적도면과 평행하게 설치된 적도시반이다. 시반
면의 중앙을 관통하는 가느다란 선은 시반면과 직각을 이루고, 지구의
자전축과 평행을 이룬다. 현주일구로 시간을 측정할 때는 가느다란 선의
그림자가 시반면에 맺히면 시반면에 새겨진 눈금을 읽으면 된다. 하절기
에는 시반면의 앞면에 그림자가 맺히게 되고, 동절기에는 시반면의 뒷면

　下繫趺南, 線影所在, 便知時刻."

<그림 2-9> 해인사 성보박물관 소장 '일영의(해시계)' | Joseph Needham et al., 1986.

에 그림자가 맺히기 때문에 하절기에는 앞면의 눈금으로, 동절기에는
뒷면의 눈금으로 시간을 측정한다.

　세종 19년(1437) 6월에는 변경의 군문(軍門)에 시간을 측정할 수 있는
기구를 보냈는데, 이때 함길도의 도절제사영(都節制使營)과 경원(慶源),
회령(會寧), 종성(鍾城), 공성(孔城), 평안도의 도절제사영과 강계(江界), 자
성(慈城), 여연(閭延) 등에 현주일구를 보냈음을 확인할 수 있다.102)

　현재 해인사 성보박물관에는 청동으로 제작된 직사각형 받침대와 원형
의 시반으로 구성된 '일영의(해시계)'라는 명칭의 유물이 소장되어 있는

102)『世宗實錄』卷77, 世宗 19년 6월 18일(丙子), 38ㄱ~(4책, 81쪽). "上以邊境軍門不可無
　　知時之器, 賜咸吉道都節制使營日星定時儀·懸珠日晷·行漏·漏籌通義各一, 慶源·會寧·
　　鍾城·孔城懸珠日晷·行漏·漏籌通義各一. 賜平安道都節制使營日星定時儀·懸珠日晷·行
　　漏·漏籌通義各一, 江界·慈城·閭延懸珠日晷·行漏·漏籌通義各一."

데, 이것이 세종조에 제작된 현주일구로 간주되고 있다.[103]

(3) 행루(行漏)

김돈은 현주일구에 이어 다음과 같이 '행루'에 대해 언급하고 있는데, 이는 날이 흐려서 해시계를 사용할 수 없을 때 시간을 측정하기 위한 간편한 물시계라고 판단된다.

> 흐린 날에는 시각을 알기 어려우므로 행루(行漏)를 만들었으니, 형체는 작고 제도가 간략하다. 파수호(播水壺)와 수수호(受水壺)가 각각 하나씩인데, 갈오(渴鳥)로 물을 주입하고, 물을 교체해서 자(子)·오(午)·묘(卯)·유(酉)시에 쓴다.[104]

행루에 대한 김돈의 설명은 모호하다. 따라서 이에 대한 연구자들의 해석도 분분하다. 니덤(Joseph Needham) 등은 행루가 의미하는 바를 두 가지로 해석했다. 하나는 말 그대로 간단히 들고 다닐 수 있는 유입부상 물시계로 하나의 파수호와 사이펀(siphon) 내지 유출관, 그리고 부표와 잣대를 갖춘 수수호로 구성된 물시계일 가능성이고, 다른 하나는 막대저울 물시계(steelyard clepsydra, 稱刻漏)를 의미하는 것일 가능성이다. 그러나 충분한 증거 자료가 없다는 이유로 판단을 보류했다.[105]

---

103) 남문현, 『한국의 물시계』, 건국대학교출판부, 1995, 84쪽 및 108~113쪽 ; 남문현, 『장영실과 자격루—조선시대 시간측정 역사 복원—』, 서울대학교출판부, 2002, 65~69쪽.

104) 『世宗實錄』 卷77, 世宗 19년 4월 15일(甲戌), 10ㄱ~ㄴ(4책, 67쪽). "雲陰之日, 難於知時, 作行漏, 體小制簡. 播水壺·受水壺各一, 注以渴鳥遞水, 用子午卯酉時."

105) Joseph Needham, Lu Gwei-Djen, John H. Combridge, John S. Major, *The Hall*

반면에 남문현은 행루를 이동식 물시계라고 보았다. 파수호와 수수호가 하나씩으로, 파수호의 물은 갈오(渴鳥), 즉 사이펀을 써서 수수호에 공급하고, 수수호에는 눈금을 새긴 잣대를 띄워 여섯 시간 동안 시각을 측정했다는 것이다. 요컨대 행루는 여섯 시간마다 수수호의 물을 교체하는 방식의 물시계였다는 것이다.[106]

(4) 천평일구(天平日晷)

「간의대기」에서 다음으로 소개하고 있는 해시계는 천평일구이다. 이는 말을 타고 가면서 시간을 측정하기 위한 용도로 제작된 것이었다.

말을 타고 가면서도 시각을 알지 않을 수 없으므로 천평일구(天平日晷)를 만드니, 그 제도는 현주일구와 대략적으로 비슷하다. 오직 남쪽과

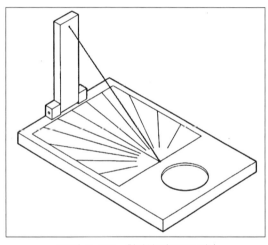

<그림 2-10> 천평일구(天平日晷) |
Joseph Needham et al., 1986.

of Heavenly Records : Korean Astronomical Instruments and Clocks 1380-1780, Cambridge University Press, 1986, pp.84~86.
106) 남문현, 『장영실과 자격루-조선시대 시간측정 역사 복원-』, 서울대학교출판부, 2002, 72쪽.

북쪽에 못을 파고, 받침대의 중심에 기둥을 세우고, 실을 기둥의 머리에 꿰어서 들어 올려서 남쪽을 가리키는 것만이 다를 뿐이다.[107]

천평일구의 구조에 대해서도 논란의 여지가 있다. 김돈의 기록에서는 천평일구가 말 위에서도 시간을 측정하기 위한 해시계라는 점, 그 제도가 현주일구와 대략 비슷하다는 점, 다만 받침대의 남북에 못을 파고 기둥머리에 실을 꿰어 <작은 바퀴를(?)> 들어 올려 남쪽을 가리키게 한 것만 다르다는 점을 거론했다. 그러나 이것만으로는 정확한 구조를 해명하기 어렵다. 그로 인해 해석의 여지가 생기게 되었고, 연구자들마다 각각 다른 모델을 제시하였다. 전상운과 니덤, 남문현, 김상혁 등의 모델이 조금씩 차이가 나는 이유는 바로 이 때문이다.[108] 특히 니덤 등의 모델은 천평일구를 휴대용 지평면 해시계로 보고자 했다는 점에서 다른 모델과 큰 차이를 보인다.

(5) 정남일구(定南日晷)

김돈은 끝으로 정남일구를 소개하였다.

하늘을 측험하여 시각을 알고자 하는 자는 반드시 정남침(定南針)을 쓰는데 사람이 만든 것[人爲]을 면치 못하여 정남일구를 만드니, 대개 정남침을 사용하지 않아도 남북이 저절로 정해지는 것이다. 받침대의

---

107) 『世宗實錄』 卷77, 世宗 19년 4월 15일(甲戌), 10ㄴ(4책, 67쪽). "馬上不可不知時, 作天平日晷, 其制與懸珠日晷大同. 唯鑿池南北, 堅柱趺心, 貫繩柱頭, 擧以指南爲異耳."
108) Joseph Needham, et al., ibid, pp.86~88 ; 남문현, 앞의 책, 2002, 69~70쪽 ; 김상혁 외, 『天文을 담은 그릇』, 한국천문연구원, 2013, 82~85쪽.

길이는 1척 2촌 5
분이고, 양쪽 머리
[兩頭]의 너비는 4
촌, 길이는 2촌이
며, 허리의 너비는
1촌, 길이는 8촌 5
분이다. 가운데 둥
근 못[圓池]이 있
는데 지름은 2촌 6
분이고, 수로[水
渠]가 있어 양쪽
머리로 통하여 기
둥 주위를 돌게 하
였다. 북쪽 기둥의
길이는 1척 1촌이

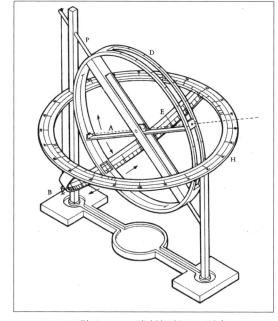

<그림 2-11> 정남일구(定南日晷) |
Joseph Needham et al., 1986.

고, 남쪽 기둥의 길이는 5촌 9분인데, 북쪽 기둥의 1촌 1분 아래와 남쪽
기둥의 3촌 8분 아래에는 각각 축이 있어서 사유환(四游環)을 받는다.
<사유>환은 동서로 운전(運轉)하는데, 반주천(半周天: 周天度數의 반)을
새겼고, 1도(度)는 4분(分)으로 만들었다[4등분하였다]. 북쪽의 16도로부
터 167도까지는 가운데가 비어서 쌍환(雙環)의 모양과 같고, 나머지는
전환(全環)이다. <사유환의> 안에는 중심에 한 획을 새겼고 밑에는
네모난 구멍[方孔]이 있다. 직거(直距)를 가로로 설치하고, 그 가운데
6촌 7분을 비워서 규형(窺衡)을 지지하게 하였다. 규형은 위로는 쌍환을
꿰고, 아래로는 전환에 다다라 남북으로 내렸다 올렸다[低昻] 할 수 있다.
지평환(地平環)을 평평하게 설치하는데 남쪽 기둥의 머리와 가지런하게

하여, 하지(夏至)의 일출입(日出入) 시각에 준한다. 지평<환>의 아래에 반환(半環)을 가로로 설치하는데, <반환의> 안에는 낮 시각[晝刻]을 나누어서 <사유환의> 사각 구멍에 닿게 한다. 받침대의 북쪽에는 십자(十字)를 그리고, 북쪽 축 끝에 추를 달아 십자와 서로 닿게 하니, 또한 수평을 취하기 위한 것이다. 규형(窺衡)을 사용하는 방법은 매일 태양의 거극도분(去極度分)에 맞추고, <규형의 위쪽 구멍을> 통과해 들어온 햇빛이 <아래쪽 전환(全環)의 중심선에> 동그랗게 맺히게 하면, <사유환의> 사각 구멍에 의거하여 반환(半環)의 시각을 굽어보면, 의기는 저절로 정남을 가리키게 되고 시각을 알 수 있다.[109]

정남일구는 이름 그대로 정남침(=지남침)을 사용하지 않고 남쪽을 맞추는 해시계이다. 그것은 직거와 규형을 동반한 사유환, 지평환, 지평환의 아래에 설치된 시각선이 있는 반환, 사유환과 지평환을 지탱하는 남쪽과 북쪽의 기둥, 기둥을 지지하고 있는 받침대 등으로 구성되어 있다. 혼천의의 구조적 특징을 적절하게 응용한 해시계로, 규형을 태양의 고도에 맞추어 햇빛이 반환(=적도환)의 시각 눈금에 맺히게 하여 시각을 측정할 수 있었다.

---

109) 『世宗實錄』卷77, 世宗 19년 4월 15일(甲戌), 10ㄴ(4책, 67쪽). "欲驗天知時者, 必用定南針, 然未免人爲, 作定南日晷, 蓋雖不用定南針, 而南北自定者也. 趺長一尺二寸五分, 兩頭廣四寸·長二寸, 腰廣一寸·長八寸五分. 中有圓池, 經二寸六分. 有水渠通于兩頭, 環于柱旁. 北柱長一尺一寸, 南柱長五寸九分. 北柱一寸一分下·南柱三寸八分下, 各有軸以受四游環. 環東西運轉, 刻半周天, 度作四分. 自北十六度至一百六十七度, 中虛如雙環樣, 餘爲全環. 內刻一晝於中心, 底有方孔. 橫設直距, 距中六寸七分, 虛以持窺衡. 衡上貫雙環, 下臨全環, 低昂南北. 平設地平環, 與南柱頭齊, 以準夏至日出入時刻. 橫設半環於地平之下, 內分晝刻, 以當方孔. 趺北畫十字, 懸錘於北軸端, 與十字相當, 亦所以取平也. 用窺衡當每日太陽去極度分, 透入日影正圓, 卽據方孔, 俯視半環之刻, 則自然定南知時矣."

3. 세종 대 의상의 연원(淵源)과 역사적 의미

세종 27년(1445) 3월에 이순지(李純之)는『제가역상집』(4권)의 편찬을 완료하였다. 세종 대 천문역산학 정비 사업이 완료된 후 이순지가 편찬한 『제가역상집』은 "천문(天文)·역법(曆法)·의상(儀象)·구루(晷漏)에 관한 글 이 전기(傳記)에 섞여 나온 것"들을 종합·정리한 책이었다. 여기서 말하는 '전기(傳記)'란 과연 무엇이었을까?『제가역상집』에는 많은 서명과 인명 이 인용되어 있다. 그러나 자세히 살펴보면 대부분의 경우는 직접 인용이 아니라 2차적인 간접 인용이라는 것을 알 수 있다. 이순지는 본인이 직접 인용한 서목(書目)들을 한 칸 올려 서술함으로써 구별하였다. 따라서 이것을 정리하면『제가역상집』의 주요 참고문헌을 확인할 수 있으며, 동시에 조선 초기의 학자들이 어떤 책을 통해 천문역산학과 관련한 지식과 정보를 수집하고 있었는지 알 수 있다.『제가역상집』에 1차 사료로 인용된 서적들은 다음과 같다.

① 수서(隋書) / ② 상서통고(尙書通考) / ③ 산당고색(山堂考索) / ④ 성리대 전(性理大全) / ⑤ 필담(筆談) / ⑥ 옥해(玉海) / ⑦ 문수(文粹) / ⑧ 후한서(後漢 書) / ⑨ 명신사략(名臣事略) / ⑩ 금사(金史) / ⑪ 원사(元史) / ⑫ 당서(唐書)

이 가운데 세종 대 의상 창제 사업의 참고문헌은『제가역상집』의 권3과 권4에 수록된 '의상'과 '구루' 항목을 검토함으로써 확인할 수 있다. 권3·4의 인용 서목은 <표 2-2>와 같다.

『제가역상집』의 '의상'과 '구루' 부분에서 인용한 서적은『수서(隋書)』, 『옥해(玉海)』,『상서통고(尙書通考)』,『산당고색(山堂考索)』,『금사(金史)』, 『원사(元史)』,『필담(筆談)』,『당서(唐書)』등임을 알 수 있다.

<표 2-2> 『제가역상집(諸家曆象集)』의 권3·4 인용 항목

권차		인용 서목	인용 부분	비고
卷3	儀象	隋書	卷19, 志14, 天文上, 渾天儀	혼천의
			卷19, 志14, 天文上, 渾天象	혼상
		玉海	卷4, 天文, 儀象, 漢陽嘉候風地動儀	후풍지동의(張衡)
			卷4, 天文, 儀象, 唐開元黃道游儀銘	황도유의
			卷4, 天文, 儀象, 太平興國文明殿渾儀	혼의
			卷4, 天文, 儀象, 至道司天臺銅渾儀	혼의
			卷4, 天文, 儀象, 熙寧渾儀議	혼의(沈括)
			卷4, 天文, 儀象, 渾天賦	楊烱의 「혼천부」
		尙書通考	卷3, 在璿璣玉衡以齊七政, 渾儀圖	혼천의
		山堂考索	別集, 卷17, 曆門, 渾天儀	혼천의
			別集, 卷17, 曆門, 渾天儀, 渾象疏, 總論渾天之制	혼천의, 혼상
		金史	卷22, 志 第3, 曆下, 渾象	혼천의, 혼상
		元史	卷48, 天文志 第1, 天文 1, 簡儀	간의
			卷48, 天文志 第1, 天文 1, 仰儀	앙의
			卷48, 天文志 第1, 天文 1, 大明殿燈漏	대명전 등루
			卷48, 天文志 第1, 天文 1, 正方案	정방안
			卷48, 天文志 第1, 天文 1, 圭表	규표
			卷48, 天文志 第1, 天文 1, 景符	영부
			卷48, 天文志 第1, 天文 1, 闚几	규궤
			卷48, 天文志 第1, 天文 1, 西域儀象	서역 의상
卷4	晷漏	尙書通考	卷10, 日月之行則有冬有夏[日月冬夏]	土圭, 圭表
			卷10, 王來紹上帝自服于土中[召誥土中]	
		筆談 (夢溪筆談)	卷7, 象數 1, "古今言刻漏者數十家……"	『熙寧晷漏』
		隋書	卷19, 志 第14, 天文上, 地中	土圭
			卷19, 志 第14, 天文上, 晷景	圭表
			卷19, 志 第14, 天文上, 漏刻	漏水
		玉海	卷3, 天文, 天文書下, 皇祐岳臺晷景新書 淩儀太岳臺	
			卷5, 天文, 圭景, 周土圭·八尺表·識景規	圭表
			卷5, 天文, 圭景, 唐中晷法·覆矩圖	
			卷5, 天文, 圭景, 熙寧景表議	
		新唐書	卷31, 志 第21, 天文 1, "吳中常侍王蕃……"	圭表
		山堂考索	別集, 卷16, 曆門, 古今曆	

		別集, 卷16, 曆門, 土圭	土圭
		別集, 卷16, 曆門, 漏刻	漏刻
		前集, 卷56, 曆數門, 天文器類	
		前集, 卷58, 天文門, 天文類, 刻漏	刻漏

『수서』, 『금사』, 『원사』, 『당서(=新唐書)』 등은 기전체 형태로 작성된 중국의 역대 정사(正史)이다. 『수서』는 당(唐)의 위징(魏徵, 580~643) 등이 편찬한 것인데,[110] 『제가역상집』에서 인용한 부분은 모두 「천문지(天文志)」이다. 『수서』「천문지」는 이순풍(李淳風, 602~670)에 의해 편찬되었다. 이밖에도 『금사』「역지(曆志)」, 『원사』「천문지(天文志)」, 『신당서』「천문지」의 내용을 인용하였다.

『옥해』는 왕응린(王應麟, 1222~1296)이 혼자의 힘으로 완성한 것으로 송대(宋代)를 대표하는 대형 유서(類書) 가운데 하나로 꼽힌다. 전체는 21부로 구성되어 있는데, 천문(天文), 율력(律曆), 지리(地理), 제학(帝學), 성문(聖文), 예문(藝文), 조령(詔令), 예의(禮儀), 거복(車服), 기용(器用), 교사(郊祀), 음악(音樂), 학교(學校), 선거(選擧), 관제(官制), 병제(兵制), 조공(朝貢), 궁실(宮室), 식화(食貨), 병첩(兵捷), 상서(祥瑞)가 그것이다.[111] 공민왕 13년(1364)에 명주(明州)의 사도(司徒)인 방국진(方國珍, 1319~1374)이 보내온 물건 가운데 『옥해』 등의 서적이 포함되어 있었다.[112] 『제가역상집』의 '의상'과 '구루'에 인용된 부분은 모두 '천문'에 속하는 것이다.

『상서통고』는 원(元)의 황진성(黃鎭成, 1288~1362)이 편찬한 것으로, 『상서(尙書)』에 대한 역대의 주석을 참고하여 사대(四代 : 虞·夏·商·周)의

---

110) 『隋書』의 편찬 경위에 대해서는 施建中, 「隋書」, 『二十五史導讀辭典』, 華齡出版社, 1991, 459~511쪽 참조.

111) 朱一玄·陳桂聲·李士金 編, 『文史工具書手冊』, 遼寧敎育出版社, 1989, 1073쪽 ; 戚志芬, 戚志芬, 『中國的類書政書和叢書』, 商務印書館, 1996, 65~67쪽.

112) 『高麗史』卷40, 世家 40, 恭愍王 3, 13년 6월 23일(乙卯), 28ㄱ(上, 809쪽). "明州司徒方國珍遣照磨胡若海, 偕田祿生來, 獻沈香·弓矢及玉海·通志等書."

명물(名物)과 전장(典章)을 고증하고, 사이사이에 자신의 논단을 붙인 것이다. 모두 10권이다.[113]

『산당고색』은 『군서고색(羣書考索)』, 『산당선생군서고색(山堂先生羣書考索)』이라고도 불리는 것으로, 남송(南宋)의 장여우(章如愚)가 편찬한 거질의 유서(類書)였다.[114] 전집(前集) 66권, 후집(後集) 65권, 속집(續集) 56권, 별집(別集) 25권으로 구성되어 있으며, 『옥해』와 함께 송(宋)대의 대표적 유서로 꼽힌다. 태종 3년(1403)에 명의 사신이 하사품으로 가져왔는데,[115] 그 이후에 각종 제도를 정비할 때 참고문헌으로 활용되었다. 세종 대에는 제례(祭禮)의 절차나 조정의 관복(冠服) 제도를 조사하고, 산관(散官)과 직사(職事)의 제수(除授)에 관한 문제 등을 논의할 때 『산당고색』을 참조하였음을 확인할 수 있다.[116]

『필담』은 심괄(沈括, 1031~1095)의 『몽계필담(夢溪筆談)』을 말하는 것이다. 심괄은 북송 대의 주요한 정치가·사상가이면서 과학기술 분야에 대해서도 다재다능한 면모를 보여주었던 학자이다. 『몽계필담』은 심괄의 대표적 저서로 '필담(筆談)'의 형식으로 역대의 전장문물(典章文物)로부터 민간에 떠도는 이야기[閭巷之言]에 이르기까지 광범한 내용을 자세하게 기록하였다. 모두 26권으로 고사(故事), 변증(辨證), 악률(樂律), 상수(象數), 인사(人事), 관정(官政), 권지(權智), 예문(藝文), 서화(書畫), 기예(技藝), 기용(器用), 신기(神奇), 이사(異事), 유오(謬誤), 기학(譏謔), 잡지(雜志), 약의(藥議)

---

113) 『尙書通考』에 대해서는 『四庫全書總目提要』 第1冊, 經部, 書類 2, 尙書通考(臺灣商務印書館, 272쪽) ; 『續修四庫全書總目提要』 上冊, 經部, 書類, 尙書通考(中華書局, 1993, 217쪽) ; 劉起釪, 『尙書學史』, 中華書局, 1989, 305~306쪽 참조.

114) 章如愚, 『山堂考索』, 中華書局, 1992.

115) 『太宗實錄』 卷6, 太宗 3년 10월 27일(辛未), 23ㄱ(1책, 282쪽).

116) 『世宗實錄』 卷10, 世宗 2년 12월 17일(辛亥), 19ㄱ~ㄴ(2책, 418쪽) ; 『世宗實錄』 卷31, 世宗 8년 2월 26일(庚寅), 21ㄱ(3책, 11쪽) ; 『世宗實錄』 卷104, 世宗 26년 6월 16일(甲午), 31ㄴ(4책, 564쪽).

등의 17개 부문으로 구성되어 있다.『제가역상집』에서 인용한 것은 '상수' 부문이다. 일찍이 중국과학사 연구의 선구자인 니덤(Joseph Needham)은 이 책을 '중국과학사의 랜드마크'라고 평가한 바 있다.[117]

요컨대『제가역상집』은 이전의 천문역산학을 종합·정리한 송·원(宋元) 대의 논의를 바탕으로 편집된 것이라 할 수 있다. 기존 연구에서 세종 대 과학기술의 모델이 송·원 대 과학기술에 있다고 했는데,『제가역상집』의 인용 서목을 통해서도 그 일부를 확인할 수 있다.

그렇다면 실제로 세종 대의 의기 제작 과정에서 어떤 자료를 참조한 것일까? 앞에서 살펴본 모든 의기와 관련된 자료에서 그 전거를 낱낱이 밝히지는 않았다. 다만 몇 가지 기구의 경우에 그 모델을 적시한 예가 있다. 예컨대 간의의 경우에는『원사』에 수록된 곽수경(郭守敬)의 법을 참조했다고 했는데,[118] 그것은『원사』「천문지」의 '간의' 항목을 가리키는 것이다.[119] 혼의의 경우 '오씨의 서찬(書纂)', 즉 오징(吳澄, 1249~1333)의『오경찬언(五經纂言)』가운데『서찬언(書纂言)』에 의거했다고 하였다.[120] 혼의와 관련된 오징의『서찬언』은『상서통고』에 그 내용이 인용되어 있고,[121]『제가역상집』에서도 이를 그대로 수록하였다.[122] 오징의『서찬언』에는 혼의를 구성하는 지평단환(地平單環), 천경쌍환(天經雙環), 천위단환(天緯單環), 삼신쌍환(三辰雙環), 황도단환(黃道單環), 적도단환(赤

---

117) Joseph Needham, Wang Ling, *Science and Civilisation in China*, vol. 1, Cambridge : Cambridge University Press, 1954, p.135.

118)『增補文獻備考』卷2, 象緯考 2, 儀象 1, 23ㄱ(上, 41쪽). "簡儀之制, 大簡儀則依元史所載 郭守敬法."

119)『元史』卷48, 天文志 第1, 天文 1, 簡儀, 990~993쪽.

120)『世宗實錄』卷77, 世宗 19년 4월 15일(甲戌), 9ㄴ(4책, 67쪽). "渾儀之制, 歷代不同. 今依吳氏書纂所載, 漆木爲儀."

121)『尙書通考』卷3, 在璿璣玉衡以齊七政, 渾儀圖, 8ㄱ~ㄴ.

122)『諸家曆象集』卷3, 儀象, 13ㄱ~14ㄴ(289~292쪽).

道單環), 사유쌍환(四遊雙環), 직거(直距), 망통(望筒), 용주(龍柱) 등의 규격이 명시되어 있기 때문에 이를 참조한 것 같다.

세종 대 천문의기 제작 과정에서 "의상(儀象)은 오래되었다. 요순(堯舜)으로부터 한당(漢唐)에 이르기까지 그것을 귀중하게 여기지 않음이 없었다. 그 글이 경전(經傳)과 사서(史書)에 갖추어져 있으나, 옛날과 시대가 이미 멀어 그 법이 자세하지 않다."[123], "한당(漢唐) 이후로 시대마다 각각 의기(儀器)가 있었으나, 혹은 <그 법을> 얻고, 혹은 <그 법을> 잃어서 갑자기 헤아리기 쉽지 않은데, 오직 원(元)의 곽수경(郭守敬)이 만든 간의(簡儀)·앙의(仰儀)·규표(圭表) 등의 의기가 정교(精巧)하다고 일컬을 만하다."[124]라고 평가했던 사실, 그리고 『제가역상집』 '의상' 조항을 통해 세종 대 천문의기의 역사적 연원과 그 대략적 구조를 유추해 볼 수 있다. 요컨대 세종 대의 의기 제작에 참고자료로 활용된 서적은 송·원대에 제작된 것들이 대부분이며, 실제 모델은 그 당시 가장 뛰어난 것으로 평가되었던 원대 곽수경의 의기를 비롯하여 한·당(漢唐) 이래로 제작된 역대 천문의기가 참조되었다.

이순지는 『제가역상집』의 발문에서 다음과 같이 말하였다.

제왕의 정치는 역상수시(曆象授時)보다 더 큰 것이 없는데, 우리나라 일관(日官)들이 그 방법에 소홀하게 된 지가 오래인지라, 선덕(宣德) 계축년[세종 15년, 1433] 가을에 우리 전하께서 거룩하신 생각으로 모든 의상(儀象)·구루(晷漏)의 기구와 천문(天文)·역법(曆法)의 책을 강구(講究)

---

123) 『世宗實錄』 卷77, 世宗 19년 4월 15일(甲戌), 7ㄱ(4책, 66쪽). "儀象尙矣. 自堯舜至漢唐, 莫不重之, 其文備見於經史. 然去古旣遠, 其法不詳."
124) 『世宗實錄』 卷77, 世宗 19년 4월 15일(甲戌), 7ㄱ(4책, 66쪽). "漢唐以降, 代各有器, 或得或失, 未易遽數, 唯元之郭守敬所制簡儀·仰儀·圭表等器, 可謂精巧矣."

하지 않은 것이 없어서 모두 극히 정교하고 치밀하였다.[125]

위의 발문에서는 세종 15년(1433) 무렵부터 천문역산학 정비 사업이 착수된 것처럼 서술되어 있다. 그러나 실제로는 그 이전부터 사업이 단계적으로 진행되고 있었다. 세종 15년이라는 시점은 1단계 사업이 마무리되고 2단계 사업으로 넘어가는 때라고 볼 수 있다.

실제로 세종 14년(1432) 이후 세종이 주력했던 것은 '의상'과 '구루'로 표현되는 각종 천문의기의 제작 사업이었다. 김돈(金墩)은 천문의기 제작 사업이 일단락된 이후 작성한 「간의대기」에서 그 사실을 다음과 같이 말했다.

선덕(宣德) 7년 임자(壬子 : 세종 14년, 1432) 가을 7월 일에 상께서 경연에 거둥하여 역상(曆象)의 이치를 논하다가, 예문관제학(藝文館提學) 신(臣) 정인지에게 이르기를, "우리 동방은 멀리 해외에 있어서 무릇 시위(施爲)하는 바가 한결같이 중화의 제도를 따랐는데, 오직 하늘을 관찰하는 기구만 부족함이 있다. 경이 이미 역산(曆算)의 제조(提調)이니, 대제학(大提學) 정초(鄭招)와 더불어 고전(古典)을 강구하고 의표(儀表)를 창제해서 측험(測驗)에 대비하도록 하라. 그러나 그 요체는 북극출지고하(北極出地高下 : 위도)를 정하는 데 있으니 먼저 간의를 제작해서 진상하도록 하라."고 하시므로, 이에 신 정초와 신 정인지가 고제(古制)를 상고하는 일을 맡고, 중추원사(中樞院使) 신 이천(李蕆)이 공역(工役)을 감독하는 일을 맡아 …….[126]

---

125) 『世宗實錄』卷107, 世宗 27년 3월 30일(癸卯), 21ㄴ(4책, 612쪽). "帝王之政, 莫大於曆象授時也, 而吾東國日官之疎於其術久矣. 宣德癸丑秋, 我殿下發於宸衷, 凡諸儀象晷漏之器·天文曆法之書, 靡不講究, 皆極精緻."

세종 대 만들어진 다양한 천문의기의 제작 시점은 분명하지 않다. 다만 세종 19년(1437) 4월에 일성정시의(日星定時儀)가 완성되었을 때쯤 여러 천문의기들도 그 모양을 갖추었으리라 짐작되는데,[127] 그 작업은 세종 14년 이후에 축차적으로 진행되었던 것으로 보인다. 기록상으로 가장 먼저 확인할 수 있는 것은 세종 15년(1433) 6월 정초·박연(朴堧)·김진(金鎭 : 金鑌의 誤記) 등이 혼천의(渾天儀)를 진상하였고,[128] 두 달 뒤인 8월에는 정초·이천·정인지·김빈(金鑌) 등이 혼천의를 진상했다는 사실이다. 당시 세자가 간의대(簡儀臺)에 가서 정초 등과 함께 간의(簡儀)와 혼천의의 제도에 대해 토론[講問]했다는 기록으로 보아 당시에 이미 간의가 제작되어 있었음을 알 수 있다.[129] 세종 16년(1734) 7월에 자격루라 불리는 보루각루(報漏閣漏)가 완성되어 사용되기 시작했고,[130] 같은 해 10월에는 해시계인 앙부일구가 제작되어 혜정교(惠政橋)와 종묘(宗廟) 앞에 설치되었다.[131] 세종 19년(1437) 4월에 일성정시의가 완성되었고,[132] 6월에는

126) 『世宗實錄』卷77, 世宗 19년 4월 15일(甲戌), 9ㄴ(4책, 67쪽) ; 『東文選』卷82, 「簡儀臺記」, 5ㄱ~ㄴ(2책, 615쪽). "宣德七年壬子秋七月日, 上御經筵, 論曆象之理, 乃謂藝文館提學臣鄭麟趾曰, 我東方邈在海外, 凡所施爲, 一遵華制, 獨觀天之器有闕. 卿旣提調曆算矣, 與大提學鄭招講究古典, 創制儀表, 以備測驗, 然其要在乎定北極出地高下耳, 可先制簡儀以進. 於是臣鄭招、臣鄭麟趾掌稽古制, 中樞院使臣李蕆掌督工役 ……."

127) 세종 19년(1437) 4월 15일의 실록 기사에는 金墩의 「日星定時儀銘幷序」, 鄭招의 「小簡儀銘幷序」, 金墩의 「小日星定時儀後序」와 「簡儀臺記」 등이 차례대로 수록되어 있다. 이것이 모두 세종 19년에 작성된 것이라고 보기는 어렵다. 김돈의 「간의대기」에는 세종 20년(1437)에 완성된 흠경각에 대한 언급도 나오기 때문이다. 어쨌든 김돈이 「간의대기」에서 "이미 수시력을 교정하고 또 하늘을 관측하는 기구를 제작하였으니"라고 하였듯이[『世宗實錄』卷77, 世宗 19년 4월 15일(甲戌), 11ㄱ(4책, 68쪽)] 이때를 전후하여 여러 천문의기의 제작이 완료되었을 것으로 보인다.

128) 『世宗實錄』卷60, 世宗 15년 6월 9일(庚寅), 38ㄴ(3책, 482쪽).

129) 『世宗實錄』卷61, 世宗 15년 8월 11일(辛卯), 24ㄱ(3책, 499쪽).

130) 『世宗實錄』卷65, 世宗 16년 7월 1일(丙子), 1ㄱ~3ㄴ(3책, 577~578쪽) ; 『增補文獻備考』卷2, 象緯考 2, 儀象 1, 31ㄱ(上, 45쪽).

일성정시의와 함께 현주일구(懸珠日晷)·행루(行漏) 등을 함길도(咸吉道)와 평안도(平安道)의 변경 지역에 주둔하는 군대에 보냈다.[133] 따라서 현주일구 등의 해시계와 물시계의 일종인 행루도 그 이전에 제작되었으리라 판단된다. 이듬해인 세종 20년(1438) 1월에는 흠경각루(欽敬閣漏)가 완성되었다.[134] 흠경각루의 완성으로 세종 대 천문의기 제작 사업은 대미를 장식하게 되었다. 김돈은 「간의대기」에서 세종 대 제작한 기구가 모두 15개인데 그 가운데 청동으로 제작한 것이 10개라고 하면서 수년에 걸친 작업이 세종 20년(1438) 봄에 완성되었다고 하였다.[135] 7년여에 걸친 천문의기 제작 사업이 완료된 것이다.[136]

<표 2-3> 세종 대 천문의기 제작 사업

시기	의상 창제	제작자	전거
세종 6년(1424) 5월	更點之器		世宗 6-5-6
세종 14년(1432) 7월	鄭麟趾에게 儀表[觀天之器] 창제를 명		「簡儀臺記」 世宗 19-4-15
세종 15년(1433) 6월	渾天儀	鄭招·朴堧·金鑌[金鑌]	世宗 15-6-9
세종 15년(1433) 7월	簡儀	鄭招·李蕆·洪理·鄭麟趾	世宗 15-7-21 世宗 15-8-11

131) 『世宗實錄』 卷66, 世宗 16년 10월 2일(乙巳), 1ㄱ(3책, 592쪽).

132) 『世宗實錄』 卷77, 世宗 19년 4월 15일(甲戌), 7ㄱ(4책, 66쪽).

133) 『世宗實錄』 卷77, 世宗 19년 6월 18일(丙子), 38ㄱ(4책, 81쪽).

134) 『世宗實錄』 卷80, 世宗 20년 1월 7일(壬辰), 5ㄱ(4책, 123쪽).

135) 『世宗實錄』 卷77, 世宗 19년 4월 15일(甲戌), 10ㄴ(4책, 67쪽) ; 『東文選』 卷82, 「簡儀臺記」, 8ㄴ(2책, 616쪽). 15개의 의기는 ① 簡儀(大簡儀), ② 正方案, ③ 圭表, ④ 渾儀, ⑤ 渾象, ⑥ 報漏閣, ⑦ 欽敬閣, ⑧ 小簡儀, ⑨ 仰釜日晷, ⑩ 日晷定時儀, ⑪ 小日星定時儀, ⑫ 懸珠日晷, ⑬ 行漏, ⑭ 天平日晷, ⑮ 定南日晷이다.

136) 『增補文獻備考』에서 "7년이 지나 戊午年(1438, 세종 20)에 공사가 완성되었다[越七年戊午功成]"라고 표현한 것은 이러한 사정을 말한 것이다. 『增補文獻備考』의 편자는 7년에 걸친 사업의 성과물로 ① 大·小簡儀, ② 渾儀·渾象, ③ 懸珠·天平·定南·仰釜日晷, ④ 日星定時儀, ⑤ 自擊漏를 꼽았다[『增補文獻備考』 卷2, 象緯考 2, 儀象 1, 23ㄱ(上, 41쪽)].

			8월 11일 이전에 簡儀臺 축조
세종 15년(1433) 8월	渾天儀	鄭招·李蕆·鄭麟趾·金鑌	世宗 15-8-11
세종 15년(1433) 9월	自擊宮漏의 제조	蔣英實	世宗 15-9-16
세종 16년(1434) 7월	新漏(＝自擊漏＝報漏閣漏)의 사용 시작	蔣英實	世宗 16-7-1
세종 16년(1434) 10월	仰釜日晷 제작 설치		世宗 16-10-2
세종 19년(1437) 4월	日星定時儀		世宗 19-4-15
세종 19년(1437) 6월	日星定時儀, 懸珠日晷, 行漏 등을 함길도와 평안도의 군대에 보냄		世宗 19-6-18
세종 20년(1438) 1월	欽敬閣漏 완성	蔣英實	世宗 20-1-7
세종 20년(1438) 春	「簡儀臺記」 작성	金墩	「簡儀臺記」
세종 27년(1445) 3월	『諸家曆象集』 편찬	李純之	世宗 27-3-30

제3장 양란(兩亂) 전후 의상의 중수(重修)

1. 양란(兩亂) 이전 세종 대 의상의 중수 : 중종(中宗)·명종(明宗)·선조(宣祖) 대

1) 중종 대

(1) 간의대의 수리

　세종 대에 완비한 의상에 대한 전면적 수리가 시도된 것은 중종 대였다. 세종 대에 창제한 여러 의상은 경복궁의 간의대(簡儀臺) 주변에 설치되었다. 세종 20년(1438)에 세종은 간의대를 설치한 목적이 천기(天氣)를 관측하여 민시(民時)를 알려주기 위한 것이라고 하면서, 그 주변에 설치한 규표(圭表)·혼상(渾象)·혼의(渾儀) 등은 모두 하늘을 관측하는 기구인데 별도로 관원을 임명해서 천문을 관측하는 것은 장구한 계책이 아니니 앞으로는 서운관으로 하여금 이 업무를 주관하도록 하라는 명을 내렸다.[1] 그 이후 간의대는 조선왕조의 중요한 관측소로 기능을 하였지만, 그

지위가 안정적이지는 않았다. 왕실의 필요에 따라 간의대를 다른 곳으로 옮기고 그 자리에 다른 건축물을 지으려고 하였기 때문이다. 세종 대에 이미 별궁[離宮]을 짓기 위해 간의대를 헐어서 옮기려고 시도하여 이를 둘러싼 논란이 있었고,2) 세조 때에도 간의대를 허물고 세자궁을 지으려다 중지한 일이 있었다.3) 결국 간의대는 연산군 11년(1505)에 철거되었다.4) 그 이후 간의대와 주변의 각종 천문의기들이 어떻게 되었는지는 명확하지 않지만 중종 대의 관련 기록에 간의대가 등장하는 것을 보면 왜란 이전까지는 그 원형이 대체로 유지되었던 것으로 보인다.

간의대의 수리 문제가 다시 등장하는 것은 중종 9년(1514) 5월의 일이다. 당시 승정원에서는 한재를 이유로 간의대의 수리를 중지할 것을 건의하였는데, 중종은 간의대의 수리가 급한 일이 아니니 중지하라고 하였다. 당시 간의대를 수리하기 위한 벌목과 석재의 운반 작업이 이루어지고 있었음을 이 기사를 통해서 알 수 있다.5)

중종 12년(1517) 11월에는 경연 석상에서 성세창(成世昌, 1481~1548)이 간의대의 문제를 거론했다. 그는 세종조에 간의대를 창시한 것은 "하늘을 공경하고 재이를 삼가는 도리[敬天謹災之道]"가 지극히 중대하고

---

1) 『世宗實錄』卷80, 世宗 20년 3월 4일(戊子), 26ㄴ(4책, 134쪽). "傳旨禮曹, 簡儀臺, 專爲候察天氣, 以授民時. 旁置圭表渾象渾儀, 皆是觀天之器, 別差官員, 以候天文, 非長久之計. 今後令書雲觀主之, 每夜五人入直, 以候天氣."

2) 『世宗實錄』卷98, 世宗 24년 12월 26일(壬子), 28ㄱ(4책, 453쪽) ;『世宗實錄』卷99, 世宗 25년 1월 3일(己未), 2ㄴ(4책, 455쪽) ;『世宗實錄』卷99, 世宗 25년 1월 22일(戊寅), 8ㄴ~9ㄱ(4책, 458쪽) ;『世宗實錄』卷99, 世宗 25년 2월 4일(庚寅), 12ㄱ(4책, 460쪽) ;『世宗實錄』卷99, 世宗 25년 2월 15일(辛丑), 17ㄱ~ㄴ(4책, 462쪽) ;『世宗實錄』卷101, 世宗 25년 7월 8일(辛酉), 5ㄴ~6ㄱ(4책, 490~491쪽). 세종 25년(1443) 7월 무렵에는 간의대를 개축하는 공사가 거의 완료되었던 것으로 보인다.

3) 『世祖實錄』卷27, 世祖 8년 2월 23일(戊子), 28ㄱ(7책, 518쪽).

4) 『燕山君日記』卷60, 燕山君 11년 11월 24일(乙巳), 14ㄴ(14책, 29쪽). "命移報漏閣于昌德宮, 撤簡儀臺."

5) 『中宗實錄』卷20, 中宗 9년 5월 20일(壬午), 29ㄱ(15책, 15쪽).

시급했기 때문이라고 하면서, 당시 관상감이 맡은 일을 소홀히 하고 있으니 문신들을 선발해서 별도로 교육할 필요가 있다고 주장하였다.[6) 이와 같은 주장이 나오게 된 정확한 배경을 알 수는 없으나 간의대의 관측 업무가 제대로 수행되지 못하는 상황이 있었다고 짐작할 수 있다. 중종 14년(1519)에 간의대의 도수가 차이가 난다고 했던 것도 그 연장선에서 이해할 수 있지 않을까 한다.[7)

(2) 흠경각의 교정

중종 대에는 흠경각과 보루각의 교정 사업도 진행되었다. 일찍이 성종 21년(1490)에 조지서(趙之瑞, 1454~1504)는 폐지된 흠경각의 제도를 교정하자는 건의를 올린 바 있다.[8) 그의 전언에 따르면 당시 흠경각을 구성하고 있는 여러 시설물들이 훼손된 상태였고, 자격(自擊) 장치 역시 제대로 작동하지 않았다. 조지서의 건의에 따라 그 이후에 흠경각의 보수가 이루어졌던 것으로 보인다. 성종 24년(1493) 5월에 김응기(金應箕, 1455~1519)가 흠경각의 보수가 끝났다고 보고했기 때문이다. 당시 문제가 되었던 것은 흠경각의 저수(貯水) 문제였다. 흠경각의 경우 연지(蓮池)와 기기(欹器), 폭포(瀑布) 등의 시설물이 있었다. 여기에 물을 대기 위해서

---

6) 『中宗實錄』 卷30, 中宗 12년 11월 25일(丁酉), 59ㄴ(15책, 362쪽). "世昌曰 ⋯⋯ 觀象監事, 政丞領之, 不爲不重, 而未有重其事而留意者. 世宗朝, 治道至備, 如簡儀臺之類, 皆創於其時, 以敬天謹災之道, 至大且急故也. 今可揀選文臣, 別用敎之也."

7) 『中宗實錄』 卷36, 中宗 14년 7월 7일(戊戌), 36ㄴ(15책, 551쪽). "侍讀官張玉曰, 今以簡儀臺度數差移, 見之, 我朝樂制, 必至大訛."

8) 『成宗實錄』 卷245, 成宗 21년 윤9월 6일(乙酉), 5ㄴ(11책, 648쪽). "御夕講. 講訖, 侍講官趙之瑞啓曰, 我國禮樂文物, 皆世宗所創, 欽敬閣之制極其精巧, 晝夜運行, 四時代序, 無少差違. 國初令識天文者檢察, 近來久廢. 臣嘗入禁內見之, 其所設草樹諸物多有折毀者, 若自擊之制, 又或折毀, 後人何以知聖人制作之妙乎. 請令識天文者, 注水校正. 上曰, 可."

해자(海子)를 설치하여 물을 저장하였다. 그런데 해자를 동철(銅鐵)로 만들고 납철(鑞鐵)로 틈을 때웠기 때문에 오래되면 납철이 삭아서 물이 새는 문제가 발생했던 것이다. 이에 김응기는 흠경각을 항상 작동하지 말고 춘분, 하지, 추분 등이 들어 있는 달에 열흘 정도만 작동하도록 하자고 건의하였다. 흠경각의 저수 문제를 해결하는 한편 담당자들로 하여금 그것을 작동하는 그 기술을 잊지 않도록 하기 위한 절충안이었다.[9]

중종 4년(1509)에 흠경각을 개수하자는 박원종(朴元宗, 1467~1510)의 건의가 있었다.[10] 성종조에 김응기와 유숭조(柳崇祖, 1452~1512) 등이 세종 때의 옛 제도를 수리했던 것처럼[11] 관상감의 제조와 관원들로 하여금 개수하게 하자는 것이었다. 이에 중종은 박원종의 건의가 지당하다고 하면서 내년 봄을 기다려 흠경각을 수리하라고 지시했다.[12] 이때 흠경각의 수리가 이루어졌는지는 확실하지 않다. 관련 사료를 확인할 수 없기 때문이다. 다만 그로부터 수년이 지난 중종 12년(1517)에는 성세창과 김안국(金安國, 1478~1543)이 보루각과 흠경각을 교정하고 있었다는 사실은 확인할 수 있다.[13]

---

9) 『成宗實錄』卷277, 成宗 24년 5월 10일(癸酉), 9ㄴ~10ㄱ(12책, 311쪽).

10) 『中宗實錄』卷10, 中宗 4년 11월 8일(丙寅), 4ㄴ(14책, 390쪽). "元宗曰 …… 見欽敬閣, 世宗之制, 至詳至密, 非一時戲玩之具, 欲知民間四時之疾苦也. 臣聞成宗朝金應箕·柳崇祖等, 修葺舊制, 其時匠人, 若歷數年, 則必死殆盡矣. 今者以金安國·成世昌等, 命習天文, 然欽敬閣在禁內, 不可使人人出入, 令內官及觀象監提調與官員, 改修, 使先王舊制, 流傳後世何如."

11) 『定齋集』卷31, 「眞一齋柳先生諡狀」, 2ㄱ(298책, 112쪽). "時有命選精於天文者, 監修欽敬閣, 先生[柳崇祖-인용자 주]與領中樞金應箕, 掌其事."

12) 『中宗實錄』卷10, 中宗 4년 11월 8일(丙寅), 4ㄴ(14책, 390쪽). "傳于政院曰, 朴元宗所啓欽敬閣修理事至當. 待開春修補."

13) 『中宗實錄』卷30, 中宗 12년 11월 25일(丁酉), 59ㄴ(15책, 362쪽). "(成)世昌曰 …… 臣與金安國, 當校正報漏閣與欽敬閣, 而時未及焉. 漏刻亦或差違, 誠非細故, 願須留念."

(3) 새 보루각의 건설

　널리 알려진 바와 같이 경복궁의 보루각을 본떠 새로운 보루각을 건설
하자는 논의는 성종 18년(1487) 2월에 있었다.[14] 당시 성종은 창덕궁에
거처하면서 업무를 보고 있었는데 시간을 측정하는 기능을 멀리 떨어져
있는 경복궁의 보루각에 의지하는 것이 불편했기 때문이다. 당시 새로운
보루각의 건설 장소로 거론되었던 곳은 남쪽 담장 안쪽의 빈터와 도총부
(都摠府) 북쪽 담장 바깥의 빈터였다. 성종은 직접 남쪽 담장 안쪽의 빈터를
살펴보고 그곳을 보루각의 건설 장소로 결정하였다.[15] 4월에 성종이
보루각 터의 기초를 닦는 공사를 구경했던 것으로 보아 보루각 건설
사업이 시작되었음을 알 수 있다.[16] 그런데 5월에 들어 가뭄이 심해졌으니
보루각의 공사를 정지하자는 사헌부 지평 윤파(尹坡)의 건의가 올라왔다.
보루각의 자격 장치를 만드는 공사는 비용이 많이 소요되니 공사를 중지함
으로써 하늘의 경고를 삼가는 태도를 보이자는 것이었다.[17] 이후 공사의
지속 여부는 정확히 확인할 수 없는데, 그로부터 40여 년이 지난 중종
29년(1534) 김안로(金安老, 1481~1537) 등의 보고에 따르면 이때 공사가
중지되었던 것으로 보인다.[18]

---

14) 『成宗實錄』卷200, 成宗 18년 2월 24일(甲午), 14ㄱ(11책, 192쪽).

15) 『成宗實錄』卷200, 成宗 18년 2월 25일(乙未), 14ㄱ(11책, 192쪽). "臨幸南墻門內,
　　審報漏閣建置處. 傳曰, 此地甚當."

16) 『成宗實錄』卷202, 成宗 18년 4월 5일(甲戌), 2ㄴ(11책, 200쪽). "上幸報漏閣開基處及
　　春宮都監, 觀營造."

17) 『成宗實錄』卷203, 成宗 18년 5월 5일(甲辰), 1ㄴ(11책, 208쪽). "司憲府持平尹坡來啓
　　曰, 近者旱徵已作, 牟麥盡焦. 如報漏閣自擊制造等事, 功役甚鉅, 請停罷以謹天戒. 傳曰,
　　可."

18) 『中宗實錄』卷78, 中宗 29년 9월 17일(庚辰), 4ㄱ(17책, 534쪽). "臣聞成宗朝, 南墻下,
　　欲別設漏器, 適有事故還止."

경복궁의 보루각이 창덕궁으로 옮겨진 것은 연산군 11년(1505)의 일이었다. 이때 간의대도 철거되었다.[19] 보루각에 대한 전면적 보수가 이루어진 것은 중종 대였다. 앞에서 살펴보았듯이 중종 12년(1517)에 성세창과 김안국이 보루각과 흠경각의 교정 일을 맡고 있다고 한 것으로 보아[20] 중종 초년부터 간의대, 보루각, 흠경각에 대한 보수 논의가 있었으리라 여겨진다.

중종 29년(1534) 9월 17일 관상감 제조인 김안로와 유보(柳溥, ?~1544) 등이 보루각의 개조를 요청했다. 보루각 건물이 오래되어 비가 새는 곳이 있고, 물시계에도 오차가 발생하였으며, 놋쇠구슬[鍮環]이 떨어지는 것도 정확하지 않았기 때문이다. 당시의 고민거리는 보루각을 전면적으로 개조할 것인가 하는 문제였다. 당국자들은 보루각 자격루가 복잡한 기계였기 때문에 이것을 과연 고칠 수 있을 것인지 회의를 품고 있었다. 그러나 고치지 않으면 시각이 점점 어긋나서 맞지 않게 될 우려가 있었다. 또 하나의 문제는 어쩔 수 없이 이것을 고치다가 그 본래의 모습마저 잃게 된다면 질정(質正)할 바가 없어지게 된다는 것이었다.

그런데 중요한 것은 그 다음 대목이다. 김안로 등의 보고에 따르면 당시 창덕궁에는 누기(漏器 : 물시계)가 없고 경복궁에만 누기가 있기 때문에 북을 쳐서 시각을 전달하는 데 그 사이에 잘못될 수 있는 폐단이 있을까 걱정스럽다고 하였다. 이에 김안로 등은 성종 때 창덕궁에 새로운 보루각을 만들려고 했던 일을 거론하면서 별도의 보루각을 창덕궁에 설치하여[排設] 한 치의 오차도 없이 시각이 정확하게 된 다음에 이 궁궐[此闕 : 경복궁]의 보루각을 개정하는 것이 좋겠다는 의견을 개진하였다.[21]

19) 『燕山君日記』卷60, 燕山君 11년 11월 24일(乙巳), 14ㄴ(14책, 29쪽). "命移報漏閣于 昌德宮, 撤簡儀臺."
20) 각주 13) 참조.

이는 당시 개수가 논의되고 있는 보루각 물시계가 창덕궁이 아니라 경복궁에 있었다는 뜻이다. 그렇다면 연산군 때 창덕궁으로 옮겨졌던 보루각이 그 이후의 어느 시점에 다시 경복궁으로 간 것일까? 현재로서는 알 수 없는 일이다. 어쨌든 중종 29년(1534) 9월 관상감의 건의에 따라 이듬해(1535) 봄부터 보루각을 개조하기로 하였다. 11월에 승정원에서 보루각에 소용되는 마류(瑪瑠)[22]가 안주(安州)에서 산출되는데, 이것이 너무 견고해서 쉽게 만들 수 없으니 지금부터 만들어야 한다고 하면서 채납(採納)을 지시하라고 요청했다.[23] 보루각의 개조 사업을 준비하기 위한 일환으로 취해진 조처였다.

그로부터 1여 년의 시간이 흐른 중종 31년(1536) 1월의 조강(朝講) 석상에서 허흡(許洽)은 변산(邊山) 안면곶(安眠串)의 소나무를 영선(營繕) 사업에 소모하고 있다고 비판하였다. 그가 지적한 영선 사업의 하나가 보루각 공사였다.[24] 이는 당시 보루각 개조 사업이 진행되고 있었음을

---

21) 『中宗實錄』 卷78, 中宗 29년 9월 17일(庚辰), 4ㄱ(17책, 534쪽). "觀象監提調金安老·柳溥啓曰, 報漏閣年久, 有雨漏處, 漏器多有差失, 鑣環之落, 亦有留滯, 未能卽下. 若改造, 則不必一處改更, 必毁全體而後可也. 然則此器, 非凡常之器, 雖巧民, 莫知其端倪, 不能改成也. 若仍舊而不改, 則時刻漸差, 不能適中, 勢不得已改造, 而失眞, 則無所質正. 昌德宮無漏器, 景福宮有漏器, 傳傳而擊鼓, 則其間恐有差失之弊. 臣聞成宗朝, 南墻下, 欲別設漏器, 適有事故還止. 臣意亦以爲, 昌德宮各別排設, 無一毫差違, 時刻正中, 然後此闕漏閣, 改正則可也. 且此事, 非凡土木之類, 自今預備, 明春改造何如. 傳曰, 依啓." 당시 중종은 8월 15일에 昌德宮으로 移御한 상태였다[『中宗實錄』 卷77, 中宗 29년 8월 15일(己酉), 56ㄱ(17책, 529쪽). "上移御于昌德宮."].

22) 석영의 일종인 마노(瑪瑙)를 가리키는 것으로 보인다.

23) 『中宗實錄』 卷78, 中宗 29년 11월 10일(壬申), 27ㄴ(17책, 545쪽). "政院啓曰, 報漏閣, 瑪瑠皆所入, 瑪瑠, 尙衣院無有, 而貿於市裏, 亦有弊. 聞安州産此物. 此物至堅不易造, 自今始造, 可及矣. 請下書採納何如. 傳曰, 可." 여기서 瑪瑠는 瑪瑙와 같은 것으로 石英의 일종인 광물로 보인다.

24) 『中宗實錄』 卷81, 中宗 31년 1월 11일(丁卯), 9ㄴ～10ㄱ(17책, 632～633쪽). "同知事 許洽曰, 國家養松木, 爲兵漕船也. 如邊山 安眠串松木之養, 蓋爲兵漕大計, 而今者盡斫, 而用之於營繕處. 兵漕邦本之計, 至爲虛踈. 大抵材木, 必須長養百年, 然後可用, 而近來如

보여준다. 실제로 4월에는 보루각(도감)의 도제조(都提調)인 김안로의 보고가 있었다. 그는 이 보고에서 두 가지 문제를 거론했다. 하나는 한양의 보시(報時) 체계에 대한 것이었다. 그는 동쪽의 흥인문(興仁門)과 남쪽의 숭례문(崇禮門)에 각각 하나씩 종을 달아서 이를 통해 인정(人定)과 파루(罷漏)의 시각을 알리면 좋겠다고 건의했다. 새로 종을 주조하는 것은 폐단을 야기할 것이니 도성 내의 폐사(廢寺)인 정릉사(貞陵寺)와 원각사(圓覺寺)의 종을 각각 흥인문과 숭례문에 달고, 경복궁 보루각에서 숭례문으로, 새로 설치한 창경궁 보루각에서 흥인문으로 종소리를 전달하게 하자고 하였다. 다른 하나는 보루각 종의 관리 문제였다. 김안로는 자격장(自擊匠) 박세룡(朴世龍)이 매우 정교한 솜씨를 지니고 있으니 그를 새로 설치한 보루각에 소속시켜 항상적으로 종을 보수하게 하자고 건의하였다. 당시 박세룡은 사노비[私賤]였기 때문에 그를 보루각에 영속시키기 위해서는 장례원(掌隷院)에 소속된 공노비로 보상해 주어야 했기에[25] 이와 같은 건의가 있었던 것이다.[26]

6월 말에 이르면 새로운 보루각의 건설이 마무리 단계에 접어들고 있었다. 건물이 완성되었고 시각을 자동으로 알려주는 인형 등의 물건들

報漏閣等處營繕, 亦皆斫而用之. 於臣迷劣之意, 深以爲未便."

25) 이 문제는 나중에 다시 논란이 되기도 했다. 『中宗實錄』 卷82, 中宗 31년 10월 28일(庚戌), 52ㄴ~53ㄱ(17책, 688~689쪽).

26) 『中宗實錄』 卷81, 中宗 31년 4월 9일(癸巳), 39ㄱ(17책, 647쪽). "報漏閣都提調(金安老)啓曰, 懸之於鍾樓上者, 擊之, 以爲人定(暮鍾)·罷漏(曉鍾), 使遠近之人, 知時而行止也. 今者鍾樓之鍾聲, 亦有不及聞處. 若於興仁·崇禮兩門, 各懸一鍾, 而擊之, 則聲無不到處矣. 此古所未及創制者也. 今若新鑄而懸之, 則有弊矣, 貞陵·圓覺兩廢寺(皆在都城內)舊鍾, 尙廢不用. 請以此兩鍾, 一懸于興仁門, 一懸于崇禮門, 自景福宮報漏, 傳擊, 而至于崇禮門, 自昌慶宮新設報漏, 傳擊, 而至于興仁門何如. 且自擊匠朴世龍, 於諸匠中, 最爲精巧. 如此之人, 必常留于漏閣, 而仍加修補, 然後常自堅完. 若以爲畢造, 而不復修輯, 則久而自訛. 請以世龍, 恒屬于新設之閣, 而常使補輯. 此人, 乃私賤也. 以掌隷院屬公奴婢償之, 而永屬于報漏閣何如. 傳曰, 啓意至當. 其皆依啓."

이 제작되어 설치를 마쳤다. 이에 보루각 도제조인 김안로는 기문(記文)과 명문(銘文)을 작성해서 전말을 기록해야 한다고 건의하였다. 이에 한성부 우윤 정사룡(鄭士龍, 1491~1570)에게 기문을, 호조판서 소세양(蘇世讓, 1486~1562)에게 명문을 짓게 하였다.[27] 7월에는 흥인문과 숭례문에 종각을 세워 종을 매다는 일을 진행하겠다는 보루각도감(報漏閣都監)의 보고가 있었다.[28]

8월의 작업 상황을 보면 당시 관상감 영사는 영의정 김근사(金謹思, 1466~1539)였고, 김안로가 보루각도감의 도제조를 맡고 있었다. 좌부승지 김익수(金益壽, 1491~?)가 새로 제작한 보루각을 가서 보았는데 이전까지 다른 작업은 모두 마무리되었고 '정시의전판(定時儀箭板)'만 마치지 못했는데 8월 말에 이르러 모두 마치게 되었다고 한다. 당시 새로 제작한 보루각과 이전의 그것은 시보 장치에서 차이가 있었다. 이전의 보루각은 경점(更點)만을 알려주었는데 새로 만든 것은 인정(人定)과 파루(罷漏)까지도 자동으로 알려주는 기능을 갖추고 있었던 것이다.[29]

중종은 이와 같은 보루각의 새로운 자격 장치를 보고 싶어 했다. 그는 8월 24일에 관가(觀稼 : 임금이 들에 나가 백성이 농사짓는 것을 살피는 일)를 위해 동교(東郊)에 거둥하기로 계획되어 있었는데, 이 행차를 이용해

---

27) 『中宗實錄』 卷82, 中宗 31년 6월 28일(辛亥), 12ㄴ(17책, 668쪽). "政院以新報漏閣都提調意啓曰, 家閣及自擊人物等諸具, 皆已畢造排設. 如此事, 則前必製記銘, 以書顚末, 故前報漏閣, 亦有之矣. 今以漢城府右尹鄭士龍作記, 戶曹判書蘇世讓作銘, 備載始末以傳後何如. 傳曰, 如啓." 현재 이 기문과 명문은 확인할 수 없다.

28) 『中宗實錄』 卷82, 中宗 31년 7월 14일(丁卯), 14ㄴ(17책, 669쪽). "報漏閣都監啓曰, 興仁門·崇禮門懸鍾事, 前日諸緣具已備, 其時有旱徵故停之. 今已入秋, 建鍾閣懸之何如. 傳曰, 如啓."

29) 『中宗實錄』 卷82, 中宗 31년 8월 20일(癸卯), 31ㄴ(17책, 678쪽). "左副承旨金益壽啓曰, 臣往見新報漏閣. 領議政金謹思·左議政金安老語臣以啓曰, 他事已畢, 而但定時儀箭板未畢, 而今已畢造, 請罷都監. 他餘制度, 與舊報漏閣同矣. 但舊報漏閣, 則惟自擊點數而已, 此則人定罷漏, 皆爲自擊矣. …… (謹思, 觀家[象]監領事, 安老, 報漏閣都監都提調)."

서 보루각을 보고자 했다. 왕의 행차가 광화문을 나서 선인문(宣仁門)을 통해 창경궁으로 들어가 동궁(東宮)에 잠시 머물다 동교를 향해 출발하도록 예정되어 있었다. 당시 보루각은 창경궁 동궁의 동쪽에 설치되어 있었기 때문에[30] 중종은 선인문으로 들어가 서연청(書筵廳)에 잠시 머물다가 보루각의 자격 절차가 모두 준비되면 내시를 거느리고 들어가서 보기로 했다.[31] 중종은 보루각을 보러 갈 때 세자도 데리고 가겠다고 하면서, 관람할 때 관상감 관원 3인과 자격장(自擊匠) 3인을 문밖에 대기시켜 오차가 생기면 즉시 들어와 고치도록 하라고 지시하기도 했다.[32] 드디어 8월 24일 중종은 광화문을 출발해서 창경궁의 서연청에 이르러 보루각의 새로운 제도를 관람하였다. 이어 보루각의 제조(提調), 낭관(郎官), 감조관(監造官)으로부터 자격장 박세룡에 이르기까지 차등을 두어 포상하였다.[33]

이상에서 살펴본 것처럼 창경궁의 새로운 보루각 건설은 중종 29년 (1534) 김안로와 유보의 발의에 의해 시작되었고, 본격적 작업은 중종 30년(1535)부터 이루어져 중종 31년(1536) 8월 말에 완료되었다. 당시 이 사업을 주관한 사람들은 보루각 건설에 어떤 의미를 부여하였을까? 이는 당시 사업의 책임을 맡았던 김근사와 김안로의 의계(議啓)를 통해서

---

30) 『漁村集』卷9, 「報漏閣定時儀銘#序奉敎撰」, 31ㄱ(24책, 207쪽). "乃於昌慶宮東宮之東, 建新閣, 作新儀. 一依世宗舊制, 而精密倍之."

31) 『中宗實錄』卷82, 中宗 31년 8월 20일(癸卯), 32ㄱ(14책, 678쪽).

32) 『中宗實錄』卷82, 中宗 31년 8월 21일(甲辰), 32ㄱ(17책, 678쪽). "傳于政院曰, 報漏閣往見時, 世子亦從而入見可矣. 觀象監官員三人, 自擊匠三人, 待令于門外, 如有差誤, 卽入改之可也."

33) 『中宗實錄』卷82, 중종 31년 8월 24일(丁未), 33ㄱ(17책, 679쪽). "上御馬出自光化門, 入駐于昌慶宮書筵廳, 觀報漏閣新制. 以報漏閣提調及郎官監造官等書啓抄記下之日, 賞格, 昨日已爲磨鍊矣, 今日親見後, 可以頒賜矣. 堂上以上, 各給熟馬一匹, 郎官金守性, 終始專掌, 別給熟馬一匹, 其餘郎官, 各給兒馬一匹. 監造官陞職, 天文隷[肄]習官, 爲先遷轉, 自擊匠朴世龍以下, 賜布有差."

확인할 수 있다. 그들은 역대로 여러 가지 물시계가 있었지만 자동으로 시간을 알려주는 '자격(自擊)의 제도[自擊之制]'는 없었다고 보았다. 보루각의 건설은 세종이 성스러운 지혜[聖智]로 새로운 방법[新規]을 창안한 것이었다. 그것을 제작한 의도는 역대 제왕들이 '천상(天象)을 살펴 인시(人時)를 알려주고자' 하는 뜻을 본받은 것이지만, 그 제도의 신묘함은 역대의 어느 것보다 뛰어나다고 평가하였다. 왜냐하면 거기에는 밤낮을 구분하고 정확한 시간을 알려주는 실용적 목적만 있었던 것이 아니라 "하늘을 공경하고 백성들의 일을 삼가는 것[敬天勤民]"이 치도(治道)와 깊은 관련이 있다는 것을 보여주는 정치사상적 목적도 지니고 있었기 때문이다. 중종이 새 보루각을 건설한 일은 바로 이와 같은 세종 대의 제작을 영구히 후세에 전해주기 위한, "선인의 뜻을 잘 계승하고 선대의 사업을 잘 전한다는[繼志述事] 아름다운 뜻"이라고 평가되었다.[34]

중종 33년(1538) 11월에는 신구 보루각의 정시의(定時儀) 개정 방법이 논란이 되었다. 보루각이 두 궁궐에 있었기 때문에 양자의 시각을 비교하는 작업이 어려웠던 것이다. 이에 관상감 영사인 윤은보(尹殷輔, 1468~1544)는 군기시(軍器寺)의 큰 징 20개를 가져다가 양쪽 궁궐 사이에 배치하여 이것을 치게 하면 양쪽 보루각의 누성(漏聲)의 빠르고 느린 것을 알 수 있으리라고 하였다. 이와 함께 경복궁과 창경궁의 보루각의 시보가 서로 어긋나기 때문에 이를 개정하는 작업도 진행하였다. 그것은 경복궁 보루각의 파루 시각을 개정해서 조금 늦추는 작업이었다.[35]

---

34) 『中宗實錄』卷82, 中宗 31년 8월 20일(癸卯), 32ㄱ(17책, 678쪽). "金謹思·金安老議, 璿璣渾儀, 古昔帝王, 所以在天象·授人時者也. 蓮漏·渴烏, 歷代有作, 而未聞有自擊之制. 報漏之設, 在世宗朝, 創自聖智, 別出新規, 其制作之意, 實祖古昔, 而其神妙高出百代. 非特節晝夜·正天時而已, 因是而敬天勤民, 實有關於治道. 舊制年久差訛, 深恐寢以失眞, 更作新閣, 使聖祖待制之妙, 永傳于後, 亦繼志述事之美意也."

35) 『中宗實錄』卷89, 中宗 33년 11월 22일(壬辰), 7ㄴ~8ㄱ(18책, 230쪽). "觀象監領事尹殷輔啓曰, 新舊報漏閣定時儀, 以他事改正爲難, 不得已以軍器寺大錚二十, 列置于兩闕之

(4) 옛 의상의 중수와 부건(副件)의 제작

중종 21년(1526)에는 옛 의상[舊象]을 수리하고 여벌[副件]을 만들도록 지시했다.36) 이때 수리의 주요 대상은 간의(簡儀)와 혼상(渾象) 등이었다. 이와 관련해서 주목되는 기사가 두 가지이다. 하나는 목륜(目輪)의 제작이다. 중종 20년(1525)에 당시 성균관 사성(司成)인 이순(李純)이 중국에서 『혁상신서(革象新書)』를 구입해 왔다. 그 책에는 천체 관측 기구에 대한 내용이 수록되어 있었는데, 그 이름이 '목륜'이었다.37) 이순은 예전에 '혼의혼상감수관(渾儀渾象監修官)'으로서 관상감에 있을 때 '목륜'의 제도에 따라 이를 제작하였는데, 이때에 이르러 진상했던 것이다. 승정원에서는 이 기구가 새롭고 정교한 것이라고 판단하여 한 건을 더 만들어서 관상감에 두자고 건의하였다.38) 주목되는 것은 이순이 '혼의혼상감수관'

間, 彼此交擊, 官員居中聽之, 則兩闕漏聲, 遲速可知也. 且舊閣報漏, 與新閣報漏相違, 故今改舊漏矣. 前此舊漏差違, 而隨人斟酌爲之, 故破漏太早, 而今其改正, 則必爲稍晩矣. 自上必以爲與前有異, 故敢啓. 傳曰, 知道."

36)『中宗實錄』卷57, 中宗 21년 5월 11일(癸巳), 5ㄴ(16책, 510쪽) ;『增補文獻備考』卷2, 象緯考 2, 儀象 1, 33ㄴ(上, 46쪽). "(中宗)二十一年, 重修舊儀象, 更製副件."

37)『原本革象新書』卷3,「目輪分視」, 11ㄴ~13ㄴ ;『重修革象新書』卷下,「目輪觀天」, 24ㄱ~ㄴ. "物小而近蔽遠則多, 日月之行道於列宿, 雖若依隣而相去懸遠, 測望不同. 試畫紙爲輪, 其輻輳比三百六十餘度, 輪圍比宿之躔, 穀竅比六合之中, 復剪黃紙爲日, 黑紙爲月, 日大月小, 圍徑相倍於輻度, 內置日月同躔, 月近穀中, 日近輪際, 盖近中則度狹, 際邊則度廣, 日月雖大小不同, 而俱占一度也. 復置日月距終之數, 以黃色畫日道, 黑色畫月道, 各取日月體心爲距數, 別用薄紙, 畫爲大輪, 與前小輪同而周徑倍之, 謂之目輪. 其穀竅以比測望之目, 以大輪加於小輪, 測目瞳在六合之中, 因卽其處偏望月體所遮, 正在本度矣. 然地平不當天半, 目輪須令低就低仰望, 則月體所遮之度, 非本度矣. 此非特比望各宿經度, 而亦可比望去極之緯度也."「目輪觀天」의 내용보다는「目輪分視」의 내용이 보다 상세하다.

38)『中宗實錄』卷55, 中宗 20년 10월 19일(甲辰), 41ㄱ(16책, 461쪽). "政院啓曰, 成均館司成李純, 得革象新書於中原, 其書爲觀天之器, 名曰目輪. 李純向以渾儀渾象監修官, 在觀象監, 因目輪之制, 而造作, 今日進上矣. 此器極爲新巧, 請加作一件, 以置觀象監驗之何如. 傳曰, 依啓."

112

이었다는 사실이다. 이는 이미 중종 20년 무렵에 혼의와 혼상 등의 제작과 보수, 감수 작업이 이루어지고 있었다는 사실을 말해주는 것이다.

다른 하나는 중종 21년(1526) 5월에 관상감의 건의이다. 『증보문헌비고』에 수록된 내용과 실록의 내용은 큰 틀에서는 차이가 없지만 세부적으로는 차이점이 있다. 그것은 이 사업의 개시 시점과 관련된 문제이므로 주의 깊게 살펴보아야 한다. 『중종실록』의 내용은 다음과 같다.

> 관상감(觀象監)이 아뢰기를 "간의·혼상은 세종조에 만든 것인데, 하늘을 관측하는 기구가 한 건(件)만 있어서 편리하지 못합니다. 만약 또다시 보수하게 된다면 측후할 수 있는 기구가 없습니다. 그러므로 전일(前日)에 한 건을 더 만들자고 건의했는데 지금 만들기를 끝마쳤습니다. 다만 옛날 혼상[舊象]은 별을 배치한 곳과 옻칠한 데가 지금은 간혹 박락(剝落)되었습니다. 청컨대 새 혼상[新象]을 배설(排設)할 적에는 그 어긋난 곳을 교정(校正)하고, 장인(匠人)으로 하여금 보수하게 하는 것이 어떻겠습니까? 또 하나의 혼상[一象]을 어느 곳에 보관하는 것이 좋을는지 아울러 아룁니다."하니, 전교하기를 "아뢴 대로 하라. 보수한 한 건은 내관상감(內觀象監)에 두는 것이 좋겠다."고 하였다.[39]

위의 인용문에서 확인할 수 있듯이 중종 21년 5월 이전에 간의와 혼상 같은 세종조에 만든 천문의기는 하나뿐이어서 불편하니 한 건을 더 만들자는 건의가 있었고, 그 사업이 완성된 것이 중종 21년 5월이었다. 관상감에

---

39) 『中宗實錄』 卷57, 中宗 21년 5월 11일(癸巳), 5ㄴ(16책, 510쪽). "觀象監啓曰, 簡儀·渾象, 世宗朝所造也. 觀天之器, 只有一件, 未便. 若又修補, 則無測候之具, 故前日請加造一件, 而今又畢造. 但舊象, 排置星辰及着漆處, 今或剝落, 請以新象排設, 校正其差違, 而令匠人, 仍修補何如. 且一象藏之何所, 並稟. 傳曰, 依啓. 修補一件, 置于內觀象監可也."

서는 먼저 이 사업이 완료되었다는 사실을 보고했던 것이다. 다음으로 관상감에서는 옛날 혼상에 문제점이 있다는 사실을 거론하였다. 별을 배치한 부분에 잘못이 있고 옻칠한 곳도 박락이 발생했다는 것이다. 따라서 새로 만든 혼상을 설치하면서 옛날 혼상의 잘못된 곳을 교정하고 장인을 시켜 보수하게 하자고 건의하였다. 아울러 이것을 어느 곳에 보관하는 것이 좋을지 분부해 달라고 요청했던 것이다.

그런데 『증보문헌비고』에는 이상과 같은 내용이 다르게 기재되어 있다. 『증보문헌비고』에서는 관상감의 상언을 두 가지로 구분하였다. 하나는 지금의 여러 의상[儀象諸器]은 세종조에 창제한 것인데 성신(星辰)의 위치가 간혹 박락되었으니 그것을 보수하자는 것이었고, 다른 하나는 여러 의상이 모두 하나만 있기 때문에 보수를 하게 될 때에는 측후할 수 있는 기구가 없게 되니 부건(副件)을 제작하자는 것이었다. 당시 중종은 이와 같은 요청을 받아들여 부건을 제작하라고 명했고, 그것을 내관상감에 설치하도록 지시했다고 하였다.[40] 이와 같은 『증보문헌비고』의 서술은 『중종실록』과 비교할 때 사실 관계에서 적잖은 차이를 보여준다. 사업의 대상이 된 의기의 종류가 무엇인지, 부건을 제작하자고 건의한 시점이 언제인지, 부건을 보관한 장소가 어디인지가 일치하지 않는 것이다.

따라서 『중종실록』에 등장하는 중종 20년의 목륜 진상 기사와 중종 21년의 관상감의 상언을 종합적으로 분석해 보면 다음과 같은 사실을 유추할 수 있다. 첫째, 간의, 혼의, 혼상 등 세종조에 제작된 천문의기의 보수 사업이 시작된 것은 중종 20년 10월 이전이었다. 왜냐하면 이순이 그 이전에 이미 '혼의혼상감수관'이란 직책을 지니고 관상감에서 활동하

---

40) 『增補文獻備考』卷2, 象緯考 2, 儀象 1, 33ㄴ(上, 46쪽). "觀象監上言曰, 今儀象諸器, 皆世宗朝所刱, 星辰位置, 間或剝落, 請修補. 又言諸儀象皆單件, 故若值修補時, 則無他測候之具, 請更造副件. 上並從之. 又命副件置于內觀象監."

고 있었기 때문이다. 둘째, 간의와 혼상 등의 기구가 한 벌뿐이니 여벌을 만들자는 건의가 이전에 있었고, 그것이 완료된 시점은 중종 21년 5월이었다. 셋째, 새로운 의기들이 제작됨에 따라 예전의 의기를 어디에 보관할 것인가 하는 문제가 발생했다. 옛 의기 가운데 혼상의 경우 별자리가 배치된 부분과 옻칠을 한 부분에 박락이 생겼기 때문에 별자리가 어긋난 부분을 교정하고 장인을 시켜 보수하게 한 다음 내관상감에 보관하게 하였다.

2) 명종 대

(1) 규표의 수리와 혼상의 교정

명종 원년(1546) 6월에는 간의대의 규표(圭表)가 기둥 끄트머리에 설치한 용의 무게를 이기지 못해 파손되는 사건이 벌어졌다. 이에 하세준(河世濬)을 시켜 규표를 수리하게 했다.[41] 같은 해 9월에 규표의 수리와 관련하여 논상(論賞)을 위한 분등단자(分等單子)를 승정원에 내렸던 것으로 보아[42] 곧바로 수리했던 것 같다.

---

41) 『明宗實錄』卷3, 明宗 원년 6월 24일(己酉), 99ㄱ～ㄴ(19책, 428쪽). "觀象監啓曰, 簡儀臺圭表折破處, 今已補鑄, 時方鍊正臺石, 畢則將立. 但舊制表柱中空處, 實以油灰, 今亦依舊制爲之, 但表柱折破傾側之由, 則意必柱上擎榱兩龍及所附着頭甲, 極爲斤重, 三十餘人, 僅能運轉, 龍形又北向擎榱, 北邊偏重而然也. 圭石取影, 不必體重, 雙龍擎榱, 然後爲之. 雖以獨龍輕鑄, 蟠據柱頭, 直手向上擎榱, 而使表柱, 四面輕重均平, 則不至傾側折破, 而第以先王舊制, 難於輕改, 故未敢爲之. 今當仍舊制整堅, 疑其不久而復至傾折, 故欲於狹石上柱表, 以銅鐵作帶四五處束之, 以備後患. 圭柱修補改立, 極爲重難, 須窮思極慮, 俾無差違. 有士人河世濬, 性本工巧, 凡製造精巧. 常時兩闕報漏·日影等器及諸處觀天儀象, 年久差誤, 不免逐年隨改, 若以如此之人, 俾掌修治, 則慮必精緻, 不至易差. 而觀象監無可屬之闕, 未卽屬焉, 請姑令假習讀稱號常仕何如. 傳曰, 如啓."

42) 『明宗實錄』卷4, 明宗 원년 9월 19일(癸酉), 56ㄴ(19책, 456쪽). "以簡儀圭表修理分等

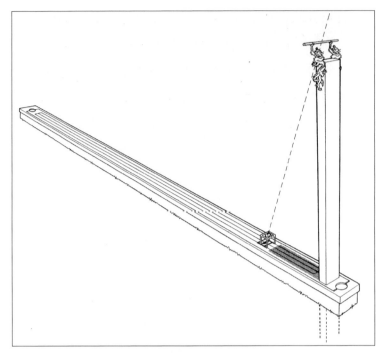

<그림 3-1> 규표(圭表) | Joseph Needham et al., 1986.

　명종 대에는 선기옥형(璿璣玉衡)과 혼천의(渾天儀)의 제작 및 혼상(渾象)
의 교정도 이루어졌다. 명종 3년(1548) 10월에 선기옥형과 혼천의를 만들
라는 전교가 내려졌다. 당시 『서전(書傳)』의 초권(初卷)을 강의하고 있었기
때문에 명종이 선기옥형의 실물을 보고자 했던 것이다.[43] 이에 이듬해
(1549) 정월에 홍문관에서 선기옥형과 혼천의의 제도를 올리니, 명종은
내관 박한종(朴漢宗)을 홍문관에 보내서 그것을 강습하게 하였다. 명종

　　單子, 下于政院曰, 論賞有差." 이에 대해서 대사간 權應挺(1498~1564) 등은 비판적
　　차자를 올리기도 했다[『明宗實錄』卷4, 明宗 원년 10월 18일(壬寅), 66ㄴ(19책,
　　461쪽). "近見簡儀之訖功, 細務也, 而爵賞隨之 ……."].
43) 『明宗實錄』卷8, 明宗 3년 10월 19일(庚申), 50ㄱ(19책, 617쪽). "傳曰, 璿璣玉衡及渾
　　天儀, 令該曹造入(時講書傳初卷, 欲覽其制, 故有是敎)."

<그림 3-2> 혼상(渾象)

자신이 이해할 수 없는 부분을 박한종에게 물어보기 위한 의도에서였다. 이러한 명종의 지시는 사체(事體)에 어긋나고 전례에도 없는 것이라는 승정원의 비판을 받게 되었다.[44]

　명종 8년(1553) 무렵에는 혼상을 교정하였던 것으로 보인다. 혼상교정도감(渾象校正都監)의 존재가 확인되기 때문이다. 명종 8년 5월 7일의 실록 기사에 따르면 혼상교정도제조 심연원(沈連源, 1491~1558), 제조 안현(安玹, 1501~1560), 부제조 윤춘년(尹春年, 1514~1567), 낭청 허엽(許曄, 1517~1580), 박민헌(朴民獻, 1516~1586), 김여부(金汝孚), 박영(朴詠), 조성(趙晟, 1492~1555) 등에게 포상을 하였음을 알 수 있다.[45] 안현이

44) 『明宗實錄』卷9, 明宗 4년 정월 2일(癸酉), 1ㄱ~ㄴ(19책, 621쪽). "弘文館上璿璣玉衡·渾天儀制度, 上遣內官朴漢宗等于弘文館, 講習. 政院啓, 璿璣玉衡·渾天儀制度, 遣內官講習. 自上如有未解處, 宜召對經筵官, 論難於便殿, 今使內官講習, 非但有妨事體, 亦無前例, 敢啓."

45) 『明宗實錄』卷14, 明宗 8년 5월 7일(壬子), 50ㄴ(20책, 132쪽). "傳于政院曰, 渾象校正

'혼상의 제도'를 교정했다는 사실은 소세양(蘇世讓, 1486~1562)의 증언에서도 확인할 수 있다.[46]

명종 8년 윤3월의 실록 기사 가운데는 근년의 수재와 한재 등의 재변에 대한 대책의 일환으로 부비(浮費)를 줄이자는 사헌부의 건의가 수록되어 있다. 당시 사헌부가 문제로 지적한 부비의 세부 내용 가운데는 군적도감 (軍籍都監)과 간의대(簡儀臺)를 비롯하여 임시로 설치한 관아[權設衙門]의 지출 문제가 포함되어 있었다.[47] 여기서 '권설아문'의 일종으로 간의대를 언급한 것은 아마도 혼상교정도감을 가리키는 것으로 보인다. 세종 대 이래로 혼의와 혼상 등은 간의대 주변에 설치되어 있었고, 넓은 의미에서 보면 간의대에 포함된 천문의기였기 때문이다.

(2) 앙부일구와 보루각의 개수

명종 대 천문의기 개수 사업과 관련해서 주목해야 할 것은 명종 5년(1550) 6월 관상감의 보고이다. 당시 보고 내용은 크게 세 가지였다. 첫째, 종묘 앞에 설치한 앙부일구(=仰釜日影)를 새 보루각과 외관상감(外觀象監)의 해시계[日影]와 교정(校正)해 보니 대체로 차이가 없었다. 그런데 중성(中星) 을 측후해야만 사계절의 절기[節候]를 알 수 있기 때문에 별도로 관원을 정해서 측후를 하였더니 2~3개의 별은 차이가 없었으나 그 나머지는

都提調沈連源·提調安玹·副提調尹春年, 賞熟馬, 郎廳許曄·朴民獻·金汝孚·朴詠陞品, 趙晟, 東班主簿敍用."

46) 『陽谷集』卷13, 「議政府左議政安公神道碑銘并序」, 5ㄴ(23책, 486쪽). "涵養旣久, 理無不通, 校鍾律·渾象·仰釜之制, 至於板屋之船, 弓弩火砲之造, 悉盡其妙."

47) 『明宗實錄』卷14, 明宗 8년 윤3월 4일(庚戌), 32ㄴ~33ㄱ(20책, 123쪽). "憲府啓曰 …… 如造成軍籍都監, 簡儀臺及其他權設衙門頗多. 軍人之役, 供億之費, 有難枚擧. 請一切停罷, 以省浮費, 以應天災."

모두 차이가 있었다. 그렇지만 오랫동안 측후를 해야만 그 오차 여부를 확실히 알 수 있기 때문에 지금 측후를 계속하고 있다. 둘째, 휴대용 물시계인 행루(行漏)는 제사지낼 때 매우 중요한 것이므로 교정을 해서 다시 보니 한 시간에 두 시간을 지나갔다. 이는 반드시 처음 만들 때에 오차가 있어서 정밀하지 못하기 때문에 그런 것인데, 만약 지금 모두 고치려고 하면 공력이 많이 들 테니 주전죽(籌箭竹)과 동부귀(銅浮龜)만 개조하는 것이 좋겠다. 셋째, 신구 보루각의 대루(大漏)의 주전죽과 동부귀 도 장차 파손되려고 하니 아울러서 개조하는 것이 좋겠다.[48]

『국조보감(國朝寶鑑)』에서는 이 내용을 다음과 같이 수록하였다.

> 관상감에 명하여 중성(中星)을 측후하여 종묘 동구(宗廟洞口)의 앙부일
> 구(仰釜日晷), 창경궁의 새 보루각(報漏閣)의 누주(漏籌)와 부귀(浮龜)를
> 개수하도록 하였다. 다시 관상감 제조 상진(尙震), 김익수(金益壽) 등에게
> 명하여 흠경각(欽敬閣)의 열두 달의 사냥, 농사 등의 제도를 개수하여
> 빈풍(豳風) 칠월(七月)의 형상에 합치되도록 힘쓰라고 하였다.[49]

이상과 같은 『국조보감』의 내용은 조선후기에 편찬된 『국조역상고(國朝曆象考)』와 『서운관지(書雲觀志)』에서도 동일한 형태로 반복되고 있

---

48) 『明宗實錄』 卷10, 明宗 5년 6월 24일(丁巳), 30ㄱ~ㄴ(19책, 704쪽). "觀象監啓曰, 宗廟洞口仰釜日影, 與新報漏閣(古昌慶宮)及外觀象監日影校正, 則大槩不差. 而必測候中星, 然後可以知四時節候, 故別定官員測候, 則二三星不差, 而其餘皆差. 然測候日久, 然後乃知其差爽與否, 故時方測候矣. 且行漏於祭祀關重, 故校正更見, 則一時倍過兩時. 此必當初創造時, 有差違不精而然. 然今若盡改, 則功力必重, 姑取其籌箭竹及銅浮龜, 請改造. 且新舊報漏閣, 大漏籌箭竹及銅浮龜, 將破, 請竝改造."

49) 『國朝寶鑑』 卷22, 明宗朝 1, 庚戌, 16ㄱ(上, 300쪽－영인본 『國朝寶鑑』, 세종대왕기념사업회, 1976의 책수와 쪽수. 이하 같음). "(五年)六月, 命觀象監候中星, 修改宗廟洞口之仰釜日晷, 昌慶宮之新報漏閣漏籌浮龜. 復命觀象監提調尙震·金益壽等, 修改欽敬閣, 十二朔田獵稼穡等制度, 務合於豳風七月之象."

다.50) 그런데 앞에서 살펴본 명종 5년 6월의 관상감 보고에는 흠경각에 대한 내용이 없었다. 앙부일구와 보루각, 행루 등 해시계와 물시계에 대한 문제만 언급하였기 때문이다. 『국조보감』에서 언급한 흠경각의 문제는 같은 해 8월 상진을 비롯한 관상감의 제조들이 국왕에게 보고한 내용이었다.51) 따라서 흠경각의 개수 문제는 앙부일구·보루각의 개수 문제와는 별도로 살펴보아야 한다.

명종 5년 앙부일구의 교정 사업의 계기가 된 것은 명종 2년(1547) 11월과 명종 4년(1549) 11월에 관상감에서 올린 보고였다. 명종 2년의 보고에 따르면 종묘동구와 혜정교 두 곳의 앙부일구를 측후하여 보니 태양행도(太陽行度)와 동지획(冬至畫)에 오차가 있었다. 간의대 대규표의 그림자는 7장 3척 6촌, 소규표의 그림자는 1장 4척 5촌 6분이었다.52) 보고 전날인 11월 1일이 동지였기 때문에 그날 측정한 값을 보고했던 것이다. 명종 4년 동지의 경우에도 역시 태양행도와 동지획에 차이가 발생했다. 당시 간의대 대규표의 그림자는 7장 3척 4촌 1분, 소규표의 그림자는 1장 4척 5촌 4분이었다.53) 동지일에 태양행도와 동지획에 오차가 있었다는 것은 앙부일구로 절기를 측정했을 때 시반면의 동지선과 실제의 해그림자가 일치하지 않았다는 얘기다. 아울러 동지일에 간의대에서 대규표와 소규표를 이용해서 해의 그림자를 측정하는 것은 당시 관행이

---

50) 『國朝曆象考』 卷3, 儀象, 32ㄱ~ㄴ(543~544쪽) ; 『書雲觀志』 卷3, 故事, 19ㄴ~20ㄱ (208~209쪽).

51) 각주 55) 참조.

52) 『明宗實錄』 卷6, 明宗 2년 11월 2일(己卯), 53ㄴ(19책, 545쪽). "觀象監啓曰, 測候宗廟洞口及惠政橋兩處仰釜日晷, 太陽行度, 冬至晝並差違. 簡儀臺大圭表彰[影]七丈三尺六寸, 小圭表影一丈四尺五寸六分."

53) 『明宗實錄』 卷9, 明宗 4년 11월 24일(己丑), 111ㄱ(19책, 676쪽). "冬至, 測候宗廟洞口·惠政橋兩處仰釜日晷, 太陽行度·冬至晝幷差違. 簡儀臺小圭表影, 長一丈四尺五寸四分, 大圭表影, 長七丈三尺四寸一分."

120

었다.54)

명종 5년 관상감의 보고에 따르면 앙부일구의 오차를 교정하는 작업과 함께 중종 때 제작한 창경궁의 보루각에 대한 개수 작업도 진행되었다. 당시의 개수 사업은 누주(漏籌)와 부귀(浮龜), 다시 말해 주전죽(籌箭竹)과 동부귀(銅浮龜)를 수리하는 것이었다. 누주(=주전죽)는 시각을 표시한 잣대를 뜻하며, 부귀는 그 위에 누주를 꽂아서 물에 뜨도록 하는 거북 모양의 기구를 가리킨다. 부귀의 등에 구멍을 뚫어 잣대를 삽입하는 것이다. 주목해야 할 것은 당시 앙부일구와 보루각 등의 개수 작업에 앞서 중성을 관측했다는 사실이다. 중성의 관측은 시각 교정에 필수적인 일이기 때문이다.

(3) 흠경각의 개수

한편 명종 5년(1550) 8월의 흠경각 개수 작업의 내용이 어떤 것이었는지 확인하기 위해서는 관상감 제조로서 이 사업에 참여했던 상진(尚震, 1493~1564) 등의 발언에 주목할 필요가 있다. 관상감 제조들은 흠경각의 제작이 매우 정교한 것이라고 하면서 다만 구슬이 다니는 길[行鈴之路]을 미리 상세히 살펴서 그 제도[矩制]를 배워둘 필요가 있다고 하였다. 그래야 만 그것이 훼손될 때마다 바로바로 수리할 수 있을 것이기 때문이다. 아울러 상진은 12달에 분명하게 표를 해 두어야 한다고 하였으며, 『시경』 빈풍(豳風)의 칠월시(七月詩)에 합치하는 사냥[畋獵]과 농사[稼穡] 등의 일도 날짜에 따라 그것을 기록하고, 그 곳에 표를 붙여야 한다고 하였다.55)

---

54) 『明宗實錄』 卷29, 명종 18년 11월 27일(壬寅), 89ㄱ(20책, 678쪽). "簡儀臺測影. 大圭表影, 長六丈七尺五寸二分, 小圭表影, 長一丈四尺五寸二分."

55) 『明宗實錄』 卷10, 明宗 5년 8월 3일(甲子), 65ㄴ~66ㄱ(19책, 711~712쪽). "李芑·尚

11월에는 관상감 영사 이기(李芑, 1476~1552)가 흠경각의 기기(欹器)를 개조해서 진상했다. 흠경각루에는 본래 기기가 설치되어 있었는데, 당시 기기에 물이 비어도 기울어지지 않았기 때문에 개조하게 되었던 것이다.56)

　　명종 8년(1553)에는 경복궁 화재로 인해 흠경각이 소실됨에 따라 그 복구 문제가 중요하게 대두하였다. 경복궁에 화재가 발생한 것은 명종 8년 9월 14일이었다. 이 날의 화재로 강녕전(康寧殿), 사정전(思政殿)과 함께 흠경각이 전소했다.57) 곧바로 흠경각을 복구하자는 논의가 일어났고 영의정 심연원은 좌의정 상진과 상의하여 옛 모습대로 중창하겠다는 의지를 피력하였다.58) 이해 12월에는 흠경각의 초양(初樣)이 완성되었고,59) 이듬해(1554) 4월에는 중수 작업이 마무리되었으며,60) 8월에는 대왕대비 주재하에 공사 담당자들을 위로하는 행사가 벌어졌다.61) 경복

震·金益壽(皆觀象監提調)啓曰, 臣等見欽敬閣製作, 極爲精巧, 後世莫能及也. 但行鈴之路, 預爲詳察, 學其規制, 若有破毁, 則改修爲當. 且十二朔, 分明書標, 畋獵稼穡等事, 合於豳風七月之詩者, 亦隨月書之, 付標其處亦當.";『泛虛亭集』卷2,「陳欽敬閣規制及標書事啓(同年庚戌八月甲子, 觀象監提調)」, 41ㄱ(26책, 36쪽). "臣見欽敬閣製作, 極爲精巧, 後世莫能及也. 但行鈴之路, 預爲詳察, 學其矩制, 若有敗毁, 則改修爲當. 且十二朔, 分明書標, 畋獵稼穡等事合於豳風七月之詩者, 亦隨日書之, 付標其處亦當.";『泛虛亭集』卷6,「年譜」, 17ㄱ(26책, 98쪽) ;『泛虛亭集』卷8,「遺事」, 15ㄱ~ㄴ(26책, 133쪽).

56)『明宗實錄』卷10, 明宗 5년 11월 6일(乙未), 92ㄱ(19책, 725쪽). "領觀象監事李芑啓曰, 前者, 以欽敬閣欹器, 虛而不敧, 故今改造而進."

57)『明宗實錄』卷15, 明宗 8년 9월 14일(丁巳), 22ㄱ(20책, 156쪽). "景福宮大內火(太祖卽位三年, 所創康寧·思政二殿及欽敬閣皆燒盡 ……)."

58)『明宗實錄』卷15, 明宗 8년 9월 15일(戊午), 25ㄱ~ㄴ(20책, 158쪽). "(沈)連源又曰, 火災非止正殿也. 欽敬閣, 乃世宗聖智所創(日星·四時之變皆具, 神妙莫測)而灰滅無餘, 慟莫甚焉. 然近者校正官員及匠人皆在, 臣與尙震議之, 欲依樣更創. 但神妙處恐多失眞, 至爲憂慮."

59)『明宗實錄』卷15, 明宗 8년 12월 26일(戊戌), 63ㄴ(20책, 177쪽). "欽敬閣草樣成."

60)『退溪集』卷42,「景福宮重新記」, 19ㄴ(30책, 441쪽). "又命議政府舍人臣朴民獻等, 復欽敬閣. 乃量事功計徒庸, 鳩材召工, 發府藏貿木于京外, 以紓民力, 募遊手役僧軍, 以助番軍, 汰冗官省浮費, 以補國用. 甲寅正月壬子, 大內及東宮, 一時正基. 四月, 欽敬閣成."

궁의 중수 사업은 9월에 강녕전이 완성되면서 마무리되었고, 11월에는 종묘에 고했으며, 12월에 사전(四殿 : 大殿·慈殿·恭懿王大妃殿·中殿)[62]이 경복궁으로 이어(移御)하였다.[63]

당시 작업에는 여러 인물들이 참여하였다. 먼저 박민헌, 박영 등이 공사를 감독하는 임무를 맡았던 것으로 보인다. 이들은 흠경각을 중창한 공로로 상가(賞加)되었기 때문이다.[64] 박민헌의 경우 명종 10년(1555)에 승지에 임명되었는데,[65] 관상감에서 그가 흠경각, 간의대, 보루각 등을 비롯하여 천문·지리·명과학(命課學) 등을 전담해서 그 내막을 잘 알고 있으니 부제조의 직에서 교체할 수 없다고 주장했던 것은 박민헌이 차지하는 비중을 보여주는 사례이다. 이에 명종은 조종조에서 천문을 중시하여 문관으로 하여금 그것에 전념하게 하였다고 하면서 승지는 업무가 많아 겸임할 수 없으니 박민헌을 승지의 직책에서 교체하라고 지시했다.[66] 이러한 명종의 조치에 대해 심수경(沈守慶)은 경중을 잃은 처사라고 비판했지만 명종은 물러서지 않았다.[67] 사신은 박민헌을 참찬관을 겸직하는

---

61) 『明宗實錄』 卷17, 明宗 9년 8월 19일(丁亥), 29ㄱ~ㄴ(20책, 227쪽).

62) 여기서 大殿은 명종을, 慈殿은 명종의 모후인 文定王后를, 恭懿王大妃殿은 仁宗妃인 仁聖王后 朴氏를, 中殿은 明宗妃인 仁順王后 沈氏를 가리키는 것으로 보인다[『退溪集』 文集攷證, 卷7, 第42卷, 「景福宮重新記」, 11ㄱ(31책, 411쪽). "兩殿(文定王后·仁聖王后) …… 四殿(兩殿及大殿·中宮殿)."].

63) 『退溪集』 卷42, 「景福宮重新記」, 20ㄱ(30책, 441쪽). "九月, 康寧殿成而功告訖, 賞賚有差. 十一月戊申, 告于宗廟, 十二月己卯, 四殿還移御."

64) 『明宗實錄』 卷17, 明宗 9년 8월 2일(庚午), 17ㄱ~ㄴ(20책, 223쪽).

65) 『明宗實錄』 卷19, 明宗 10년 10월 21일(壬午), 29ㄱ(20책, 300쪽). "(以) …… 朴民獻爲承政院同副承旨."

66) 『明宗實錄』 明宗 10년 11월 11일(壬寅), 33ㄴ(20책, 302쪽). "觀象監啓曰, 副提調朴民獻, 欽敬閣·簡儀臺·報漏閣及天文·地理·命課學等, 專掌檢擧, 詳知首末. 今雖爲承旨, 不可改差提調. 內監亦闕, 內衙門請令民獻, 間間任進. 傳曰, 祖宗朝重天文, 以文官專意爲之焉. 承旨務劇, 不可兼任. 其遞之."

67) 『明宗實錄』 卷19, 明宗 10년 11월 11일(壬寅), 33ㄴ(20책, 302쪽). "上御夜對. 參贊官沈守慶曰, 政院, 乃喉舌重地, 參贊經筵, 而今以外務, 遞朴民獻, 恐無輕重也. 上曰, 朴民獻,

승지라는 중임에서 외무(外務)인 천문으로 체직한 것은 당시의 정사가 경중을 잃은 것이라고 비판하였다.[68]

그밖에 실무를 담당했던 주요 인물로 조성을 거론할 수 있다. 조성은 천문·지리를 비롯하여 수학과 기능에 정통하고 음률과 의술 분야에서도 심오한 경지에 이른 인물로 평가된다.[69] 그는 흠경각을 복구하는 데 핵심적인 역할을 했고 간의대 수리에 참여하기도 했다.[70] 박민헌, 박영, 조성 등은 모두 혼상의 교정에 참여했던 인물이기도 하다.

3) 선조 대

선조 13년(1580)에는 세종 대에 축조되었던 간의대의 개수가 이루어졌다. 당시 간의대수개도감(簡儀臺修改都監)에는 도제조로 영의정 박순(朴淳, 1523~1589)을 비롯하여 제조 원혼(元混, 1496~1588)·정종영(鄭宗榮, 1513~1589), 상좌제조 이산해(李山海, 1539~1609), 부제조 정탁(鄭琢, 1526~1605), 낭청 허봉(許篈, 1551~1588), 감교관 윤호(尹𣌴, 1542~1589) 등이 참여하였다.[71] 당시의 일을 기록한 양대박(梁大樸, 1544~1592)의

於天文重事, 專意爲之可也, 而不可兼任, 故遞之耳."

68) 『明宗實錄』 卷19, 明宗 10년 11월 7일(戊戌), 33ㄱ(20책, 302쪽). "民獻爲參贊官, 多所裨益, 而言不見採, 身亦以天文外務, 而遞此重任, 今之爲政, 何其失輕重之序耶."

69) 『退溪集』 卷43, 「養心堂集跋」, 28ㄱ(30책, 470쪽). "漢陽城西門外, 有隱君子, 曰趙君晟, 字伯陽, 早負超世之資, 通儒術, 旁及於天文地理醫藥律呂筮數, 無不精究而造其妙.";『耻齋遺稿』 卷2, 「日錄抄」, 31ㄱ~ㄴ(36책, 52쪽). "庚戌九月二十五日, 往訪趙進士晟, 終日談討, 始知其器宇充然, 德量成就, 尤長於數學, 精於技能, 音律醫術, 亦到其奧. 人見之, 無甚異之, 行對於人, 亦無自好之色, 是不亦隱城市者乎."

70) 『龍門集』 卷6, 附錄, 「請額疏」, 18ㄱ(28책, 256쪽). "及欽敬閣災, 命晟新之, 一如舊制. 簡儀臺亦監修正, 使觀天察候之道不失其妙.";『龍門集』 卷6, 附錄, 「再疏」, 19ㄴ(28책, 257쪽);『硏經齋全集』 卷53, 「逸民傳(趙晟)」(275책, 92쪽);『承政院日記』 477冊, 肅宗 39년 4월 4일(辛亥), 京畿 砥平 幼學 朴世龜 等의 상소 참조.

71) 『宣祖實錄』 卷14, 宣祖 13년 5월 25일(癸巳), 4ㄱ~ㄴ(21책, 361쪽). "有夕講. 備忘記,

기문(記文)을 통해 간의대 중수의 내용을 일부 유추해 볼 수 있다. 기문에는 간의대의 중수 사실이 압축적으로 표현되어 있기 때문에 구체적 실상을 정확히 파악하기는 어렵지만 대체적 상황을 짐작해 볼 수는 있다. 양대박은 먼저 우리나라의 의상 창제가 세종 대에 비롯되었다고 보았다. 세종이 역상(曆象)의 이치에 마음을 두어 유사(攸司)에게 명해 고전(古典)을 참조하여 의상의 제도[儀制]를 창제하게 했다는 것이다. 구체적 내용으로는 북극고도[北極出地高下]를 정한 다음 청동을 주조해서 의기(=간의)를 제작한 것, 돌을 쌓아 간의대를 만들고 규표를 설치하였으며, 돌난간[石欄]을 둘렀다는 것, 그 척장분촌(尺丈分寸)의 수치를 매우 정교하게 했다는 사실을 거론하고, 이러한 사업의 결과 간의대에서 음양[二氣]의 영축(盈縮), 주천(周天)의 도수(度數), 성상(星象)의 궤도를 종횡하고, 황도와 적도를 출입하는 것, 남북의 저앙(低仰)과 동서의 운전(運轉)을 분명하게 볼 수 있게 되었다고 찬탄하였다.[72]

그런데 간의대 건설로부터 100년 이상이 경과한 당시 상황은 이와 달랐다. 양대박은 그 상황을 "예전에 높았던 것은 지금 기울어졌고, 예전에 둘렀던 것은 지금 허물어졌으며, 심었던 것은 분리되었고, 바른 것은 기울어졌으며, 기둥을 세우고 고리를 꿰어 <나타냈던> 경위(經緯)는 더욱 퇴폐한 지경에 이르게 되었다."고 표현하였다.[73] 그렇다면 간의를

簡儀臺修改都監, 都提調領議政朴淳, 提調判中樞府事元混·刑曹判書鄭宗榮, 常坐提調大司憲李山海, 副提調副提學鄭琢, 各熟馬一匹, 郎廳前舍人許篈, 半熟馬一匹, 監校官承文院副正字尹暉等, 各兒馬一匹, 其餘監役官及匠人等, 皆給賞有差."

72) 『靑溪集』 卷3, 「重修簡儀臺記」(53책, 548쪽ㄷ~ㄹ). "然吾東方文獻之興久矣, 而至于今未有制之者, 豈非稽古之事, 未盡擧於當時者乎. 惟我世宗大王萬機之暇, 留心曆象之理, 爰命攸司, 求古典創儀制, 以定北極出地高下爲準, 以備測驗, 然後鑄銅爲儀, 築石爲臺, 植表正圭, 繚以石欄, 尺丈分寸, 盡輸於精巧之中. 於是二氣之盈縮, 周天之度數, 縱橫星象之躔, 出入黃系之道, 南北之低仰, 東西之運轉, 瞭然於一臺, 嗚呼至哉."

73) 『靑溪集』 卷3, 「重修簡儀臺記」(53책, 548쪽ㄹ). "星移歲換, 今且百年, 昔之高者, 今爲傾, 昔之繚者, 今爲毁, 植者北而正者欹, 豎以柱貫以環, 經者緯者, 益將歸於頹廢之域."

안치한 축대인 간의대 자체에도 문제가 생겼고, 간의대를 둘렀던 돌난간은 허물어졌으며, 규표 역시 기울어졌고, 간의의 세부 장치에도 문제가 발생했다고 짐작할 수 있다.

이와 같은 상황을 근심한 국왕 선조는 신하들에게 공역(工役)을 일으켜 옛 제도[舊制]에 따라 경신(更新)하도록 명했다고 한다. 경신의 내용은 오래된 청동과 석재를 새것으로 교체하고, 기울거나 허물어지고 파손된 것들[傾·毁·圮·欹]을 모두 바꾸어 새롭게 만드는 작업이었다. 그 결과 예전에 황폐화되었던 것이 지금은 반공중[半空]에 우뚝하게 솟아서, 측후하는 사람으로 하여금 올라가서 바라보게 하면 예전의 성대함과 같았다고 한다.74) 당시의 중수 사업을 통해 세종 대 간의대의 옛 모습을 회복하게 되었다는 자긍심을 엿볼 수 있다.

양대박은 이상과 같은 간의대 중수 사업의 의미를 선조의 '경천근민(敬天勤民)'하는 태도와 연결했으며, 그것은 "요순(堯舜)의 마음을 마음으로 삼고, 조종(祖宗)의 마음을 마음으로 삼은 것"이라고 평가하였다. 선조의 '경천근민'이 요순 이래 유교 정치사상의 이념을 계승하는 것이고, 동시에 조선왕조 열성조(列聖朝)의 사업을 계승·발전시키는 것이라는 점을 강조하고자 했던 것이다. 아울러 양대박은 중수된 간의대를 활용하면 앙관부찰(仰觀俯察)할 수 있으니, 이로써 정일협시(正日恊時)의 도구와 개물성무(開物成務)의 이치가 더할 수 없이 극진해질 것이라고 하였다. 간의대는 아득한 조화와 천상의 범위를 헤아리는 곳으로서 거기에 설치한 기구는 간단하지만 정밀하고, 그 용도는 두루 살필 수 있는 것이니 국가의 운명과 함께 시종할 것을 기약할 수 있다고 보았던 것이다.75)

---

74) 『靑溪集』卷3, 「重修簡儀臺記」(53책, 548쪽ㄹ). "此豈非我殿下憂念中一事歟. 仍命臣某等督工起役, 依舊制而更新之. 銅之舊者新之, 石之舊者新之, 傾者毁者圮者欹者, 一變而爲新, 昔之將廢者, 今忽屹然於半空, 使測候者登望, 如昔時之盛."

간의대의 수리에 이어 흠경각도 개수되었던 것으로 보인다. 당시 흠경각의 개수에는 간의대 중수 사업에 참여했던 정탁(鄭琢)을 비롯하여 이이(李珥)의 동생인 이우(李瑀, 1542~1609) 등이 참여하였다.[76] 흠경각의 개수 시점은 분명하지 않은데, 정탁의 연보와 이우의 전기를 참조해 보면 대체로 선조 15년(1582)에서 16년(1583) 사이의 일이었던 것으로 보인다. 그 구체적 내용은 사료의 한계로 확인할 수 없지만 명종 9년(1554) 경복궁의 화재로 소실된 흠경각을 복원한 이후 30년 가까운 시간이 경과한 시점에서 흠경각의 세부 구조물에 대한 보수 작업이 아니었을까 짐작된다.

2. 왜란(倭亂) 이후 의상의 복원 : 선조(宣祖) 말~광해군(光海君) 대

왜란과 호란(胡亂)을 겪고 난 이후 조선의 위정자들에게 왕조체제의 재건은 매우 시급한 문제였다. 왜란으로 인한 인명 손실과 농지의 황폐화는 농업생산력에 심대한 타격을 주었다. 궁궐을 포함하여 많은 건축물이 소실되었고, 서적을 비롯한 여러 문화재가 손실되거나 약탈되었다. 농업생산력의 복구와 문화재의 재건이 당면 과제로 등장하였다. 호란으로

---

75) 『青溪集』卷3, 「重修簡儀臺記」(53책, 548쪽ㄹ~549쪽ㄱ). "豈非我殿下敬天勤民, 以堯舜之心爲心, 以祖宗之心爲心者哉. 用是, 足以仰觀俯察, 正日恊時之具, 開物成務之理, 至矣盡矣. 于以見此臺轇轕造化, 範圍天象, 器簡而精, 用周而察, 期與國祚相終始, 猗歟盛哉."

76) 『藥圃集』年譜, 「藥圃先生年譜」, 5ㄴ(39책, 399쪽). "(神宗萬曆)十年壬午(先生五十七歲). 監修欽敬閣(先生精於象數之學, 少時陶山門下, 已曉渾儀制度, 及立朝, 承命造璣衡, 故宣廟敎書中, 有機衡創妙齡之句)."; 『玉山詩稿』附錄, 「玉山傳」(李端夏), 35ㄴ~36ㄱ(53책, 21~22쪽). "癸未, 除氷庫別檢. 時創修欽敬閣, 以公曉星學, 特兼敎授."

인한 정신적 피해도 적지 않았다. 삼전도(三田渡)에 설치된 수항단(受降壇 : 항복을 받는 단)에서 청 태종에게 무릎을 꿇고 굴욕적인 삼배구고두(三拜九叩頭)를 올린 것은 조선왕조의 유교적 가치관이 파탄에 이르렀음을 보여주는 상징적 장면이었다. 전쟁 패배의 원인 규명, 전몰자와 순절자에 대한 포창(褒彰), 전쟁고아의 처리와 전쟁 포로의 속환(贖還) 문제 등도 만만치 않은 과제였다.

양란 이후 과학기술의 재건도 이상과 같은 전후 처리 문제와 유기적 관련성을 갖고 추진되었다. 그것은 크게 두 가지 측면에서 중요했다. 하나는 전후 복구사업의 일환으로서 파괴된 과학기술의 성과를 복원한다는 현실적 차원이었다. 농업기술의 발전을 통한 생산력의 증진, 질병 구제를 위한 의료체계의 정비와 의서(醫書)의 편찬 등이 그것이었다. 다른 하나는 조선왕조 재건의 기념비를 건설해야 한다는 정치사상적 필요성이 었다. 다시 한 번 조선왕조가 천명을 부여받았음을 대내외에 밝히고, 국왕의 권위와 정통성을 확립할 필요가 있었던 것이다. 이것이 광해군 대 이후 숙종·영조 대까지 세종 대의 과학기술을 복원하는 사업이 적극적으로 추진되었던 이유였다.

1) 누기(漏器)·간의(簡儀)·혼상(渾象)의 중수

세종 대 제작된 천문의기의 복원 문제가 전면적으로 대두하게 된 계기는 왜란이었다. 세종 대의 의상과 사각(史閣)에 보관되어 있던 관련 기록들이 전란의 와중에 흔적도 없이 사라졌기 때문이다.[77] 이에 선조 34년(1601)

---

77) 『白沙集』卷2,「重建簡儀序」, 12ㄱ(62책, 189쪽). "其機運製度, 長短尺寸, 臣鄭招·臣金鑌·臣金墩等序若銘, 詳之, 鑱之本器, 副藏史閣, 以垂一代之盛制. 壬辰之亂, 擧爲灰燼.";
『增補文獻備考』卷3, 象緯考 3, 儀象 2, 1ㄱ(上, 47쪽).

이항복(李恒福, 1556~1618)의 건의에 따라 전란으로 파괴된 각종 의상의 복구가 시도되었다.

당시의 상황을 보여주는 구체적 자료가 『백사집(白沙集)』에 수록되어 있는 계사(啓辭) 가운데 하나이다.[78] 선조 33년(1600) 6월 17일 이항복은 영의정에 임명되었고,[79] 그 열흘 후인 27일에 중궁 박씨가 승하하였다.[80] 의인왕후(懿仁王后)의 장례식은 같은 해 12월에 거행되었다.[81] 당시 산릉 (山陵)의 역사를 위해 외방에 우거(寓居)하고 있던 관상감 소속의 장인들이 모두 서울에 와 있었다. 이에 관상감 영사를 겸직하고 있던 이항복은 이 기회를 이용해 전란으로 망실된 천문의기를 복원하고자 했다. 왜냐하면 제작해야 하는 기구들은 관상감에 소속된 공장들이 차례대로 그 제도를 전수하여 옛 규범[舊規]을 잃지 않았으나, 외방 사람들인 경우에는 뛰어난 재주가 있는 사람이라도 그 제도를 전혀 알 수 없었기 때문이다. 그런데 왜란 이전에 그 제도를 잘 알고 있던 장인들이 차례대로 사망하여 당시에 살아 있는 자는 한두 사람에 지나지 않았다. 이항복은 이 사람들마저 죽을 경우 재주가 뛰어난 공장이 있고 물력이 풍부하더라도 조종조의 옛 제도를 복구할 수 없게 되리라고 판단했다. 따라서 산릉의 역사를 마친 관상감 소속 공장들을 불러들여 일단 "일용에 가장 긴요하면서도 재료를 쉽게 마련할 수 있는[日用最切而材料易辦者]" 물시계[漏刻]나 소간 의(小簡儀) 등의 기구를 먼저 만들자고 건의했던 것이다.[82]

---

78) 韓國文集叢刊 편집 시에 「請造觀象監儀物啓」라고 명명한 啓辭이다[『白沙集』別集, 卷2, 19ㄱ~ㄴ(62책, 355쪽)].

79) 『宣祖實錄』 卷126, 宣祖 33년 6월 17일(戊子), 10ㄴ(24책, 79쪽).

80) 『宣祖實錄』 卷126, 宣祖 33년 6월 27일(戊戌), 17ㄴ(24책, 83쪽). "申時, 中宮朴氏薨."

81) 『宣祖實錄』 卷132, 宣祖 33년 12월 22일(辛卯), 26ㄱ(24책, 169쪽). "卯時, 葬懿仁王后 于裕陵."

82) 『白沙集』 別集, 卷2, 19ㄴ(62책, 355쪽). "第其造作之具, 則監屬工匠以次相傳其制, 不失舊規, 而至於外人, 則雖有妙才, 茫然不知. 變前曉解匠人, 次第死亡, 今之存者, 只有

이처럼 이항복은 여러 의상 가운데 물시계[漏器], 간의(簡儀), 혼상(渾象)과 같이 정밀해서 만들기 어려운 것부터 복구하기로 계획하였다.[83] 시간이 흐르면 그 제도가 전해지지 않게 되어 후세 사람들이 제작하지 못할 것을 염려했고, 옛 제도를 알고 있는 기술자가 한 사람이라도 있을 때 그 일을 시도해야 복구가 가능하다는 판단에서였다.

당시 복구 사업은 '간의도감(簡儀都監)'을 중심으로 추진되었다. 선조 35년(1602)에 사간원(司諫院)의 보고에 따르면 정협(鄭恊, 1561~1611)이 오랫동안 질병으로 인해 출사하지 못하여[84] 감독[檢督]할 사람이 없게 되자 그 이하의 해당 관원들이 그럭저럭 시간만 보내고 있어서 사업을 마무리할 기약이 없다고 하였다. 이에 간의도감의 도청(都廳)을 다른 사람

一二人, 此人若死, 則後雖有妙手良工, 財且豐裕, 已失其制, 傳習無人, 祖宗朝費神制造之具, 將自此而不傳, 思之至此, 不勝寒心. 今因山陵之役, 外方流寓屬匠人, 盡來京中, 山陵畢役後, 雖未能大擧修造, 其中日用最切而材料易辦者如漏刻小簡儀等, 爲先造作, 徐觀物力, 以此修造何如."

83) 『白沙集』卷2,「重建簡儀序」, 12ㄱ(62책, 189쪽). "時當草創, 工鉅力綿, 先制其尤精密難成者如漏器·簡儀·渾象, 俾後人得以取式 ……." ; 『增補文獻備考』卷3, 象緯考 3, 儀象 2, 1ㄴ(上, 47쪽).

84) 鄭恊은 당시 議政府 舍人으로서 簡儀都監의 都廳을 맡고 있었던 것으로 보인다. 『宣祖實錄』에 따르면 사간원에서 간의도감의 문제를 거론하기 전인 선조 35년(1602) 8월에 議政府 舍人에 임명되었고[『宣祖實錄』卷153, 宣祖 35년 8월 11일(庚子), 4ㄱ(24책, 404쪽)], 사간원의 보고 이후인 12월에는 弘文館 校理에 임명되었기 때문이다[『宣祖實錄』卷157, 宣祖 35년 12월 26일(癸丑), 8ㄱ(24책, 435쪽)]. 간의도감에는 領事, 提調, 都廳, 監造官 등이 관리직으로 참여하고 있었다[『宣祖實錄』卷162, 宣祖 36년 5월 25일(庚辰), 23ㄱ(24책, 484쪽)]. 李瀷은 정협이 의정부 사인으로서 간의도감의 낭청을 겸임했다고 하면서, 간혹 다른 관청으로 자리를 옮기기도 하였으나 그때마다 계사를 올려 본래의 직임으로 되돌려 줄 것을 요청하였고, 이 때문에 몇 년 사이에 아홉 차례나 의정부 사인에 제수되었다고 하였다. 아울러 간의도감의 역사가 완료된 시점을 甲辰年(1604, 선조 37)이라고 하였는데[『星湖全集』卷60,「吏曹參判鄭公墓碣銘 #并序」, 4ㄴ(200책, 22쪽). "兵燹之後, 簡儀測候器物蕩掃, 於是有開局營造之命. 公以政府舍人, 兼差幹郞, 或移他司, 輒啓請還任, 數年間凡九拜舍人. 甲辰功告訖, 賞勞陞通政階."] 이는 『선조실록』의 내용과 차이가 있다.

130

으로 교체해서 일을 감독하여 역사를 마치도록 하고, 간의도감의 차지(次知 : 책임자) 관원들은 모두 추고해서 죄를 다스리도록 하라고 하였다.[85] 아마도 간의도감이 설치되어 의상 복원 사업을 시작하였으나 그 책임을 맡았던 정협의 질병으로 인해 사업 추진이 지지부진하였던 것으로 보인다.

이듬해인 선조 36년(1603) 2월에는 각루(刻漏)의 설치 문제가 논의되었다. 조선 초기 이래로 물시계는 국가의 표준시계로서 기능하여 왔다. 그런데 당시에는 물시계를 만드는 방법이 잘못되어서 하늘의 운행과 일치하지 않는 문제가 발생했다. 이른바 "구각(晷刻 : 시각)이 어긋나고, 길고 짧음이 고르지 않아서 하늘을 어기고 사람을 그릇되게 한다[晷刻舛訛, 長短不齊, 違天誤人]"는 문제였다. 그 원인은 전란을 거치면서 물시계와 같이 왕정(王政)의 이념이 깃들어 있는, 다시 말해 국가에서 마땅히 설치해야 할 기물들이 대부분 파손되었기 때문이다. 당시 사용하고 있던 물시계는 행재소(行在所)에서 쓰던 휴대용 물시계인 '행루(行漏)'였다. 이에 재료를 모아서 1년에 걸쳐 물시계를 만드는 작업을 한 끝에 대체적인 모양을 갖추게 되었다. 다음으로 중요한 문제는 물시계를 안치할 공간을 마련하는 일이었다. 그런데 호조에서는 비용 문제를 들어 난색을 표명했다. 전란 이후 여러 곳에서 토목공사를 진행하고 있었기 때문이다. 이에 공조에서는 이 문제를 간의도감에 맡겨 처리하도록 하자고 건의하였던 것이다.[86] 이상의 논의를 통해 선조 35년 무렵부터 시작된 물시계의

---

85) 『宣祖實錄』卷156, 宣祖 35년 11월 12일(己巳), 8ㄱ(24책, 426쪽). "諫院啓曰 ……
簡儀都監, 亦因鄭協久病不仕, 檢督無人, 以下該掌之官, 故爲玩愒, 完事無期, 極爲未便.
…… 簡儀都監都廳, 亦以無故人改差, 使之檢督畢役, 簡儀都監次知官員, 幷命推考治罪."

86) 『宣祖實錄』卷159, 宣祖 36년 2월 7일(甲午), 3ㄴ~4ㄱ(24책, 446쪽). "工曹啓曰,
刻漏之設, 實關於推測天時, 以驗其運行遲速, 而造器違法, 授時失度, 以致晷刻舛訛, 長短
不齊, 違天誤人, 誠如聖敎矣. 第念設漏之規, 創非斯今, 王政之大, 亦在於此, 不可以在察
不精之故, 幷廢其當設之器物也. 而況變亂之後, 器物俱失, 今之所用, 只是行在時行漏,

제작과 설치가 선조 36년 2월쯤 마무리 단계에 접어들고 있었음을 알
수 있다.

선조 34년(1601)경부터 시작된 간의도감의 역사는 선조 36년(1603)
5월에 마무리되었다.[87] 그러나 여러 가지 여건의 미비[工鉅力綿]로 인해
계획한 만큼의 성과를 거두지 못한 것으로 보인다. 물시계, 간의, 혼상
등은 복구했으나 규표(圭表), 혼의(渾儀), 앙부일구(仰釜日晷), 일성정시의
(日星定時儀) 등의 기구를 제작할 겨를이 없었다는 증언이 저간의 사정을
말해준다.[88]

2) 흠경각(欽敬閣)의 영건과 보루각(報漏閣)의 개수

광해군 대에는 궁궐의 재건 사업이 추진되었고, 그 일환으로 과학
기기의 복원 사업도 진행되었다. 흠경각(欽敬閣)의 영건과 보루각(報漏閣)
의 개수는 그 대표적 예이다. 현재 규장각에 소장되어 있는 『강화부외규장
각봉안책보보략지장어제어필급장치서적형지안(江華府外奎章閣奉安冊寶
譜略誌狀御製御筆及藏置書籍形止案)』에는 『흠경각영건의궤(欽敬閣營建儀軌)』
와 『보루각수개의궤(報漏閣修改儀軌)』가 기재되어 있다.[89] 현재 이 두 의궤

推測無憑. 以此啓請鳩材, 經營一年, 僅得成形, 若經霖霾, 終歸無用. 臣等之意, 當國家多
事之日, 不必高大設閣, 似當於前日啓請之地, 略造安妥之處, 亦或無妨, 而但戶曹判書成
泳則以爲自今諸處營繕之役, 并擧疊輿, 國無材料, 措辦無策. 今此漏閣排設, 又値此時,
則以本曹綿力, 決無需應之路, 姑待後日起役宜當云. 令簡儀都監, 處置何如. 傳曰, 允."
87) 『宣祖實錄』 卷162, 宣祖 36년 5월 25일(庚辰), 23ㄱ(24책, 484쪽). "簡儀都監, 以役訖
聞 ……."
88) 『白沙集』 卷2, 「重建簡儀序」, 12ㄱ(62책, 189쪽). "時當草創, 工鉅力綿, 先制其尤精密
難成者如漏器·簡儀·渾象, 俾後人得以取式, 其他圭表·渾儀·仰釜·日星定時儀等器, 俱未
遑焉."; 『增補文獻備考』 卷3, 象緯考 3, 儀象 2, 1ㄴ(上, 47쪽).
89) 신병주, 「광해군 시기 의궤의 편찬과 그 성격」, 『南冥學硏究』 22, 慶尙大學校
南明學硏究所, 2006.

는 존재하지 않기 때문에 그 구체적 내용을 알 수는 없지만 『광해군일기』
의 기록을 참조할 때 흠경각을 짓고 보루각을 수리한 내용을 기록한
것임을 알 수 있다. 흠경각은 본래 경복궁 안에 설치한 전각이었는데,
임진왜란 때 경복궁이 파괴되면서 함께 소실되었다. 광해군 대 흠경각을
다시 짓는 일은 '흠경각건설도감(欽敬閣建設都監)'에서, 흠경각에 설치한
물시계의 교정 작업은 '흠경각교정청(欽敬閣校正廳)'에서 담당했던 것으
로 보인다. 광해군 5년(1613) 8월 초에 사간원과 사헌부에서는 흠경각의
건설이 긴요하지 않은 일이라고 하면서 공사를 중지하기를 거듭 요청했으
나 광해군은 흠경각이 세종의 성지(聖智)에서 나온 것이라고 하면서 복원
의 불가피성을 역설했다.90)

　광해군 5년(1613) 8월 말에는 흠경각의 부지 선정 문제에 대한 논의가
있었다. 당시 창경궁 내의 인양전(仁陽殿)91) 터와 창덕궁 내원(內苑)의
와린평(臥麟坪) 등이 흠경각의 부지로 거론되었다.92) 이듬해인 광해군

---

90) 『光海君日記』卷69, 光海君 5년 8월 1일(丙戌), 1ㄱ(32책, 234쪽). "司諫院啓, 土木之
　　擧, 爲費不貲, 雖在平時, 尙且撙節. 目今經費日廣, 國儲蕩竭, 而大小營繕, 無歲無之.
　　償役料布, 費如尾閭, 勢難繼給, 誠非細慮. 其中如軍營·軍堡, 將士入接等處, 則固不可已
　　之役, 至如欽敬閣, 則元非緊急之事, 而百工咸集, 功役浩大. 亟命停止, 以除民生一分之
　　弊. ○司憲府亦請停欽敬閣之役, 答曰, 欽敬閣之役, 出於世宗之聖智, 而灰燼無餘, 則今日
　　更創, 不可已也. 勿爲煩論.";『光海君日記』卷69, 光海君 5년 8월 3일(戊子), 1ㄴ(32책,
　　234쪽). "兩司連啓, 請停欽敬閣之役, 不從.";『光海君日記』卷69, 光海君 5년 8월
　　8일(癸巳), 6ㄱ(32책, 237쪽).
91) 성종 때 昌慶宮을 新宮으로 건설할 때 仁陽殿도 만들었다. 당시 새 궁전의 여러
　　전각의 이름을 지은 사람은 徐居正(1420~1488)이었다. 연산군은 인양궁이 협소
　　하다며 높고 크게 만들었는데 유희하는 장소로 사용하기 위함이었다. 연산군
　　때 수리된 인양전은 임진왜란 때 소실되었고, 인조 연간에 그 터에 인경궁에
　　있던 涵仁亭을 헐어다 옮겨지었다. 따라서 광해군 때는 아직 빈 터로 남아 있었다.
92) 『光海君日記』卷69, 光海君 5년 8월 30일(乙卯), 25ㄱ(32책, 246쪽). "欽敬閣建設都監
　　啓曰, 欽敬閣建置可合之地, 臣等曾已會同中使, 相視具錄以啓矣. 今日又隨中使而來, 令
　　術官泛鐵諦審, 以其所見, 別紙錄啓, 恭竢睿裁. 傳曰, 仁陽殿基, 與昌德宮太遠, 臥獜坪,
　　令術官看審議啓."

6년(1614) 7월에는 흠경각 정각(正閣)의 목역(木役)·단청(丹靑) 작업이 이미 오래 전에 마무리되어 그 안에 설치할 흠경각루를 제작하는 데 필요한 물품, 예컨대 동철(銅鐵), 백저포(白苧布), 칠(漆) 등을 마련하기 위한 대책이 논의되고 있었다.93) 같은 해 6월에는 흠경각 서쪽 담장 바깥의 서루(西樓)를 수리하고 있었는데,94) 광해군은 7월에 전교를 내려 서루의 수리를 빨리 마치라고 재촉하였다.95) 9월에는 천지호(天池壺)가 완성되어 유근(柳根, 1549~1627)에게 명문(銘文)을 찬술하라는 명령을 내리기도 했다.96)

그럼에도 불구하고 광해군 7년(1615) 4월에 이르기까지 흠경각은 아직 완성되지 못한 상태였다. 당시 양사(兩司)에서는 광해군의 거듭된 토목공사를 비판하는 상소를 올렸다. 그에 따르면 토목공사가 그치지 않아 흠경각이 아직 완성되지 않았는데 또다시 여러 가지 도감을 계속해서 설립하고 있으며, 양궁(兩宮)을 수선하라는 명령까지 내렸다고 한다.97)

---

93) 『光海君日記』 卷80, 光海君 6년 7월 9일(己未), 7ㄴ~8ㄱ(32책, 322~323쪽). "戶曹啓曰, 欽敬正閣木役·丹靑, 斷手已久. 閣內凡日月出入·晝夜刻漏遲遲速, 皆以機械爲之. 以器盛水, 以水運鈴, 以鈴觸動機械, 故鈴路水道, 皆以熟銅鐵爲之, 已爲鑄成大·中·小銅器者, 不啻五六千斤. 皆自臣曹, 拮据辦出, 一應采色·銅鐵之價, 不敢別定於外方, 以貽民弊. 至於假山山形·草木之形·司神等人像物像, 以木造作者, 必須裏布着漆, 然後可保經霾不壞, 以至永久. 應入白苧布三十疋·全漆二十斗·每漆三斗, 都監已爲磨鍊, 今將措備, 亦不敢爲別卜定, 以滋民弊, 方自臣曹, 給價貿漆."

94) 『光海君日記』(太白山本) 卷79, 光海君 6년 6월 25일(丙午), (28책, 254쪽). "甲寅六月二十五日丙午. 成均館啓曰, 伏見戶曹啓辭, 欽敬閣西墻外西樓挾室, 今方修理, 公洪水營安眠串, 斫伐材木, 刻期載船上送事, 已爲下諭, 材木上來遲速, 未能預知, 成均館材木已到京江者二百餘條, 姑爲貸用, 竢公洪水營材木上來, 趁卽還償事, 入啓蒙允矣."

95) 『光海君日記』 卷80, 光海君 6년 7월 18일(戊辰), 15ㄴ(32책, 326쪽). "傳曰, 欽敬閣西樓修繕事, 急速料理, 多集工匠, 移御前使速畢役."

96) 『光海君日記』 卷82, 光海君 6년 9월 14일(癸亥), 10ㄴ(32책, 342쪽). "欽敬閣建設都監啓曰, 臣等聞, 平時天池壺有刻銘. 今者天池壺旣成, 亦當有記銘, 傳後之事. 欽敬閣諸提調中, 戶曹判書柳根, 長於文翰, 使之撰述, 啓下後刻之何如. 傳曰, 允." 유근의 문집에는 이 명을 거두어 주기를 요청하는 상소가 수록되어 있다[『西坰集』 卷8, 「辭撰述欽敬閣天地壺記疏」, 18ㄱ~19ㄱ(57책, 538~539쪽)].

97) 『光海君日記』 卷89, 光海君 7년 4월 19일(乙未), 9ㄱ(32책, 377쪽). "兩司合啓曰,

이를 통해 당시의 사정을 헤아려 볼 수 있다. 그런데 광해군 8년(1616) 1월이 되면 '흠경각교정청(欽敬閣校正廳)'이라는 새로운 명칭의 기구가 등장한다.[98] 이듬해 초까지 계속된 흠경각교정청의 활동은 주로 물시계의 교정과 관련한 것이었다.

본래 세종조의 흠경각에 비치되어 있던 흠경각루(欽敬閣漏)는 수력을 이용해서 자동적으로 운행하는 일종의 관상용 천문의기였다. 종이로 산 모양을 만들고 그 안에 기륜(機輪)을 설치해서 작동하게 했는데, 시간을 알려주는 장치들이 설치되어 있었으며, 산의 사방에는 『시경(詩經)』 「빈풍(豳風)」의 사계절 풍경을 배열해서 백성들의 생활을 표현했다.[99] 따라서 수력으로 작동하는 물시계에 착오가 발생할 경우 그것을 교정할 필요가 있었다. 흠경각교정청이 담당했던 업무가 바로 이것이었다. 광해군 8년(1616) 8월에는 흠경각의 교정이 마무리되었다는 보고가 올라왔으나 광해군은 9월까지 계속 교정하라고 지시했다.[100] 당시에 교정의 필요성이 제기되었던 이유를 정확히 파악할 수는 없지만 흠경각루와 금루(禁漏)의 시각이 달랐던 것이 하나의 원인이었던 것 같다. 왜란 이후 시각법이 문란해진 것이 그 배경이었다.[101] 광해군은 이듬해 1월에도 흠경각의

土木之興作不絶, 欽敬建閣, 尚未完了, 各樣都監, 相繼設立, 而需用之物, 皆取於民. 況今水旱之災, 無歲無之, 公私俱竭, 飢饉荐臻, 繕修兩宮之命, 又下於此時. 陶瓦伐材之擧, 傭人雇役之費, 罔有紀極. 雖日略爲繕修, 木石之具, 工役之作, 苟非鬼傭神輸, 則當此農務方殷, 民事正急之時, 豈可興不急之役, 重困民力乎. 請亟收繕修之命, 以濟倒懸之民."; 『光海君日記』 卷90, 光海君 7년 5월 18일(癸亥) 5ㄴ(32책, 382쪽).

98) 『光海君日記』 卷99, 光海君 8년 1월 16일(丁亥), 5ㄴ(32책, 450쪽). "傳曰, 朴自興詳知首末, 欽敬閣校正廳副提調差下, 使之仍察校正之役."

99) 『世宗實錄』 卷77, 世宗 19년 4월 15일(甲戌), 10ㄱ(4책, 67쪽); 『世宗實錄』 卷80, 世宗 20년 1월 7일(壬辰), 5ㄱ~6ㄱ(4책, 123~124쪽).

100) 『光海君日記』 卷106, 光海君 8년 8월 12일(庚戌), 8ㄱ~ㄴ(32책, 504쪽). "欽敬閣啓曰, 欽敬閣校正, 自夏徂秋, 脗合不差, 少無欠處. 今則秋分已過, 此非常川載水之具, 今後校正停罷宜當. 非但臣等之意如此, 匠人之言亦然. 惶恐敢啓. 傳曰, 限九月, 仍爲校正."

101) 『光海君日記』 卷106, 光海君 8년 8월 20일(戊午), 17ㄱ~ㄴ(32책, 509쪽). "欽敬閣校

교정을 지시하는 전교를 내렸다.[102]

흠경각의 건설과 흠경각루의 교정 사업에서는 박자흥(朴自興, 1581~
1623)과 이충(李冲, 1568~1619)이 중요한 역할을 수행하였던 것 같다.
광해군 8년(1616) 박자흥이 흠경각과 관련한 전후 사정을 잘 알고 있으니
그를 흠경각교정청의 부제조로 임명하여 교정 일을 살피도록 하라고
명한 것이나,[103] 광해군 9년(1617) 흠경각 제조로서 수고한 공로를 인정해
이충에게 포상한 것을 통해 저간의 사정을 짐작할 수 있다.[104]

요컨대 흠경각의 건설 사업은 광해군 5년(1613)경에 시작되어 1년
후인 광해군 6년(1614)에 정각(正閣)과 서루(西樓) 등 주요 전각을 건립했고,
물시계의 주요 부분인 천지호도 완성하였다. 흠경각의 건설 사업은 광해
군 7년(1615) 4~5월까지 아직 완결되지 않았던 것으로 보이는데, 광해군
8년(1616) 1월에 흠경각교정청이 업무를 시작한 것으로 보아 그 이전에는
대략 건설 사업이 완료되었으리라 짐작된다. 이후의 사업은 흠경각 물시
계의 교정이 주를 이루었다. 광해군 8년 1월부터 이듬해(1617) 1월까지
계속된 교정 사업이 그것이다. 광해군 9년(1617) 4월에 제조인 이충에게
포상한 것을 보면 이즈음에는 사업이 대강 마무리된 것 같다.[105]

正廳啓曰, 欽敬閣夜漏, 曾聞有礙滯處, 不勝驚訝, 自本月十六日, 今至四夜, 着實校正,
則少無欠處, 如合符節. 前日礙滯者, 濁水些滓, 窒于觜孔而然也. 至於與禁漏遞更, 遲速差
異者, 不是禁漏則是, 而閣內則誤也. 亂後禁漏更點, 皆言不中, 而閣內校諸籌籌, 脗合不
差, 以閣內傳漏爲是云者, 亦非臆料之言也. 漏籌通義云, 秋分以後, 人定則戌初一刻, 罷漏
則寅正初刻云, 而閣內傳漏, 與此等時刻相合. 故且晝漏自卯時至酉時, 校正不差. 日夜長
短, 時節平分, 夜漏或差, 則晝漏萬無不差之理矣. 今後別無未盡之患, 而猶慮久則或誤,
依前啓辭, 限今月逐夜校正之意, 敢啓. 傳曰, 依啓."
102) 『光海君日記』卷111, 光海君 9년 1월 18일(甲申), 24ㄴ(32책, 554쪽). "傳曰, 欽敬閣自
春分後, 觀象監提調以下, 詳細校正, 俾無差違."
103) 각주 98) 참조.
104) 『光海君日記』卷114, 光海君 9년 4월 3일(丁酉), 2ㄴ(32책, 581쪽). "傳曰, 李冲乃盡心
國事之人也. 不意病重, 以欽敬閣·繕修都監提調監董之勞, 爲先超資, 用慰其心."
105) 광해군 9년 1월 말에 欽敬閣 건설 사업이 시작된 이래 都提調 이하의 仕進日數와

흠경각 건설이 추진되고 있던 광해군 5년(1613) 8월 관상감에서는 보루각(報漏閣)의 수리를 요청하였다. 보루각은 조선왕조의 표준시계였으므로 보시(報時) 기능이 매우 중요했다. 하루라도 시간을 알려주는 일을 폐기할 수 없었기 때문이다. 그런데 당시 궁궐이 협소해서 궐내각사(闕內各司)도 일일이 들어갈 수 없었기 때문에 보루각은 궐 밖의 여염집에 대략 설치해서 운영하고 있었다. 보루각은 수력으로 복잡한 기계장치를 작동시켜 자동으로 시간을 알려주는 거대한 물시계였는데, 보루각을 설치한 구조물이 세월이 오래되어 기울어지고 무너져 내려 기계장치가 제대로 작동하지 못하게 되자 관상감에서 수리를 요청했던 것이다.106)

보루각의 수리는 '보루각도감(報漏閣都監＝報漏閣改修都監)'에서 맡았다. 광해군 8년(1616) 5월 보루각도감에서는 보루각의 수리에 필요한 물품의 조달 방법에 대해 보고했다. 그 내용을 따져보면 당시 보루각의 수리가 어디에 주안점을 둔 것인지 알 수 있다. 당시 보루각도감에서는 크게 네 가지 사항에 대해 보고했다.107)

下人들의 立役 기간, 校正廳 提調 이하의 근무 일수를 일일이 기록하여 보고하라 지시한 것은 공사가 마무리 된 후 포상을 위한 준비 작업으로 보인다(『光海君日記』 卷111, 光海君 9년 1월 21일(丁亥), 27ㄱ(32책, 555쪽). "傳曰, 欽敬閣自當初, 都提調以下仕進日月·下人立役久近及上年校正提調以下, 竝一一詳細書入.").

106) 『光海君日記』卷69, 光海君 5년 8월 26일(辛亥), 20ㄱ(32책, 244쪽). "觀象監啓曰, 報漏之事, 不可一日廢者. 而時御所狹窄, 闕內各司, 猶不得一一排設, 故所謂報漏閣, 姑就闕門外閭家, 略設形樣, 僅以行之. 今則排設間架, 年久傾頹, 東西支撑漏水流注之處·鈴路通行之機, 欹傾相掣. 運用制度, 無以成形, 所當及時修繕. 材料則戶曹已給, 而所役軍人, 兵曹不給. 氷凍日迫, 至爲可慮. 起傾仍修之役, 初非大段, 而失今不爲修理, 則報漏知時之擧, 將至永廢. 令該曹, 審察事之緩急, 量定役軍, 使之趁卽修繕何如. 傳曰, 允."

107) 『光海君日記』卷103, 光海君 8년 5월 4일(癸酉), 3ㄱ～ㄴ(32책, 471쪽). "報漏閣都監啓曰, 都監各件需用凡具, 召匠磨鍊, 則所入雜物, 與欽敬閣都監大同小異. 其中大水壺, 則可以前排仍用, 左右龍栖, 則前排破件, 亦可修補用之. 如三水壺·大鍾·大鈴·左右遞鈴所造鑄鐵·牛皮·正鐵·炭石等物, 則或行會于各道, 移文于該司, 取用矣. 但臺石之築, 必用細石, 功役甚大, 而石工等, 方役于繕修都監, 役事方急云, 稍待本月晦間, 役事閑歇, 除出若干名始役, 猶爲未晩矣. 至於漏閣修裝之木, 小不下大不等二百餘條云. 欲斫於水上, 則

첫째는 보루각에 설치한 물시계인 보루각루, 흔히 자격루라 일컫는 물시계의 세부 부속품에 대한 것이었다. 보고에 따르면 물을 흘려보내는 물통인 대수호(大水壺)는 이전에 쓰던 것을 그대로 사용하면 된다고 하였고, 물을 받는 수수호(受水壺)인 좌우의 용통(龍桶 : 용이 새겨진 수수통) 역시 파손된 것을 보수하여 쓸 수 있다고 하였다. 그 밖에 삼수호(三水壺)·대종(大鐘)·대령(大鈴)과 좌우의 체령(遞鈴)을 만드는 데 쓰이는 주철(鑄鐵), 우피(牛皮), 정철(正鐵), 탄석(炭石) 등의 물품은 각도(各道)에 행회(行會)하거나 해당 관청[該司]에 이문(移文)하여 갖다 쓰겠다고 하였다. 당시 주요 수리 대상이 되었던 물시계의 부속품들이 물을 흘려보내고 이를 받는 여러 종류의 물통과 각종 기계장치를 구동시키는 핵심적 역할을 하는 구슬[鈴]이었음을 알 수 있다.

둘째는 물시계를 안치할 대석(臺石)의 축조 문제였다. 당시 보루각도감에서는 대석을 축조하는 데는 반드시 세석(細石 : 잔돌)을 사용해야 하기 때문에 공역이 많이 든다고 보았다. 그런데 당시 석공들은 선수도감(繕修都監)에서 노역 중이었다. 때문에 보루각도감에서는 이달 그믐 때까지 기다려 선수도감의 일이 한가해지면 석공 몇 명을 데려다 일을 시작하겠다고 했다.

셋째는 보루각을 수리하고 단장하는 데 필요한 목재의 수급 문제였다. 보루각도감에서는 누각(漏閣)을 수리하는 데 필요한 목재의 수량을 큰 아름드리나무[大不等] 2백 그루 정도로 추산하였다. 그런데 당시 이런

非但本道物力殘薄, 一條斫來, 費力不貲, 二百條之上納, 不可以月日爲期. 湖南莞島等處, 則可用之材, 繕修都監幾盡斫來, 且戰舡産材之地, 決難沒數伐取. 黃海道則不等可合, 自前絶無, 木品亦甚不好. 不得已公洪道安眠道, 箇箇擇斫, 則可以得之云. 都監郞廳急速下送, 水使同議, 隨便斫來, 而載來舡隻, 則以道內兵舡數隻, 擇其完固, 潦水前上送事, 下諭于水使處宜當. 且强鐵·二年木等物, 則依前欽敬閣時例, 尙方所在之物, 移文取用之意, 敢啓. 傳曰, 依啓. 大不等二百餘條, 無乃過多乎. 我國事, 例多過濫之弊. 前頭亦有重建法宮之擧, 宮闕可用木, 切勿斫伐, 實入數更爲十分詳議斫來."

정도의 물량을 확보할 수 있는 곳은 충청도[公洪道]의 안면도(安眠道=安眠島)밖에 없었다. 그러나 광해군은 이 같은 보루각도감의 보고에 대해 재고할 것을 요청했다. 목재의 수량을 필요 이상으로 높게 잡았다고 여겼기 때문이었다. 궁궐의 중건을 염두에 두고 있던 광해군의 처지에서는 목재의 소비를 최소화할 필요가 있었던 것이다.

넷째는 강철(强鐵)과 이년목(二年木 : 2년생 나무) 등의 물품을 수급하는 문제였다. 보루각도감에서는 이전에 흠경각을 수리할 때의 전례에 따라 상의원(尙衣院=尙房)에 있는 물건을 이문해서 가져다 쓰겠다고 하였다.

이상이 우리가 실록을 통해 확인할 수 있는 광해군 대 보루각 수리에 대한 전체 내용이다. 이를 통해서 보루각의 수리가 구체적으로 어떻게 진행되었는지, 언제 마무리되었는지 확인할 수는 없지만『보루각수개의 궤』가 편찬되었다는 사실에 비추어 볼 때 광해군 대 보루각 수리 사업이 완료되었음을 짐작할 수 있다.

이와 관련해서 일찍부터『동궐도(東闕圖)』의 '금루각기(禁漏閣基)'와『한경지략(漢京識略)』의 기록이 주목되었다.[108]『한경지략』의 '창경궁내각사(昌慶宮內各司)' 조항에는 '보루각(報漏閣)'이 수록되어 있는데, 그 내용은 다음과 같다.

보루각은 시강원(侍講院)의 동쪽에 있다. 광해 갑인년(甲寅年 : 광해군 6년, 1614)에 이 전각을 건설해서 오늘날까지 아직도 그대로 있었는데, 세월이 오래도록 수리하지 않아서, 금년 무자년(戊子年 : 순조 28년, 1828) 여름에 이르러 비로 인해서 비로소 모두 무너졌고,[109] 지금의 누국(漏局)

---

108) 남문현,『장영실과 자격루-조선시대 시간측정 역사 복원-』, 서울대학교출판부, 2002, 146쪽, 148~149쪽.
109)『承政院日記』2230冊, 순조 28년 6월 22일(庚寅). "又以都摠府言達曰, 今日申時量,

<그림 3-3> 『동궐도』의 금루각기(禁漏閣基) 일대

이 그 옆에 있다.[110]

『동궐도』의 제작 연대는 대체로 1828년에서 1830년 사이로 추정되고

因雨水暴注, 舊禁漏前圮處北邊簷椽二間許, 又爲缺落之意, 敢達. 令曰, 知道." 이날 『승정원일기』에 따르면 測雨器 수심으로 2寸 5分의 비가 내렸고, 궁궐 내외의 여러 건물이 비 피해를 입었음을 알 수 있다.

110) 『漢京識略』卷1, 昌慶宮內各司, 報漏閣(148쪽－서울史料叢書 第二『漢京識略』, 서울 特別市史編纂委員會, 2000(第2版)의 쪽수. 이하 같음). "報漏閣在侍講院東, 光海甲寅, 建此閣, 至今尙存, 年久不修, 至今年戊子夏, 雨始盡頹, 而今之漏局在其傍."

있다.『동궐도』를 보면 '금루각기'의 왼쪽 아랫부분에 '춘방(春坊)' 건물이 보이는데, 여기가 바로 세자시강원(世子侍講院)이 있던 곳이다.[111] 아울러 '금루각기'의 주변에는 금루관직소(禁漏官直所), 금루서원방(禁漏書員房), 누수각(漏水閣) 등의 건물이 보이는데, 당시 누국(漏局)이 있었던 곳임을 알 수 있다. 이러한 공간 구성은『한경지략』의 내용과 대체로 부합하고 있다. 그렇다면『동궐도』의 '금루각기'는 광해군 때 보루각을 건설했던 곳이라고 추정할 수 있다.

광해군 대에는 왜란 이후의 사회 혼란을 수습하기 위한 전후 복구사업이 다방면에 걸쳐 이루어졌다. 여러 궁궐의 중건은 그 같은 노력을 상징적으로 보여주는 사례이다. 과학 방면에서 보자면 흠경각의 영건 사업과 보루각 개수 사업이 눈에 띈다. 전란으로 위기에 봉착한 조선왕조의 정통성을 확립하기 위한 시도의 하나였다. 그러나 광해군 대 과학 관련 사업들은 인조반정으로 인해 중지되었고, 이후 계속된 정국의 혼란과 호란으로 인한 국가적 위기 상황 속에서 사업의 성과는 순조롭게 계승되지 못하였다. 따라서 양란 이후 국가 재건과 과학기술의 복구 사업도 인조 대 이후의 시대적 과제로 이관되기에 이르렀다.

3. 호란(胡亂) 이후 의상의 중수 : 인조(仁祖)~현종(顯宗) 대

1) 천상열차분야지도(天象列次分野之圖)의 발굴과 석각 시도

왜란으로 인해 경복궁이 소실되었고 궐내에 설치되어 있던 석각(石刻)

---

111)『漢京識略』卷1, 昌慶宮內各司, 世子侍講院(144쪽).

천문도인 「천상열차분야지도」 역시 방치된 상태였던 것으로 보인다. 인조 대에 이미 경복궁에 석각 천문도가 매몰되어 있다는 사실이 보고되었으며, 당시 이것을 발굴하려는 시도가 있었다는 점에 주목할 필요가 있다. 이는 선조 대 이래로 기존의 천문도 인쇄본이 소진(消盡)됨에 따라 이를 다시 인쇄해야 하는 문제와 관련이 있었다. 사실 인조 대까지도 관상감에는 태조 때의 천문도 인본이 남아 있었다. 그것은 다음과 같은 사실에서 확인할 수 있다.

관상감에서 아뢰었다. "각 경(更)의 중성(中星)을 지금 이미 추산하였는데, 천문도(天文圖 : 前日天文圖＝舊圖－인용자 주)의 성도(星度)와 더러 같지 않는 곳이 있습니다. 이런 까닭에 지난해에 본감에서는 4월 30일 소만(小滿)부터 관측을 시작하여 이듬해 소만까지를 기한으로 차이가 발생하는지 여부를 살펴보도록 청했습니다. 지난해 소만부터 관측하여 올해 입하(立夏)까지의 사이에 간혹 밤새도록 구름이 끼어서 관측을 하지 못한 때도 있었지만, 24기(氣)는 유추할 수가 있었습니다. 다만 천문도와 일치하지 않고 2~3도 가량 차이가 나는 것은 대개 성도(星度)가 세월이 오래 되면 차이가 나기 때문입니다. 을해년(乙亥年 : 태조 4, 1395)부터 올해까지가 총 236년이니 혼효(昏曉) <중성(中星)의> 성도가 차이나지 않을 수 없는데, 구도(舊圖 : 前日天文圖－인용자 주)의 중성을 천문도[소하천문도(所下天文圖)－인용자 주]와 비교해 보니 이미 한 절기나 차이가 나서, 모두 사용하기에 적합하지 않습니다. 마땅히 일관(日官)으로 하여금 내년 신미년(辛未年)부터 시작하여 다시 추산하고 관측하게 하소서."112)

---

112) 『仁祖實錄』仁祖 8년 4월 8일(丁巳), 26ㄴ(34책, 372쪽). "觀象監啓曰, 各更中星, 今已推算, 而與天文圖星度, 或有異同處, 故去年本監, 請自四月三十日小滿爲始測候, 至明年小滿爲期, 以驗差否矣. 自前年小滿測候, 至今年立夏, 則間或雲陰達夜, 未得測候, 然二十四氣, 可以類推矣. 但與天文圖不合, 有差二三度者, 大槩星度, 歲久必差, 自乙亥至

위의 인용문에는 두 개의 천문도가 등장한다. '구도(舊圖)'와 '천문도(天文圖)'가 그것이다. '구도'는 태조 때의 천문도를 말하며, '천문도'는 1년 전인 인조 7년(1629) 4월에 관상감에 하사한 것이었다.[113] 당시에는 이것을 '전일천문도(前日天文圖)'와 '소하천문도(所下天文圖)'로 구분하기도 했다. 관상감에서는 인조가 하사한 천문도의 경우 각(各) 경(更)의 중성(中星)을 추산할 필요가 있으며, 예전 천문도의 성도에 차이가 있는 것은 1년간의 관측을 통해 차이 여부를 징험해야 한다고 아뢰었던 것이다.

여기서 인조가 하사한 천문도가 어떤 것이었는지는 알 수 없다. 다만 주목되는 사실은 태조 4년(1395)부터 인조 8년(1630)까지 236년이 경과해서 혼효(昏曉)의 중성에 변화가 발생했으며, 따라서 태조 때의 천문도는 현재의 천문도와 비교해 볼 때 1기(氣)의 차이가 난다고 하는 언급이다. 이를 통해 당시에 두 종류의 천문도가 있었음을 확인할 수 있다. 문제는 이 천문도들이 병자호란을 겪고 나서 대부분 소진되었다는 사실이다. 아래의 기사를 통해 그 전후의 사정을 엿볼 수 있다.

조위한(趙緯韓)이 관상감(觀象監) 관원과 영사(領事)·제조(提調)의 뜻으로 아뢰었다. "본감(本監 : 관상감)의 천문도는 천상(天象)을 살피고 천후(天候)를 관측하는 데 없어서는 안 되는 바입니다. 지난 신미년(辛未年 : 1631, 인조 9)간에 그 인쇄본이 오래되어 거의 없어졌기에 해당 관청으로 하여금 소용되는 물품[容入之物]을 마련해서 입계(入啓)하여 인출(印出)하게 했는데, 지금 또 병란(兵亂)에 산실(散失)되어 남아 있는 곳이 거의

今年, 凡二百三十六年, 昏·曉星度, 未免有差, 而舊圖中星, 視天文圖, 已差一氣, 俱不合用. 宜令日官, 自明年辛未爲始, 更加推算測候. 上從之."

113) 『仁祖實錄』 卷20, 仁祖 7년 4월 23일(戊申), 22ㄴ(34책, 324쪽). "觀象監啓曰, 所下天文圖, 各更中星, 畢推筭矣. 但與前日天文圖星度, 或有異同處. 請自今月三十日小滿爲始測候, 至明年小滿爲期, 以驗差否."

없게 되어 성상(星象)을 상고하여 취할[考取] 바가 없으니 매우 염려스럽습니다. 지금 일이 많은 때를 당하여 해당 관청의 물력(物力)은 번거로운 비용을 <감당하기> 어려울 듯하여, 본감에서 힘써 노력하여 장차 몇 장을 인출해서 본감에 보관하여 두고, 일관(日官) 등에게도 또한 분급해서 그들로 하여금 항상 추점(推占)의 방법[推占之術]을 학습하게 하고자 하며, 경복궁 가운데 묻혀 있는 석판(石版)을 발출(撥出)하기 위해 역사(役事)를 시작하겠다는 뜻으로 감히 아뢰옵니다."114)

위의 인용문은 인조 17년(1639)의 기사이다. 당시 관상감에서 보고한 내용에 따르면 천문도의 석판이 경복궁에 묻혀 있었다고 한다. 이 천문도가 정확하게 어느 때 것인지는 알 수 없지만 매몰 장소와 현존 유물을 근거로 볼 때 태조 때의 석각 천문도로 추정된다. 그렇다면 병자호란의 와중에, 또는 그 이전에 이미 천상열차분야지도 석각본은 경복궁에 매몰되었던 것으로 볼 수 있다. 주목할 것은 이와 같은 사실이 관상감에서 소장하고 있었던 천문도 인쇄본의 소진과 맞물려 보고되고 있었다는 점이다. 즉 인조 9년(1631, 辛未)경에 이미 천문도의 인쇄본이 거의 사라져서 해당 관청으로 하여금 필요한 물품을 마련하여 인출(印出)하게 했는데, 그마저 전란으로 인해 남아 있는 것이 없는 지경에 이르게 되었다. 결국 관상감에서 경복궁에 매몰되어 있는 천문도 석각본을 발굴하고자 했던 일차적 이유는 천체 관측의 필수품인 천문도의 인쇄본을 마련하고자

---

114) 『承政院日記』第68책, 仁祖 17년 3월 8일 乙丑(4책, 263쪽). "趙緯韓, 以觀象監官員, 以領事提調意啓曰, 本監天文圖, 監象測候之所不可無也. 住在辛未年間, 因其印久殆盡, 令各該曹[曹], 辦其容入之物, 入啓印出, 而今又散失於兵亂, 絶無遺在之處, 星象庶幾無所考取, 極爲可慮. 當此多事之時, 該曹[曹]物力, 似難煩費, 故本監某條拮据, 將爲印出若干張, 藏置本監, 日官等處, 亦爲分給, 使之常目學習推占之術, 而石版埋在於景福宮中, 卽爲撥始始役之意, 敢啓. 傳曰, 知道."

144

하는 데 있었다.

한편 이와 관련해서 장유(張維, 1587~1638)의 다음과 같은 시「詠石本天文圖次舍弟顯國韻二首」]가 주목된다.

管裏窺天自覺難　대롱으로 보는 하늘 알아보기 어렵더니
圖成一片妙堪看　한 장의 천문도로 기막히게 다 보이네
三垣布似棋全局　삼원(三垣)은 바둑판처럼 펼쳐져 있고
二極分如軸兩端　남극과 북극은 지도리 끝처럼 나뉘어 있네
躔度坐知千歲至　천 년 뒤 천체 운행의 도수[躔度]도 앉아서 알 수 있으니
雕鐫剩喜百年完　백 년 세월을 견딘 조각품 흐뭇하도다
聖朝制作存深意　성조(聖朝)에서 제작하신 깊은 뜻
虞帝璿機共不刊　순(舜 : 虞帝)의 선기옥형(璿璣玉衡)과 함께 영원하리라

風霆歷覽謾稱難　천문[風霆] 보기 어렵다는 공연한 소리
法象都輸片幅看　종이 한 장에 삼라만상 모두 담겨 있는 걸
星似散沙渾可數　모래알처럼 흩어진 별들 일일이 셀 수 있고
天如旋磨孰尋端　맷돌처럼 도는 하늘 그 끝을 자세히 살필 수 있네
圖中盡發玄機妙　그림 속에 오묘한 기틀 남김없이 보여주고
亂後猶存舊物完　난리 뒤에도 옛 모습 그대로 간직하였네
玉燭調元期聖代　사계절 순조롭고 음양(陰陽)이 조화로우면 태평성대 이루리니
書雲秘器永無刊　서운관(書雲觀)의 이 신기(神器) 영원히 불후(不朽)하리라[115]

---

115) 『谿谷集』卷31, 「詠石本天文圖次舍弟顯國韻二首」, 25ㄱ(92책, 514쪽).

여기서 우리의 시선을 끄는 것은 "조전잉희백년완(雕鐫剩喜百年完)", "성조제작존심의(聖朝制作存深意)", "난후유존구물완(亂後猶存舊物完)"이라는 구절이다. 장유가 이 시를 지을 당시 이미 100년의 세월이 경과했고, 성조(聖朝)에서 제작하였으며, 난리를 겪고 난 이후에도 온전한 '석본(石本)' 천문도는 아마도 태조 때의 석각 천문도를 가리키는 것으로 보인다. 요컨대 이 시는 왜란과 호란─특히 호란─이라는 미증유의 전란을 겪고도 태조 때의 석각 천문도가 온전하게 보존되어 있었음을 말하고 있는 것이다. 이상의 논의를 통해 호란 이후 경복궁에 태조 때의 석각 천문도가 매몰되어 있었으며, 이를 발굴하려는 시도가 있었음을 알 수 있다.

현종 대에 천문도의 석각이 시도되었다는 점도 눈여겨볼 필요가 있다. 널리 알려진 바와 같이 현종 10년(1669) 좨주(祭酒) 송준길(宋浚吉, 1606~1672)은 흠경각 제도를 복원할 것을 주청하였다.[116] 현종 대 천문도의 석각 시도는 이와 같은 일련의 사업과 관련해서 추진된 것이 아닐까 짐작된다. 아울러 당시 석각 천문도의 완성 여부는 숙종 대 석각본과 관련해서 생각해 보아야 할 것이다.

현종 13년(1672) 8월의 기록을 보면 당시 관상감에서 천문도의 석각을 추진하고 있었음을 알 수 있다. 왜냐하면 관상감에서 비변사에 첩정(牒呈 : 하급 관아에서 상급 관아에 올리는 문서)하여 천문도를 석각할 석판(石板)을 운반하기 위해 200명의 도방군(到防軍)을 정송(定送)해 줄 것을 요청하고 있기 때문이다. 비변사에서는 당시 점고(點考)를 마친 709명 가운데 노약자를 제외하고 실제 군역에 종사할 수 있는 584명 중 숙안공주방조성소(淑安公主房造成所)에 400명을, 나머지 184명을 관상감의 운석군(運石軍)으로 정송해 주도록 국왕에게 아뢰었다.[117]

---

116) 『增補文獻備考』卷3, 象緯考 3, 儀象 2, 2ㄱ(上, 47쪽). "(顯宗)十年, 祭酒宋浚吉請復欽敬閣古制."

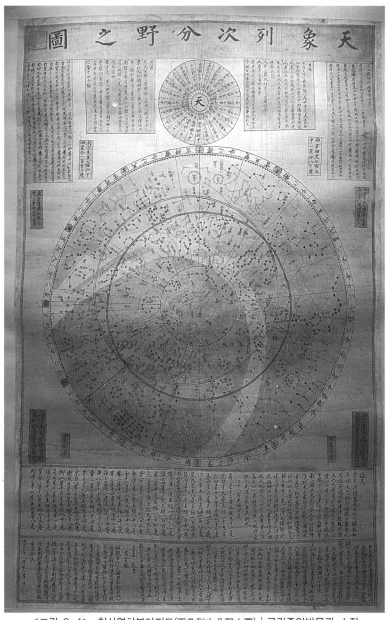

<그림 3-4> 천상열차분야지도(天象列次分野之圖) | 국립중앙박물관 소장

이러한 사실은 관상감에서 그 이전부터 천문도 석각 사업을 추진하고 있었음을 알려준다. 실제로 같은 해 10월의 기록에 따르면 천문도를 개각(改刻)하는 일에 대한 국왕의 재결[定奪]은 이미 봄에 내려졌다고 한다. 그런데 사업의 진행 과정은 지지부진했던 것으로 보인다. 석각에 적합한 돌이 산출되는 고을에 명령을 내려 돌을 채취해 보내라고 했지만 해당 읍(邑)에서 곧바로 거행하지 않아 10월 말에야 겨우 돌을 갈아서 다듬는 일을 시작할 수 있었다. 관상감에서는 이와 같은 사실을 보고하는 한편 천문도의 각역(刻役)에 전념할 수 있도록 각수(刻手) 이수일(李琇一)의 번차(番次)를 면제해 줄 것을 요청하였다. 당시에 이수일이 대왕대비전(大王大妃殿)의 별감(別監)으로 번(番)을 드는 차례였는데, 번을 들게 될 경우 천문도 석각의 일이 일시 중지될 형편이었기 때문에 이러한 요청이 있었던 것이다.[118]

이상의 내용을 통해서 조선시대 천문도 석각의 일반적 과정을 엿볼 수 있다. 먼저 관상감에서 천문도 석각 사업을 국왕에게 보고하여 허락을 받으면, 천문도를 새기기에 적합한 석재가 산출되는 지방에 명령을 내려 돌을 채취하게 하고, 군사들을 동원해서 석재를 운반하였다. 석재가 관상감에 도착하면 표면을 갈아서 다듬고, 뛰어난 각수로 하여금 천문도를 새기게 하였던 것이다. 그것은 적잖은 물력과 시간이 소요되는 사업이었

---

117) 『承政院日記』第229冊, 顯宗 13년 8월 26일 戊辰(12책, 179쪽). "備邊司啓曰, 司鑰手本, 據淑安公主房造成所, 今番到防軍, 沒數赴役事, 啓下, 而觀象監天冬[文]圖所刻石板輸入軍二百名, 以到防軍定送事, 自監牒呈, 此亦不可已之事, 今當番元軍逢點之數, 七百九名, 而老病兒弱, 計除, 實役軍五百八十四名內, 四百名, 則淑安公主房造成所定送, 其餘一百八十四名, 則觀象監運石軍定送之意, 敢啓. 傳曰, 知道."

118) 『承政院日記』第230冊, 顯宗 13년 10월 20일 辛酉(12책, 244쪽). "慶寂, 以觀象監官員, 以提調意啓曰, 天文圖改刻事, 春間曾已定奪, 石刻可合之石, 令所産邑伐出以送, 而該邑趁不擧行, 故待其輸來, 今纔磨治始役矣. 刻手李琇一, 最善石刻, 擔當是役, 而琇一以大王大妃殿別監, 値其番次, 則刻役未免停輟, 姑令除番, 以爲完役之地, 何如. 傳曰, 允."

다. 현종 대에 들어 본격적으로 시도된 태조 대 천문도의 복각은 숙종 대에 이르러 가시적 성과를 거두게 되었던 것으로 보인다. 조선후기 석각 천문도의 발굴과 복각 등 일련의 사업은 영조 46년(1770)에 이르러 흠경각을 건설하고 태조 때의 석각 천문도와 숙종조의 복각본을 안치함으로써 일단락되었다.

2) 혼천의 중수 사업

(1) 주자학의 선기옥형론(璿璣玉衡論)

조선시기 일반 지식인들의 천문역법에 대한 이해는 유교 경전에 대한 학습, 즉 경학(經學)에 대한 탐구의 일환으로 이루어졌다. 그 과정에서 필수적으로 거치게 되는 것이 바로 『서경(書經)』의 「요전(堯典)」과 「순전(舜典)」에 등장하는 '기삼백(朞三百)'과 '선기옥형(璿璣玉衡, 또는 璇璣玉衡)'에 대한 공부였다. 그것은 전근대 천문학의 핵심이라 할 수 있는 역법(曆法)과 역리(曆理)에 대한 가장 기초적이고 필수적인 학습 과정이었다. 따라서 전통 사회의 천문역법관(天文曆法觀)을 논할 때에는 '기삼백'과 '선기옥형'에 대한 당대인들의 인식을 검토하는 것이 지름길이 된다.

『상서(尙書)』는 중국에서 가장 오래된 역사서이다.[119] '상(尙)'은 상대(上代)를, '서(書)'는 역사서를 뜻하는 것이니, '상서'란 상고(上古)의 역사서란

---

119) 이하 『尙書』에 대한 經學的 서술은 다음의 논저를 참조. 范文瀾, 『群經槪論』, 樸社, 1933(上海書店, 1990 影印本) ; 皮錫瑞, 『經學通論』, 中華書局, 1954 ; 松本雅明, 『春秋戰國における尙書の展開』, 風間書房, 1966 ; 平岡武夫, 『經書の成立』, 創文社, 198 3 ; 劉起釪, 『尙書學史』, 中華書局, 1989 ; 장영백 外 역해, 『經學槪說』, 청아출판사, 1992 ; 楊成孚, 『經學槪論』, 南開大學出版社, 1994 ; 이종호 편, 『유교 경전의 이해』, 中和堂, 1994.

의미이다. 그런데 유가(儒家)에서 이것을 경전에 포함시키면서 '서경(書經)'이라고 존칭하였다. 전국시대(戰國時代)에 다른 학파와의 사상 투쟁 속에서 유가는 자신들의 정치적 이상을 고대의 고유한 역사로 만들어낼 필요가 있었고, 이에 따라 「요전(堯典)」・「고요모(皐陶謨)」・「우공(禹貢)」 등의 편목이 만들어짐으로써 유가의 고대사 계통이 완비되었다. 이후 『상서』는 이제삼왕(二帝三王)과 주공(周公)의 도(道)를 간직한 성전(聖典)으로 간주되었고 『서경』으로 존숭되기에 이르렀던 것이다.

『상서』는 한대(漢代) 복생(伏生)의 판본 이래로, 공안국(孔安國)의 가전본(家傳本)을 거쳐, 동진(東晉)의 매색(梅賾)에 이르기까지 여러 판본이 있으며, 복생 이래로 가규(賈逵)・마융(馬融)・정현(鄭玄)・왕숙(王肅) 등이 주석 작업을 하였고, 당대(唐代)에 이르러 공영달(孔穎達)이 『오경정의(五經正義)』의 일환으로 『상서정의(尙書正義)』를 편찬하였다. 이후 공안국의 전을 정주(正注)로 삼고 공영달이 찬한 『상서정의』를 소(疏)로 한 관정본(官定本)이 성립되었고, 이것이 송대의 『상서주소(尙書注疏)』와 명・청(明・淸) 대의 『십삼경주소(十三經注疏)』로 이어지게 되었다.

이와 같은 한학(漢學)의 전통과는 다른 학술 사상이 송대에 출현하게 되었다. 상서학(尙書學)의 측면에서 그것은 주희(朱熹, 1130~1200)를 거쳐 채침(蔡沈, 1167~1230)으로 이어졌으며, 『서집전(書集傳)』으로 총결되었다. 이후 이것이 과거 시험의 텍스트로 선정됨으로써, 원대(元代) 이후의 『상서』에 대한 학습은 일체 『서집전』을 통해 이루어졌다. 그것은 조선왕조의 경우도 마찬가지였다. 따라서 주자학 계통의 상서학에 대한 입장, 그 일부로서의 선기옥형론(璿璣玉衡論)은 『서집전』을 통해 유추해 볼 수 있다.

그렇다면 이러한 과정을 거쳐 정립된 주자학의 선기옥형에 대한 인식은 어떤 것이었을까? 그것은 『주희집(朱熹集)』과 『서집전』에 정리되어 있다. 선기옥형장에 대한 주희와 채침의 주석에는 다음과 같은 몇 가지 논의가 포함되어 있다.120) 첫째, 선기옥형을 천문의기의 일종인 혼천의로 파악하였다.121) 둘째, 중국의 전통적인 우주론 가운데 주비(周髀)·선야(宣夜)·혼천가(渾天家)의 논의를 제시하고, 그 가운데 혼천설(渾天說)을 혼천의의 구조와 연관 지어 설명하였다.122) 셋째, 혼천설에 입각한 혼천의 제작의 역사를 낙하굉(洛下閎)·선우망인(鮮于妄人)·경수창(耿壽昌)·전악(錢樂) 등을 중심으로 서술하였다.123) 넷째, 송대의 제작법에 입각하여 혼천의의 실제 구조를 다음과 같이 설명하였다.

역대 이래로 그 제작법이 점점 정밀해졌는데, 본조(本朝)에서는 이에 따라 삼중(三重)의 의(儀)를 만들었으니, 그 바깥에 있는 것을 육합의(六合儀)라 한다. 흑단환(黑單環)을 평평히 놓고[平置] 그 위에 12진(辰)과 8간

---

120) 『朱熹集』卷65, 雜著, 尙書, 虞書, 舜典, 3417~3418쪽(點校本 『朱熹集』(四川敎育出版社, 1996)의 쪽수. 이하 같음) ; 『書傳大全』卷1, 虞書, 舜典, 34ㄴ~37ㄴ(35~37쪽－영인본 『書經』, 成均館大學校出版部, 1984의 쪽수. 이하 같음).

121) 『朱熹集』卷65, 雜著, 尙書, 虞書, 舜典, 3417쪽. "在, 察也. 美珠謂之璿. 璣, 機也. 以璿飾璣, 所以象天體之運轉也. 衡, 橫也, 謂衡簫也. 以玉爲管, 橫而設之, 所以窺璣而察七政之運行, 猶今之渾天儀也. 齊猶審也. 七政, 日月五星也. 七者運行於天, 有遲有速, 有順有逆, 猶人君之有政事也. 言舜初攝位, 乃察璣衡以審七政之所在以起."

122) 『朱熹集』卷65, 雜著, 尙書, 虞書, 舜典, 3417쪽. "渾天儀, 晉天文志云, 言天體者有三家, 一曰周髀, 二曰宣夜, 三曰渾天. 宣夜絶無師說, 不知其狀如何. 周髀之術, 以爲天似覆盆. 蓋以斗極爲中, 中高而四邊下, 日月旁行遶之. 日近而見之爲晝, 日遠而不見爲夜. 蔡邕以爲考驗天象, 多所違失. 渾天說曰, 天之形狀似鳥卵, 地居其中, 天包地外, 猶卵之裹黃, 圓如彈丸, 故曰渾天. 言其形體渾渾然也. 其術以爲天半覆地上, 半在地下. 其天居地上, 見有一百八十二度半强, 地下亦然. 北極去地上三十六度, 南極入地亦三十六度, 而嵩高正當天之中. 極南五十五度, 當嵩高之上. 又其南十二度, 爲夏至之日道. 又其南二十四度, 爲春分之日道. 又其南二十四度, 爲冬至之日道. 南下去地三十一度而已, 是夏至日北去極六十七度, 春秋分去極九十一度, 冬至去極一百一十五度, 此其大率也. 其南北極持[特]其兩端, 其天與日月星宿斜而廻轉."

123) 『朱熹集』卷65, 雜著, 尙書, 虞書, 舜典, 3417쪽. "此必古有其法, 遭秦而滅. 及漢武帝時, 洛下閎始經營之, 鮮于妄[安]人又量度之. 至宣帝時, 耿壽昌始鑄銅而爲之象. 衡長八尺, 孔徑一寸. 璣徑八尺, 圓周二丈五尺强. 轉而望之, 以知日月星辰之所在, 卽此璿璣玉衡之遺法. 蔡邕以爲近得天體之實者也."

(干) 및 4우(隅)를 새겨서 지면을 기준으로 하여 사방을 정하였다. 흑쌍환(黑雙環)을 비스듬히 세워[側立] 그 등에 거극도수(去極度數)를 새기고, 하늘의 등마루[天脊]를 반으로 나누어 곧바로 지평선을 넘어 반은 지하(地下)로 들어가서 자오(子午)에 묶어 천경(天經)으로 삼는다. 적단환(赤單環)을 비스듬히 기울게 하여[斜倚] 그 등에 적도도수(赤道度數)를 새기고, 하늘의 배[天腹]를 반으로 나누어 천경(天經)을 가로로 둘러 역시 반은 지상으로 나오고 반은 지하로 들어가게 하여 묘유(卯酉)에 묶어서 천위(天緯)로 삼는다. 세 고리의 겉과 속이 서로 연결되어 움직이지 않게 하였다. 천경환(天經環)은 남북(南北) 두 극(極)을 모두 둥근 축으로 만들어, 가운데를 비우고 안으로 향하여 삼신의(三辰儀)와 사유의(四遊儀)의 고리를 잡아맨다. 상하와 사방을 이것으로써 상고할 수 있으므로 육합(六合)이라 하였다.

다음으로 그 안에 있는 것을 삼신의(三辰儀)라 한다. 흑쌍환(黑雙環)을 비스듬히 세워[側立] 역시 거극도수(去極度數)를 새기고, 밖으로는 천경(天經)의 축에 연결하고 안으로는 황도와 적도를 잡아맨다. 적도(赤道)는 적단환(赤單環)으로 만들어, 밖으로는 천위(天緯)에 의지하여 역시 수도(宿度)를 새기고 흑쌍환(黑雙環)의 묘유(卯酉)에 연결한다. 황도(黃道)는 황단환(黃單環)으로 만들어, 역시 수도(宿度)를 새기고 또 적도의 가운데[赤道之腹]에 비스듬히 기울게 하여 묘유(卯酉)에 연결한다. 반은 안으로 들어가 춘분(春分) 뒤의 태양의 궤도가 되고, 반은 밖으로 나와 추분(秋分) 뒤의 태양의 궤도가 된다. 또 백단환(白單環)을 만들어 그 교차한 부분을 이어서 기울거나 빠지지 않게 한다. 아래에 기륜(機輪)을 설치하여 물로 격동시켜서 밤낮으로 하늘을 따라 동서로 운전하게 하여 하늘의 운행을 상징한다. 해와 달과 별을 이것으로써 상고할 수 있으므로 삼신(三辰)이라 하였다.

그 가장 안쪽에 있는 것을 사유의(四遊儀)라 한다. 역시 흑쌍환(黑雙環)

을 만들기를 삼신의(三辰儀)의 제도처럼 하여 천경(天經)의 축에 연결한다. 고리의 안에는 양면의 중앙에 각각 직거(直距)를 설치하여 밖으로 두 축을 가리키면서 허리 가운데의 내면에 당하게 하고, 또 작은 구멍을 내어 옥형(玉衡)의 허리 가운데의 작은 축을 받게 하여 옥형이 이미 고리를 따라 동서로 회전하게 하고 또 곳에 따라 남북으로 올라갔다 내려갔다 하게 하여 관측하는 자가 우러러 엿보도록 만든다. 동서남북으로 두루하지 않음이 없으므로 사유(四遊)라 하였다. 이것이 그 제작법의 대략이다.124)

천문의기의 일종인 선기옥형(=혼천의)의 구조에 대한 이상의 설명을 도표화하면 다음과 같다.

<표 3-1> 선기옥형(璿璣玉衡)의 구조

명 칭	각 의(儀)의 세부 명칭		상세 구조	비고
육합의 (六合儀)	지평환 (地平環)	흑단환 (黑單環)	平置(黑)單環, 上刻十二辰八十[干]四偶[隅]在地之位以準地, <而>面定四方.	二[三]環表裏相結不動. 其天經之環, 則南北二極皆爲圓軸, 虛中而內向, 以挈三辰四遊之環. 以其上下四方於是可考, 故曰六合.
	천경환 (天經環)	흑쌍환 (黑雙環)	側立黑雙環, 其[背]刻去極度數, 以中分天脊, 直跨地平, 使其<半出地上,> 半入地下, 而結於其子午, 以爲天經.	
	천위환 (天緯環)	적단환 (赤單環)	斜倚赤單環, 其[背]刻赤道度數, 以平分天腹, 橫繞天經, 亦使半出地上, 半入地下, 而結於其卯酉, 以爲天緯.	
삼신의 (三辰儀)	천경환 (天經環)	흑쌍환 (黑雙環)	側立黑雙環, 亦刻去極度數, 外貫天經之軸, 內挈黃赤二道.	以其日月星辰於是可考, 故曰三辰.
	적도환 (赤道環)	적단환 (赤單環)	其赤道則爲赤單環, 外依天緯, 亦刻宿度, 而結於黑雙環之卯酉.	
	황도환 (黃道環)	황단환 (黃單環)	其黃道則爲黃雙[單]環, 亦刻宿度, 而又斜倚於赤道之腹, 以交結於卯酉. 而半入	

124) 『書傳大全』 卷1, 虞書, 舜典, 36ㄱ~37ㄱ(36~37쪽).

		其內, 以爲春分後之日軌, 半出其外, 以爲秋分後之日軌.	
	백도환 백단환 (白道環) (白單環)	又爲白單環以承其交, 使不傾墊.	
	수격(水激) 장치	下設機輪, 以水激之, 使其日夜隨天東西運轉, 以<爲>象天行.	
사유의 (四遊儀)	천경환 흑쌍환 (天經環) (黑雙環)	亦爲黑雙環, 如三辰儀之制, 以貫天經之軸.	以其東西南北無不周徧, 故曰四遊.
	직거(直距)· 옥형(玉衡)	其環之內兩面當中各施直距, 外<趾>指兩軸, 而當其要中之內(面), 又爲小竅, 以受玉衡要中之小軸, 使衡旣得隨環東(西)運轉, 又可隨處南北低昂, 以待占候者之仰窺焉.	

※ 혼천의의 세부구조는 『주희집(朱熹集)』의 내용과 『서전(書傳)』의 주석을 상호 비교하였다.
- 『주희집』과 『서전』의 글자가 다를 경우 [ ] 안에 『서전』의 글자를 넣었다.
- 『주희집』에만 있고 『서전』에는 없는 경우에는 < > 안에 표시하였다.
- 『주희집』에는 없고 『서전』에만 있는 경우에는 ( ) 안에 표시하였다.

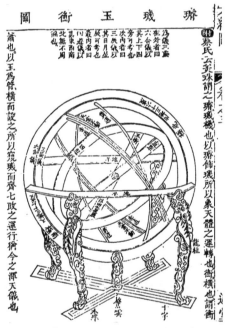

<그림 3-5> 『육경도(六經圖)』의 선기옥형도(璿璣玉衡圖)

(2) 혼천의의 중수

조선후기 선기옥형에 대한 관심은 양란(兩亂) 이후 '국가재조(國家再造)' 과정에서 시행된 천문의기 복원 사업과 관련이 있다. 전란을 겪고 나서 조선왕조 정부는 전후 복구의 차원에서 조선전기에 제작되었던 천문의기에 대한 복원 사업을 추진하였다. 선기옥형은 그 가운데서도 가장 중요한 천문의기였다. 앞에서 살펴보았듯이 선조 34년(1601)에 각종 의상의 복원이 시행되었다. 당시 이항복(李恒福)이 이 사업을 주도하면서 우선적으로 착수했던 것은 정밀해서 만들기 어려운 의기, 즉 누기(漏器)·간의(簡儀)·혼상(渾象)과 같은 종류였다.[125] 시간이 오래 지나면 그 법식이 전해지지 않게 되어 후세 사람들이 제작하지 못할 것을 염려했기 때문이었다. 당시 이항복이 이와 같은 사업의 궁극적 목적을 "성조(聖祖)의 하늘을 본받고 때에 순응하던 뜻[法天順時之意]을 밝히고, 우리 전하께서 선대왕의 뜻과 사업을 계승하려고 노력하는 부지런함[繼志述事之勤]을 이룩함"[126]이라고 한 것은 당시의 천문역산학과 천문의기가 지니고 있는 정치사상적 의미를 보여주는 의미심장한 발언이다.

효종(孝宗) 대에는 선기옥형 제작 사업이 시도되었다. 그 중심에 최유지(崔攸之, 1603~1673)의 혼천의인 '죽원자(竹圓子)'가 자리하고 있었다.[127] 널리 알려진 바와 같이 『조선왕조실록』에 최유지의 선기옥형(=혼천의)

---

125) 『白沙集』 卷2, 「重建簡儀序」, 12ㄱ~ㄴ(62책, 189쪽) ; 『增補文獻備考』 卷3, 象緯考 3, 儀象 2, 1ㄱ~ㄴ(上, 47쪽).

126) 『白沙集』 卷2, 「重建簡儀序」, 12ㄱ~ㄴ(62책, 189쪽). "繼此有欲大闡, 以昭我聖祖法天順時之意, 以成我殿下繼志述事之勤者, 請徵諸序." ; 『增補文獻備考』 卷3, 象緯考 3, 儀象 2, 1ㄴ(上, 47쪽).

127) 구만옥, 「崔攸之(1603~1673)의 竹圓子-17세기 중반 朝鮮의 水激式 渾天儀-」, 『韓國思想史學』 25, 韓國思想史學會, 2005.

이 언급된 것은 모두 세 차례이다. 하나는 효종 8년(1657) 홍문관에서 최유지의 혼천의를 본떠 그 제작을 건의한 내용이고, 나머지 둘은 현종 5년(1664) 최유지의 혼천의를 개수했다는 기록이다.

홍문관에서 아뢰었다. "지난해에 본관으로 하여금 선기옥형을 만들라는 하교가 있어서 그때 강관(講官) 홍처윤(洪處尹, 1607~1663)이 이미 명을 받들어 만들어 올렸습니다. 지금 들으니, 김제 군수 최유지가 일찍이 기형(璣衡) 일구(一具)를 만들었는데 물을 사용하여 스스로 작동하게 하는데, 해와 달의 운행 도수와 시각의 흐름[遲速]이 조금의 오차도 없어서 본 사람은 모두 정밀하고 완벽하다고 하며, 그 기구는 지금 서울의 집에 두었다고 합니다. 그가 임지로 떠나기 전에 관상감으로 하여금 천문(天文)을 웬만큼 이해하는 사람 하나를 선발하여 가서 그 법을 배우게 하고, 아울러 상방(尙方=尙衣院)의 솜씨 좋은 목공을 선발하여 그 제도를 모방해서 하나를 만들어 본관에 보관하게 하소서."[128]

성균관에서 아뢰기를, "일찍이 선왕조(先王朝) 때 홍문관에서 계사(啓辭)한 바에 따라 전(前) 집의(執義) 최유지로 하여금 혼천의를 만들게 했는데, 대내(大內)에 들여오게 하였다가 뒤에 다시 누국(漏局)에 내보냈습니다. 지금 들건대 최유지가 만든 것에 고쳐야 할 곳이 있다고 하니 청컨대 누국으로 하여금 그것을 성균관으로 이송(移送)하여 제생(諸生)들과 상의해서 교정하게 하소서"하니, (상이) 따랐다.[129]

---

128) 『孝宗實錄』卷18, 孝宗 8년 5월 26일(戊辰), 46ㄱ(36책, 96쪽). "弘文館啓曰, 頃年有令本館造璿璣玉衡之敎, 其時講官洪處尹, 旣已承命, 造成以進矣. 今聞金堤郡守崔攸之, 曾造一璣衡之具, 用水激之, 自能運轉, 日月行度·時刻遲速, 無少差違, 見者皆以爲精備, 而其具方置京家云. 及其未辭朝前, 請令觀象監, 擇一稍解天文者, 往學其法, 因擇尙方善手木工, 依倣其制, 造成一件, 藏之本館. 從之."

성균관에서 아뢰기를, "일찍이 선왕조 때에 홍문관에서 계사한 바에 따라 전 집의 최유지에게 명하여 혼천의를 만들게 했는데, 대내에 들인 뒤 다시 누국에 넘겨주었습니다. 지금 들으니, 최유지가 만든 것에 고쳐야 할 곳이 있다 하니, 청컨대 누국으로 하여금 성균관에 이송해서 제생들과 상의하여 교정하게 하소서"하니, 상이 따랐다. 최유지가 만든 혼천의는 제도(制度)가 거칠고 소략했다. 또 옆에다 누주(漏籌)를 설치하여 물을 따라 오르락내리락하게 하고, 노끈을 혼천의의 허리 부분에 매어 위아래로 운행하는 기틀로 삼았는데, 간단하고 초라해서 웃음이 날 정도였다. 그 후에 상이 송이영(宋以穎)과 이민철(李敏哲, 1631~1715)로 하여금 각각 자신의 뜻에 따라 측후기(測候器)를 개조해서 올리도록 하여 궁중(宮中)에 두었다.130)

그런데 위의 기사들을 주의해서 살펴보면 당시 최유지의 혼천의에 대해서 상반된 평가가 있었음을 알 수 있다. 『효종실록』이나 그 내용을 전재했다고 여겨지는 『증보문헌비고』에서는 "해와 달의 운행 도수와 시각의 지속(遲速)이 조금의 오차도 없다[日月行度·時晷遲速, 無少差違]."라고 하여 그것이 매우 정밀하다고 평가했다.131) 윤증(尹拯, 1629~1714)

---

129) 『顯宗實錄』卷8, 顯宗 5년 3월 6일(戊辰), 16ㄱ(36책, 403쪽). "成均館啓曰, 曾在先王朝, 因弘文館所啓, 令前執義崔攸之, 造成渾天儀, 入于大內, 後又出付漏局, 今聞攸之所造, 有可改處, 請令漏局, 移送於成均館, 與諸生相議校正. 允之."

130) 『顯宗改修實錄』卷10, 顯宗 5년 3월 9일(辛未), 46ㄱ(37책, 372쪽). "成均館啓曰, 曾在先王朝, 因弘文館所啓, 令前執義崔攸之, 造成渾天儀, 入于大內後, 又付漏局. 今聞攸之所造, 有可改處, 請令漏局, 移送於成均館, 與諸生相議, 校正. 上從之. 攸之所造渾儀, 制度草略. 且傍置漏籌, 使之隨水上下, 而以絲繩結渾儀之腰, 以爲升降轉運之機, 簡陋可笑. 其後上使宋以穎·李敏哲各以其意, 改造測候之器進之, 置諸宮中."

131) 『增補文獻備考』卷3, 象緯考 3, 儀象 2, 2ㄱ(上, 47쪽). "至是弘文館啓言, 金堤郡守崔攸之, 創造璣衡, 水激自運, 日月行度·時晷遲速, 無少差違, 見者皆以爲精妙, 請令巧思者, 依其制造成, 藏之本館."

역시 "깊은 학문은 노화설(爐火說)에서 징험할 수 있고, 높은 재주는 죽원기(竹圓機)에 깃들어 있다."[132]라고 하여 최유지의 죽원자(竹圓子)가 그의 높은 재주를 엿볼 수 있는 기구라고 평가하였다. 반면에 『현종개수실록』에서는 "최유지가 만든 혼천의는 제도가 거칠고 소략했다. 또 옆에다 누주(漏籌)를 설치하여 물을 따라 오르락내리락하게 하고, 노끈을 혼천의의 허리 부분에 매어 위아래로 운행하는 기틀로 삼았는데, 간단하고 초라해서 웃음이 날 정도였다."라고 하여 그 제도가 '매우 거칠고 소략했고[草略]', 특히 수격장치와 줄을 이용한 혼천의의 운행 방식은 '간단하고 초라해서[簡陋]' 가소로울 지경이라고 평가절하 하였다.

사실 최유지의 혼천의는 1657년 5월경 제작되었는데, 그로부터 만 7년이 경과하지 않은 1664년 3월에 고쳐야 할 곳이 생겼으니 그 구조에 문제가 있었다고 보아야 한다. 현종 대의 혼천의 제작은 이러한 문제점을 극복하는 과정에서 이루어졌다. 그리고 그 성과물이 송이영과 이민철의 혼천의였다. 혼천의가 교정되던 당시에 최유지는 중앙 정계에서 활동 중이었다. 그러나 그가 이 교정 사업에 참여했다는 증거는 보이지 않는다. 실제로 이 작업을 주도했던 송이영과 이민철이 '각각 그 뜻에 따라[各以其意]' 혼천의를 '개조(改造)'했다는 『현종개수실록』의 기사는 상당한 정도의 개작이 이루어졌을 가능성을 암시하고 있다.

이와 같은 사실은 최유지의 혼천의와 같은 수격식 혼천의인 이민철의 그것에 대한 평가를 통해서도 엿볼 수 있다. 후대의 『연려실기술(燃藜室記述)』에서 이민철의 혼천의에 대해 "내리고 올릴 수 없어 실제로 사용할 수 없었다."[133]라고 한 것은 이것이 실제 천문 관측용 의기가 아니라

---

132) 『明齋遺稿』 卷2, 「挽崔執義攸之丈」, 38ㄴ(135책, 73쪽). "邃學可徵爐火說, 高才聊寓竹圓機."

133) 『燃藜室記述』 別集, 卷15, 天文典故, 儀象, 589쪽(『국역 연려실기술』 XI, 민족문화추

관상용 의기라는 점을 말했던 것으로 판단된다. 즉 중앙의 사유의(四遊儀)를 제거했으므로 그에 부수되어 있는 직거(直距)·옥형(玉衡)이 없어 실제 관측은 불가능했다는 이야기다. 김석주(金錫胄, 1634~1684)는 이러한 사실을 정확하게 이해하고 있었다. 그는 이민철과 송이영이 만든 혼천의가 창조적이며 이전의 것들보다 정밀하고 아름답다고 높게 평가하였다.[134] 김석주가 지적한 이민철 혼천의의 독창성은 다음과 같은 몇 가지로 요약된다. 먼저 이민철의 혼천의에서는 관측용 기구이긴 하지만 실제 관측에 거의 도움이 되지 않는 사유의와 옥형을 제거하였다.[135] 다음으로 『서전(書傳)』의 주석에서 분명하게 설명되지 않았던 삼신의(三辰儀) 내부의 백단환(白單環)을 개선하여 그것이 달의 운행을 나타내도록 변통하였다.[136] 끝으로 물항아리와 톱니바퀴, 구슬 등을 이용하여 자동으로 시간을 알려줄 수 있는 시보장치를 부착했고, 날이 추워져 물이 얼 때를 대비해서 수호(水壺)를 온실에 안치하도록 하였다.[137]

진회, 1967의 原文 쪽수). "顯宗十年, 祭酒宋浚吉, 請復欽敬閣古制. 上命李敏哲, 依蔡氏舜典註, 鑄銅爲渾天儀(補儀成, 不可低仰, 殊乖實用, 然列朝屢經修改, 安於齊政閣中, 以寓敬天勤民之意. 正宗朝, 又命雲觀提調徐浩修, 修之)."

134) 『息庵遺稿』卷17,「新造渾天儀兩架呈進啓」, 8ㄴ(145책, 402쪽). "大抵此器之制, 只在於古人文字中, 未有成樣見式可資師法, 而二人匠心運智, 自剙機軸, 其爲制度, 較諸年前館中所上之件, 尤爲巧密, 誠爲可嘉."

135) 『息庵遺稿』卷17,「新造渾天儀兩架呈進啓」, 7ㄴ(145책, 402쪽). "今此新儀之不設四游玉衡者, 亦以其衡在重儀之內, 其於占候, 實無所可用故也."

136) 『息庵遺稿』卷17,「新造渾天儀兩架呈進啓」, 7ㄴ~8ㄱ(145책, 402쪽). "且三辰儀內白單環之制, 舊說則只言以承黃道之交, 使不傾墊云云, 而此與月行全不干涉, 此外又無別件物事可以記認月行躔度者, 如非儀有不備, 必是記得不的, 此古今之所嘗疑, 而今此新儀, 因其所謂白單環者而稍加變通, 作爲月行之軌, 以備三辰之制."

137) 『息庵遺稿』卷17,「新造渾天儀兩架呈進啓」, 8ㄱ~ㄴ(145책, 402쪽). "安設水壺於板盖之上, 水由漏觜下灌於皮內小壺, 遞遞盈滿, 以爲激輪之地. 累日盛水依法試之, 則三辰之環, 并能一齊運轉, 而又能各循其本行, 遲速之度, 無所差忒. 又於其旁, 疊設牙輪, 兼設鈴路, 并爲奏時擊鐘之機關, 而校諸地平日晷, 亦皆相合. 此器之用, 專在於壺漏, 而日氣漸寒, 將來有水凍之患, 須得溫室安置, 方可以隨時校正, 不至爲廢棄之物矣."

이와 같은 김석주의 평가는 이민철 혼천의의 특징을 잘 요약한 것으로 평가된다. 기존의 연구에서도 삼신의에 백도환을 추가하고, 내부의 사유의를 생략하는 대신 산하도(山河圖)를 배치한 것, 월운환(月運環)을 이용하여 달의 자동 운행을 표현한 것, 달의 영측(盈昃)을 재현하는 기구를 설치한 것 등이 이민철 혼천의의 독창적인 성과라고 언급하였다.[138] 그렇다면 이것들은 과연 이민철이나 송이영의 독창이었을까? 아니면 그 직전에 제작되었던 최유지의 그것과 일정한 연관성을 지닌 것일까? 아마도 이민철 혼천의의 독창성과 최유지 혼천의에 대한 '개조'의 내용, 더 나아가 양자가 차지하는 역사적 위치는 이런 특징들의 선후 관계를 분명히 할 때 밝혀질 수 있을 것이다.

효종 8년(1657) 홍문관의 계사가 있은 후 당시 김제군수로 발령을 받은 최유지는 자신의 죽원자를 모델로 새로운 선기옥형을 제작하자는 건의에 반대하는 상소문을 올렸다. 그는 먼저 자신의 재주로는 국가의 '흠경지제(欽敬之制)'와 역산가들의 '추보지칙(推步之則)'을 정밀하게 알 수 없다고 겸손의 뜻을 나타낸 뒤, 자신이 만든 죽원자는 일찍이 그가 고향에 거처하면서 고서들을 읽을 때 『서경』의 '기삼백(朞三百)'과 '선기옥형'의 주석 가운데 문자만으로는 깨닫기 어려운 내용이 있어서 형상을 만들어 고증하기 위해 시험 삼아 대나무로 고리를 만들어 제작하고 물을 부어 작동시킨 것으로서 볼만한 것이 못된다고 하였다. 최유지는 이것이 옛 규범에 맞지 않는 사사로운 장난감에 지나지 않는데, 만약 이를 모방하여 홍문관에 비치한다면 식자들의 비웃음거리가 될 것이라고 걱정하였다.[139]

---

138) 韓永浩·南文鉉·李秀雄, 「조선의 천문시계 연구—水激式 渾天時計」, 『韓國史硏究』 113, 韓國史硏究會, 2001, 72~81쪽 참조.

139) 『帶方世稿』 卷15, 艮湖先生集 2, 「辭造璿璣玉衡疏丁酉」, 1ㄱ~ㄴ(326~327쪽). "臣乃

최유지는 천상(天象)은 쉽게 형용할 수 없고, 천도(天道)는 쉽게 추구할 수 없는 것이라고 전제하고, 고대 성왕(聖王)의 "역상경수(曆象敬授 : 曆象日月星辰, 敬授人時)"는 진실로 천도를 공경하여 인사를 다스리기 위한 것[欽天道·治人事]이었으며, 아름다움을 보고 즐기며 감상하는 도구가 아니었다는 사실을 강조하였다.140) 그는 순(舜)임금 당시의 선기옥형 제도는 시대가 너무 멀리 떨어져 있기 때문에 본받기 어렵다고 판단했고, 17세기 조선의 현실에서 모범으로 삼아야 할 것은 조선왕조 선왕(先王)의 법이라고 주장하였다.141) 그것은 바로 세종 대에 완성된 혼천의를 뜻하는 것이었다. 세종 대의 혼천의는 매우 정밀한 것으로 평가되었으나 양란을 거치면서 대부분 파괴된 상태였다. 그런데 당시 경복궁의 옛 터에는 간의대의 유적이 남아 있었고, 그것이 파괴된 지 수십 년 세월에 불과하기 때문에 노인들 가운데는 당시의 일을 전해 들어 알고 있는 사람이 있으리라고 보았다. 따라서 이들에게 널리 물어 의견을 구하면 세종 대의 혼천의 제도를 복원할 수 있는 방도가 있을 것으로 기대하였다.142) 이를 통해 올바른 혼천의 제도를 구하는 한편 관상감에 명해 고전(古典)을 널리

　　是鄕曲蒙昧鄙野之人也, 其於國朝欽敬之制, 曆家推步之則, 曷嘗有窺覘而精察乎. 曾在鄕廬略讀古書, 至於尙書朞三百璿璣註釋處, 妄有所思索, 而如其運旋行度, 則有難以文字曉見, 必有形象然後可證, 故試爲環竹象圓, 注水激運, 制出於草創, 而薄陋不足觀爾. 寧有彷佛於古範, 近似乎渾儀者哉. 此不過私室戲戱而已."

140)『帶方世稿』卷15, 艮湖先生集 2,「辭造璿璣玉衡疏丁酉」, 1ㄴ~2ㄱ(327~328쪽). "嗚呼. 天象豈易形容哉. 天道豈易推究哉. …… 而從古聖王, 曆象而敬授者, 誠所以欽天道而治人事也, 豈但爲翫賞觀美之具而已哉."

141)『帶方世稿』卷15, 艮湖先生集 2,「辭造璿璣玉衡疏丁酉」, 2ㄱ(328쪽). "虞舜璇璣之制, 邈遠無所取法, 卽今可則可遵之方, 其不在於我朝先王之法乎."

142)『帶方世稿』卷15, 艮湖先生集 2,「辭造璿璣玉衡疏丁酉」, 2ㄱ~ㄴ(328~329쪽). "昔在世宗莊憲大王, 欽崇天道, 作爲渾儀, 合德合序, 皥皥乎不可尙爾. 其爲制, 極其精妙, 而國家不幸, 近世多亂, 臺機毀墜, 儀象陞廢, 遂使先王則天圖治之道, 泯泯而無傳焉, 則豈非慨然而嗟惜處乎. 卽見景福舊址, 尙有石釜之遺跡, 其廢也, 不過數十餘年, 則耆老之解事者, 或不無見聞而知之者, 誠能廣詢而旁求, 則豈無可復之理."

탐구하게 하고, 아울러 여러 사람의 견해를 수집한다면 혼천의의 규범을 얻을 수 있다는 주장이었다.[143]

이와 같은 최유지의 건의에서 우리는 두 가지 사실에 주목해야 한다. 하나는 최유지가 혼천의의 실제 모델로 세종 대의 그것을 제시했다는 것이고, 다른 하나는 혼천의 제작을 위한 이론적 탐구로서 역대의 고전을 참조해야 한다고 강조했다는 점이다. 이는 그의 죽원자 역시 이러한 일련의 과정을 염두에 두고 제작되었음을 암시하는 것으로 보인다. 물론 이상과 같은 최유지의 건의는 받아들여지지 않았다. 그의 죽원자를 모방한 혼천의가 제작되어 대내에 들어갔고, 그 후 어떤 경로를 거쳐 누국(漏局)으로 이송되었다. 이후 그의 혼천의에는 몇 가지 문제가 발생하였고, 현종 5년(1664) 이를 교정하자는 성균관의 건의에 따라 교정하였고, 현종 10년(1669) 이민철과 송이영에 의해 보다 개량된 형태의 혼천의로 탈바꿈되었다.[144]

---

143) 『帶方世稿』 卷15, 艮湖先生集 2, 「辭造璿璣玉衡疏丁酉」, 2ㄴ(329쪽). "伏願殿下察臣悶瘝之情, 姑停造機之擧, 舍此苟簡, 別求懿式, 命觀象監博考古典, 更採衆議, 必得其規範, 然後乃復欽敬之舊制, 再覩授時之休光, 則不勝幸甚."

144) 지금까지 현종 5년(1664)에 李敏哲과 宋以潁에 의해 새로운 형태의 혼천의가 만들어졌다고 보았다[한영호·남문현, 「조선조 중기의 渾天儀 復元 연구」, 『한국과학사학회지』 제19권 제1호, 한국과학사학회, 1997, 5~6쪽]. 그것은 『顯宗改修實錄』에 崔攸之의 혼천의를 교정하자는 成均館의 啓辭 뒤에 "其後上使宋以潁·李敏哲各以其意, 改造測候之器進之, 置諸宮中."이라는 기사가 실려 있고(각주 130 참조), 『增補文獻備考』에도 현종 5년조의 기사에 "又命宋以潁·李敏哲, 改造測候之器, 置諸宮中."[『增補文獻備考』 卷3, 象緯考 3, 儀象 2, 2ㄱ(上, 47쪽)]이라고 되어 있기 때문이다. 그러나 『顯宗改修實錄』의 '其後'라는 기록과 현종 10년(1669) 이민철과 송이영이 혼천의를 만들어 올렸다는 『顯宗實錄』의 기사에 "先是上命李敏哲 ……"이라고 되어 있다는 점을 고려할 때, 1664년 최유지의 혼천의를 교정하고 나서 현종은 이민철과 송이영에게 새로운 혼천의를 만들라는 명을 내렸고, 이것이 완성된 것이 1669년이라고 보아야 하지 않을까 한다.

(3) 죽원자(竹圓子)의 구조와 기능

현존하는 대부분의 혼천의들은 목재로 만들어져 있다. 김창실 소장본 혼천의가 그 대표적인 예이다. 그런데 우암종가에 소장되어 있는 혼천의처럼 기본틀은 목재로 제작하고 고리만 청동으로 만든 것도 있다.[145] 여기서 일단 주목하고자 하는 것은 목재 혼천의들이다. 죽원자는 바로 이러한 목재 혼천의와 같은 계통에 속한다고 여겨지기 때문이다. 청동 혼천의의 경우 제작 방법도 어렵고, 비용도 많이 들기 때문에 일반인들이 쉽게 만들 수 없었다.[146] 일반인들이 널리 사용한 방법은 주변에서 쉽게 구할 수 있는 대나무 등 목재를 이용해 혼천의를 제작하는 것이었다. 그것은 청동 의기를 제작하기 위한 사전 작업으로 시도되기도 하였다. 세종 대에 김돈(金墩, 1385~1440)이 작성한 「간의대기(簡儀臺記)」를 보더라도 청동 의기를 제작하기 전에 목재로 제작하여 그 정확성을 검증했던 사실을 확인할 수 있다.[147]

최유지가 혼천의를 만들게 된 동기는 앞서 살펴본 바와 같이 『서경』 공부 때문이었다. 그는 '기삼백'장과 '선기옥형'장을 공부하는 과정에서

---

145) 국립민속박물관 편, 2004, 『天文 하늘의 이치·땅의 이상』, 국립민속박물관, 130~135쪽 참조.

146) 洪大容이 혼천의를 제작할 때 실무를 담당했던 同福의 羅景績이 "璣衡·渾天의 제도는 朱門의 남겨 놓은 법이 있으나 자세히 말하지 아니하였고, 후세 사람들이 고증한 바도 없어서 이에 감히 의문되는 것은 버려두고 빠진 것은 보충하되 서양의 방법을 참고하였고, 우러러 관찰하고 구부려 생각하기를 거의 수년 동안 해서 대략 방법을 이루어 놓은 것이 있으나, 집이 가난하여 자력이 없으므로 功役의 비용을 마련하여 그 뜻을 이룰 수 없었다."[『湛軒書』外集, 卷3, 杭傳尺牘, 「乾淨衕筆談續」, 13ㄱ(248책, 162쪽). "終言璣衡渾天之制, 有朱門遺法, 而微言未著, 後人靡所考證, 乃敢闕疑補缺, 叅以西法, 仰觀俯思, 殆數歲而略有成法. 家貧無力, 不能辦 功役之費以成其志云."]라고 한 것은 이러한 저간의 사정을 말해주는 것이다.

147) 『世宗實錄』卷77, 世宗 19년 4월 15일(甲戌), 9ㄴ(4책, 67쪽). "先製木樣, 以定北極出地 三十八度, 少與元史所測合符, 遂鑄銅爲儀."

혼천의 제작의 필요성을 느꼈다. 말로는 그 이치를 모두 설명할 수 없었기 때문에 의기를 만들어 징험하고자 했던 것이다. 이에 대나무를 이용해서 둥근 고리를 만들어 의기를 제작했다. 그 이름이 '죽원자'인 까닭이 여기에 있었다.[148]

대나무를 이용해서 만든 죽원자의 고리는 모두 여섯 개로 구성되었다. 첫 번째 고리는 중앙에 지면과 평행하게 설치하는데, 죽원자를 지탱하는 네 개의 기둥에 부착시키고, 고리의 둘레에는 24방위를 새긴다.[149] 이것은 이른바 '지평환'이라고 할 수 있다. 두 번째 고리는 이 지평환과 수직으로, '자(子)'방(方)에서 '오(午)'방에 걸쳐 설치하고, 그 가운데 북극출지(北極出地) 36도 지점과 남극입지(南極入地) 36도 지점에 작은 구멍을 뚫어 남북극 (南北極)의 축을 수용할 수 있게 한다.[150] 이 두 개의 고리는 가로와 세로로 고정되어 움직이지 않는 것으로, 두 고리의 교차점을 끈으로 묶어 유지하며, 구멍을 관통해서 축을 끼워 남북극의 기준[樞紐]으로 삼는다. 이것이 바로 선기옥형장의 주석에서 말한 "흑쌍환(黑雙環)을 비스듬히 세워 천경 (天經)으로 삼는다."[151]라는 것이다.[152] 가장 안쪽에 있는 쌍환[天經環]의

---

148) 『帶方世稿』卷16, 艮湖先生集 3,「竹圓子說」, 11ㄱ~ㄴ(392~393쪽). "余於少時讀尙書, 至朞三百·璿璣章句等處, 慨然而歎曰, 天者, 吾所戴也, 地者, 吾所履也, 日月星辰, 吾所晝夜而相對者也, 戴之, 履之, 相對乎晝夜而不知其理, 則惡在乎三才相叅之道乎. 積日沉思, 怳然似有得其彷彿者, 而書不能盡信, 象然後可驗, 故試倣儀式, 環竹象圓, 作爲竹圓子."

149) 『帶方世稿』卷16, 艮湖先生集 3,「竹圓子說」, 11ㄴ(393쪽). "其制以竹爲環者六, 其一當中平置, 橫準地面, 著於四柱之背, 周刻以二十四位."

150) 『帶方世稿』卷16, 艮湖先生集 3,「竹圓子說」, 11ㄴ(393쪽). "其一直跨天脊, 從子亘午, 着於南北柱及上下, 又中於其北出地三十六度, 南入地三十六度, 兩處皆穿一竅, 以受南北二極之樞."

151) 『書傳』, 虞書, 舜典, 璿璣玉衡章 註. "側立黑雙環, 背刻去極度數, 以中分天脊, 直跨地平, 使其半入地下而結於其子午, 以爲天經."

152) 『帶方世稿』卷16, 艮湖先生集 3,「竹圓子說」, 11ㄴ(393쪽). "此二環者, 柱定一縱一橫而不動者也. 乃以兩環十字縱橫, 乂[又]結維持於其交兩處, 通孔貫軸, 以爲南北極之樞紐,

바깥에는 365도(度)를, 안에는 24기(氣)를 새긴다.[153]

춘분과 추분의 궤도를 천경환의 왼쪽과 오른쪽 중심에 나누어 연결하니 남극과 북극까지의 거리가 각각 91도이며, 동서로 상대하게 된다. 이것이 바로 춘분과 추분 때 태양이 운행하는 길이다. 이로부터 북쪽으로 24도는 하지의 궤도로 천경환의 위쪽 중심으로부터 북쪽으로 24도 떨어진 곳으로 하지 때 태양이 운행하는 길이다. 또 동지의 궤도는 천경환의 아래쪽 중심에 연결하니 춘추분으로부터 남쪽으로 24도 떨어진 곳으로 하지와 상대가 되며 바로 동지 때 태양이 운행하는 길이다. 태양과 달의 운행은 모두 이 고리로부터 연유하며, 달의 위상 변화[晦望合散]와 밤낮의 길이 변화[晝夜長短]가 이것과 관계되니, 선기옥형장의 주석에서 말한 바 "적단환(赤單環)을 비스듬히 기울여 천위(天緯)로 삼는다."[154]라고 한 것이다.[155]

이상의 설명은 혼천의의 '육합의(六合儀)'에 대한 설명이다. 그것은 세 개의 고리로 구성되어 있다. 지면과 평평하게 설치되어 사방의 방위를 표시하는 지평환(地平環), 지평환과 수직으로 설치되어 거극도수(去極度數)를 나타내는 천경환(天經環), 그리고 천경환에 가로로 설치하여 하늘의

即渾儀式所謂側立乂[又]黑雙環, 以爲天經者, 是也."

153) 『帶方世稿』卷16, 艮湖先生集 3, 「竹圓子說」, 11ㄴ(393쪽). "其最裏雙環, 背刻三百六十五度, 內鐫二十四氣." 김상혁은 육합의에서 가장 안쪽[最裏]에 설치된 것은 天緯環이기 때문에 천위환의 바깥쪽에 주천도수를, 안쪽에 24기를 새긴 것으로 해석하였다[김상혁, 『송이영의 혼천시계』, 한국학술정보, 2012, 58쪽].

154) 『書傳』, 虞書, 舜典, 璿璣玉衡章 註. "斜倚赤單環, 背刻赤道度數, 以平分天腹, 橫繞天經, 亦使半出地上, 半入地下而結於其卯酉, 以爲天緯."

155) 『帶方世稿』卷16, 艮湖先生集 3, 「竹圓子說」, 11ㄴ~12ㄱ(393~394쪽). "以其春秋分之躔, 分繫於天經環左右中心, 南北去極, 各九十一度, 東西相對, 是乃春秋分日道也. 北二十四度, 是乃夏至之躔, 繫於天經環向上中心, 春秋分北二十四度, 是乃夏至日道也. 又以冬至之刻[躔], 繫於天經環向下中心, 春秋分南二十四度, 正與夏至相對, 是乃冬至日道也. 日月之行, 皆由此環, 晦望合散·晝夜長短, 於是乎係焉, 即璿璣註所謂斜倚赤單環, 以爲地[天]緯者, 是也."

적도를 나타내는 천위환(天緯環)이 바로 그것이다.

혼천의를 비롯한 천문관측 기구를 만들 때 가장 어려운 점은 무엇일까? 최유지는 천체 운행의 불규칙성에서 그 근본적 원인을 찾았다. 땅이 고정되어 있다고 생각할 때 하늘은 땅의 둘레를 하루에 한 바퀴 회전한다. 그런데 이러한 하늘의 운행에 비해 태양은 하루에 1도, 달은 하루에 13도 가량 뒤처진다. 이는 지구의 자전운동과 공전운동 및 달의 공전운동이 복합되어 나타나는 현상이다. 태양을 중심으로 한 지구의 자전과 공전을 염두에 두면 쉽게 설명할 수 있는 문제였지만 땅이 고정되어 있고 하늘이 움직인다고 생각하는 전통적 사유체계 내에서는 이러한 겉보기 운동을 온전히 표현하는 것이 결코 쉬운 일이 아니었다. 다시 말해 이와 같은 세 가지 형태의 운동을 한꺼번에 표현해야 한다는 점에 전통적 천문의기 제작의 어려움이 있었던 것이다. 각기 다른 궤도를 따라 병행(並行)하는 천체를 표현하기 위해서는 제때에 맞춰 회전하는 치밀한 기관을 만들어야만 했다.156)

최유지는 이 문제를 전통적인 삼신의(三辰儀) 내부의 황도환(黃道環)과 백도환(白道環)을 활용해서 해결하고자 하였다. 구체적 방법은 해와 달의 실제적 운행을 나타낼 수 있는 일축(日軸)과 월축(月軸)을 만들고, 이것을 노끈을 이용해 황도환과 백도환 위에서 움직이게 하는—일축은 하루에 1도, 월축은 하루에 13도 후퇴하게 하는—것이었다. 그는 먼저 태양[日軸]의 작동 방법에 대해서 다음과 같이 설명하였다.

일승(日繩 : 태양의 운행을 나타내는 끈)은 황색을 사용하고, 월승(月

156) 『帶方世稿』卷16, 艮湖先生集 3, 「竹圓子說」, 12ㄱ(394쪽). "天一日一周而日退一度, 月退十三度有奇, 以一日之運轉而有三層之遲速, 天機之最難成者, 惟在於此. 並行殊轍, 幾關緻密, 節旋之軌, 不可不審."

繩 : 달의 운행을 나타내는 끈)은 청색을 사용한다. 일도(日道 : 태양이 운행하는 길)는 천위환(天緯環)의 북쪽에서 시작하고, 일축(日軸 : 태양의 축)은 환(環)의 바깥쪽을 따라 운행한다. 일축의 가운데에는 구멍이 있어 <태양의 운행을 나타내는> 끈[日繩]을 꿰어서 하늘을 한 바퀴 둘러서 묶어 고정시킨다[周天繫住]. 또 긴 끈으로 일축을 묶어서 한 바퀴 돌리고, 천경환의 바깥으로 돌아나가게 한다[轉出]. 그 돌아나가는 곳에 따로 소축(小軸)을 설치하여 <천경>환의 바깥쪽에 부착시킨다. 그 축의 크기는 둘레가 2도이고, 가운데 부분에 네 모서리가 있으며, <모서리의> 머리 부분에는 차전(叉箭 : 끝이 갈라진 화살대 모양, ∨ 또는 Σ)을 설치한다. 일승(日繩)으로 그 <소(小)>축(軸)을 꿰뚫어 그 허리 부분을 감고 지나가서 북극에 이르게 한다. 큰 축에는 구멍을 뚫어 축의 가운데로 끈을 관통시켜 나오게 해서 추를 매달아 기구[혼천의]의 바깥에 늘어뜨린다. 그 가장 바깥에 <천경>환의 위아래를 따라 일도(日道)에 해당하는 곳에 견고하게 경각(梗角 : 가시나무 뿔, 삼각형 모양의 뿔, △)을 설치한다. 하늘이 운행하여 오른쪽으로 회전할 때 일축(日軸)의 차전(叉箭)은 하루에 두 번 경각(梗角)에 이르게 되어, 자연스럽게 서로 삐걱거리며 돌게 되는데[軋回], 차전이 두 번 삐걱거리면 이에 1도를 끌어당기게 된다. 태양이 1도를 물러나는 까닭은 그 축이 회전하고 추가 끌어당기기 때문이다.[157]

이는 1항성일(sidereal day)에 천구를 1회전하는 천체의 일주운동과 1태

---

157) 『帶方世稿』 卷16, 艮湖先生集 3, 「竹圓子說」, 12ㄱ~ㄴ(394~395쪽). "日繩用黃, 月繩用靑. 日道緣乎環北, 而日軸躔於環背. 軸中有孔, 穿之以繩而周天繫住. 又以長繩繫軸而周轉出於天經之外, 於其轉出之處, 別設小軸, 着于環背, 其軸之大, 可圍二度, 腰有四稜, 頭有叉箭, 以其日繩, 穿其軸, 繞其腰而過至于北極. 大軸穿孔, 軸心貫繩, 而出以錘繫, 垂之機外, 於其最外, 縱環上下, 當日道之處, 堅置梗角. 天運右旋之時, 日軸叉箭一日而再造梗角, 自相軋回, 箭之再軋, 乃挽一度. 日之所以退一度者, 以其軸轉而錘挽故也."

양일(mean solar day)에 천구를 1회전하는 태양의 상대적인 운동을 표현하기 위해, 노끈을 이용해서 태양을 하루에 1도씩 후퇴시키는 방법을 설명한 것이다. 그래야만 지구의 자전과 공전으로 인해 야기되는 천체의 겉보기 운동을 온전하게 표현할 수 있기 때문이었다. 달의 운행 방식 역시 위에서 설명한 태양의 운행 방식과 유사하다.

　월도(月道)는 천위환(天緯環)의 남쪽에서 시작하고 <월축(月軸)은> 환(環)의 바깥쪽을 따라 운행한다. 끈을 꿰어 <축을> 묶어 고정시키는 것은 일축(日軸)의 방식과 같은데, 축의 아래에 다시 차전(叉箭)을 설치하여 달의 위상이 변화하는 기틀[回月盈虛之機]로 삼는다. 긴 끈으로 축을 묶어서 천경환(天經環)의 위로 돌아나가게 하여 북극(北極)에 이르게 한다. 북극 추축(樞軸)의 바깥에 네모진 뿔[四隅之角=方角]을 끼워넣는데[加冒] 그 가운데 둘레는 13도의 수치에 준한다. 월승(月繩)은 왼쪽으로 돌고 우선(右旋)해서 남극(南極)을 향하는데, 축의 중앙을 꿰뚫고 들어가 기구[혼천의]의 바깥으로 나간다. 일승(日繩)이 북극으로 나가는 것과 같고, 또한 추를 매달아 늘어뜨린다. 하늘이 운행할 때 월승(月繩)이 방각(方角)을 감아 돌면 자연스레 오른쪽으로 끌어당기고 왼쪽으로 내뱉는 형세[右引左吐之勢]가 있게 된다. 달이 (하루에) 13도씩 물러나는 까닭은 바로 방각이 월승을 끌어당기기 때문이다.[158]

위에서 일축이 노끈에 의해 하루에 1도씩 후퇴한 것처럼 월축 역시

---

158) 『帶方世稿』卷16, 艮湖先生集 3, 「竹圓子說」, 12ㄴ~13ㄱ(395~396쪽). "月道緣於環南, 而邐於環背, 穿繩繫住, 一如日軸之式, 而軸下更設叉箭, 以爲回月盈虛之機. 長繩繫軸, 轉出乎天經, 上至乎北極, 北極樞軸之外, 加冒以四隅之角, 其腰之周, 準於十三度之數. 月繩左繞而右旋, 還向南極, 穿入軸心, 出乎機外, 如日繩之出乎北, 而亦垂之以錘. 天運之時, 繩繞方角, 則自有右引左吐之勢. 月之所以退十三度者, 良以方角引繩故也."

노끈에 의해 하루에 13도씩 후퇴하면서 삼신의와 상대적인 운동을 보여주게 된다. 그렇다면 이상과 같은 일승과 월승은 무엇에 의지해서 움직이게 되는가? 일승과 월승의 작동을 위해서는 적도환(赤緯環)과는 다른 고리들이 필요하게 된다. 그것이 바로 황도환(黃道環)과 백도환(白道環)이다.

　　또 적단환(赤單環=天緯環)의 남북 가장자리에 각각 하나씩의 작은 고리를 설치하는데 적단환과 나란히 하여 그 왼쪽과 오른쪽에 끼운다. 틈은 1~2분(分)을 수용할 수 있게 하는데, 일승과 월승은 여기에 말미암아 통행하며, (이에) 의거하여 기울어지거나 빠지지 않게 된다. 또 남쪽 고리[南環=白道環]의 바깥에 13도 간격으로 대나무 못[竹釘]을 부착한다. 일승의 차전(叉箭)이 하루에 한 번씩 삐걱거리고, 또 하늘을 한 바퀴 돌아 태양과 만나는 때에 이르기까지 모두 30번이나 또는 29번 삐걱거린다. 달은 은구슬 모양을 만들어 반은 밝은 색으로 하고 반은 어두운 색으로 해서 삐걱거리며 도는 데에 따라 태양을 향해 차고 이지러지게 되니, 저절로 그 도수에 맞아 오차가 없다.[159]

　　이상과 같은 죽원자의 삼신의 제도는 세종 대의 혼천의에서 모티프를 가져온 것으로 보인다. 노끈을 이용해 삼신의와 태양의 상대적인 운동을 동시에 표현한 사례를 세종 대의 혼천의에서 찾아볼 수 있기 때문이다.[160]

---

159) 『帶方世稿』 卷16, 艮湖先生集 3, 「竹圓子說」, 12ㄱ~ㄴ(396~397쪽). "又於赤單環之南北邊旁, 各設一少環, 比並於赤環而夾其左右, 隙可容一二分, 日月之繩, 由是而通, 賴不傾墊, 且於南環之外, 每於十三度之間, 着一竹釘, 日繩叉箭, 一日一軋, 且至于周天及日之際, 凡有三十軋, 或二十九軋, 月如銀丸, 半明半暗, 故隨軋隨回, 向日盈虧, 自中其度而不差矣."

160) 『世宗實錄』 卷77, 世宗 19년 4월 15일(甲戌), 9ㄴ(4책, 67쪽). "其簡儀臺則承旨金墩作記曰, …… 渾儀之制, 歷代不同. 今依吳氏書纂所載, 漆木爲儀. 渾象之制, 漆布爲體, 圓如彈丸, 圍十尺八寸六分, 縱橫畫周天度分, 赤道居中, 黃道出入赤道內外, 各二十四度

거기에서 한 걸음 더 나아가 죽원자에서는 백도환을 이용하여 달의 운행을 표현하였고, 아울러 달의 위상 변화[盈虧]도 자동적으로 나타낼 수 있는 장치를 고안하였다.

죽원자의 구조에서 가장 주목되는 부분은 전통적인 사유환(四遊環)의 제거와 지방(地方=地面)의 설치이다. 최유지는 전통적인 혼천의의 구조적 문제점으로 두 가지를 지적하였다. 하나는 하늘의 내부에 '지방(地方)'을 설치하지 않았다는 사실이며, 다른 하나는 육합의(六合儀) 내부에 삼신의 (三辰儀)와 사유익(四遊儀) 등의 고리를 중첩적으로 배치함으로써 실제로 천체를 관측하는 데 어려움이 있다는 점이었다.161) 그는 이러한 혼천의의 구조가 '천원지방(天圓地方)'이라는 천체의 실상과 부합하지 않는다고 파악했다. 바깥에 '천원(天圓)'만 표현하고 안에 '지방(地方)'을 생략한다면 그것은 양의(兩儀)를 대신하는 의상(儀象)의 본래 의미에 부족하다고 여겼 던 것이다. 따라서 그는 사유의를 제거하고 '지방'을 설치하였다. 이는 사람들로 하여금 하늘이 위에서 덮고 땅이 아래에서 실어주는 실상을 알게 하기 위함이었으며, 아울러 사계절과 밤낮의 길이 변화, 태양과 달의 궤도가 변화하는 오묘함을 지면으로부터 자세히 점검할 수 있도록 하기 위해서였다.162)

죽원자는 수격식 혼천의였다. 그 수격 장치는 구체적으로 어떻게 고안 되었을까? 죽원자의 작동을 위해서 먼저 천경환의 바깥에 하나의 고리를

弱, 偏布列舍中外官星, 一日一周而過度. 用繩綴日, 絡於黃道, 每日却行一度, 與天行 合. 其激水機運之巧, 藏隱不見."

161) 『帶方世稿』卷16, 艮湖先生集 3, 「竹圓子說」, 13ㄴ(397쪽). "渾儀古制, 天包之內, 不設地方, 及日月合散之機, 而別有三辰·四遊之環, 重重累襲, 難以側[測]知. 至其通窺·仰 窺等事, 用之於占候, 而不切於儀象."

162) 『帶方世稿』卷16, 艮湖先生集 3, 「竹圓子說」, 13ㄴ(397쪽). "且外有天圓而內無地方, 則有欠於兩儀之代體, 故從其簡易, 去四遊而設地方, 要人一見, 便知堪輿覆載之象如是, 而夏永冬短·晝夜盈縮之候, 及日行南北·月道上下之妙, 皆可以因地面點撿也."

더 설치하였는데, 여기에는 360개의 톱니를 부착하여 하늘의 중앙을 똑바로 둘러싸게 했다. 고리의 바깥쪽에는 톱니를 부착하는데 큰 빗의 이[鉅櫛齒]와 같은 모양으로 한다.163) 이 고리의 밑바닥 북쪽 기둥의 바깥에 8개의 톱니가 달린 뿔 모양의 돌기물—일종의 피니언(pinion, 작은 톱니바퀴)—을 수차(水車)의 기륜(機輪)과 연결하여 설치한다. 기륜의 축은 아륜(牙輪 : 톱니바퀴)의 아래로 뚫고 들어가게 하며, 그 끝 부분에 작은 톱니바퀴를 부착하여 두 개의 톱니—기륜 축 끝의 작은 톱니와 아륜의 톱니—가 서로 교차하게 한다.164)

물의 힘을 이용하여 바깥의 수차(水車=外車 : 機輪)를 돌리면 안의 톱니바퀴[內輪=牙輪]가 이에 따라 번갈아 회전하게 된다. 물의 많고 적음과 운행의 빠르고 느림은 서로 연관된다. 물을 약간 더하면 지나치게 되고 약간 줄이면 줄어들게 되니, 반드시 법도에 따라 자세하고 적절하게 함으로써 차이가 없도록 해야 하늘의 운행과 조화를 이루어 교묘하게 들어맞게 된다고 하였다.165) 물시계를 이용한 시간 측정에서 핵심적 문제 가운데 하나는 물을 공급하거나 배출할 때 일정하게 하는 기술이 필요하다는 점이다. '물의 많고 적음'에 대한 최유지의 언급은 바로 이 사실을 지적한 것이다.

혼천의로서 죽원자의 구조는 대강 이상과 같다. 최유지는 여기에 시보장치를 부착하고자 했다. 시보장치가 없으면 시각을 정확히 알 수 없고,

---

163) 『帶方世稿』 卷16, 艮湖先生集 3, 「竹圓子說」, 13ㄴ(397쪽). "至其激運之法, 則於其天經兩環之外, 更加一環, 着角三百六十齒, 直繞天腹黃道. 環背着牙, 如鉅櫛齒."

164) 『帶方世稿』 卷16, 艮湖先生集 3, 「竹圓子說」, 13ㄴ~14ㄱ(397~398쪽). "其環之底, 北柱之外, 又置八齒之角, 設以水車機輪, 以其機軸穿入牙輪之下, 着齒於其端, 使之兩牙相交."

165) 『帶方世稿』 卷16, 艮湖先生集 3, 「竹圓子說」, 14ㄱ(398쪽). "水轉外車, 則內輪從以迭運, 水之多少而運之遲速, 係焉. 添縷則贏[贏], 減絲則縮, 必須權度, 精切不差, 乃可以與天協運, 俯仰妙契也."

특히 야간에 어려움이 있었기 때문이다. 그렇지만 전통적인 경점법(更點法)은 부정시법(不定時法)이었기 때문에 이에 따라 많은 시간을 계산해서 작은 기계 안에 배열하기에는 현실적 어려움이 있었다.166) 그러므로 12시차(時次)를 죽원자[元機]의 위에 설치하는데 대략 1시간 단위로 하나씩의 경쇠를 그 위에 설치하고 12관패(官牌)를 그 바깥에 둘러놓는다. 12관패는 각각 나누어진 경계를 지키며 시간에 따라 출몰한다. 한 시간마다 하나의 경쇠가 울리고, 가운데에서 하나의 관패가 순서에 따라 선회하면서 시간에 맞춰 두 손을 마주 잡고 읍(揖)을 한다. 손으로는 홀의 끈[圭纓]을 잡고 정확하게 해당 시각을 가리킨다.167) 모름지기 태양의 운행 궤도와 시간의 순서, 12관패의 읍, 경쇠의 울림이 서로 들어맞게 안배된 다음에야 천체의 운행과 묘합(妙合=妙合)해서 어그러짐이 없게 될 것이라고 보았다.168)

이와 같은 시보장치는 고래의 혼천의에는 없는 것이었다. 최유지는 이것이 기이한 장치 같기는 하지만 『서경(書經)』 「요전(堯典)」에서 볼 수 있는 바와 같이169) 시간의 변화를 알려주는 역할을 담당했던 수시관(授時官)이 "나오는 해를 공경히 맞이하고, 들어가는 해를 공경히 전송했던[寅賓·寅餞]" 뜻과 같은 것이며 결코 기이한 것을 좋아해서 만든 것은 아니라

---

166) 『帶方世稿』 卷16, 艮湖先生集 3, 「竹圓子說」, 14ㄱ(398쪽). "天機儀式, 大槩如斯, 而若無時辰點磬, 則渾淪不明, 而夜尤難省, 至其許多更點, 則機箸繁夥, 難排於小局."

167) 『帶方世稿』 卷16, 艮湖先生集 3, 「竹圓子說」, 14ㄱ(398쪽). "故更設十二時次於元機之上, 略以一時一磬設於其上, 十二官牌, 環之其外, 各守分界, 隨時出沒, 一時一磬, 中央一官, 循序旋回, 逐時拱揖, 手執圭纓, 正指當刻."

168) 『帶方世稿』 卷16, 艮湖先生集 3, 「竹圓子說」, 14ㄱ~ㄴ(398~399쪽). "必以日之躔, 辰之次, 官之揖, 磬之鳴, 相準而安排, 然後可以妙合而不爽矣."

169) 『書經』, 虞書, 堯典. "乃命羲和, 欽若昊天, 厤象日月星辰, 敬授人時. 分命羲仲, 宅嵎夷, 曰暘谷, 寅賓出日, 平秩東作, 日中星鳥, 以殷仲春, 厥民析, 鳥獸孶尾. …… 分命和仲, 宅西, 曰昧谷, 寅餞納日, 平秩西成, 宵中星虛, 以殷仲秋, 厥民夷, 鳥獸毛毨."

고 주장하였다. 그는 사람들이 관패가 읍하는 것을 보고 마음속에 공경함을 일으키고, 경쇠 소리를 듣고 깊은 반성을 촉발하며, 혼천의의 운행을 본받아 자강불식(自强不息)하고, 의상을 제작한 본래 의도를 깨달아 덕(德)을 닦는다면 마음을 가라앉히고 천지신명(天地神明)을 대하는데 도움이 될 것이라고 보았다.170) 이는 혼천의의 제작 목적을 심성 수양 문제에 연결하는 당시의 지적 분위기를 보여준다. 혼천의 제작을 건의했던 홍문관이나 제작을 지시했던 국왕의 기본적 입장도 이와 같았다.

이상에서 살펴본 죽원자의 기계 장치와 작동 원리에 대한 서술은 기존의 다른 혼천의에 대한 설명문과 비교해 볼 때 상세한 편이라고 할 수 있다. 그럼에도 불구하고 그것을 바탕으로 죽원자의 각종 장치를 재구성하는 작업은 결코 쉽지 않을 것이다. 그것은 일차적으로 최유지 자신이 고백하고 있듯이 기계 장치의 미세한 부분을 문자로 표현하는 것이 쉽지 않기 때문이다. 또 다른 문제는 죽원자의 중요한 부분에 대한 설명이 소략하거나 누락되어 있다는 점이다. 예컨대 동력 장치의 구체적 구조, 삼신의(三辰儀)의 회전과 일축(日軸)·월축(月軸)의 회전을 정확하게 조절하는 탈진장치(脫進裝置 : escapement), 각종 톱니바퀴의 재질, 수차의 구체적 제원(諸元)이나 회전 속도, 시보 장치의 구체적 작동 원리 등등에 대한 세부적 언급을 찾아볼 수 없다.

이러한 한계에도 불구하고 최유지의 설명을 통해서 우리는 이민철과 송이영의 혼천의에서 나타나는 여러 가지 특징적 요소들을 죽원자에서 발견할 수 있었다. 최유지는 삼신의 내부의 황도환과 백도환을 활용하여

---

170) 『帶方世稿』卷16, 艮湖先生集 3, 「竹圓子說」, 14ㄴ(399쪽). "此一款古儀之所無, 或近於瓊奇, 而亦倣於授時之官寅賓寅餞之義, 不敢爲好異也. 令人見其揖而起其敬, 聞其磬而發深省, 法玄渾之周而自强不息, 悟立象之義而契此入德, 則亦可爲潛心對越之助." 마지막 구절은 『詩經』, 周頌, 淸廟之什, 淸廟의 "濟濟多士, 秉文之德, 對越在天"이란 구절을 염두에 둔 것으로 보인다.

천체와 태양, 달의 상대적인 운동을 표현했고, 달의 위상 변화를 자동적으로 나타낼 수 있는 장치를 고안했으며, 사유환을 제거하는 한편 지방(地方=地面)을 설치했고, 세종 대 천문의기의 역사적 전통을 계승하여 수격 장치와 함께 시보 장치를 부착하였다. 요컨대 최유지의 죽원자는 양란 이후 조선전기의 각종 천문의기가 유실된 17세기 중반의 상황에서 세종 대의 전통을 계승하여 새로운 형태로 제작된 수격식 혼천의로서, 이후 만들어지는 조선후기 혼천의의 원류가 된다는 점에서 역사적 의미를 갖는다고 할 수 있다.

제4장 서양식 천문의기의 전래와 수용

1. 서양식 천문의기의 전래

　17세기 이후 중국을 방문한 사신들을 통해 한역(漢譯) 서학서(西學書)를 비롯한 서양의 각종 기물(器物)이 단속적으로 조선에 전래되기 시작했다. 명·청의 왕조 교체 이후 청이 시헌력(時憲曆)으로 개력(改曆)을 단행함에 따라 청 중심의 새로운 세계 체제의 일원으로서 조선왕조 역시 역법을 개정해야만 했다. 그를 위해서는 시헌력의 원리와 각종 계산법을 습득할 필요가 있었고, 그와 관련한 각종 참고서적과 새로운 천문의기도 도입해야만 했다. 서양식 천문의기의 전래는 이러한 상황 속에서 이루어졌다.

　명말(明末) 중국에 파견되었던 정두원(鄭斗源)은 초기 서학 수용의 대표적 인물이다. 그는 인조 8년(1630) 진하사(進賀使 : 陳奏使, 陳慰使)로 중국에 갔다가 인조 9년(1631) 6월에 귀국하였다.[1] 이때 정두원은 천리경(千里鏡)·서포(西砲)·자명종(自鳴鍾)·염초화(焰硝花)·자목화(紫木花) 등의 물품

---

1)『仁祖實錄』卷24, 仁祖 9년 6월 24일(丙寅), 46ㄱ(34책, 434쪽). "進賀使鄭斗源, 回自帝京."

을 바쳤는데『인조실록』에서는 이를 "천리경은 천문을 관측하고 백 리 밖의 적군을 탐지할 수 있다고 하였으며, 서포는 화승(火繩)을 쓰지 않고 돌로 때리면 불이 저절로 일어나는데 서양인 육약한(陸若漢 : Johanes Rodriquez, 1561~1634)이란 자가 중국에 와서 정두원에게 기증한 것이다. 자명종은 매 시간마다 종이 저절로 울리고, 염초화는 염초를 굽는 함토(醎土)이며,[2] 자목화는 색깔이 붉은 목화이다."라고 기록하였다.[3] 정두원은 인조와의 면담에서 육약한을 "도를 터득한 사람 같다."고 평가했다.[4]

『대동야승(大東野乘)』에 수록된 정두원의「서양국기별장계(西洋國奇別狀啓)」에 따르면 서양과 중국의 거리는 9만 리라고 하였다. 정두원은 자신이 직접 본 육약한의 모습을 정신이 수려하고 신선과 같은 사람이었다고 소개하면서, 중국 조정에서 천문과 대포법 등에 능통한 육약한을 우대하고 있다고 상세히 보고하였다.[5] 그는 당시 대동했던 역관(譯官) 이영후(李榮後), 별패진(別牌陣) 정효길(鄭孝吉) 등을 시켜 역법과 화포법을 배우게 하였는데, 이는 당면한 국제 정세를 염두에 둔 '우국지성(憂國之誠)' 에서 비롯된 것이었다.[6]

이에 대해 국왕 인조는 서포의 정교함과 그것을 구해온 정두원의 정성

---

2) 『仁祖實錄』卷28, 仁祖 11년 10월 8일(丁卯), 46ㄴ(34책, 533쪽). "我國初無焰焇, 貿於中朝而用之. 鄭斗源奉使北京, 學得煮法而來, 仍令傳習, 以廣其用." 이 기록으로 보아 鄭斗源 일행이 배워온 焰硝(=焰焇)煮取術은 이후 유용하게 쓰였던 듯하다.

3) 『仁祖實錄』卷25, 仁祖 9년 7월 12일(甲申), 5ㄴ(34책, 437쪽). "陳奏使鄭斗源, 回自帝京, 獻千里鏡·西砲·自鳴鍾·焰硝花·紫木花等物. 千里鏡者, 能窺測天文, 覘敵於百里外云. 西砲者, 不用火繩, 以石擊之, 而火自發, 西洋人陸若漢者, 來中國, 贈斗源者也. 自鳴鍾者, 每十二時, 其鍾自鳴. 焰硝花, 卽煮硝之醎土. 紫木花, 卽木花之色紫者."

4) 『仁祖實錄』卷25, 仁祖 9년 8월 3일(甲辰), 9ㄴ(34책, 439쪽). "上曰, 陸若漢何如人也. 斗源曰, 似是得道之人也."

5) 『大東野乘』卷33, 續雜錄 三, 辛未下, 秋七月(Ⅷ, 77쪽-『국역 대동야승』, 민족문화추진회, 1985(중판)의 책수와 원문 쪽수. 이하 같음).

6) 『大東野乘』卷33, 續雜錄 三, 辛未下, 秋七月(Ⅷ, 77~78쪽). "…… 臣職是使臣, 於是等事, 似不相干, 而區區憂國之誠, 不能自已 ……."

을 칭찬하면서 가자(加資)를 명했다.[7] 그러나 인조의 조치는 곧바로 사간원의 반발을 불러일으켰다. 반대의 이유는 다음과 같았다.

진위사(陳慰使) 정두원의 장계는 매우 터무니가 없어 미덥지 못하고[誕慢], 그가 진상한 물건도 한갓 교묘하기만 할 뿐 실용(實用)할 수 없는 것이 많은데, 칭찬할 바가 있는 것처럼 장하게 여기니, 그 사리(事理)를 알지 못함이 심합니다. 이것은 참으로 벌을 주어야지 상을 줄 만한 것이 아닌데, 하나의 작은 포를 구해 온 것 때문에 자급(資級)에 이르게 되니 여론이 모두 그르게 여깁니다. 바라옵건대 가자의 명(命)을 환수하소서.[8]

결국 인조의 조치는 환수되었는데,[9] 이는 당시 서양 문물에 대한 조선의 관인·유자들의 태도가 어떠했는가를 가늠해 볼 수 있는 좋은 예이다.

서양 천문역산학은 정두원 일행이 명에서 육약한에게 서양 천문학의 추산법을 배우면서 받아 온 양마낙(陽瑪諾 : Emmanauel Diaz, 1574~1659)의 『천문략(天問略)』에 의해 처음으로 조선에 전해졌다.[10] 『천문략』은 1615년에 간행되었는데, 20여 개의 그림과 도설(圖說)을 사용해서 서양의 중세 천문학인 프톨레마이오스(Ptolemaios) 천문학의 개요를 설명한 책이다. 이때 정두원 일행이 가져온 물건 가운데는 『천문략』이외에도 『치력연기(治曆緣起)』1책, 마테오 리치(Matteo Ricci)의 천문서(天文書) 1책, 『원경

---

7) 『仁祖實錄』卷25, 仁祖 9년 7월 12일(甲申), 5ㄴ(34책, 437쪽) ;『大東野乘』卷48, 凝川日錄 五, 辛未 七月 十二日(XII, 61쪽). "傳曰, 陳慰使鄭斗源, 處事明敏, 其所覓來西砲, 精巧無比, 實合戰用, 其多甚殺賊, 爲國周旋之功, 極爲可嘉, 特加一資, 以表予意."

8) 『大東野乘』卷48, 凝川日錄 五, 辛未 七月 十三日(XII, 61쪽). "院啓, 陳慰使鄭斗源狀啓, 殊極誕慢, 其所上進之物, 徒爲巧異, 無所實用者多, 而盛有所稱引, 其不識事理甚矣. 此誠可罰而不可賞, 而一小砲覓來之故, 至於資級, 物情皆以爲非, 請還收加資之命."

9) 『仁祖實錄』卷25, 仁祖 9년 7월 12일(甲申), 5ㄴ(34책, 437쪽)

10) 『國朝寶鑑』卷35, 仁祖朝 2, 辛未, 17ㄴ~18ㄱ(上, 494쪽).

서(遠鏡書)』1책,『천리경설(千里鏡說)』1책 등 광학(光學)과 천문역법 관련 서적들이 포함되어 있었다. 이 가운데 마테오 리치의 천문서는 이지조(李之藻, 1565~1630)가 필술(筆述)한『혼개통헌도설(渾蓋通憲圖說)』(1607년)이나『건곤체의(乾坤體義)』로 추측되고 있다.11)『혼개통헌도설』은 그 제목에서 알 수 있는 바와 같이 중국의 전통적 우주론인 혼천설(渾天說)과 개천설(蓋天說)을 서양의 간평의법(簡平儀法)을 이용해서 통일적으로 설명한 것으로12)『천학초함(天學初函)』(1629년)에도 수록되어 있다.13)

소현세자(昭顯世子, 1612~1645)는 병자호란의 항복 조건에 따라 인조 15년(1637) 정월부터 인조 22년(1644) 8월까지 심양(瀋陽)에서 8년간 인질로서 유수(幽囚)의 생활을 보냈고, 청(淸)의 세조(世祖)가 입관(入關)한 다음 북경에 도착하여 3개월간 체류하였다. 이때 소현세자는 서양 선교사 탕약망(湯若望 : Adam Schall von Bell, 1591~1666)과 친교를 맺게 된다. 탕약망의 보고서에 따르면 소현세자는 선교사들의 천문대를 방문하기도 했고 서양 선교사들의 내방을 받기도 하였다. 소현세자와 탕약망의 친교는 소현세자가 귀국할 때까지 계속되었다. 인조 22년 겨울 소현세자가 귀국할 때 탕약망은 천주상(天主像)·여지구(輿地球)와 천문학 등 서양과학에 관한 서적을 선물했던 것으로 보인다. 이에 대한 소현세자의 답서가 남아 있어 그의 서학에 대한 인식의 일단을 살펴볼 수 있다.14) 이 서한의 내용으로만 보면 소현세자는 서양과학은 물론 천주교에 대해서도 상당한

---

11) 朴星來,「마테오 릿치와 한국의 西洋科學 수용」,『東亞研究』3, 1983, 35쪽 ; 姜在彦,『조선의 西學史』, 民音社, 1990, 51쪽.

12)『四庫全書總目提要』子部, 天文算法類, 卷106, 24ㄴ~25ㄴ(3책, 289~290쪽).

13)『天學初函』, 亞細亞文化社, 1976, 464~517쪽 참조.

14) 山口正之,「昭顯世子と湯若望」,『靑丘學叢』5, 1931 ; 山口正之,『朝鮮西敎史』, 雄山閣, 1967, 37~43쪽 ; 白樂濬,「丙子胡亂과 西洋文化의 東漸」,『新東亞』, 1935. 4(『백낙준전집』6(역사와 문화), 연세대학교 출판부, 1995, 395~401쪽 ; 金龍德,「昭顯世子 研究」,『朝鮮後期思想史研究』, 乙酉文化社, 1981(再版), 422~424쪽 참조.

호감을 표시했던 것으로 추측할 수 있다. "벽에 걸어놓은 천주상은 바라보기만 해도 우리들에게 마음의 평화를 줄 뿐 아니라 속진(俗塵)을 깨끗이 씻어 주는 것 같았습니다."라는 내용이나 "제가 저의 왕국에 돌아가는 즉시로 그것을 궁중에서 사용할 뿐 아니라 출판하여 학자들에게 널리 알리고자 합니다."라는 다짐은 소현세자의 태도를 잘 보여준다.[15] 동시에 "한 가지 걱정되는 점은 천주교에 대해서 전혀 무지한 저의 왕국에서 그것이 이단사교(異端邪敎)로 몰려 혹시 천주(天主)를 모독(冒瀆)하게 되지 않을까 싶어 두렵습니다."[16]라고 한 부분에서는 당시 조선 사회의 일반적 분위기를 감지할 수 있다. 이처럼 소현세자는 탕약망의 선물에 대해 감사의 뜻을 표하면서 자신이 귀국하면 천문역산학 관련 서적을 출판해서 학자들에게 널리 알리겠다는 포부를 밝혔다. 그러나 소현세자의 바람은 귀국 후 그의 갑작스런 죽음으로 실현되지 못했다.

시헌력(時憲曆)의 도입에 적극적이었던 초기 인물로는 한흥일(韓興一, 1587~1651)과 김육(金堉, 1580~1658)을 들 수 있다. 일반적으로 시헌력의 도입은 김육의 주청에 의해 시작된 것으로 알려져 있다.[17] 김육은 탕약망의 시헌력이 매우 정밀하다고 평가하였으며,[18] 신력(新曆)이 정밀하다면 마땅히 '사구도신(舍舊圖新)'해야 한다고 주장했다.[19] 그러나 김육이 자신의 상소에서도 밝혔듯이 그에 앞서 이 문제를 제기했던 사람은

---

15) 金龍德, 위의 책, 1981(再版), 422~423쪽.
16) 金龍德, 위의 책, 1981(再版), 423~424쪽.
17) 『增補文獻備考』卷1, 象緯考 1, 曆象沿革, 5ㄱ(上, 19쪽). "(仁祖)二十二年, 觀象監提調 金堉請用西洋人湯若望時憲曆."
18) 『潛谷先生筆譚』, 410쪽(영인본 『潛谷全集』, 成均館大學校 大東文化研究院, 1975의 쪽수. 이하 같음). "西洋國人湯若望改作時憲曆, 自崇禎初始用, 其法行於中國, 淸人仍用之, 其法極精."
19) 『潛谷先生遺稿』卷5, 「論曆法啓辭」, 36ㄴ(120쪽). "新曆之中, 若有妙合處, 則當舍舊圖新."

한흥일이었다. 한흥일의 조부 한효윤(韓孝胤, 1536~1580)은 서경덕(徐敬德, 1489~1546)의 제자인 박민헌(朴民獻, 1516~1586)에게서 서경덕의 역학(易學)을 전수받았고, 그의 부친 한백겸(韓百謙, 1552~1615)은 이러한 북인계(北人系) 가문에서 성장하면서 민순(閔純, 1519~1591)을 통해 서경덕의 학문, 특히 상수학(象數學)에 많은 영향을 받았다고 알려져 있다.[20] 이러한 가학(家學)의 전통이 한흥일의 자연인식에 적잖은 영향을 주었을 것으로 보인다. 그는 병자호란의 와중에서 인조 15년(1637) 봉림대군(鳳林大君)이 청에 볼모로 잡혀갈 때 배종하였다. 아마도 그는 이 과정에서 서학을 접하게 되었던 것 같다. 그가 북경에서 탕약망의『신력효식(新曆曉式)』-『신법역인(新法曆引)』또는『신력효혹(新曆曉惑)』[21]-을 얻어가지고 왔다는 기록으로 보아,[22] 아마도 이러한 서양의 천문역법서에 접하면서 한흥일이 개력(改曆)의 필요성을 인지하게 되었을 것으로 짐작된다. 그는 김육에 앞서 인조 23년(1645)『개계도(改界圖)』와『칠정력비례(七政曆比例)』를 바치면서 개력의 문제를 제기하였다.[23] 그는 당시 일반인들의

---

20) 韓百謙의 학문과 사상에 대해서는 다음의 논고를 참조. 丁鍾优,「久庵 韓百謙」,『實學論叢』, 全南大學校 出版部, 1975 ; 鄭求福,「韓百謙의「東國地理誌」에 대한 一考 -歷史地理學派의 成立을 中心으로-」,『全北史學』2, 전북대학교 사학회, 1978 ; 尹熙勉,「韓百謙의「東國地理誌」」,『歷史學報』93, 歷史學會, 1982 ; 尹熙勉,「韓百謙의 學問과 ≪東國地理誌≫ 著述動機」,『震檀學報』63, 震檀學會, 1987 ; 鄭求福,「韓百謙의 史學과 그 影響」,『震檀學報』63, 震檀學會, 1987.

21)『頤齋亂藁』卷11, 戊子(1768년) 8월 16일,「曆引跋」(二, 217쪽-脫草本『頤齋亂藁』, 韓國精神文化研究院, 1995의 책수와 쪽수). "新法曆引一卷, 二十七章, 蓋論曆理本原, 而韓相輿一所購到也."

22)『仁祖實錄』卷46, 仁祖 23년 12월 18일(丙申), 98ㄴ(35책, 254쪽). "又論星度之差數, 節氣之盈縮, 名曰新曆曉式, 韓輿一自北京得其書來."

23)『仁祖實錄』卷46, 仁祖 23년 6월 3일(甲寅), 42ㄴ(35책, 226쪽). "行護軍韓輿一上箚曰, 曆象授時, 帝王之先務. 元朝郭守敬, 修改曆書, 幾四百餘年, 今當釐正, 而且見湯若望所造曆書, 則尤宜修改. 敢以改界圖及七政曆比例各一卷投進, 請令該掌, 使之審察裁定, 以明曆法."

시선에 아랑곳하지 않고 청력(淸曆)의 정확성을 확신하고 집안의 모든 제사를 청력에 의거했다고 전해진다.[24] 이는 시헌력에 대한 한흥일의 확신과 적극적 태도를 보여주는 것이다. 그러나 이와 같은 한흥일의 처신은 당시에 "사람들이 무식한 것을 딱하게 여겼다[人皆病其無識]."고 할 정도로 일반적 지지를 얻지 못하였다.

17세기 중반 이후 청의 지배체제가 안정화 단계에 들어서자 갈등을 거듭하던 조(朝)·청(淸) 관계도 점차 유화 국면에 접어들게 되었다. 이에 따라 조선 사신단의 북경에서의 활동에 가해졌던 여러 제약도 점차 완화되었다. 서양 선교사들과 조선 사행단의 활발한 교류는 이러한 분위기 속에서 가능해졌다.

숙종 46년(1720) 국왕이 승하하자 '노론사대신(老論四大臣)'의 한 사람인 이이명(李頤命, 1658~1722)이 고부겸주청사(告訃兼奏請使)로 북경에 가게 되었다. 평소에 보다 넓은 세계에서 견문을 넓히고자 염원했던 이이명의 아들 이기지(李器之, 1690~1722)는 자제군관(子弟軍官)의 자격으로 사행에 참여하였다. 이들이 북경에 거처하는 동안 흠천감(欽天監)의 책임자인 대진현(戴進賢 : Ignatius Kögler, 1680~1746)과 소림(蘇霖 : Joseph Saurez)이 방문하였다. 이이명 일행은 이방의 선교사들과 '천주지학(天主之學)'을 논하고 '역수지술(曆數之術)'에 대해 질문하였다. 이이명은 이때의 대화가 미진하다고 생각하여 두 선교사에게 편지를 보내 세차설(歲差說), 분야설(分野說), 지구설(地球說) 등에 대해 질문하였다.[25] 이기지 역시 천주당(天主堂)을 수차례 방문하면서 서양 선교사들과 활발히 토론하

24) 『仁祖實錄』 卷49, 仁祖 26년 윤3월 7일(壬申), 11ㄴ(35책, 321쪽). "時, 吏曹叅判韓興 一獨以淸曆爲是, 凡其家祭祀之日, 皆用淸曆, 人皆病其無識."
25) 『疎齋集』 卷19, 「與西洋人蘇霖戴進賢庚子」, 1ㄱ~3ㄴ(172책, 461~462쪽). 이 편지에 대한 분석은 이용범, 『중세서양과학의 조선전래』, 동국대학교출판부, 1988, 187~192쪽 참조.

<그림 4-1> 북경의 천주당(天主堂) : 남당(南堂)

였다. 그는 연행의 견문을 상세히 기록해서 책으로 완성하고자 기획하였다. 이기지의 계획은 귀국 이후의 노소(老少) 당쟁과 그의 죽음으로 곧바로 이루어지지는 못했지만, 그의 사후 40년이 지나 아들인 이봉상(李鳳祥)에 의해 정리되어 현재 『일암연기(一菴燕記)』로 전해지고 있다.26)

영조 41년(1765) 홍대용(洪大容, 1731~1783)은 동지사(冬至使)의 서장관으로 임명된 숙부 홍억(洪檍, 1722~1809)의 자제군관 자격으로 연행에 참여하였다. 홍대용은 북경에 체류하는 동안 이곳저곳을 유람하였다.

---

26) 申翼澈,「李器之의『一菴燕記』와 西學 접촉 양상」,『東方漢文學』29, 東方漢文學會, 2005 ; 임종태,「'극동(極東)과 극서(極西)의 조우' : 이기지(李器之)의『일암연기 (一菴燕記)』에 나타난 조선 연행사의 천주당 방문과 예수회사와의 만남」,『한국과 학사학회지』제31권 제2호, 한국과학사학회, 2009 ; 임종태,「"서양의 물질문화 와 조선의 衣冠" : 李器之의『一菴燕記』에 묘사된 서양 선교사와의 문화적 교류」, 『韓國實學研究』24, 韓國實學學會, 2012.

그 가운데는 천주당도 포함되어 있었다. 그는 영조 42년(1766) 1월 9일과 19일, 2월 2일 등 모두 세 차례에 걸쳐 천주당을 방문하여 유송령(劉松齡 : Augustinus von Hallerstein, 1703~1774), 포우관(鮑友官 : Antonius Gogeisl)과 대화를 나누었으며, 그 내용을 자신의 연행록인『연기(燕記)』에「유포문답(劉鮑問答)」으로 남겼다.[27] 홍대용은 이때의 만남을 통해 서양 천문역산학의 요체와 서양식 천문의기의 세부 구조를 파악하고자 했으나 선교사들의 소극적 자세로 소기의 성과를 거두지는 못했다. 다만 거문고에 일가견이 있었던 홍대용은 천주당에 비치된 파이프 오르간의 구조를 살펴보고 즉석에서 연주를 함으로써 선교사의 칭찬을 받았다는 일화를 남겼다.[28]

이상과 같은 조선 사신과 서양 선교사의 만남을 통해서 서양의 각종 기물이 조선에 전래되었다. 그 가운데 하나가 서양식 천문도였다. 서양식 천문도의 조선 전래는 17세기 중반을 전후해서 확인된다. 앞서 살펴보았듯이 인조 9년(1631) 진주사로 명에 다녀온 정두원은 천리경, 서포, 자명종, 염초화, 자목화 등의 물품을 진상하였는데, 이 가운데는 '천문도남북극(天文圖南北極) 양폭(兩幅)'도 포함되어 있었다.[29] 인조 23년(1645)에는 한흥일이 역법 개정을 건의하는 차자를 올리면서 서양식 천문도로 추정되는 『개계도(改界圖)』를 바쳤다.[30] 인조 27년(1649) 동지사(冬至使) 오준(吳竣, 1587~1666)의 보고에 따르면 일관(日官) 송인룡(宋仁龍)이 탕약망을 만나서 성도(星圖) 10장(杖)을 받아왔다고 한다.[31]

---

27) 『湛軒書』外集, 卷7,「劉鮑問答」, 9ㄱ~15ㄱ(248책, 247~250쪽). 이에 대한 상세한 분석은 본서의 제4장 3-1)-(2) '홍대용의 서양 천문의기에 대한 관심과 혼천의 제작'을 참조.

28) 『湛軒書』外集, 卷7,「劉鮑問答」, 11ㄴ~12ㄱ(248책, 248쪽).

29) 『國朝寶鑑』卷35, 仁祖朝 2, 辛未, 18ㄱ(上, 494쪽).

30) 각주 23) 참조.

31) 『仁祖實錄』卷50, 仁祖 27년 2월 5일(甲午), 3ㄴ~4ㄱ(35책, 343쪽). "冬至使吳竣在北京馳啓曰 ······ 日官宋仁龍, 專爲學得曆法, 而曆書私學, 防禁至嚴, 僅得一見湯若望,

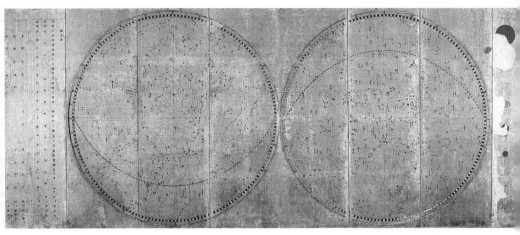

<그림 4-2> 보은 법주사 신법 천문도 병풍(報恩 法住寺 新法 天文圖 屏風)

이상의 천문도들은 대체로 탕약망이 제작한 「적도남북총성도(赤道南北總星圖)」 계열의 천문도로 추정된다. 「적도남북총성도」는 서양 선교사인 탕약망이 평사도법(平射圖法, stereographic projection)을 이용해서 적도의 남쪽과 북쪽의 천구를 양반구형으로 작도한 천문도이다. 숙종 34년(1708)에 관상감에서는 탕약망의 「적도남북총성도」를 모사해서 진상하였다.[32] 이것이 바로 최석정(崔錫鼎, 1646~1715)이 말한 「서양건상도(西洋乾象圖)」 병풍이다. 최석정은 이것이 전통적인 「천상열차분야지도」와는 제작 방법이 다르지만 '천상(天象)의 진면(眞面)'을 얻은 것이라고 평가했다.[33]

則略加口授, 仍贈縷子草冊十五卷·星圖十丈, 使之歸究其理云."

32) 『增補文獻備考』卷3, 象緯考 3, 儀象 2, 3ㄴ(上, 48쪽). "(肅宗)三十四年, 觀象監進湯若望赤道南北總星圖."

33) 『明谷集』卷8, 「西洋乾象坤輿圖二屏總序」, 33ㄱ(153책, 585쪽). "皇明崇禎初年, 西洋人湯若望, 作乾象·坤輿圖各八帖爲屏子, 印本傳於東方, 上之三十四年春, 書雲觀進乾象圖屏子, 上命繼摸坤輿圖以進. 蓋本監舊有天象分野圖石本, 而以北極爲中央, 赤道以北躔度無差, 赤道以南躔度, 宜漸窄而反加闊, 與上玄本體不侔. 今西士爲二圓圈, 平分天體, 一則以北極爲中, 一則以南極爲中, 以天漢爲無數小星, 列宿中皆參換置, 此與石本不同, 而却得天象之眞面矣."

184

<그림 4-3> 황도총성도(黃道總星圖) | 국립중앙도서관

「황도총성도(黃道總星圖)」는 서양 선교사 대진현이 1723년에 제작한
천문도이다. 탕약망의 「적도남북총성도」가 동아시아의 전통적인 천구적
도좌표계를 사용한 것에 비해 「황도총성도」는 서양식의 황도좌표계를
사용했다는 점이 특징적이다. 현재 국립중앙도서관에 소장되어 있는
「황도총성도」를 통해 그 구체적 모습을 확인할 수 있다. 이 천문도는
영조 17년(1741) 조선에 전래되어 그 이듬해인 영조 18년(1742) 11월에
모사하기 시작하여[34] 영조 19년(1743) 초에 완성되었다. 보물 제848호인
「보은 법주사 신법 천문도 병풍(報恩 法住寺 新法 天文圖 屛風)」이 바로
이것이다. 19세기에는 민간에서도 서양식 천문도가 제작되었는데, 1848
년 최한기(崔漢綺, 1803~1877)에 의해 제작된 「황도남북항성도(黃道南北
恒星圖)」는 그 대표적 예이다.[35]

---

34) 『英祖實錄』 卷56, 英祖 18년 11월 20일(乙亥), 29ㄱ(43책, 75쪽). "觀象監啓言, 節行時
　　覓來天文圖及五層輪圖, 俱緊天文·地理之用, 請模置造成. 上可之."

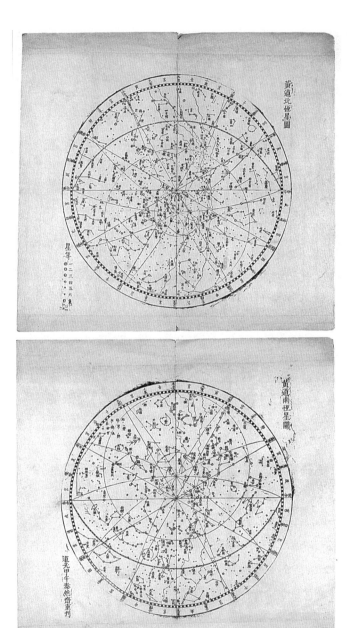

<그림 4-4> 황도남북항성도(黃道南北恒星圖) : 목판본

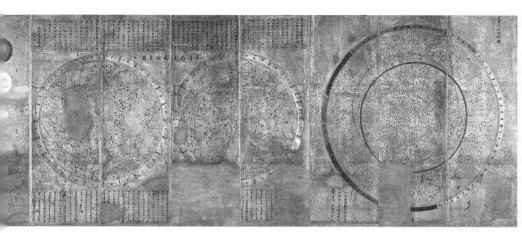

<그림 4-5> 신구법천문도(新舊法天文圖)

　조선후기에는 '신구복합천문도(新舊複合天文圖)', '혼합식 병풍천문도'
라고도 불리는 독특한 형태의 「신구법천문도(新舊法天文圖)」가 제작되었
다. 그것은 8폭의 병풍에 「천상열차분야지도」와 「황도남북양총성도(黃道
南北兩總星圖)」를 함께 그린 천문도였다. 현재 신구법천문도는 국립민속박
물관(보물 제1318호)을 비롯해서 영국 케임브리지대학의 휘플과학사박
물관(Whipple Museum of the History of Science), 일본의 국회도서관(청구기
호 : 特2-1884)과 오사카의 남만문화관(南蠻文化館) 등에 소장되어 있다.
최근의 연구에 따르면 「신구법천문도」의 도설(圖說)에는 『의상고성(儀象
考成)』의 글이 인용되어 있으므로, 이 천문도는 『의상고성』이 조선에
전래된 영조 42년(1766)36) 이후에 제작된 것으로 추정된다고 한다.37)

---

35) 현재 명지대학교 박물관, 숭실대학교 기독교박물관, 성신여자대학교 박물관,
　　연세대학교 도서관 등에 소장되어 있는 목판본 「黃道南北恒星圖」가 대표적이다.
　　여기에는 "道光甲午泰然齋重刊"이라는 간기가 있어 道光 甲午年(순조 34년, 1834
　　년)에 泰然齋(최한기의 堂號)가 중간한 것임을 알 수 있다.
36) 『承政院日記』 1255冊, 英祖 42년 5월 5일(癸酉). "命德星進前. 仍命進持入冊子下詢曰,
　　此是儀象志乎. 德星對曰, 此則新法儀象考成矣. 舊法儀象志則康熙年間, 南懷仁等, 制造

이 천문도에 대해 선구적 연구를 수행했던 연구자들은 그 가치를 다음과
같이 말했다.

> 이 병풍은 중국의 전통 천문학이 18세기에 르네상스 시대 유럽의
> 천문학과 융합되어 하나의 근대과학을 형성하는 방식을 놀라울 정도로
> 잘 구현하고 있다.[38]

연구자들은 이 천문도를 통해 동아시아의 전통 천문학이 르네상스기
유럽의 천문학과 융합되어 근대과학을 형성해 가는 방식을 읽어내고자
했다. 이러한 그들의 시각을 조금 비틀어 보면 이 천문도의 의미에 대해
다양한 해석을 할 수도 있을 것이다.

현재 국내외의 여러 박물관에는 「혼천전도(渾天全圖)」라는 제목의 독특
한 천문도가 소장되어 있다. 이것은 18세기에 민간의 학자가 제작한
것이거나, 또는 1848~1876년 사이에 김정호(金正浩)가 「여지전도(輿墜全
圖)」라는 세계지도와 하나의 세트로 제작한 것으로 추정되고 있다. 도면의
상단과 하단에는 「칠정주천도(七政周天圖)」, 「일월교식도(日月交食圖)」,

六儀時成出, 而此書則乾隆九年, 戴進賢·劉松齡等, 參考中西之法, 制造璇璣撫辰儀, 仍測
恒星黃赤經緯度數, 成表而改造新法天文圖, 作爲此書, 乾隆二十一年刊行, 而今番始爲得
來矣."

37) 이문현, 「영조대(英祖代) 천문도의 제작과 서양 천문도에 대한 수용태도-국립민
    속박물관 소장 「신·구법천문도(新·舊法天文圖)」를 중심으로-」, 『생활문물연구』
    3, 국립민속박물관, 2001 ; 안상현, 「신구법천문도 병풍의 제작 시기」, 『고궁문화』
    6, 국립고궁박물관, 2013.

38) Joseph Needham, Lu Gwei-djen, John H. Combridge, John S. Major, *The Hall
    of Heavenly Records : Korean astronomical instruments and clocks 1380-1780*, Cambridge
    : Cambridge University Press, 1986, p.153, "This screen is a striking embodiment
    of the way in which traditional Chinese astronomy began to fuse in the eighteenth
    century with the astronomy of Renaissance Europe to form one modern science." ; 조
    지프 니덤 등(이성규 옮김), 『조선의 서운관』, 살림, 2010, 238쪽.

「칠정신도(七政新圖)」, 「칠정고도(七政古圖)」, 「현망회삭도(弦望晦朔圖)」 등의 도설을 수록하였는데, 이를 통해 「혼천전도」의 제작자가 서양 천문학의 최신 정보를 도면에 담아내고자 했음을 알 수 있다. 그러나 적도와 황도가 모두 성도의 중심에서 벗어나 있고, 적도를 등분하고 있는 시각선에 황도를 등분한 절기선을 일치시키고 있는 등 심각한 오류도 눈에 띈다. 「혼천전도」는 전통 천문도의 체계에 서양 천문도의 작도법을 절충하고자 한 시도로 평가된다.[39]

2. 간평의(簡平儀)와 혼개통헌의(渾蓋通憲儀)

이규경(李圭景)은 「물극생변변증설(物極生變辨證說)」에서 역대 천문의기의 변천 과정을 다음과 같이 정리했다.

> 의기(儀器)의 변화는 간평의(簡平儀)<에 이르러서> 극진(極盡)하였다. 간평의의 궁극<에 이르러서는> 혼개통헌의(渾蓋通憲儀)가 극진하였다.[40]

이처럼 이규경은 당대 천문의기의 정점에 간평의와 혼개통헌의를 위치시켰다. 그것은 17세기 이후 동아시아에 소개된 대표적인 서양식 천문의기였다. 이규경은 혼개통헌의가 종래의 혼천설(渾天說)과 개천설(蓋天說)

---

39) 문중양, 「조선 후기 서양 천문도의 전래와 신·고법 천문도의 절충」, 『한국과학사학회지』 제26권 제1호, 韓國科學史學會, 2004.

40) 『五洲衍文長箋散稿』 卷27, 「物極生變辨證說」(上, 771쪽-영인본 『五洲衍文長箋散稿』, 明文堂, 1982의 책수와 쪽수. 이하 같음). "至於儀器之變, 簡平儀而極矣. 簡平之極, 而渾蓋通憲儀而極矣."

을 통합한 의기로서 마테오 리치(Matteo Ricci)가 창안한 것이며, 간평의 역시 관측의 근본이 되는 기구라고 평가했다.[41]

이규경은 천상(天象)을 관측하는 의기로서 선기옥형(璇璣玉衡) 이외에 혼천의(渾天儀)를 비롯하여 여러 가지가 있지만 '간명요약(簡明要約)'해서 측험(測驗)의 근본이 될 수 있는 기구로는 간평의만 한 것이 없다고 했다.[42] 간평의의 제작 방법과 사용법은 웅삼발(熊三拔 : Sabbathinus de Ursis, 1575~1620)의 『간평의설(簡平儀說)』에 자세히 소개되어 있다. 그것은 "대지(大旨)는 시법(視法)으로써 혼원(渾圓)을 취하여 평원(平圓)으로 삼고, 평원으로써 혼원의 수(數)를 측량한 것이다."[43]라는 말처럼 구형의 천체를 평면으로 만들어 평면상에서 구형 천체를 측량하는 기구였다. 즉 간평의 는 "천구를 적도 바깥 무한 원점(遠點)에서 바라보면서 양극(兩極)을 지나 는 수직면 위에 정사투영(正射投影 : orthographic projection)한 후에 절기와 시각에 따른 태양의 궤적을 눈금으로 택한"[44] 의기였던 것이다. 평면으로 된 방형의 상반(上盤 : 天盤)과 원형의 하반(下盤 : 地盤)으로 구성되어 있으 며, 이를 이용해 태양의 고도와 위치를 비롯한 다양한 정보를 얻을 수 있었다.[45]

41) 『五洲衍文長箋散稿』卷20,「說天諸家辨證說」(上, 602쪽). "渾天·蓋天相合, 有渾蓋通憲 之儀, 利西泰所剙云, 此其談天之實理也. 簡平儀亦測驗根本之故, 亦說天地之度數者, 欲 驗其所以然, 捨此不可得也."

42) 『五洲衍文長箋散稿』卷17,「簡平儀辨證說」(上, 505쪽). "測象儀器, 璇璣玉衡之外, 有渾 天儀及諸儀, 而莫如簡平儀之簡明要約, 而測驗根本之器也."

43) 『簡平儀說』,「欽定四庫全書提要」, 1쪽(영인본 『渾蓋通憲圖說·簡平儀說』(叢書集成初 編 1303), 中華書局, 1985의 쪽수). "大旨以視法取渾圓爲平圓, 而以平圓測量渾圓之數 也."

44) 韓永浩,「朝鮮의 新法日晷와 視學의 자취」, 『大東文化研究』47, 成均館大學校 大東文 化研究院, 2004, 366쪽.

45) 간평의의 형태와 용도에 대해서는 이태희,「간평의(簡平儀)에 대하여」, 『생활문 물연구』(2003. 12), 국립민속박물관, 2003 ; 安大玉, 『明末西洋科學東伝史－『天學 初函』器編の研究』, 東京 : 知泉書館, 2007의 제9장 "『簡平儀說』－アストロラーブの傳來

<그림 4-6> 간평의(簡平儀)

    조선왕조에서 간평의의 제작과 관련한 기록은 18세기 초부터 확인된다. 숙종 44년(1718)에 관상감에서 간평의의 제작을 건의한 사실이 그것이다.[46] 이외에 간평의의 제작에 대한 구체적 기록은 보이지 않지만 18세기 후반에는 민간에서도 간평의를 제작했던 것으로 보인다. 신경준(申景濬, 1712~1781)의 증언에 따르면 「동국지도(東國地圖)」를 만든 정항령(鄭恒齡)의 집에 간평의가 있었다고 한다. 일찍이 정항령은 신경준과 약속하기를 우리나라의 사방 끝에 가서 성도(星度)와 구영(晷景)을 측정해서 지도를

---

    (2)』를 참조.

 46) 『肅宗實錄』 卷61, 肅宗 44년 6월 13일(庚寅), 47ㄴ(41책, 24쪽).

만드는 작업을 마무리 짓기로 약속했다고 한다. 정밀한 지도를 만들기 위해서는 천체 관측이 필요하기 때문이다.[47] 황윤석(黃胤錫, 1729~1791)의 전언에 따르면 정항령의 간평의는 조홍규(趙鴻逵)와 함께 제작한 것이라고 한다.[48] 조홍규는 일찍이 정철조(鄭喆祚, 1730~1781)와 함께 지평경위의(地平經緯儀)와 상한의(象限儀), 관성반(觀星盤) 등을 만들기도 했던 관상감 관원이었다.[49]

이규경이 간평의의 발전적 형태로 거론한 혼개통헌의는 『혼개통헌도설(渾蓋通憲圖說)』에 그 대략적 원리가 설명되어 있는 천문의기였다. 『혼개통헌도설』은 명(明)의 이지조(李之藻, 1565~1630)가 1607년에 편찬한 책이다. 이 책의 원본은 마테오 리치의 스승인 클라비우스(Christoph Clavius)의 *Astrolabium*으로, 서양 고대의 측량 의기인 평면구형 아스트롤라베(Astrolabe, 星盤)의 원리를 소개한 저작이었다. 이지조는 아스트롤라베가 "모양은 개천(蓋天)이지만 그 도수는 혼천(渾天)을 따르고 있다."[50]는 사실을 발견하였다. 이로부터 그는 개천설의 칠형육간도(七衡六間圖)와 아스트롤라베 상의 투영각도법이 뒤섞여 있으며, 아스트롤라베는 중국의 전통적인 우주론인 혼천설과 개천설을 하나로 통합하여 나타낸 의기라고 간주하여 '혼개통헌(渾蓋通憲)'이라 명명하였다.

요컨대 혼개통헌의는 중국의 전통적인 구체 혼천의를 대신하여 이를 평면에 투영시킨 서구식 천문의기로서, 서양의 평면구형 아스트롤라베

---

47) 『旅菴遺稿』 卷5, 「東國輿地圖跋」, 2ㄱ(231책, 69쪽). "玄老家製置簡平儀, 與余約, 苟到於國之四隅, 測星度晷景而來, 以卒地圖之業." ; 楊普景, 「『大東輿地圖』를 만들기까지」, 『韓國史 市民講座』 16, 一潮閣, 1995, 110~111쪽 참조.

48) 『頤齋亂藁』 卷11, 戊子(1768) 8월 23일(二, 226쪽). "鄭君又爲余, 送人鄭司諫恒齡家, 借示簡平儀, 亦趙鴻逵所共製者."

49) 『頤齋亂藁』 卷11, 戊子(1768년) 8월 23일(二, 226쪽). "方與觀象官趙鴻逵, 並力新製地平經緯象限儀, 周天四之一也. 又製觀星盤, 亦周天四之一也, 并用木爲之."

50) 『渾蓋通憲圖說』, 「渾蓋通憲圖說自序」(李之藻), 5쪽. "貌則蓋天, 而其度仍從渾出."

<그림 4-7> 혼개통헌의(渾蓋通憲儀)　　　<그림 4-8> 『혼개통헌도설(渾蓋通憲圖說)』

(planispheric astrolabe)의 중국판이라 할 수 있었다. 이는 남극에서 바라본 동지선 이북의 천구를 적도면에 평사투영(平射投影, stereographic projection)한 의기였는데, 특정 위도에서만 활용 가능한데다 취득 정보가 많은 만큼 활용법이 복잡했다. 『혼개통헌도설』은 이와 같은 혼개통헌의의 제작법과 사용법을 설명한 책자였다.[51]

　『혼개통헌도설』은 중국에서 전통적인 우주론의 양대 산맥으로 많은 논쟁을 벌여온 혼천설과 개천설을 통합한 저술로 평가된다. 이 책의 모두에서 이지조는 개천의 형태는 혼천의 일부를 분할한 것이며, 따라서 분할된 개천을 온전한 원으로 복귀시키면 두 학설의 통합이 가능하다는 취지의 주장을 제시했다.[52] 이는 개천설을 당시 전래된 서양의 지구설과

<hr />

51) 韓永浩, 앞의 논문, 2004 참조. 그럼에도 불구하고 클라비우스의 *Astrolabium*과 이지조의 『혼개통헌도설』은 그 집필 목표와 내용에서 일정한 차이를 보이고 있다. 이에 대해서는 『天學初函』 器編에 대한 전반적 연구의 일환으로 『혼개통헌도설』 내용을 상세히 검토한 안대옥의 저서를 참조할 것[安大玉, 앞의 책, 2007의 제8장 "『渾蓋通憲圖說』—アストロラーブの傳來(1)』"].

52) 『渾蓋通憲圖說』 卷首, 渾象圖說, 12쪽. "渾儀如塑像, 而通憲平儀則如繪像, 兼類印轉側

같은 것으로 간주하는 태도였다. 요컨대 개천설과 혼천설의 통합은 지구설을 통해서 가능하며, 그것을 평면상에 구현한 천문의기가 바로 혼개통헌의라는 주장이었다.

『혼개통헌도설』은 17세기 중반 이후 서학서의 유입과 함께 조선 지식인 사회에 유포되었으며, 최석정(崔錫鼎) 같은 사람은 일찍부터 혼개통헌의의 우수성을 지적하기도 했다.[53] 김만중(金萬重, 1637~1692)은 그의 저서 『서포만필(西浦漫筆)』에서 "명의 만력(萬曆) 연간에 서양의 지구설이 나타나서 혼천·개천설이 비로소 하나로 통일되었으니 역시 한 쾌사(快事)이다."[54]라고 했는데, 지구설에 입각하여 혼천설과 개천설의 회통을 설명한 것은 바로『혼개통헌도설』이었다. 이는 김만중이『혼개통헌도설』을 비롯한 서양의 천문역법서를 통해 서양 천문학 지식을 이해하고 수용했음을 짐작케 하는 대목이다.

김만중의 예에서 알 수 있듯이 조선후기 우주론과 의상론(儀象論)의 차원에서『혼개통헌도설』이 끼친 영향에 주목할 필요가 있다. 널리 알려진 바와 같이 중국의 전통적 우주론으로는 개천설, 혼천설, 선야설(宣夜說), 흔천설(昕天說), 궁천설(穹天說), 안천설(安天說), 그리고 방천설(方天說), 사천설(四天說) 등이 있었다.[55] 이 가운데 논의의 주류를 이룬 것은 개천설과 혼천설이었다. 그런데 서양 선교사들이 들어와서 양자를 통합하는 새로운 논의를 제시했고, 그것이『혼개통혼도설』로 정리되었던 것이다.

而肖之者也. 塑則渾圜, 繪則平圜, 全圜則渾天, 割圜則蓋天."

53) 『明谷集』卷9, 「齊政閣記」, 3ㄱ(154책, 5쪽). "漢唐以來, 代有其器, 惟元之郭守敬所制諸象號稱精巧, 皇明之季, 湯若望所進通憲, 尤極纖悉, 而制作不傳於東方."

54) 『西浦漫筆』下, 580쪽(영인본『西浦集·西浦漫筆』, 通文館, 1971의 쪽수). "明萬曆間, 西洋地球之說出, 而渾蓋兩說始通爲一, 亦一快也."

55) 『星湖僿說』卷2, 天地門, 渾盖, 36ㄱ(Ⅰ, 48쪽-『국역 성호사설』, 민족문화추진회, 1977의 책수와 原文 쪽수. 이하 같음).

조선후기 지식인들은 『혼개통헌도설』의 새로운 학설에 접하면서 개천설과 혼천설의 통일을 주장했던 중국의 전통적 논의에 다시금 주목하게 되었다. 그것은 『양서(梁書)』「최영은전(崔靈恩傳)」의 한 구절이었는데,[56] 이지조가 일찍이 『혼개통헌도설』의 서문에서 자신의 주장에 대한 논거로 제시했던 바였다.[57] 이익(李瀷, 1681~1763)은 개천설의 타당성을 몇 가지 사례를 들어 설명하고, 최영은(崔靈恩)의 주장이 역사 속에 묻혀 있다가 서양인들의 논의를 만나 다시 밝혀지게 된 사연을 기록하면서 자신 역시 이 주장에 동조하고 있다고 말했다.[58] 그는 『혼개통헌도설』이 출현하면서 개천이 혼천의 절반을 논한 것임을 알게 되었다고 하면서, 『혼개통헌도설』은 『주비산경(周髀算經)』의 '통체일원설(統體一圓說)'에서 나온 것으로 간주했다.[59]

조선후기 지식인들이 『혼개통헌도설』에 주목했던 이유는 그것이 지구설을 설명하는 주요 논거였기 때문이다. 특히 지구설이 서양인들의 독창이 아니라 유교의 성인(聖人)들이 창시한 것임을 주장하고자 했던 논자들에게는 더할 나위 없이 좋은 전거였다. 이익 역시 이 점에서 『혼개통헌도설』에 주목했다. 그는 먼저 전통적인 '지재수상지설(地在水上之說)'을 비판하였다. 『주자어류(朱子語類)』에 여러 차례 수록되어 있는 이 주장은[60] 지구설

---

56) 『梁書』卷48, 列傳 第42, 儒林, 崔靈恩. "先是儒者論天, 互執渾盖二義, 論盖不合於渾, 論渾不合於盖. 靈恩立義以渾盖爲一焉."

57) 『渾蓋通憲圖說』, 「渾盖通憲圖說自序」(李之藻), 4쪽. "崔靈恩以渾蓋爲一義, 而器測蔑聞, 說亦莫考 ……."

58) 『星湖僿說』卷2, 天地門, 渾盖, 35ㄴ(Ⅰ, 48쪽). "按梁崔靈恩傳, 靈恩立義以渾盖爲一焉. …… 蓋天之說, 於是明矣. 此說起於上古, 中絶者累世, 至靈恩更申之, 然世旣不信, 說亦未著, 復遇西國人始明, 其亦有數存於其間耶. 余每以此理談於人, 莫不瞠然爲駭, 殆其復晦于後者乎."

59) 『星湖僿說』卷3, 天地門, 談天, 46ㄴ~47ㄱ(Ⅰ, 94~95쪽). "而及渾盖之書出, 而知盖是渾之半規, 主北極而言, 無復可疑. …… 渾盖出於周髀統體一圓說."

60) 『朱子語類』卷2, 理氣下, 天地下, 沈僩錄, 28쪽(點校本『朱子語類』, 中華書局, 1994의

에 대한 비판의 논거로 자주 거론되었다. 그러나 이익은 이것이 주자의 말씀을 기록한 자들의 오류라고 주장하면서 『중용(中庸)』의 '진하해이불설(<地>振河海而不泄[洩])'[61]이라는 구절을 들어 물은 지면 위에 있는 것이라고 강조했다.[62] 아울러 '혼개지의(渾蓋之義)'를 잃어버린 지 오래되었는데 북조(北朝)의 최영은만이 이를 주장한 바 있고, 만력 연간에 이르러 비로소 혼천과 개천이 하나로 합쳐져 역법(曆法)이 구비되었다고 보았다.[63] 이상과 같은 이익의 견해는 다음과 같은 발언으로 정리될 수 있다.

구라파(歐羅巴) '천주(天主)의 학설'은 내가 믿는 바가 아니다. <그렇지만> 그들이 하늘과 땅에 대해 담론한 것은 속속들이 깊이 연구하고 밑바닥에 이르러 역량(力量)을 포괄하였으니 일찍이 없었던 것이다. 잠시 그 가운데 하나의 예를 들어보자. 개천론(蓋天論)의 경우 채옹(蔡邕)은 그것을 비판했고 주자(朱子)는 그것[채옹의 비판]을 따랐다. 북조(北朝)의 최영은(崔靈恩)은 혼천(渾天)과 개천(蓋天)을 통합해 하나로 만들었으나 세상의 유자(儒者)들이 그것을 버려두어 그 학설이 전해지지 않았다. 『혼개통헌도설』이 출현함에 이르러 합치되지 않는 바가 없었고, 역도(曆道)가 비로소 밝혀졌으니 어찌 외국(外國)의 것이라 하여 그를 소홀히 여길 수 있겠는가.[64]

쪽수. 이하 같음);『朱子語類』卷45, 論語 27, 衛靈公篇, 顔淵問爲邦章, 陳淳錄, 1156쪽.

61)『中庸』, 26章. "今夫地一撮土之多, 及其廣厚, 載華嶽而不重, 振河海而不洩, 萬物載焉."

62)『星湖全集』卷24,「答安百順壬申(別紙)」, 22ㄱ~ㄴ(198책, 491쪽). "古有地在水上之說, 朱子謂登高而望, 山勢如隨波之狀, 此或記者之誤, 寧有是理. 子思曰, 地振河海而不泄, 水者在地面者, 繞地皆然, 地安得浮在水上."

63)『星湖全集』卷24,「答安百順壬申(別紙)」, 22ㄴ(198책, 491쪽). "渾蓋之義, 失之已久, 惟北朝崔靈恩有是說, 如蔡邕不解蓋天, 而朱子取之. 至萬曆間始合渾與蓋爲一, 而曆法乃備."

정조(正祖, 1752~1800) 역시 「경사강의(經史講義)」에서 지구설의 원리
는 '혼개통헌법(渾蓋通憲法)'에 의거해서 이해해야 한다고 주장했다. 정조
는 역대의 전적에 지구설과 관련된 논의들이 등장함에도 불구하고 선유(先
儒)들이 이를 믿지 않은 사실을 의아하게 생각했다. 그가 혼개통헌법을
거론한 것은 '실측(實測)'하지 않고 입으로만 논쟁하는 잘못을 지적하기
위해서였다.[65] 이와 같은 정조의 견해는 세손 시절부터 견지해 온 것이었
다. 그는 다음과 같이 말했다.

후세에 혼의(渾儀)를 사용하고 주비(周髀)를 버렸다. 그러나 지금의
혼개통헌의(渾蓋通憲儀)는 실로 기형(璣衡＝璿璣玉衡)의 유제(遺制)이다.
무릇 하늘의 형체를 논하고 하늘의 운행을 본뜨는 데는 혼천(渾天)보다
좋은 것이 없고, 하늘의 운행을 말하고 아울러 땅의 형체까지 두루 갖춘
것으로는 개천(蓋天)보다 좋은 것이 없다. 혼천은 진실로 미루어 헤아리는
바른 의기(儀器)[推測之正儀]이지만 주비(周髀)와 개천(蓋天)의 법도 또한
버려서는 안 된다. 혼개통헌의는 혼천의 도수[渾度]와 개천의 모양[蓋模]
을 합하여 하늘 밖에서 하늘을 보는 기구를 만든 것이다. 그러므로 일지(日
至)의 길고 짧은 두 개의 규(規：晝長規와 晝短規)가 크고 작음이 현저히
다르고, 황경(黃經) 남북의 각 호(弧)의 넓고 좁은 것이 전혀 다르다. 거해(巨
蟹)가 자(子)에 있고 마갈(磨蝎)이 오(午)에 있으며, 백양(白羊)이 동쪽에
있고 천칭(天秤)이 서쪽을 가로질러 있어서 모두 빛이 비치는 비례대로

---

64) 『星湖全集』 卷26, 「答安百順丁丑」, 19ㄴ(198책, 527쪽). "歐羅巴天主之說, 非吾所信,
其談天說地, 究極到底, 力量包括, 蓋未始有也. 姑擧一事, 蓋天之論, 蔡邕非之, 朱子從之,
北朝崔靈恩合渾蓋爲一, 而世儒棄之, 其說無傳. 至通憲出而無所不合, 曆道始明, 豈可以
外國而少之哉."

65) 『弘齋全書』 卷116, 經史講義 53, 綱目 7, 唐太宗, 41ㄴ(265책, 388쪽). "朝耕暮穫,
見於周髀, 晝夜反對, 著於曆書, 地圓之理, 確有可徵, 而先儒猶不之信何歟. …… 苟無實
測, 徒以口舌爭, 鮮不爲扣槃捫燭之見, 此當以渾蓋通憲法證之."

구체(球體)의 도수가 다 드러나니, 비유하자면 몸을 남극의 밖에다 두어서 항상 고요한 하늘[常靜之天]을 우러러보면 360도의 경위(經緯)가 뚜렷한 것과 같다. 극도(極度)에 이르러서는 위치에 따라 서로 바뀌고, 규통(窺筒 : 睨筒)은 해를 따라 위아래로 움직여서, 낮에는 해 그림자를 관측하고 밤에는 성신(星辰)을 살피니, 실로 순 임금[虞庭]이 칠정(七政)을 가지런하게 한 오묘함이다. 채침(蔡沈)의 주석[蔡傳]은 혼천의(渾天儀) 하나만으로 선기옥형을 해석해서 거칠고 소략함을 면치 못하였다.66)

정조 때에는 『혼개통헌도설』의 원리에 입각하여 새로운 형태의 해시계를 만들기도 하였다. 현재 국립고궁박물관에 소장되어 있는 보물 제841호 간평일구(簡平日晷)·혼개일구(渾蓋日晷)가 그것이다. 길이 129㎝, 너비 52.2㎝, 두께 12.3㎝의 애석(艾石 : 쑥돌)에 위쪽에는 간평일구가, 아랫쪽에는 혼개일구가 새겨져 있다. 혼개일구는 혼개통헌의와 같이 천구상의 천정점인 한양의 북극고도에서 바라본 황도를 지평면에 평사투영하여 절기선과 시각선을 그린 것이다. 이 해시계의 하단부 오른쪽에는 "시헌력에서 황도와 적도의 거리는 23°29′이고, 한양의 북극 출지 고도는 37°39′15″이다[時憲黃赤大距二十三度二十九分,   漢陽北極出地三十七度三十九分十五秒]."라고 한양의 북극고도가, 하단부 왼쪽에는 "건륭 50년 을사

---

66) 『弘齋全書』 卷161, 日得錄 1, 文學 1, 11ㄴ~12ㄱ(267책, 143쪽). "上在春邸, 嘗講舜典, 至在璿璣齊七政, 臣浩修以講官讀奏蔡傳渾天儀說. 敎曰, 後世用渾儀廢周髀, 然今之渾蓋通憲, 實璣衡之遺制也. 大抵論天體而以擬天行, 莫善於渾天, 言天行而兼該地體, 莫善於蓋天. 渾天固爲推測之正儀, 而周髀蓋天之法, 亦不可廢也. 通憲則合渾度蓋模而爲天外觀天之器, 故日至之長短二規, 小大懸殊, 黃經之南北各弧, 寬窄絶異. 巨蟹如子而磨蝎加午, 白羊乘東而天秤橫西, 總因光照之比例, 畢露球體之度數. 譬之置身南極之外, 仰觀常靜之天, 而三百六十之經緯歷如也. 至於極度隨地而互換, 窺筒視日而低昂, 晝測晷景, 夜考星辰, 則實虞庭齊政之妙也. 蔡傳但以渾天一儀釋璣衡, 未免粗疎(原任直提學臣徐浩修癸卯錄)."

년(1785, 정조 9) 중추에 만들었다[乾隆五十年乙巳仲秋立]."라고 제작 일시
가 기록되어 있어서 관상감에서 정식으로 만든 궁궐용 해시계였던 것으로
추측되고 있다.[67]

이규경은 옛날부터 서양이 중국과 통했기 때문에 서양에 전해진 것은
중국에서 유전된 것이라는 전형적인 '중국원류설(=서학중국원류설=서
학중원설)'의 입장에 서 있었다.[68] 혼개통헌의를 바라보는 관점 또한
그랬다. 그는 '중국원류설'의 대표적인 논자인 매문정(梅文鼎, 1633~
1712)의 견해를 수용하여 혼개통헌의가 마테오 리치가 창시한 것이 아니
라 중국 개천설의 유기(遺器)로서 서양에 전해진 것이라는 견해를 피력했
다.[69] 그는 일찍이 이지조가 그랬던 것처럼 최영은이 혼천과 개천을
통합하려고 시도했다는 역사적 사실을 거론하며 '중국원류설'의 논거로
삼았다.[70]

주목되는 것은 서호수(徐浩修, 1736~1799)의 『혼개도설집전(渾蓋圖說
集箋=渾蓋通憲圖說集箋)』이라는 저술이다. 이는 당대 천문역산학의 대가
라 할 수 있는 서호수가 『혼개통헌도설』을 이해하기 위해서 쓴 해설서였
다. 그는 정조 14년(1790)의 연행 당시에 이 책을 휴대했으며, 중국의
학자들에게 보여주면서 질정을 부탁하기도 했다.[71] 그러나 옹방강(翁方

---

67) 韓永浩, 앞의 논문, 2004 참조.
68) 『五洲衍文長箋散稿』卷17, 「渾盖通憲儀辨證說」(上, 505쪽). "粵自邃古, 昧谷獨通中夏,
    故西方所傳, 每有中土之所遺逸者, 而詢諸其人, 亦云本自中國之流傳."
69) 『五洲衍文長箋散稿』卷17, 「渾盖通憲儀辨證說」(上, 505쪽). "按西泰渾蓋通憲中, 渾天
    圓儀如塑像, 蓋天平儀如繪像云, 而梅文鼎歷學疑問補, 渾盖通憲儀, 非利瑪竇所創, 卽自
    中國蓋天(天)之遺器, 流入西土."
70) 『五洲衍文長箋散稿』卷17, 「渾盖通憲儀辨證說」(上, 505쪽). "南史梁崔靈恩傳, 靈恩立
    義, 以渾蓋爲一, 則中國原有是法也."
71) 『燕行紀』卷2, 起熱河至圓明園, 庚戌年(1790, 정조 14) 7월 17일 乙未(V, 80쪽-국역
    『연행록선집』, 민족문화추진회, 1976의 책수와 原文 쪽수. 이하 같음) ; 『燕行紀』
    卷2, 起熱河至圓明園, 庚戌年(1790, 정조 14) 7월 18일 丙申(V, 81쪽) ; 『燕行紀』

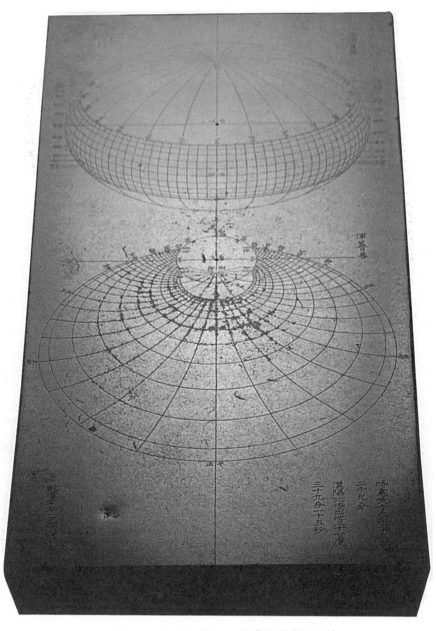

<그림 4-9> 간평일구(簡平日晷)·혼개일구(渾蓋日晷)

綱, 1733~1818)의 발문을 받아 본 서호수는 당대 중국 명사들의 천문역산학 수준에 실망을 금치 못했다.[72] 중국 사대부들이 '신법(新法)'을 제대로 이해하지 못하고 있음을 파악했기 때문이다.

서호수의 천문역산학은 부친 서명응(徐命膺, 1716~1787) 이래의 가학(家學)을 계승한 것이었다. 그는 서양의 새로운 역법과 전통적 역법은 질적 차이가 있다고 보았다. 그 대표적 예로 지구설(地球說)과 세차설(歲差說), 본륜설(本輪說)을 거론하였다. 서호수는 이와 같은 신법의 새로운 이론들이 '실측'에 근거하고 있다는 점을 중시했다. 그것은 전통 역법을 평가하는 기준으로도 적용되었다. 서호수는 서양 역법이 전래되기 이전에 수시력(授時曆)이 가장 정밀한 역법으로 평가받을 수 있었던 이유도 그것이 '측량(測量)'을 위주로 했기 때문이라고 보았다.[73] 혼개통헌의를 비롯한 서양 천문의기에 대한 관심도 이러한 측면에서 촉발된 것이었다.

이규경에 따르면 혼개통헌의는 영조 연간에 조선에 유입되었다. 당시 서유구(徐有榘, 1764~1845)가 이를 소장하고 있었고, 이규경 자신도 그 실물을 보았는데 그 제도가 매우 기묘했다고 한다. 한편 혼개통헌의의

卷3, 起圓明園至燕京, 庚戌年(1790, 정조 14) 8월 25일 癸酉(V, 121쪽) ;『燕行紀』 卷3, 起圓明園至燕京, 庚戌年(1790, 정조 14) 9월 2일 己卯(V, 128쪽) 참조.

72)『燕行紀』卷3, 起圓明園至燕京, 庚戌年(1790, 정조 14) 9월 2일 己卯(V, 128쪽). "紀尙書·鐵侍郎, 皆謂翁閣學邃於曆象, 而余始聞致力於春秋朔閏, 已疑其不解新法, 今見跋語, 益驗其空疎. 大抵目今中朝士大夫, 徒以聲律書畫, 爲釣譽媒進之階, 禮樂度數, 視如弁髦, 稍欲務實者, 亦不過拾亭林·竹坨之緖餘而已. 乃知榕邨之純篤, 勿菴之精深, 間世一出而不可多得也."; 문중양, 「18세기말 천문역산 전문가의 과학활동과 담론의 역사적 성격-徐浩修와 李家煥을 중심으로-」,『東方學志』121, 延世大學校 國學研究院, 2003 참조.

73)『燕行紀』卷3, 起圓明園至燕京, 庚戌年(1790, 정조 14) 8월 25일 癸酉(V, 121쪽). "西洋新曆與古法絶異. 北極有南北之高低, 而晝夜反對, 時刻有東西之早晚, 而節候相差, 此地圓之理也. 古謂天差而西, 歲差而東, 今則曰恒星東行. 古謂日有盈縮損益, 月有遲疾損益, 今則曰輪有大小, 行有高卑. 非今之故爲異於古, 實測卽然也. 西曆以前, 惟郭太史授時曆, 最號精密, 蓋因其專主測量, 而得義和賓餞之義也."

원리를 설명한『혼개통헌도설』은 서유구의 형인 서유본(徐有本, 1762~ 1822)이 소장하고 있었는데, 이규경은 이것도 빌려보았다. 이규경은 혼개통헌의와『혼개통헌도설』이 아울러 구비되어야 하는 것이라고 강조하면서 '최고의 보배[絶寶]'라고 높이 평가했다. 그는 우리나라에 솜씨가 뛰어난 장인이 많으니 혼개통헌의를 제작해서 서운관(書雲觀)에 비치하면 훗날 하늘을 논하는 자들이 징험할 바가 있게 될 것이라고 하였다.74)

실제로 혼개통헌의와『혼개통헌도설』에 수록된 지구설의 원리는 서유본·서유구의 조부이 서명응이 일찍부터 주목했던 바이다. 서명응의 학문은 의리(義理)에 근본을 두고, '명물도수지학(名物度數之學)'을 참고했으며, 선천역(先天易)에 깊은 조예를 보였던 것으로 평가된다.75) 그는 지구설을 포함하여 오대설(五帶說)과 '혼개통헌지제(渾蓋通憲之制)'가 결단코 삼대(三代)의 유제(遺制)라고 믿었다.76) 서명응은 영조 45년(1769) 동지사(冬至使)의 정사(正使)로 북경에 다녀왔다. 당시 사행을 수행했던 이덕성(李德星)·홍대성(洪大成) 등이 북경에서 은(銀) 6전(錢)을 주고 혼개통헌의를 구입한 일이 있었다. 서명응은 이것을 북경 천주당의 서양인 선교사 유송령(劉松齡)에게 보였는데, 유송령은 이것이 마테오 리치 당시에 사용했던 것으로 지금은 사용하지 않는다고 답변하였다. 이때 구입한 혼개통헌의는 사행의 귀국 이후 국왕이 사신들을 인견(引見)할 때 바쳤던 것으로 보인다.77)

---

74) 『五洲衍文長箋散稿』卷17, 「渾蓋通憲儀辨證說」(上, 506쪽). "通憲平儀, 英廟朝已入我東, 爲徐五費大學士(有榘)收藏, 予亦得見, 范銅作圜, 如一掌大, 製甚奇妙. 渾蓋通憲一弓, 徐左蘇山人(有本, 五費大學士兄也)藏弆, 而嘗一借覽. 有此儀, 則不可无此書也. 若无此書, 則如車无輗. 蓋絶寶也, 中原亦罕傳, 今我東巧工旣多, 則更爲模製, 藏於雲館, 俾得流傳, 則日后譚天者, 庶可有徵焉."

75) 『明皐全集』卷15, 「本生先考文靖公府君行狀」(261책, 323쪽). "其爲學, 本之義理, 叅之名物, 而尤深於先天易."

76) 『明皐全集』卷15, 「本生先考文靖公府君行狀」(261책, 323쪽). "論曆象則曰, 新法地圓之理, 非但戴記曾子之訓可據, 證之義和分測, 節節相符. 如使地不正圓, 北極何以有南北之高低, 時刻何以有東西之早晚. 寒熱五帶之說, 渾蓋通憲之制, 決是三古之遺也."

황윤석은 당시 조선에 『혼개통헌도설』은 유통되고 있었지만 의기는 존재하지 않았는데 이때 다행히 구해왔다고 하였다.[78] 그렇다면 당시 구입한 혼개통헌의가 조선에 전래된 최초의 것이라고 볼 수 있다.

그런데 이와 관련해서는 확인해야 할 문제들이 남아 있다. 널리 알려진 바와 같이 근기남인계(近畿南人系) 성호학파(星湖學派)의 일원인 이가환(李家煥, 1742~1801)은 서호수와 함께 18세기 후반을 대표하는 사대부 천문학자로서 서양 과학기술에 해박한 지식을 보유한 인물이었다.[79] 그런데 정철조의 증언에 따르면 이가환은 『기하원본(幾何原本)』, 『수리정온(數理精蘊)』 등의 책에 정통했고 혼개통헌의도 제작했다고 한다.[80] 황윤석이 정철조를 만나 이 이야기를 들은 시점이 영조 44년(1768)이니, 이것이 사실이라면 서명응 일행이 혼개통헌의를 구입해 오기 이전에 이미 조선에서 그것을 제작한 사례가 된다.

한편 『일성록(日省錄)』에는 순조 즉위년(1800) 10월 13일에 "문신종(問辰鍾), 혼개통헌의, 상한의를 바친 사람들에게 시상하도록 명했다."[81]는 기록이 있다. 이만수(李晩秀, 1752~1820)의 말에 따르면 인산(因山) 때

---

77) 『頤齋亂藁』 卷14, 庚寅(1770) 4월 5일 壬子(三, 135쪽). "昨日, 本寺書吏劉成郁, 自燕都隨上使徐台命膺, 歸謁. 余問燕中消息, 則曰, 已具於別單書啓草中, 徐當錄上矣. 因言燕京隆福寺市上, 偶以銀六錢, 購得利瑪竇所製平儀, 卽渾蓋通憲也. 徐台以示天主堂中, 西洋人劉松齡, 則松齡言, 此自利氏時所用, 今不用也. …… 其平儀, 則東還引見時, 入啓投進."

78) 『頤齋亂藁』 卷14, 庚寅(1770) 4월 19일 丙寅(三, 151쪽). "故德星·大成等, 相與購得交食算稿二本於欽天監. 又捐私財, 購利瑪竇所製渾蓋通憲一件, 數理精蘊四十五卷, 對數表四卷, 八線表二卷, 曆象考成後編十二卷, 五星表五卷, 新法中星更錄一卷. 凡此六種書, 以雲峴所儲, 只有單件, 肄習之時, 每患苟艱, 不得不厚買, 以備留上. 通憲, 則我國但有其說, 未見其器, 彼中亦所罕有, 而今幸得之. 若能曉解用法, 其爲推測, 非復遠鏡之比矣."

79) 문중양, 앞의 논문, 2003 참조.

80) 『頤齋亂藁』 卷11, 戊子(1768) 8월 23일 戊寅(二, 226쪽). "鄭君曰, 算家, 吾所不習, 惟李家煥近方專精於原本精蘊諸書, 又製渾蓋通憲矣."; 韓永浩, 앞의 논문, 2004, 377~380쪽 참조.

81) 『日省錄』, 純祖 원년(庚申) 10월 13일(壬戌). "命問辰鍾·渾蓋通儀·象限儀來納人施賞."

소용되는 의기를 구납(購納)한 이들에게 이미 포상을 요청했는데, 또 문신
종·혼개통헌의·상한의 등을 바친 사람이 있어 관상감에서 그들이 원하는
대로 시상해 줄 것을 요청했다고 한다.[82] 이는 18세기 후반에 민간에서
서양식 천문의기를 포함한 다양한 의상(儀象)을 소장하거나 제작했던
사실을 보여주는 기록이라 할 수 있다.

3. 서양식 천문의기의 민간 유통과 그에 대한 인식

1) 18세기 서양식 천문의기의 민간 확산

(1) 황윤석(黃胤錫)의 서양식 자명종(自鳴鍾)에 대한 관심

조선후기에 전래된 다양한 서양식 천문의기는 조선 사회에 폭넓게
유통되었다. 국왕을 비롯한 중앙정부의 고위 관료들로부터 향촌 사회의
유생(儒生)들에 이르기까지 서학이라는 새로운 학문 현상에 주목했던
여러 사람들의 시야에 신비한 서양의 '기물(器物)'이 포착되었던 것이다.
호남에 거주하던 황윤석(黃胤錫, 1729~1791)의 서양식 자명종(自鳴鍾)에
대한 관심은 그러한 정황을 보여주는 실례로서 주목된다.[83]

황윤석은 일찍부터 자명종에 관심을 두고 있었다. 황윤석이 초산(楚
山 : 井邑의 옛 이름)의 이언복(李彦復)이 60냥에 구입해서 보유하고 있던

---

82) 『日省錄』, 純祖 원년(庚申) 10월 13일(壬戌). "檢校直提學李晚秀啓言, 因山時所用儀器
購納人, 旣請賞, 而又有問辰鍾·渾盖通儀·象限儀來納者各二人, 自雲監從其願請施賞, 從
之."

83) 조선후기 자명종의 유통에 대해서는 강명관,『조선에 온 서양 물건들』, 휴머니스
트, 2015의 4장 '자명종이 맞닥뜨린 조선의 시간' 참조.

자명종을 구경한 것은 그의 나이 18세 때인 영조 22년(1746) 8월이었다.[84] 당시 자명종은 서양에서 나온 것이라고 하거나 왜국(倭國)을 거쳐 조선에 전해진 것으로 알려져 있었다. 당시 조선에서 자명종을 제작할 수 있는 인물로는 서울의 최천약(崔天若)과 홍수해(洪壽海), 그리고 전라도의 나경적(羅景績＝羅景壎)[85]이 거론되었다.[86] 황윤석은 영조 37년(1761)에는 김상용(金尙容, 1561~1637)의 현손인 김시찬(金時粲, 1700~1767)의 집에서 나경적이 강철로 제작한 자명종을 직접 보았으며,[87] 영조 45년(1769) 4월에는 이해(李瀣, 1496~1550)의 후손인 이광하(李光夏)로부터 홍대용(洪大容)이 자명종과 혼천의를 보유하고 있다는 사실을 전해 듣기도 했다.[88] 실제로 홍대용은 숙부 홍억(洪檍, 1722~1809)을 따라 중국에 갔을 때 자명종을 구경하기 위해 흠천감(欽天監) 박사(博士)인 장경(張經)의 집을 방문한 바 있으며,[89] 천주당을 찾아가서 자명종을 구경하기도 했다.[90] 당시 홍대용이 얻어 왔다는 자명종은 크기가 담배 상자[南草銅匣]만한 것이었다고 한다.[91]

---

84) 『頤齋亂藁』卷1, 丙寅(1746년) 8월, 「自鳴鍾」(一, 37쪽). "余曾聞楚山李上舍彦復新購自鳴鍾, 其直六十兩, 其制精巧, 今秋歸自玉川, 歷訪請見 ……."

85) 『頤齋亂藁』에 등장하는 羅景勳, 羅景壎, 羅景績은 동일한 인물이다[『頤齋亂藁』卷22, 丙申(1776년) 8월 5일(四, 386쪽). "德保聞同福羅景績(本名景壎)及其門徒安處仁, 略究渾儀製造運用之理 ……."].

86) 『頤齋亂藁』卷1, 丙寅(1746년) 8월, 「自鳴鍾」(一, 38쪽). "蓋是鍾, 始出西洋, 或云, 歷倭國傳至我國. 其能倣製者, 京城則崔天若·洪壽海, 湖南則同福縣人羅景勳[績]而已."

87) 『頤齋亂藁』卷3, 辛巳(1761년) 5월 14일(一, 259쪽). "居安丈座上, 得觀自鳴鍾, 鋼鐵造成, 乃同福羅景壎甫所籌, 而藏弃者也." 金時粲의 호는 居安齋·靜愼齋였다[『頤齋亂藁』卷3, 庚辰(1760년) 3월 3일, "與金副學"(一, 244쪽) 참조]. 따라서 여기의 居安丈은 김시찬을 가리키는 것이다.

88) 『頤齋亂藁』卷12, 己丑(1769년) 4월 10일(二, 383쪽). "洪君又畜異書最多, 有自鳴鍾·渾天儀·西洋鐵絲琴 ……."

89) 『湛軒書』外集, 卷2, 杭傳尺牘, 「乾淨衕筆談」(248책, 135쪽) ; 『湛軒書』外集, 卷7, 燕記, 「張石存」(248책, 261쪽).

90) 『湛軒書』外集, 卷7, 燕記, 「劉鮑問答」(248책, 248쪽).

그렇다면 자명종이란 무엇인가? 그것은 크게 두 가지로 분류해 볼 수 있다. 하나는 자동시보장치를 갖춘 서양의 기계식 시계를 가리키는 것이고, 다른 하나는 자동시보장치를 갖춘 천문시계(혼천시계)를 뜻하는 것이었다. 황윤석은 그것을 '윤종(輪鐘)'이라고 표현했다. 그에 따르면 자명종은 본래 서양 여러 나라에서 창시된 것인데 마테오 리치(利瑪竇)에 의해서 중국으로 전파되었다. 이후 이것은 북경의 시장에서 거래되어 사신들을 통해 조선에 전해졌고, 강절(江浙) 지역의 무역선들을 통해 일본에도 전파되었다. 자명종을 만드는 재료로는 동이나 주석, 철이 사용되었는데 동이나 주석을 이용할 경우 화려하게 만들 수 있었으나 내구성의 측면에서는 강철만 못하였다.[92]

황윤석은 영조 50년(1774)에 염영서(廉永瑞)라는 사람으로부터 자명종을 구입했다. 염영서는 일찍이 나경적과 함께 윤종을 제작한 적이 있고 홍대용의 대기형(大璣衡) 제작에도 참여한 바 있는 인물이었다. 그는 영조 48년(1772) 박찬선(朴燦璿)·박찬영(朴燦瑛) 형제의 초청에 따라 흥양(興陽)의 호산(虎山)에 수년 동안 머물면서 윤종 2가(架)를 제작하였다. 황윤석이 구입한 것은 그 가운데 하나였다. 홍대용이나 박찬선 형제는 모두 김원행(金元行, 1702~1772) 문하에 출입했던 인물들로 황윤석과 학연이 있었다. 염영서는 이들을 통해 황윤석이 천문의기에 관심을 갖고 있다는 사실을 알았고, 이에 윤종을 판매하고자 황윤석을 직접 방문했던 것이다.[93] 그런

---

91) 『頤齋亂藁』 卷16, 庚寅(1770년) 10월 20일(三, 429쪽). "曾以使行子弟軍官, 隨入燕都, 得西洋自鳴鍾, 大如南草銅匣者 ……."

92) 『頤齋亂藁』 卷19, 甲午(1774년) 1월, 「輪鐘記」(四, 104쪽). "輪鐘者, 東俗所呼自鳴鐘也. 刱自泰西諸國, 明萬曆中, 耶蘇會士利瑪竇, 傳入中國. 歷燕市而東, 亦有江浙海舶, 轉出日本, 依製來者. 要之, 非好古者不有也. 其制, 或銅或錫或鐵, 而銅錫華而已, 惟鐵剛耐久, 不遽磨損 ……." 「輪鐘記」의 작성 시점은 분명해지는 않지만 1월 24일 이후인 것으로 추정된다.

93) 같은 글(四, 103~104쪽).

데 그 구매 과정은 순조롭지 않았다.

염영서가 일부 장치가 고장 난 윤종을 가지고 황윤석을 찾아온 것은 1774년 1월 20일이었다. 염영서는 5일간 머물다가 선급금으로 5냥을 받고 1월 24일 돌아갔는데, 3월에 와서 고장난 곳을 고쳐 달라는 황윤석의 부탁에 난색을 표명했다. 이에 황윤석은 2월 2일에 이웃 마을 사람과 수리를 시도했다. 염영서가 수리에 소극적 자세를 보이는 상태에서 막연히 기다릴 수는 없었기 때문이었다. 그러나 이 시도는 가시적 성과를 거두지 못하고 중지되었다. 2월 25일 염영서가 다시 와서 황윤석과 함께 수공업자[冶家]를 찾아가 윤종을 수리했으나 엿새가 지난 3월 3일까지 완성하지 못했다. 이에 염영서는 다시 돌아갔고 황윤석은 2냥을 더 지급하면서 3월[麥秋]이나 9월에 다시 와서 고쳐 달라고 부탁했다. 그러나 9월에도 염영서는 고치지 못하고 돌아갔다. 해를 넘겨 영조 51년(1775) 전주부(全州府)의 장인 김흥득(金興得)이 와서 2월 20일 이전에 윤종을 수리해 주겠다고 하면서 수리비로 4냥을 제시했다. 2월 21일 드디어 야장(冶匠) 송귀백(宋貴白)이 와서 함께 윤종을 수리했는데 그는 뛰어난 기술자였다. 3월 27일 마침내 대략적인 수리가 완료되었고 송귀백이 돌아갈 때 황윤석은 4냥을 지급했다. 2월 21일부터 3월 27일까지 36일 동안 황윤석은 수리 작업에 골몰하면서 손가락에 마비 증세가 오기도 했는데, 그는 이것이 '완물상지(玩物喪志)'의 해로움이라고 탄식했다.[94]

문제는 여기서 끝나지 않았다. 그로부터 6년이 지난 정조 5년(1781) 12월 12일 나주에 거주하는 염영서의 아들 염종득(廉宗得)이 친척인 염종신(廉宗愼)을 통해 자신의 아버지가 빌려준 윤종을 돌려 달라고 요청하는 편지를 황윤석에게 보냈던 것이다. 이에 황윤석은 염영서가 자신에게

---

94) 『頤齋亂藁』 卷19, 甲午(1774년) 1월 1일~乙未(1775년) 3월 27일(四, 103쪽).

윤종을 팔고 전후로 7냥을 받아간 사실을 적시하고, 만약 당시에 윤종의 수리가 완벽하게 되었다면 돈을 더 지불했을 텐데 염영서가 두 차례에 걸쳐 수리했으나 완성하지 못했고, 결국은 자신이 야장 송귀백과 한 달 넘게 수리하면서 비용이 매우 많이 들었으므로 돌려줄 수 없다는 뜻을 전달했다.95) 황윤석의 회고에 따르면 자신이 수리한 부분은 절반 이상이었다고 한다.96)

그렇다면 황윤석은 왜 이토록 자명종에 애착을 가졌을까? 그는 이것이 자신이 호고(好古) 취미에서 비롯되어 '완물상지'로 귀결되었다고 자책했으나 실은 주희(朱熹)나 이황(李滉), 송시열(宋時烈)이 선기옥형을 제작하여 소유한 사례를 본받고자 한 행위였다. 따라서 이것은 '이수(理數)'와 관계된 완물(玩物)이었고, 자명종은 고가의 물건이라 하여 아무에게나 함부로 팔 수 있는 것이 아니라고 했다.97)

이처럼 황윤석은 천문역산학을 탐구하면서 서양식 천문의기에도 관심을 두었다. 이와 관련해서 주목되는 서적이『혼개통헌도설』이다. 그는 영조 42년(1766) 서명응과의 대화에서 자신이 일찍이 이 책을 숙독했다고 말한 적이 있다. 황윤석은 이 책에 그 원리와 사용 방법이 설명되어 있는 서양식 천문의기인 혼개통헌의에 일찍부터 관심을 두었던 것으로 보인다. 그가 영조 44년(1768) 6월 20일에 지은「하일재거잡영(夏日齋居雜詠)」이라는 7수의 시 가운데는 혼개통헌의에 대한 내용이 담겨 있다.98)

---

95)『頤齋亂藁』卷34, 辛丑(1781년) 12월 12일(六, 392쪽) ;『頤齋亂藁』卷34, 辛丑(1781 년) 12월 13일,「答廉進士宗愼書」(六, 393～394쪽).

96)『頤齋亂藁』卷34, 辛丑(1781년) 12월 13일,「答廉進士宗愼書」(六, 394쪽). "今弟所理, 或照其舊, 或致其新, 而舊者無多, 新者强半."

97)『頤齋亂藁』卷34, 辛丑(1781년) 12월 13일,「答廉進士宗愼書」(六, 394쪽). "平日好古, 反成玩喪之歸. …… 夫以末學, 而徒希考亭·陶山·華陽璣衡之製, 則誠愚且妄, 而旣癖於 此, 不猶愈念於錢與馬之癖耶. …… 而旣係理數之玩, 則尙安可捨其所買, 而任其他歸乎."

98)『頤齋亂藁』卷10, 戊子(1768년) 6월 20일,「夏日齋居雜詠」(二, 130쪽). "長愛西洋渾蓋

황윤석은 이에 대한 부연 설명에서 『혼개통헌도설』의 "의상(儀象)이란 하늘을 아버지로 여기고 땅을 어머니로 여기는 뜻을 그린 것이다.", "혼의(渾儀)는 소상(塑像)과 같고, 평의(平儀)는 회상(繪像)과 같다."라는 두 구절을 인용하고 있다.[99]

한편 영조 44년(1768) 8월 황윤석은 이중해(李重海)를 통해 당시 관상감 관원인 이덕성(李德星)과 문광도(文光道)가 지평경위의(地平經緯儀)를 제작하였는데, 여기에 정철조(鄭喆祚)가 중요한 역할을 담당했다는 이야기를 전해 들었다.[100] 지평경위의는 명대에 서양식 제작법을 활용하여 만든 대표적 천문의기 가운데 하나였다.[101] 정철조는 관상감 관원 조홍규(趙鴻逵)와 지평경위의를 비롯하여 상한의(象限儀), 관성반(觀星盤) 등을 만들었다고 하였다. 그것은 모두 나무로 제작한 의기였다.[102] 정철조는 황윤석을 위해 정항령이 소유하고 있던 간평의를 보여주기도 했다. 그것 역시 조홍규와 함께 제작한 것이었다.[103]

通 / 天機未許出規中 / 有形自有無形在 / 不獨尋常繪塑工." 『頤齋亂藁』에는 「夏日齋居雜詠」이 모두 7수의 시로 구성되어 있는데, 이를 편집한 『頤齋遺藁』에는 5수의 시로 축약되었으며 주석도 생략되어 있다[『頤齋遺藁』 卷3, 「夏日齋居雜詠」, 39ㄱ~ㄴ(246책, 69쪽)].

99) 『頤齋亂藁』 卷10, 戊子(1768년) 6월 20일(二, 130쪽). "利氏通憲之器, 李水部爲之圖說者也. 有云, 儀象者, 乾父坤母之繪事, 又云, 渾儀如塑像, 平儀如繪像."

100) 『頤齋亂藁』 卷11, 戊子(1768년) 8월 17일(二, 218쪽). "又云, 李德星與文光道, 方製地平經緯儀, 而鄭君實主張焉."

101) 『弘齋全書』 卷108, 經史講義 45, 總經 3, 書, 11ㄴ(265책, 198쪽). "皇朝創制之儀有六, 一曰天體儀, 以象天之全體, 二曰赤道儀, 以測赤道經緯, 三曰黃道儀, 以測黃道經緯, 四曰象限儀, 以測躔之高低, 五曰紀限儀, 以測星距之遠近, 六曰地平經緯儀, 以測日月星辰之出入方位 ……."; 張柏春, 『明淸測天儀器之歐化』, 遼寧敎育出版社, 2000, 273~281쪽 참조.

102) 『頤齋亂藁』 卷11, 戊子(1768년) 8월 23일(二, 226쪽). "方與觀象官趙鴻逵, 並力新製地平經緯象限儀, 周天四之一也. 又製觀星盤, 亦周天四之一也, 并用木爲之."

103) 『頤齋亂藁』 卷11, 戊子(1768년) 8월 23일(二, 226쪽). "鄭君又爲余, 送人鄭司諫恒齡家, 借示簡平儀, 亦趙鴻逵所共製者."

앞에서도 살펴보았듯이 서명응은 영조 45년(1769) 동지사(冬至使)의 정사(正使)로 북경에 다녀왔는데, 당시 사행을 수행했던 이덕성(李德星) 등이 북경에서 혼개통헌의를 구입한 일이 있었다. 황윤석은 혼개통헌의와 관련된 서명응의 사신별단(使臣別單)의 내용을 비판적으로 논평하면서 혼개통헌의와 규원경(窺遠鏡)의 차이점에 대한 자신의 의견을 제시했다. 당시 서명응은 사신별단에서 규원경을 구하지 못한 사정을 설명하면서 그 대신 혼개통헌의를 구입해 왔으니 그 사용법을 잘 익힌다면 규원경에 비교할 바가 아니라는 취지의 발언을 했다.104) 이에 대해 황윤석은 규원경 이란 칠정(七政)과 같이 높고 멀어서 사람의 눈으로 보기 어려운 것을 관측하는 기구이니 혼개통헌의와 비교할 수 있는 바가 아니라고 하면서 혼개통헌의가 혼의나 간의와 같은 기구보다는 뛰어나지만 어찌 규원경보 다 나은 기구라고 할 수 있느냐고 서명응의 견해를 비판하는 한편 서명응 부자의 천문역산학에 대한 세간의 높은 평가를 회의하는 태도를 보였 다.105)

이와 같은 황윤석의 태도는 서호수가 편찬한『동국문헌비고(東國文獻備 考)』「상위고(象緯考)」에 대한 평가에서도 엿볼 수 있다. 영조 46년(1770) 7월 4일 종부시(宗簿寺) 직장(直長)으로 근무하고 있던 황윤석은 서명응가 의 청지기[廳直] 출신으로 종부시의 서리(書吏)가 된 유성욱(劉成郁)을

---

104) 徐命膺은 서양인 선교사 劉松齡을 통해 窺遠鏡을 구하고자 했으나 당시 天主堂에도 大·小 두 건의 규원경을 제외하고는 여벌이 없었다. 때문에 유송령은 서명응을 수행한 三曆官 李德星에게 그 제조법을 보여주면서 만들어 가라고 했으나 시간적 인 문제로 제작하지 못했다[『頤齋亂藁』卷14, 庚寅(1770년) 4월 19일,「附冬至正使 徐命膺等別單書啓」(三, 151쪽).].

105) 『頤齋亂藁』卷14, 庚寅(1770년) 4월 19일(三, 154쪽). "余觀徐台命膺使行別單, 擧渾蓋 通憲購進之意, 且擧西洋窺遠鏡, 以爲通憲旣來, 若究用法, 當勝於遠鏡. 夫遠鏡, 所以窺視 七政高遠, 人所難視之具也, 要非通憲可比. 通憲之制, 固勝於渾簡諸儀, 豈在遠鏡之上哉. 世謂徐台父子, 於曆象制作, 作文字頗該洽, 以此推之, 想未精詳耳."

통해 서호수가 편찬한 「상위고」 네 권의 중초본(中草本)을 구해볼 수 있었다. 이를 검토한 황윤석은 서호수의 저술이 대체로 『명사(明史)』「천문지(天文志)」, 『역상고성(曆象考成)』, 『역상고성후편(曆象考成後編)』 등의 책과 서광계(徐光啓), 이천경(李天經), 탕약망(湯若望), 남회인(南懷仁) 등의 학설을 베낀 것으로, 우리나라 선배들의 학설이 소략하다고 보았다. 또 세종조의 측우기(測雨器)나 성종조의 규표(窺標)는 수록된 반면 서양의 삼각측량에 비견될 수 있는 세조조의 인지의(印地儀)가 빠진 사실을 지적하였고, 김돈(金墩)·김빈(金鑌)·정초(鄭招) 등의 글은 수록된 반면 최석정(崔錫鼎)·오도일(吳道一) 등의 기문(記文)이 빠진 사실에 의문을 표시했다. 아울러 백제(百濟)가 원가력(元嘉曆)을 사용한 사실이 중국의 정사에 기재되어 있음에도 이를 누락한 것을 문제 삼았다. 당시 서호수는 젊은 관리들 가운데 '역상(曆象)'에 밝다고 알려져 있었는데 황윤석은 그가 '서양문자(西洋文字)'만을 알고 있을 뿐이라고 폄하하였다.[106]

(2) 홍대용(洪大容)의 서양 천문의기에 대한 관심과 혼천의(渾天儀) 제작

홍대용은 영조 41년(1765) 동지사의 일행으로 북경을 방문하였다. 그는 이 기회를 이용해서 평소에 관심을 두었던 서양 천문의기의 실체를 파악해

---

106) 『頤齋亂藁』卷15, 庚寅(1770년) 7월 4일(三, 320쪽). "曾因徐判書命膺家廳直劉成郁, 爲本寺書吏者, 求見徐台之子承旨浩修, 編輯廳時所纂文獻備考之第一第二第三第四象緯考中草矣. 今日始得見之 …… 大抵皆寫張延玉 明史天文志, 梅㲄成歷象考成, 及噶西尼(西洋人)考成核[後]編, 以至徐光啓·李天經·湯若望·南懷仁諸家說, 而本國前輩文字一二及之, 如金墩·金鑌·鄭招·蔣英實·李恒福·金圻·金錫胄·柳馨遠說, 亦略矣. 又如世宗朝測雨器, 成宗朝窺標, 亦在所錄, 則世祖朝印地儀, 亦天地儀象之一, 而西洋句股三角測算, 與之冥契者, 何獨漏焉. 二金鄭招之說, 旣在所錄, 則崔錫鼎·吳道一等記, 何獨不錄. 又如羅麗之世, 遠撤唐元史志, 則百濟之用元嘉新曆, 而載見南北史者, 又何闕焉. 此君在年少朝士中, 自稱頗涉曆象, 而只恃西洋文字耳, 奈未能博洽, 何哉."

보고자 하였다. 그를 위해서는 서양 선교사들이 거주하고 있는 천주당(天主堂)과 천문의기가 설치되어 있는 관상대(觀象臺)를 방문하는 일이 필수적이었다. 홍대용은 당시 역법의 습득과 천문의기[觀天諸器]의 구매라는 임무를 띠고 사행단의 일원으로 파견된 일관(日官) 이덕성(李德星)과 이 일을 함께하기로 약속하였다.[107] 이듬해인 영조 42년(1766) 1월부터 2월 사이에 홍대용은 세 차례—1월 9일,[108] 1월 19일, 2월 2일—에 걸쳐 천주당을 방문해서 서양 선교사인 유송령(劉松齡)·포우관(鮑友官)과 필담을 나누었다. 이 과정에서 홍대용은 선교사들에게 요청하여 천주당에 소장되어 있는 여러 가지 기구와 천문의기를 관람하였다. 서양식 천문의기에 대한 홍대용의 적극적 관심을 엿볼 수 있는 대목이다.

홍대용은 1월 9일에 천주당의 뜰 남쪽의 전각에 설치된 자명종(自鳴鍾)을 관람하였다. 그는 자명종이 서양의 제도에서 나온 것으로 근자에는 천하에 널리 퍼져서, 그 기륜(機輪)의 제도를 적당히 증감하니 각각 의의(意義 : 의미)가 있으나 서양 자명종의 정교함에는 미치지 못한다고 하였다. 홍대용은 자명종을 작게 만드는 것은 어려울 뿐만 아니라 쉽게 망가진다고 하면서, 시각에 오차가 없고 영구히 손상되지 않게 하려면 크게 만들수록 좋다고 보았다. 천주당의 누각에 설치된 자명종은 여러 가지를 잘 변통하여 자명종의 상제(上制)가 된다고 높이 평가하였다.[109]

---

107) 『湛軒書』外集, 卷7, 燕記, 「劉鮑問答」, 9ㄴ(248책, 2487). "僉知李德星, 日官也, 略通曆法. 是行也, 以朝令將問五星行度于二人, 兼質曆法微奧, 且求買觀天諸器, 余約與同事."

108) 『湛軒書』의 「劉鮑問答」에는 최초 방문 일자가 1월 8일로 되어 있는데, 이는 편집 과정의 오류이다. 이 날짜의 앞에 이미 1월 8일에 馬頭 世八을 시켜서 劉松齡·鮑友官에게 방문을 요청하는 편지를 보낸 일이 기록되어 있기 때문이다. 한글본 『을병연행록』에는 천주당 방문 일자가 1월 9일로 정확히 기재되어 있다[홍대용(소재영·조규익·장경남·최인황), 『주해 을병연행록』, 태학사, 1997, 274쪽 ; 홍대용(정훈식 옮김), 『을병연행록』1, 도서출판 경진, 2012, 341쪽].

109) 『湛軒書』外集, 卷7, 燕記, 「劉鮑問答」, 12ㄱ~ㄴ(248책, 248쪽). "請見自鳴鍾, 劉引至庭南有小閣 …… 盖自鳴鍾, 原出於西制, 近已遍於天下, 而其機輪之制, 隨以增減, 互有意

1월 19일에 다시 천주당을 방문한 홍대용은 선교사들에게 천주당에
소장되어 있는 '기이한 기구[奇器]'110)를 보여 달라고 강청(强請)하였다.
이에 대해 유송령은 볼만한 의기는 관상대에 있고, 천주당 내에는 파손된
것 밖에 없다고 답변하였다. 이때 포우관이 조그만 그림 한 장을 내왔다.
그것은 관상대에 진열된 의기를 그린 「관상대도(觀象臺圖)」였다.111) 이
그림에 수록된 10여 가지 의기의 기교(奇巧)한 형상을 살펴본 홍대용은
선교사들에게 어떻게 하면 관상대를 관람할 수 있는지 물었다. 흠천감의
책임자인 선교사들에게 관람을 주선해 달라고 요청한 것이었다. 그러나
선교사들의 답변은 부정적이었다. 관상대는 국가의 중요한 기물을 소장하
고 있는 곳이라 금령이 엄해서 외부인의 출입을 금하고 있으며, 황제의
허락을 얻지 못하면 들어갈 수 없다고 하였다.112) 이에 홍대용은 원경(遠
鏡)을 보여 달라고 요청해서, 원경으로 태양을 관측하기도 하였다.113)
이어서 홍대용은 다른 의기와 문시종(問時鍾) 등을 보여 달라고 요청하였
으나 없다는 답변을 들었다.114) 선교사들이 보여주기를 꺼렸던 것이다.

　　義, 終不如西産之巧. 如問時日表之類, 大不盈握, 重不過銖兩, 甚者藏於戒指之中, 機輪細
　　如毫絲而能應時擊鍾如神. 但小者難成而易毀, 其不差刻分, 永久無傷, 實愈大愈好. 此樓
　　鍾之善於通變而爲自鳴之上制也."

110) 한글본 『을병연행록』에서는 "기이한 儀器 制度"라고 표현하였다[홍대용(소재영·
　　조규익·장경남·최인황), 앞의 책, 1997, 363쪽 ; 홍대용(정훈식 옮김), 앞의 책,
　　2012, 449쪽].

111) 『湛軒書』外集, 卷7, 燕記, 「劉鮑問答」, 13ㄴ(248책, 249쪽). "余曰, 愚不揆僭率, 作渾天
　　儀一座, 考諸天象, 多有違錯. 貴堂當有奇器, 願賜一覽. 答曰, 觀象臺儀器, 甚可觀, 此中只
　　有平常破物. 余又强請之 …… 鮑示觀象臺圖印本一張, 臺上列十數儀器, 制作奇巧."

112) 『湛軒書』外集, 卷7, 燕記, 「劉鮑問答」, 13ㄴ(248책, 249쪽). "余曰, 觀象臺切願一見,
　　何以則可. 答曰, 觀象臺係禁地, 閑人不得雜進, 親王大人輩, 亦不得擅進云." ; 홍대용
　　(소재영·조규익·장경남·최인황), 앞의 책, 1997, 363~364쪽 ; 홍대용(정훈식 옮
　　김), 앞의 책, 2012, 450쪽

113) 『湛軒書』外集, 卷7, 燕記, 「劉鮑問答」, 13ㄴ~14ㄱ(248책, 249쪽). "請見遠鏡, 劉顧諸
　　侍者, 少頃請出. 至西廡下鍾樓之北, 侍者已設遠鏡向日, 置短橙使坐而窺望. 鏡制靑銅爲
　　筒, 大如鳥銃之筒 ……."

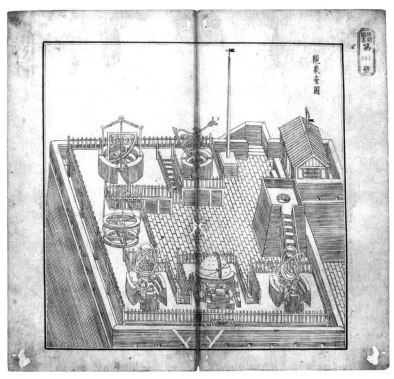

<그림 4-10> 관상대도(觀象臺圖)

　　홍대용이 보고자 했던 문시종은 문신종(問辰鍾), 또는 문종(問鍾)이라고
도 하는 자명종의 일종이었다. 박지원(朴趾源, 1737~1805)이 『열하일기
(熱河日記)』에서 전마(轉磨)의 제도를 설명하면서 그 톱니바퀴[牙輪]의 제
도가 문시종을 닮았다고 한 적이 있으며,[115] 이규경은 시간을 측정하는

---

114) 『湛軒書』外集, 卷7, 燕記,「劉鮑問答」, 14ㄱ(248책, 249쪽). "歸又請見他儀器及問時等
　　鍾, 皆言無有."
115) 『燕巖集』卷12, 別集,「馹汛隨筆」, '車制', 8ㄴ(252책, 179쪽). "轉磨爲大牙輪二層,
　　以鐵軸串之, 立于屋中, 設機而旋之. 牙輪者如自鳴鍾, 齟齬互當也. 屋中四隅, 亦以兩層置
　　磨盤, 盤沿亦爲齟齬, 以互當大輪之牙. 大輪一旋, 八盤爭轉, 頃刻之間, 麴如積雪, 此法肖
　　問時鍾."

기구의 변천 과정을 설명하면서 "측시(測時)의 변화는 자명종<에 이르러서> 극진하였다. 자명종의 궁극<에 이르러서는> 문시종표(問時鍾表)·음청절기표(陰晴節氣表)가 극진하였다."116)고 하여 자명종의 가장 발전된 형태가 문시종이라고 평가한 바 있다.

홍대용은 영조 42년(1766) 1월 10일 산서(山西) 출신인 진(陳)씨[陳哥]의 점포에 갔다가 그와 친분이 있는 강희제의 증손 양혼(兩渾)을 만나게 되었다. 이 만남에서 홍대용은 양혼이 차고 다니는 일표(日表)와 문종을 보게 되었다. 일표는 시간을 측정하는 기구였고, 문종은 일종의 자명종이었는데 두 기구 모두 내부에 미세한 기륜(機輪)을 갖추고 있었다. 특히 문종은 서양에서 나온 것으로 시기(時器) 가운데 지극히 정교한 것으로 평가되었다. 홍대용은 양혼에게 일표와 문종을 며칠만 빌려보자고 요청해서 허락을 받았다.117) 홍대용은 1월 12일에 빌린 물건을 봉해서 진씨를 통해 양혼에게 돌려주게 하였는데, 양혼은 홍대용이 문종을 소중히 여기는 것을 알고 이를 선물로 주고자 하였다.118) 이후 양자 사이에 선물의 수수를 둘러싸고 실랑이가 있었으나119) 결국 홍대용은 문종을 받게 되었고, 귀국하는 길에 봉황점(鳳凰店)에서 이를 사용해서 시간을 확인하기도

---

116) 『五洲衍文長箋散稿』卷27, 「物極生變辨證說」(上, 771쪽?). "至於測時之變, 自鳴鍾而極矣. 自鳴鍾之極, 而問時鍾表·陰晴節氣表而極矣."

117) 『湛軒書』外集, 卷7, 燕記, 「兩渾」, 24ㄴ～25ㄱ(248책, 254～255쪽). "又有徑寸兩小囊, 裝以文繡. 余熟視之, 兩渾覺之, 解與之日, 公豈欲見之乎. 余辭謝, 問其名. 一曰日表, 所以考時, 一曰問鍾, 所以隨問而擊鍾, 皆內藏機輪, 細如毫絲. …… 聞是出於西洋, 時器之至巧者也. 余請借數日, 兩渾快許之無難色."

118) 『湛軒書』外集, 卷7, 燕記, 「兩渾」, 25ㄱ(248책, 255쪽). "又曰, 問鍾是西洋寶器, 價踰百金, 爺爺深服公子之義, 將以贈之." ; 같은 글, 25ㄴ(248책, 255쪽). "十二日, 封問鍾及日表, 付陳哥還之."

119) 상세한 내용은 『湛軒書』「燕記」의 '兩渾'條와 『을병연행록』의 1월 14일, 1월 19일, 1월 25일, 1월 28일, 2월 3일, 2월 20일 기사를 참조. 兩渾은 유리[玻璃]로 화려하게 장식한 사방 1척 정도의 問鍾[大問鍾]을 선물하고자 하였으나, 홍대용이 사양할 것을 염려하여 자신이 휴대하고 있던 小問鍾으로 대신하였다.

했다.120) 그것이 바로 앞에서 황윤석이 이야기한 홍대용이 연경[燕都]에서 구해 왔다는 담배 상자 크기의 서양 자명종이었던 것으로 보인다.

2월 2일의 천주당 방문에서도 홍대용은 의기와 요종(鬧鐘)을 보여 달라고 간절하게 요청해서 자명종 시계의 일종인 요종을 관람할 수 있었다.121) 아울러 그는 무신의(撫辰儀＝璣衡撫辰儀)가 천주당에 있는지 문의하였다. 기형무신의는 건륭 9년(1744) 중국의 전통적 혼의(渾儀)의 구조[舊式]와 서양 천문의기의 신법[六儀新法]을 결합해서 새로운 의기를 제작하라는122) 건륭제(乾隆帝)의 명에 따라 이후 10년 동안의 작업을 거쳐 완성한 의기로서, 그 제작법과 사용법은 『의상고성(儀象考成)』에 수록되어 있다.123) 홍대용의 질문에 대해 유송령은 기형무신의가 관상대에 있기는 하지만 기존의 여섯 가지 의기보다 간편하지 못하기 때문에 지금은 사용하지 않는다고 답변하였다.124)

기형무신의가 수록되어 있는 『의상고성』은 홍대용과 함께 연행에 참가했던 이덕성에 의해 영조 42년(1766)에 조선에 전래되었고, 이는 이후에 기형무신의의 존재를 조선 학인들에게 알리는 중요한 참고문헌이 되었을

---

120) 『湛軒書』外集, 卷9, 燕記, 「角山寺」, 7ㄱ(248책, 287쪽). "行至鳳凰店, 考問鍾, 打戌正三刻矣."

121) 『湛軒書』外集, 卷7, 燕記, 「劉鮑問答」, 14ㄴ(248책, 249쪽). "余又請見其儀器及鬧鍾, 懇乞然後始出鬧鍾示之 ……."

122) 『欽定儀象考成』, 御製序, 「御製儀象考成序」, 2ㄱ. "玆因監臣之請, 按六儀新法, 參渾儀舊式, 製爲璣衡撫辰儀, 繪圖著說, 以裨測候, 并考天官家諸星紀, 數之闕者補之, 序之紊者正之, 勒爲一書, 名曰儀象考成."

123) 『欽定儀象考成』卷首上, 御製璣衡撫辰儀說 卷上, 1ㄱ~58ㄴ ; 『欽定儀象考成』卷首下, 御製璣衡撫辰儀說 卷下, 1ㄱ~81ㄴ. 卷上에는 儀制와 製法이, 卷下에는 用法과 算法이 수록되어 있다. '撫辰(무신)'이라는 용어는 『書經』, 「皐陶謨」의 "百工惟時, 撫于五辰, 庶績其凝(백공이 때에 따라 五辰[四時]을 순응하여[따라서] 모든 공적이 이루어진다)."이라는 구절에서 따온 것으로 보인다.

124) 『湛軒書』外集, 卷7, 燕記, 「劉鮑問答」, 15ㄱ(248책, 250쪽). "問撫辰儀有無. 劉曰, 在觀象臺而不如六儀之簡, 今廢不用云."

216

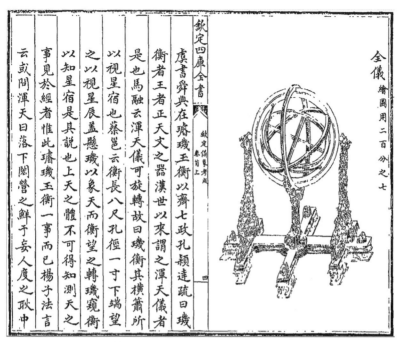

云或問渾天曰落下閎營之鮮于妄人度之耿中
事見於經者惟此璿璣玉衡一事而已楊子法言
以知星宿是其說也上天之體不可得知測天之
之以視星辰蓋懸璣以象天而衡望之轉璣窺衡
以視星宿也蔡邕云衡長八尺孔徑一寸下端望
是也馬融云渾天儀可旋轉故曰璣衡其橫簫所
衡者王者正天文之器漢世以來謂之渾天儀者
虞書舜典在璿璣玉衡以齊七政孔頴達疏曰璣

欽定四庫全書

欽定儀象考成
卷首上
四

全儀
繪國用二百分之七

<그림 4-11> 『의상고성(儀象考成)』에 수록된 기형무신의(璣衡撫辰儀)

것으로 짐작된다.[125] 기형무신의에 대한 단편적 언급은 건륭제에 대한 청의 시호 반포 조서[頒諡詔]에서도 확인할 수 있다. 이는 정조 23년(1799) 5월에 건륭제의 서거에 따라 파견된 진향사(進香使)가 보내온 것이다. 조서에서는 건륭제의 업적을 나열하면서 그 가운데 하나로 "사천(司天 : 흠천감)으로 하여금 무신(撫辰=기형무신의)을 헤아려 의상(儀象)의 점(占)을 상고하게 하였다."[126]는 사실을 거론했던 것이다.

125) 『承政院日記』 1255冊, 영조 42년 5월 5일(癸酉). 이 자료에 대한 상세한 분석은 이 책의 제6장 2절 '영조(英祖) 대 의상의 중수와 서양식 천문의기의 도입'을 참조.

126) 『日省錄』, 正祖 23년 5월 27일(甲申). "進香正使具敏和·副使金履翼, 以頒諡詔順付形止馳啓 …… 司天揆度撫辰稽儀象之占."

순조 31년(1831) 사은사의 정사인 홍석주(洪奭周, 1774~1842)의 수행원인 타각군관(打角軍官)으로 사행에 참여했던 한필교(韓弼敎, 1807~1878)[127]는 『수사록(隨槎錄)』이라는 연행록을 남겼다. 『수사록』의 10월 7일 기사를 보면 한필교는 지나는 길에 관상대를 보게 되었는데, 대 위에 혼천의, 지평경위의, 기형무신의 등의 기구가 설치되어 있다는 전언을 수록하고 있다.[128] 이는 본인이 직접 관상대를 관람하고 기록한 사실은 아니지만 당시 조선인들이 관상대에 기형무신의가 설치되어 있다는 사실을 인지하고 있었음을 방증하는 자료라 할 수 있다.

앞에서 살펴본 것처럼 홍대용은 선교사들에게 부탁하여 관상대를 관람하고자 했으나 그 뜻을 이루지 못했다. 그러나 영조 42년(1766) 3월 1일 귀국하는 길에 관상대에 들러 잠시 동안 몇 가지 천문의기를 관람하는 기회를 얻을 수 있었다. 홍대용이 직접 본 것은 수척(數尺)의 평대(平臺) 위에 설치되어 있는 청동으로 제작된 혼천의(渾天儀), 혼상(渾象), 간의(簡儀) 등이었다. 관상대의 10여 장이나 되는 높은 대[高臺] 위에는 강희제 때 제작한 여섯 가지 천문의기가 설치되어 있었다. 그것이 바로 천체의(天體儀), 적도의(赤道儀), 황도의(黃道儀), 지평경의(地平經儀), 지평위의(地平緯儀), 기한의(紀限儀)였는데 모두 서양식 천문의기로서 남회인(南懷仁)의 『신제영대의상지(新製靈臺儀象志)』에 수록되어 있는 기구들이었다. 홍대용은 고대에 올라 이 기구들을 직접 보지는 못하였으나[129] 이 의기들이

---

127) 韓弼敎는 洪奭周의 사위이자 조선 말의 대표적 문장가인 韓章錫(1832~1894)의 아버지이다.

128) 『隨槎錄』卷1, 「日月紀畧」, "(當宁三十一年辛卯, 十月, 乙酉)歷路望見觀象臺(崇文門內, 東城上), 其高可爲十數丈, 臺上有渾天儀·地平經緯儀·璣衡撫辰儀等器云."

129) 국역본 『을병연행록』의 3월 1일 기사에는 高臺 위의 六儀를 관람했다는 내용이 없다. 홍대용은 다만 관상대의 아래에서 위에 설치된 의기의 대략적 모습만을 보았던 것이다[홍대용(소재영·조규익·장경남·최인황), 앞의 책, 1997, 740~742쪽 ; 홍대용(정훈식 옮김), 『을병연행록』 2, 도서출판 경진, 2012, 386~388쪽].

곽수경(郭守敬)의 옛 제도와 비교해 볼 때 훨씬 정밀하다고 평가하였다. 아울러 "근자에 여섯 가지 의기가 번거롭다고 해서 다시 하나의 의기를 제작하여 여섯 개의 쓰임새를 겸하고자 하였으나, 기물(器物)이 더욱 번거로워져서 마침내 여섯 가지 의기를 각각 사용하는 것이 간편함에 미치지 못하였다."고 부기하였다.130) 이는 건륭제 때 기형무신의를 제작하였으나 활용성의 측면에서 여섯 가지 의기보다 간편하지 못했다는 유송령의 평가를 반복한 것으로 보인다.

정조 역시 명에서 창제된 여섯 가지 의기에 대해 주목하였다. 그는 천체의는 하늘 전체를 형상화한 것이고, 적도의는 적도의 경위(經緯) – 적경(赤經 : right ascension)과 적위(赤緯 : declination) – 를 측정하는 것이며, 황도의는 황도의 경위 – 황경(黃經 : celestial[ecliptic] longitude)과 황위(黃緯 : celestial[ecliptic] latitude) – 를 측정하는 것이고, 상한의(象限儀)는 태양 궤도의 높낮이를 측정하는 것이며, 기한의는 성거(星距)의 원근을 측정하는 것이고, 지평경위의(地平經緯儀)는 일월성신이 출입하는 방위를 측정하는 것이라고 정의하였다. 정조는 이와 같은 기구를 사용하면 칠정(七政)의 영축(盈縮)과 지질(遲疾)을 손바닥을 들여다보듯이 환하게 알 수 있다고 하였다.131) 서양식 천문의기에 대한 긍정적 태도를 확인할 수 있다.

이상에서 살펴본 바와 같이 홍대용은 연행 기간 중에 천주당과 관상대를 방문해서 서양식 천문의기와 자명종·원경·요종 등과 같은 여러 가지

---

130) 『湛軒書』外集, 卷9, 燕記,「觀象臺」, 17ㄴ(248책, 292쪽). "臺上諸器, 皆康熙以來所製, 其六儀, 一天體儀, 二赤道儀, 三黃道儀, 四地平經儀, 五地平緯儀, 六紀限儀, 皆出於西法東來之後, 比郭守敬舊制, 逈益精密. 近又以六儀之繁, 更製一儀, 以兼六用, 而器物益繁, 終不及六儀各用之爲便簡云."

131) 『弘齋全書』卷108, 經史講義 45, 總經, 書, 11ㄴ(265책, 198쪽). "皇朝創制之儀有六, 一曰天體儀, 以象天之全體, 二曰赤道儀, 以測赤道經緯, 三曰黃道儀, 以測黃道經緯, 四曰象限儀, 以測日躔之高低, 五曰紀限儀, 以測星距之遠近, 六曰地平經緯儀, 以測日月星辰之出入方位, 而七曜之盈縮遲疾, 瞭如指掌."

기물의 구조를 파악하고자 나름 노력하였다. 그러나 서양 선교사들의 소극적 자세와 촉박한 일정 등으로 의기의 구조와 용법을 면밀히 살펴볼 기회를 얻지는 못하였다. 그러한 사실은 『농수각의기지(籠水閣儀器志)』의 '측관의(測管儀)'[132] 조항에 수록된 다음과 같은 글을 통해 확인할 수 있다.

> 오직 그 기수(器數)가 교밀(巧密)하며 <그것을 만드는 데 소요되는> 공비(工費)가 격심하게 많이 들고 번잡하여 소국[下國]의 인민(人民)으로서는 힘이 이에 미칠 수 없었고, 또한 일찍이 연도(燕都)에 한 번 가서 천관(天官)에 질의(質疑)하고, 아울러 관상대의 의기를 살펴보았으나 끝내 그 상세(詳細)한 것을 얻지 못하였다. <그리하여> 지금 구법(舊法)에 의거하여 그 간요(簡要)하고 쉽게 무판할 수 있는 것을 취하고, 자못 손익(損益)을 가하여 하나의 의기(儀器)를 간단하게 만들어 이것을 명명(命名)하여 측관의라고 하고, 구고(勾股) 측량의 방법을 첨부(添附)하였다.[133]

이처럼 홍대용은 연행을 통해 서양식 의기의 구체적 내용을 습득하지는 못하였다. 따라서 그가 저술한 『농수각의기지』는 연행을 전후하여 각종

---

132) '測管'이라는 용어는 본래 "대롱을 통해 헤아린다."는 뜻으로 소견이 좁거나 식견이 부족함을 이르는 말이다. 이는 '蠡測管窺'에서 차용한 것으로 보이는데, '蠡測'이나 '管窺'란 용어는 본래 漢나라 東方朔의 "대롱으로 하늘을 엿보고, 표주박[또는 갑각류의 껍데기]으로 바닷물을 헤아리며, 풀 줄기로 종을 친다[以管窺天, 以蠡測海, 以筳撞鍾]."라는 말에서 유래한 것이다[『文選註』卷45, 設論, 答客難, 「東方曼倩」, 6ㄱ. "語日, 以管窺天, 以蠡測海, 以筳撞鍾, 豈能通其條貫, 考其文理, 發其音聲哉."]. 『漢書』의 「東方朔傳」에는 '以管窺天'이 '以筦闚天'으로, '以筳撞鍾'이 '以筳撞鍾'으로 기록되어 있다[『漢書』卷65, 東方朔傳 第35, 2867쪽].

133) 『湛軒書』外集, 卷6, 籠水閣儀器志, 「測管儀」, 24ㄱ~ㄴ(248책, 234쪽). "惟其器數巧密, 工費劇繁, 下國匹庶, 靡力及此, 亦嘗一到燕都, 質于天官, 并瞻臺儀, 終未得其詳. 今就舊法, 取其簡要易辦, 頗加損益, 粗成一器, 命之曰測管儀, 附以勾股測量之法."

서학서를 통해 획득한 의기 관련 지식과 정보에 기초해서 제작된 것이라고 볼 수 있다. 홍대용이 서양 천문의기에 많은 관심을 기울이고 있었다는 사실은 연행 이전부터 확인할 수 있기 때문이다.

연행 이전에 홍대용이 처음으로 제작했던 의기는 혼천의였다. 그것은 나경적(羅景績, 1690~1762)이 고안하고, 그의 제자인 안처인(安處仁)이 제작 기술을 제공했으며,[134] 앞에서 살펴본 염영서와 같은 장인을 불러 모아 제작한 것이었다. 물론 제작에 필요한 재력은 홍대용이 지급했다.[135] 홍대용이 동복(同福 : 和順)의 물염정(勿染亭) 아래에 거처하는 나경적을 방문한 것은 영조 35년(1759) 가을이었고,[136] 그를 금성부(錦城府 : 羅州)로 초빙하고 솜씨가 뛰어난 장인[巧匠]을 널리 모아 혼천의의 제작을 시작한 것은 이듬해인 영조 36년(1760) 초여름[首夏]이었다. 이 작업은 2년 만에 대략적인 완성을 보았다[영조 38년(1762) 무렵].[137] 그러나 홍대용은 이에 만족하지 못했다. 도수(度數)에 적잖은 착오가 있었고, 기물(器物)에도 번잡하고 자질구레한 부분[冗碎]이 있었기 때문이다. 이에 홍대용

---

134) 『湛軒書』外集, 卷3, 杭傳尺牘,「乾淨衕筆談續」, 13ㄱ(248책, 162쪽). "石塘之門人有安生處仁者, 其精思巧手, 深得石塘之學焉. 是役也, 名物度數, 槩出於石塘羅公之意, 而制作之巧, 多成於安生之手也."

135) 황윤석에 따르면 이 혼천의—황윤석은 '대기형(大璣衡)'이라고 표현했다—를 제작하는 데 공사비가 4~5만 문(文)이나 소요되었다고 한다[『頤齋亂藁』卷19, 甲午(1774년) 1월,「輪鐘記」(四, 103쪽). "又偕爲籠水閣主人洪大容德保, 製大璣衡于錦城館, 功費四五萬文."].

136) 『湛軒書』外集, 卷3, 杭傳尺牘,「乾淨衕筆談續」, 12ㄴ(248책, 161쪽). "其籠水閣渾天儀記事曰, 歲己卯秋, 自錦城作瑞石之遊, 歷訪羅石塘景績于同福勿染亭下 ……."

137) 『湛軒書』外集, 卷3, 杭傳尺牘,「乾淨衕筆談續」, 13ㄱ(248책, 162쪽). "於是喜石塘之有才, 能大其用, 而使古聖人法象, 將復傳於世焉, 則明年首夏, 邀致石塘于錦城府中, 廣費財力, 傍招巧匠, 再閱年而略成." 홍대용은 『을병연행록』에서 "함께 혼천의를 의논하여 수 년 간 괴로운 생각을 허비하고 일을 이룬 뒤 즉시 죽었으니[병술년(1766) 2월 25일]"라고 했는데[홍대용(정훈식 옮김), 앞의 책 2, 도서출판 경진, 2012, 313쪽], 나경적의 몰년은 영조 38년(1762)이다.

은 자신의 뜻에 따라 개량하는 작업을 진행하였다. 이 작업은 한 해가 지나 마무리되었다[영조 39년(1763) 무렵]. 이는 번잡한 부분을 제거하고 간이하게 하여 천상(天象=乾象)에 합치하도록 힘썼으며, 후종(候鐘 : 自鳴鐘)의 제도를 취해서 자못 증손(增損)을 가해 톱니바퀴[牙輪]가 서로 맞물려 돌아서 밤낮으로 천체의 회전에 따라 정확한 도수를 얻을 수 있도록 개량하는 일이었다.[138] 요컨대 1760년 초여름에 시작한 혼천의 제작은 3년의 시간이 경과한 1763년 무렵에 완료되었던 것이다.[139]

당시 홍대용은 혼천의를 완성한 다음 이와 동일한 형태로 또 하나의 의기를 만들었다. 그것은 원래 내외 양 층으로 구성된 혼천의[原制=原儀]의 내의(內儀) 위에 종이를 발라서 주천성수(周天星宿)와 황적도(黃赤道)·일도(日道)·월도(月道) 등을 그린 혼상(渾象)과 같은 형태의 의기로 성수(星宿)의 도수를 상고하기 위한 것이었다.[140] 두 개의 의기가 완성되자 홍대용은 이를 천안 수촌(壽村)에 있는 자신의 집[湖庄]으로 옮겨 보관하고자 했다. 그러나 공간[堂室]이 협소해서 여의치 않자 집[齋舍]의 남쪽에 네모난 연못[方沼]을 만들고, 연못 안에 둥근 섬[圓島]을 조성한 다음, 그 위에

138) 『湛軒書』外集, 卷3, 杭傳尺牘, 「乾淨衕筆談續」, 13ㄱ(248책, 162쪽). "但其度數頗有錯誤, 器物或多冗碎, 乃以己意, 捨煩就簡, 務合乾象. 又取候鐘之制而頗加增損, 互激牙輪, 使之日夜隨天運轉, 各得其度, 又閱年而畢焉."

139) 陸飛가 「籠水閣記」에서 "옛 제도를 損益하여 3년이 걸려서 渾儀 하나를 만들었다."고 한 것은 이상과 같은 홍대용의 기록을 염두에 두고 한 말이었다[『湛軒書』外集, 卷3, 杭傳尺牘, 「乾淨衕筆談續」, 31ㄴ(248책, 171쪽). "湛軒皆訪致之, 相與虛夷商確, 損益舊制, 遴材選工, 三閱寒暑, 爲渾儀一器.";『湛軒書』外集, 附錄, 愛吾廬題詠, 「籠水閣記」(陸飛), 8ㄱ(248책, 324쪽). "湛軒皆訪致之, 與之虛夷, 損益舊制, 閱三寒暑, 爲渾儀一器."].

140) 『湛軒書』外集, 卷3, 杭傳尺牘, 「乾淨衕筆談續」, 13ㄱ～14ㄱ(248책, 162쪽). "內儀之上, 始將以銅絲結網, 懸珠而象星宿, 則三辰之眞象, 可以全備, 而以太涉炫燿, 姑闕之. 別設一儀, 兩層如原制, 糊紙虛中而正圓, 中分之, 合于內儀之上, 而固其縫成鷄卵之形. 上圓周天星宿及黃赤日月之道, 其北極之環, 自轉之法, 十字之機, 皆同原儀. 此制雖無日月之眞象, 而星宿度數, 粲然可考, 又原儀之所不及也."

'농수각(籠水閣)'이라는 작은 전각을 짓고 그 안에 혼천의를 보관하였다. 당시 농수각에 홍대용이 보관한 의기는 혼천의뿐만 아니라 그것을 본떠서 별도로 만든 혼상의(渾象儀), 그리고 새롭게 얻은 서양식 후종(候鐘) 등이었다.141) 아마도 이때 농수각에 비치된 후종은 나경적이 제작한 것으로 추측된다.142)

홍대용은 농수각에 설치한 혼천의를 제작하고 나서 그 과정을 글로 작성했던 것으로 보인다. 그것이 바로 홍대용이 북경에서 사귄 항주(杭州)의 선비들－엄성(嚴誠)·반정균(潘庭均)·육비(陸飛)－과의 필담을 정리한 「간정동필담(乾淨衕筆談)」에 수록되어 있는 「농수각혼천의기사(籠水閣渾天儀記事)」이다.143) 홍대용은 북경에 갈 때 이 글을 지참했던 것으로 짐작된다. 영조 42년(1766) 2월 24일 그는 육비에게 보낸 편지에서 자신이 혼천의를 제작한 것이 자못 심력(心力)을 허비한 일이었다고 감회를 피력하고, 당세의 훌륭한 문장가[大匠＝名匠]의 글을 얻어서 그 사업을 소중히 간직하고자 하는[자중(自重)함을 얻고자 하는] 바람이 있다고 하면서 기문을 작성해 줄 것을 당부하였다.144) 이 편지에 첨부한 글이 바로 「농수각혼

---

141) 『湛軒書』外集, 卷3, 杭傳尺牘, 「乾淨衕筆談續」, 14ㄱ(248책, 162쪽). "渾儀既成, 輪置之湖庄, 堂室隘陋, 且未可褻而汙之, 乃於齋舍之南, 新鑿方沼, 引水灌之, 中築圓島, 上建小閣, 幷兩儀及新得西洋候鐘而藏之."

142) 『湛軒書』外集, 卷3, 杭傳尺牘, 「乾淨衕筆談續」, 12ㄴ~13ㄱ(248책, 1161~62쪽). "石塘, 南國之奇士, 隱居好古, 年已七十餘. 見其手造候鐘, 出於西土遺法, 而制作精緻, 有足以奪天功者."

143) 『湛軒書』外集, 卷3, 杭傳尺牘, 「乾淨衕筆談續」, 12ㄴ~14ㄱ(248책, 161~162쪽) ; 홍대용(소재영·조규익·장경남·최인황), 위의 책, 1997, 675~676쪽 ; 홍대용(정훈식 옮김), 위의 책 2, 2012, 302~304쪽.

144) 『湛軒書』外集, 卷3, 杭傳尺牘, 「乾淨衕筆談續」, 12ㄱ~ㄴ(248책, 161쪽). "二十四日, 與篠飲書曰 …… 但其渾儀之制, 頗費心力, 願得大匠一言, 以重其事. 今幸遇吾老兄, 當世大匠, 非老兄而誰哉, 想不以一揮灑之勞而終孤此望也." ; 홍대용(소재영·조규익·장경남·최인황), 앞의 책, 1997, 674쪽 ; 홍대용(정훈식 옮김), 앞의 책 2, 2012, 302쪽. 홍대용은 김이안(金履安, 1722~1791)에게도 기문[籠水閣記]을 받

천의기사」였다.

홍대용의 편지를 받은 육비는 곧바로 기문의 작성을 승낙하는 답장을 보냈다. 다만 글의 양식을 시(詩)로 할 것인지, 아니면 기(記)로 할지는 엄성·반정균과 상의해서 다시 알려주겠다고 하였다.[145] 그 이튿날인 2월 25일에 홍대용은 육비에게 기문의 작성을 승낙해 준 것에 대해 감사의 편지를 보내는 한편,[146] 반정균과 엄성에게 보낸 편지에서 나경적이 재사(才思)의 정교함을 갖추고 있을 뿐만 아니라 그 이상[志尙 : 포부]이 밝고 환한[昭朗] 기사(奇士 : 비상한 선비)라고 평가하고, 자신과 함께 혼천의를 제작할 때 이미 그의 나이가 70여 세였고, 의기가 완성되자 곧 병사했다고 하면서 양공(良工)의 고심(苦心)을 알 수 있다고 추모하였다.[147] 육비는 홍대용의 편지에 대한 답장에서 부탁받은 '혼의기(渾儀記)'는 이미 초안을 작성하였으며, 나경적[羅君]에 관한 서술을 마땅히 삽입하여 경앙(景仰)의 뜻을 조금이나마 표현하겠다는 의사를 전달하였다.[148]

있는데, 이는 연행 이전의 일이었던 것으로 짐작된다[『三山齋集』卷8, 「籠水閣記」, 15ㄴ~17ㄱ(238책, 460~461쪽) ;『湛軒書』附錄, 愛吾廬題詠, 「籠水閣記(又)」(金履安), 8ㄱ~9ㄱ(248책, 324~325쪽)].

145) 『湛軒書』外集, 卷3, 杭傳尺牘, 「乾淨衕筆談續」, 14ㄴ(248책, 162쪽). "渾儀事, 飛坐井中, 不足仰窺, 旣辱相委, 當竭力爲之. 或詩或記, 容酌商之力閣秋庫以應. 但問學淺薄, 不足以發揮第一絶大製作, 不責其荒陋可耳." ; 홍대용(소재영·조규익·장경남·최인황), 위의 책, 1997, 677쪽 ; 홍대용(정훈식 옮김), 위의 책 2, 2012, 306쪽.

146) 『湛軒書』外集, 卷3, 杭傳尺牘, 「乾淨衕筆談續」, 15ㄱ(248책, 163쪽). "二十五日, 與篠飮書曰 …… 記文, 幸此俯諾, 不勝鳴感. 都在明日就叙, 不宣." ; 홍대용(소재영·조규익·장경남·최인황), 위의 책, 1997, 682쪽 ; 홍대용(정훈식 옮김), 위의 책 2, 2012, 313쪽.

147) 『湛軒書』外集, 卷3, 杭傳尺牘, 「乾淨衕筆談續」, 15ㄴ(248책, 163쪽). "與蘭公力閣書曰, 羅生儘是奇士, 志尙昭朗, 不特才思之巧而已. 特其詩文無一記得以傳大方, 可歎. 當其同事渾儀, 年已七十餘矣, 儀成而卽病死, 說者謂渾儀爲之崇, 可見良工之苦心矣." ; 홍대용(소재영·조규익·장경남·최인황), 위의 책, 1997, 682쪽 ; 홍대용(정훈식 옮김), 위의 책 2, 2012, 313쪽.

148) 『湛軒書』外集, 卷3, 杭傳尺牘, 「乾淨衕筆談續」, 15ㄴ(248책, 163쪽). "篠飮答書曰

224

홍대용은 귀국을 앞두고 2월 26일에 항주의 선비들을 방문하여 석별의
정을 나누었다. 이 자리에서 육비가 작성한 기문의 초고에 대하여 잠시
토론의 시간을 가졌다. 육비의 초고에서 문제가 되었던 것은 혼천의의
동력 전달 방식에 관한 것이었다. 홍대용이 제작한 혼천의는 서양 자명종
의 원리를 원용하여 톱니바퀴를 사용해 움직이게 하는 것[自鳴鐘牙輪互激
之制]이었다. 그런데 육비는 전통적 혼천의의 작동 방식인 수격식(水激式)
으로 서술했던 것[激水之制]이다. 따라서 홍대용이 제작한 혼천의의 실상
에 맞게 초고의 내용을 수정할 것인지, 아니면 초고의 문체(文體)와 문의(文
義)·문기(文氣)를 살리기 위해 그대로 둘 것인지를 놓고 육비와 홍대용
사이에 의견 교환이 있었던 것이다.[149]

이와 같은 논의 과정을 통해 육비의 기문은 일부 수정을 거쳐 2월
27일 육비가 보낸 편지에 첨부되어 홍대용에게 전해졌다. 그것이 바로
육비의 「농수각기」인데, 대체로 문의와 문기를 살리기 위해 수정할 필요
가 없다는 홍대용의 견해를 수용한 것으로 보인다.[150] 이튿날인 2월

······ 所托渾儀記, 已有草創, 羅君當叙入, 稍志景仰也." ; 홍대용(소재영·조규익·장경
남·최인황), 위의 책, 1997, 682쪽 ; 홍대용(정훈식 옮김), 위의 책 2, 2012, 314쪽.
149) 『湛軒書』外集, 卷3, 杭傳尺牘, 「乾淨衕筆談續」, 16ㄱ(248책, 163쪽). "篠飮以記泉示之,
略有商確之語. 余曰, 此儀不用激水之制, 而記以水爲言, 雖若失實, 本制旣用激水, 以此說
去, 亦似無妨. 起潛曰, 然則運之若何. 余曰, 記事中已略及之, 此卽自鳴鐘牙輪互激之制,
此激水甚簡要. 起潛乃於其下, 更添數十字, 略云不待水而運之, 妙合天道, 孰主張是云云.
余曰, 此以記之本體言之, 則當備叙其事實及儀之機軸, 今此文大抵脫畧. 且以水喩道, 初
非專以激水言, 以此終之, 似近突兀. 且言水一段, 頓失生氣, 不必添之也. 起潛又盡去言水
一段而以牙輪云云終之曰, 旣非激水, 終未免失實. 余曰, 此等文體, 亦當有之, 且言水一
段, 文氣甚健, 棄之可惜." ; 홍대용(소재영·조규익·장경남·최인황), 위의 책, 1997,
685쪽 ; 홍대용(정훈식 옮김), 위의 책 2, 2012, 317쪽.
150) 『湛軒書』外集, 卷3, 杭傳尺牘, 「乾淨衕筆談續」, 31ㄴ~32ㄱ(248책, 171쪽) ; 홍대용
(소재영·조규익·장경남·최인황), 위의 책, 1997, 721~722쪽 ; 홍대용(정훈식 옮
김), 위의 책 2, 2012, 358~360쪽 ; 『湛軒書』附錄, 愛吾廬題詠, 「籠水閣記」(陸飛),
7ㄴ~8ㄱ(248책, 324쪽). 그런데 「乾淨衕筆談」에 수록된 陸飛의 「籠水閣記」와 『湛
軒書』에 수록된 그것 사이에는 적지 않은 문자의 출입이 있다. 그 이유에 대해서는

28일에 홍대용은 육비에게 편지를 보내 「농수각기」가 잘 되었다고 감사의 뜻을 전했다.[151]

이상의 개략적 논의를 통해서 알 수 있듯이 홍대용이 연행 이전에 제작했던 혼천의 제작 사업의 전모를 확인하기 위해서는 본인이 작성한 「농수각혼천의기사」, 이를 토대로 작성된 것으로 보이는 김이안과 육비의 「농수각기」, 그리고 후에 『농수각의기지』를 작성하면서 혼천의의 명칭을 '통천의(統天儀)'로 변경하고 「농수각혼천의기사」보다 상세하게 구조와 작동 방식을 설명한 「통천의」 항목과 「혼상의」 항목, 『주해수용(籌解需用)』에 수록되어 있는 혼천의를 구성하고 있는 각종 톱니바퀴의 구동 방식에 대한 예제들,[152] 그리고 「간정동필담」에 수록된 관련 내용을 종합적으로 검토해야만 한다.[153]

홍대용의 농수각 혼천의는 몇 가지 주요한 특징을 지니고 있다. 첫째, 전통적 혼천의의 제도를 기본으로 삼아 "번거롭고 자질구레한 것을 실정을 참작해서 덜어내고[酌損繁縟]" 서법(西法)을 회통해서 새로운 의기로 창립(創立)하였다는 것이다.[154] 둘째, 철환(鐵環)으로 구성되어 있는 철제 혼천의라는 사실이다.[155] 셋째, 구조적으로 볼 때 사유의를 제거하고 산하총도(山下摠圖)를 새긴 철판을 설치하여 지면(地面)을 형상화하였다는

별도의 검토가 필요할 것으로 보인다.

151) 『湛軒書』 外集, 卷3, 杭傳尺牘, 「乾淨衚筆談續」, 32ㄱ(248책, 171쪽). "二十八日, 送件書曰 …… 閣記, 極是完好, 且筆法尤妙, 坐令蓬蓽生輝, 孤陋之幸, 如何盡言."

152) 『湛軒書』 外集, 卷5, 籌解需用 內編下, 「天儀分度」, 11ㄴ~13ㄱ(248책, 205~206쪽).

153) 이에 대한 상세한 분석은 韓永浩, 「籠水閣 天文時計」, 『歷史學報』 177, 歷史學會, 2003을 참조.

154) 『湛軒書』 外集, 卷6, 籠水閣儀器志, 「統天儀」, 21ㄱ(248책, 233쪽). "今就渾儀舊制, 酌損繁縟, 會通西法, 創立一儀, 名曰統天儀."

155) 『湛軒書』 外集, 卷3, 杭傳尺牘, 「乾淨衚筆談續」, 13ㄱ(248책, 162쪽). "其制爲內外兩層, 居外者, 鍊鐵爲三環相結, 如六合之制 ……."; 『湛軒書』 外集, 卷6, 籠水閣儀器志, 「統天儀」, 21ㄱ(248책, 233쪽). "儀有兩層, 各以三鐵環, 縱橫相結, 幷爲健鎖, 以便收藏."

점,156) 하늘과 태양과 달의 상대적 운동을 구현하기 위해 천행(天行)·일행(日行)·월행(月行) 기구를 설치하였다는 점이 눈에 띈다.157) 넷째, 혼천의의 구동 방식에서 수력을 이용했던 전통적 수격식에서 탈피하여 추와 톱니바퀴로 작동하는 방식을 채용했다.158) 이는 서양 자명종의 제도[候鍾之制]를 원용한 것으로 서법의 회통은 이러한 측면에서 분명히 드러난다. 다섯째, 시각을 알리는 종[報刻之鐘]을 설치하여 수시로 시간을 알려주도록 하였다.159)

홍대용은 『농수각의기지』를 작성하는 단계에서 혼천의의 명칭을 '통천의'로 바꾸었는데, 그 이유에 대해서는 설명을 덧붙이지 않았다. '통천(統天)'이라는 용어는 『주역』건괘(乾卦)의 단전(彖傳)에 수록된 "위대하다, 건원(乾元)이여! 만물이 <이에> 의지하여 시작하니[나오나니], 이에 하늘을 통합하였도다[大哉乾元, 萬物資始, 乃統天]."160)라는 구절에서 유래한 것이다. 주희는 이 구절을 해설하면서 "사덕(四德)의 으뜸이 되어 천덕(天德)의 처음과 끝을 관통하므로 통천(統天)이라고 한다."161)고 하였다.

---

156) 『湛軒書』外集, 卷3, 杭傳尺牘, 「乾淨衕筆談續」, 13ㄴ(248책, 162쪽). "中置平鐵板, 刻山河摠圖, 所以象地之在中也." ;『湛軒書』外集, 卷6, 籠水閣儀器志, 「統天儀」, 22ㄱ (248책, 233쪽). "極軸當中設鐵板, 與地平平齊, 上刻山河摠圖, 以象地面."

157) 한영호, 앞의 논문, 2003, 10~18쪽.

158) 각주 149) 참조 ;『湛軒書』外集, 卷6, 籠水閣儀器志, 「統天儀」, 22ㄱ(248책, 233쪽). "外層之北, 設木匣高出地平之上, 匣上安銅匣, 內藏四牙輪, 如候鍾之制. 最下大輪, 懸錘而引之, 重可十斤. 次上之輪, 爲六十牙, 中軸長出匣外, 架子午之規. 末置小輪, 爲牙十五, 入內層北極之環而牽轉之."

159) 『湛軒書』外集, 卷2, 杭傳尺牘, 「乾淨衕筆談」, 11ㄱ(248책, 134쪽). "渾儀有報刻之鐘." ; 『湛軒書』外集, 卷3, 杭傳尺牘, 「乾淨衕筆談續」, 13ㄴ(248책, 162쪽). "地板之外, 置一環, 周表分刻, 隨太陽而考其時. 機輪之上, 有報刻之鐘." ;『湛軒書』外集, 卷6, 籠水閣儀器志, 「統天儀」, 22ㄱ(248책, 233쪽). "銅匣之南, 爲兩圈, 分爲四刻六十分, 以考分刻. 上懸小鍾, 內藏機括, 隨刻自鳴."

160) 『周易』, 乾卦, "象曰, 大哉乾元. 萬物資始, 乃統天."

161) 『周易本義』, 周易象上傳 第1, 90쪽(校點本『朱子全書』1, 上海古籍出版社·安徽教育出版社, 2002의 쪽수). "又爲四德之首, 而貫乎天德之始終, 故曰統天."

따라서 '통천의'는 혼원(渾圓)한 천체의 모습을 형상하여 그 운행의 오묘함[健行之妙]을 관측하는 기구라는 의미에서 붙인 이름으로 볼 수 있다.[162]

이처럼 18세기 후반에는 민간에서도 서양식 자명종의 구동 방식을 차용해서 새로운 형태의 혼천의를 제작하는 사람들이 있었다. 홍양호(洪良浩, 1724~1802)의 종인(宗人)인 홍신영(洪藎榮)이란 인물도 그 가운데 한 사람이었다. 그가 손수 제작한 기구는 하늘과 해, 달, 별의 진퇴영허(進退盈虛)가 각각의 궤도를 따라 순환하고, 기계장치[機緘]가 저절로 움직이는데 천체 운행의 도수[躔度]에 차이가 없고, 사계절의 중성(中星)이 절기에 따라 나타나며, 톱니바퀴가 천체의 운행에 따라 돌고, 후종이 시간에 따라 울리는 구조를 갖춘 기계식 혼천의의 일종이었다.[163]

2) 19세기 서양식 천문의기의 제작

서호수(徐浩修)의 아들인 서유본(徐有本)의 집에는 조부 서명응(徐命膺) 이래로 청(淸)을 통해 입수한 다양한 서적과 기구들이 있었다. 우리는 그러한 사실을 이규경(李圭景, 1788~1856)의 증언을 통해서 확인할 수 있다. 앞에서 살펴본 혼개통헌의와 『혼개통헌도설』은 그 가운데 하나였다. 그 밖에 삼각함수의 계산을 편리하게 할 수 있는 도구인 '구고산기(句股筭[算]器)'라는 기구도 소장하고 있었다. '산기(筭器)'는 세 개로 구성되어 있는데 첫째가 반원(半圓)이나 반호(半弧)라고도 불리는 반경규(半徑規),

---

162) 『湛軒書』外集, 卷6, 籠水閣儀器志, 「統天儀」, 21ㄱ(248책, 233쪽). "天體渾圓, 經緯紛錯, 不有器以象之, 健行之妙, 終不可得見也. …… 今就渾儀舊制, 酌損繁縟, 會通西法, 創立一儀, 名曰統天儀."

163) 『耳溪集』卷18, 渾儀說, 34ㄴ(241책, 331쪽). "吾宗人藎榮, 博聞而多藝, 有志於司天之學, 手造運天之器, 斟酌古今, 間寓己巧. 天日月星之進退盈虛, 各循其軌, 機緘自運, 躔度不差, 四時中星, 隨節立見, 牙輪依天而轉, 候鐘應時而鳴."

228

둘째가 규거(規車＝規髀), 셋째가 분리척(分釐尺)이었다.[164] 이것들 이외에 비례척(比例尺)도 있는데 초학자들이 사용하기에는 분리척보다 어려웠다고 한다. 이 기구들이 조선에 전해졌을 때 그것을 소장한 곳이 서호수가였다. 그 가운데 분리척과 비례척은 서유본이 가지고 있었는데, 이규경은 순조 15년(1815)에 이것을 빌려보았다. 이 사실을 회상하던 때가 그로부터 32년이 지난 1846년 무렵이었는데, 이규경은 이것이 아직도 그 집안에 전해지고 있는지는 알 수 없다고 했다.[165]

한편 규비(規髀)라는 기구도 서유본가에 있었다. 이규경은 황양목으로 그것을 본떠 제작하였는데 잃어버렸고, 다만 그 그림은 『오주서종(五洲書種)』과 『이가도서약(李家圖書約)』에 수록하였으니 제도를 취할 수는 있다고 하였다. 분리척도 그 제도를 구하고자 한다면 서유본가에서 빌려볼 수 있을 것이라고 했다. 그런데 당시 서유본가에는 양손(養孫[螟孫])만 있을 뿐이어서 서유구가 그것을 잃어버릴까 염려하여 혹시 취해서 수장하고 있을지도 모르겠다고 하였다.[166]

순조 14년(1814)에 이규경이 마포[麻湖]의 서호정(西湖亭)에 거주하고 있을 때 '구고산기' 세 개를 가진 사람을 보았다고 한다. 그는 백금으로 된 작은 통 안에 이것을 담아 보관하고 있었는데 그 제도가 매우 정묘(精妙)

---

164) '구고산기'에 대한 상세한 설명은 沈大成(1710~1771)의 『學福齋雜著』의 「勾股三逑引」에 나와 있으며[『新編叢書集成』 13冊, 臺北 : 新文豐出版公司, 1985], 이규경은 자신의 저술인 『李家圖書約』에 그 그림을 자세히 그려놓았다고 했다[『五洲衍文長箋散稿』 卷44, 「數原辨證說」(下, 423~424쪽)].

165) 『五洲衍文長箋散稿』 卷9, 「勾股笭器辨證說」(上, 299쪽) "…… 而此器已入我東(徐尙書浩修家藏此器祕之, 傳于其胤, 有樂家收藏爲寶, 然莫能爲用, 未知尙或留傳也), 不知其何用, 而其中分釐尺·比例尺 則藏於徐左蘇山人(有本, 字浩源, 官敎官, 卽五費尙書有棐兄)家. 歲乙亥, 嘗借見, 距今爲三十二年矣, 未識傳在其家也."

166) 『五洲衍文長箋散稿』 卷9, 「勾股笭器辨證說」(上, 299쪽) "規髀, 亦藏於徐左蘇山人家. 予以黃楊倣製, 今見佚, 而圖則載於五洲書種·李家圖書約中, 足可取式. 分釐尺則如欲取法, 借於左蘇家可得, 而只有螟孫, 五費尙書慮其遺失, 或取收藏, 亦未可知也."

했다. 그 사람은 이것을 팔고자 했으나 그것이 어떤 물건인지 아는 사람이 없었다. 이규경은 그 물건의 출처를 헤아려 알고 있었기 때문에 구매에 응하지 않았다고 한다. 이것이 바로 '구고산기갑(勾股筭器匣)'이었다.167)

서유본과 교유했던 인물 가운데 하경우(河慶禹)란 사람이 있다. 그는 상수학(象數學)에 정통하다고 평가되었고, '교사(巧思)'가 남들보다 빼어나 자명종(自鳴鍾)이나 자행거(自行車)를 손수 제작하기도 했다. 비록 세상에는 그를 알아주는 이가 드물었지만, 하경우는 서유본과 종유(從遊)하며 '역상수리(曆象數理)'의 오묘함에 대해 토론하곤 했다. 하경우가 많은 정력을 쏟아 제작한 의기가 삼유의(三游儀)였다. 그는 이것을 이용해서 측험(測驗)해 본 결과 고전(古典)에 수록되어 있는 옛 의기와 자못 합치한다고 여겼다.168)

서유본이 전하는 삼유의의 대략적 구조는 다음과 같다. 먼저 하나의 원판(圓板)을 평평하게 설치하고[平置] 원판의 축을 두 개의 시렁[兩架]에 꿰어 원판이 남북으로 저앙(低仰)하고 동서로 운전(運轉)할 수 있도록 한다. 아래에는 받침대[跗坐]를 설치하여 이를 떠받치게 한다. 원판에는 6개의 구역[圈]을 만드는데, 각각의 구역은 360도(度), 96각(刻), 12시(時), 대월(大月) 30일, 소월(小月) 29일, 24방위로 나눈다. 원판의 정남쪽에는 나경(羅經 : 나침반)을 설치하여 자오(子午)를 정할 수 있도록 하고, 중심축에는 규표(窺標)를 설치하여 이를 회전시키면서[旋轉] 측후(測候)할 수

---

167) 『五洲衍文長箋散稿』 卷9,「勾股儀辨證說」(上, 299쪽) "歲在甲戌(純廟十四年), 予住麻湖西湖亭峕, 有人持此三器, 匣于白金小箭中, 制度精妙, 欲售之, 而無人知其爲何物. 予揣知其出處, 而不應焉, 卽勾股筭器匣也."

168) 『左蘇山人集』 卷第7,「三游儀銘幷序」, 39ㄱ(續106책, 143쪽). "河生慶禹精於象數之學, 巧思絶人, 嘗手製自鳴鍾·自行車, 已乃棄去, 隱居東湖之上, 躬執百工之事以資生, 然亦未嘗炫能求售於人也. 以故世罕有知之者, 獨喜從余遊, 來輒討論歷象數理之奧, 不知日之夕也. 一日携一儀器, 謁余而請曰, 此愚之意剙而手造者也. 愚於此煞費精力, 旣成用以測驗, 頗與古典合, 而顧今世, 非子無可與語此者, 願有以銘之."

230

있도록 한다. 반주원판(半周圓板)을 원판[全圓板]의 뒤에 비스듬히 세우고, 남북의 가운데에 180도를 새기고, 그 가운데를 나누어 1상한(象限 : 사분면)으로 하고, 구획선을 그려 표시한다. 그 중심에는 추를 매단 선[權線]을 아래로 늘어뜨려 그것이 가리키는 도분(度分)을 살피도록 한다.169)

이상과 같은 서유본의 짤막한 설명만으로 삼유의의 구조와 사용법을 구체적으로 확인하기는 어렵다. 다만 그것이 원판으로 구성된 평면 의기라는 점과 그 안에 기재되어 있는 수치들이 시헌력 도입 이후에 사용된 서양 천문역산학의 상수라는 사실만은 확실하다. 따라서 삼유의는 서양식 천문의기의 전래 이후 그 제작 방법을 원용해서 만든 새로운 형태의 의기라고 추측할 수 있다.170)

서유본은 하경우가 만든 의기를 시험해 보니 위로는 천도(天度)를 측정하는 것으로부터 아래로는 풍수가[堪輿家]들의 '분금수파지법(分金水破之法)'171)에 이르기까지 모두 표(表)를 움직여[游表] 얻을 수 있었다. 서유본은 이를 '세상에 보기 드문 보물[稀世之寶]'이라고 평가했다. 그는 이 의기를 세 차례 운용해서 지평(地平)을 정할 수 있고, 북극고도(北極高度)를 측정할 수 있으며, 주야시각(晝夜時刻)을 판별할 수 있으니 '삼유의'라고 명명하는 것이 좋겠다고 하였다.172)

---

169) 『左蘇山人集』 卷第7, 「三游儀銘幷序」, 39ㄱ~40ㄱ(續106책, 143쪽). "其制平置一圓板, 軸貫於兩架, 使之南北低仰, 東西運轉, 下植跗坐以承之. 畫爲六圈, 第一圈分三百六十度, 第二圈分九十六刻, 第三圈分十二時, 第四圈分大月三十日, 第五圈分小月二十九日, 第六圈分二十四方位. 正南植羅經, 以定子午. 中心軸貫窺標, 隨意旋轉, 用以測候. 又側立半周圓板於全圓板之背, 南北之中, 刻一百八十度, 中分一象限, 畫線以誌之. 中心繫權線垂下, 以審所値度分, 此其大畧也."

170) 서유본은 삼유의가 '渾蓋', 즉 渾天과 蓋天의 이치를 겸했다고 평했는데[『左蘇山人集』 卷第7, 「三游儀銘幷序」, 40ㄱ(續106책, 143쪽). "理兼渾蓋."], 이는 구형의 천구를 평면에 투영한 서양식 의기일 것이라는 추측을 가능하게 한다.

171) '分金'은 시체나 관을 묻을 때에 그 위치를 바르게 정하는 것이고, '水破'는 穴 주위에 흐르는 물이 흘러나가는 곳을 가리킨다.

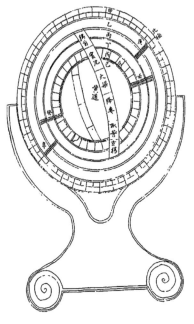

<그림 4-12> 육환의(六環儀)

이규경은 육환의(六環儀)라는 기구에 주목한 바 있다. 육환의는 『서양신법역서(西洋新法曆書＝新法算書)』에 수록된 『측량전의(測量全義)』에 소개되어 있는 서양식 천문의기이다.173) 『측량전의』에 따르면 육환의는 서양의 다록모(多祿某 : 프톨레마이오스)가 만든 것으로 칠정(七政)의 경위도를 측정할 때 사용하는 의기였다.174) 요컨대 그것은 프톨레마이오스의 황도혼의(黃道渾儀 : astrolabe)로 천체의 황도좌표를 측정하는 의기였던 것이다. 이규경 자신은 의상을 매우 좋아하여 일찍

이 본 것을 모아서 반드시 손으로 그려 소장하는 벽(癖)이 있었다고 한다. 그런데 다른 의기들은 그 제작이 너무 어려워서 평범한 재주로는 능히 할 수 없는 것이었다[만들어 볼 엄두를 내지 못하였다]. 오직 이 육환의만은 가장 간이(簡易)해서, 그 상략(詳略)함이 마테오 리치가 제작한 혼개통헌의

---

172) 『左燕山人集』 卷第7, 「三游儀銘幷序」, 40ㄱ(續106책, 143쪽) "嘗試考驗之, 上自測候天度, 下至於堪輿家所謂分金水破之法, 皆可游表而得之, 誠稀世之寶也. 余復于生曰, 是器也三般運用, 可以定地平, 可以測北極之高度, 可以辨晝夜之時刻, 是宜名三游儀."

173) 『新法算書』 卷96, 測量全義 卷10, 儀器圖說, 古六環儀 第2, 5ㄱ~8ㄱ(789책, 727~729쪽). 『측량전의』 권10(儀器圖說)에서는 옛 의기 4개[三直游儀, 六環儀, 象運全儀, 弧矢儀]와 신법 의기 5개[測高儀, 地平經緯儀, 距度儀, 赤道經緯儀, 黃道經緯儀]의 구조와 용법을 소개하고 있으며, 부록으로 티코 브라헤가 사용한 의기의 總目[測高象限, 黃赤經緯度儀, 渾球大儀]과 主表儀를 첨부하였다.

174) 『新法算書』 卷96, 測量全義 卷10, 儀器圖說, 古六環儀 第2, 5ㄱㄴ(789책, 727쪽). "亦多祿某所造, 以測七政經緯度."

와 백중했다고 한다. 이규경은 이를 제작해서 소장하고 싶었는데 청동으로 주조하기는 어렵더라도 대나무나 나무, 철로 제작하는 것은 무방할 것 같다고 하였다. 이규경은 헌종 9년(1843) 봄에 남경의 주문근(周文勤)의 각본(刻本)으로 육환의의 그림을 보관하고 있었는데, 그해 가을 25일[其秋念五]에 다시 그 각본을 축소·모사해서 소본(小本)으로 만들어 책에 수록하기 쉽도록 하였다고 한다.175)

이처럼 19세기에 들어서도 개인적으로 천문의기를 제작하거나, 제작하려고 시도하는 사람들이 있었다. 박규수(朴珪壽, 1807~1876)는 그 대표적 인물 가운데 한 사람이다. 김윤식(金允植, 1835~1922)은 스승 박규수의 학문적 업적을 다음과 같이 정리했다.

크게는 토지를 분할해서 국도(國都)를 건설하고 이수(里數)를 헤아려 향읍(鄕邑)을 구획하는[體國經野] 제도와 작게는 금석(金石)·고고(考古)·의기(儀器)·잡복(雜服) 등의 일을 정확하게 연구하였고, 사실에 의거하여 진리를 탐구하지[實事求是] 않음이 없었다. 규모가 넓고 컸으며, 일을 처리함이 조리 있고 치밀하여, 모두 경전(經傳)에 우익(羽翼)이 되고 선왕(先王)의 도(道)를 천명할 수 있는 것이었다.176)

여기서 "국도를 건설하고 이수를 헤아려 향읍을 구획하는 제도"는 『수계(繡啓)』 등에 수록되어 있는 박규수의 정치경제사상(政治經濟思想)을

---

175) 『五洲衍文長箋散稿』 卷17, 「六環儀辨證說」(上, 517쪽). "予最喜儀象, 掇拾所嘗見者, 必手描以藏, 其癖可知也. 他儀則其製作, 每多機椊, 有非凡工所能爲也. 惟此儀則最爲簡易, 詳略復与西泰所製渾蓋通憲儀, 可謂伯仲其間, 苟欲製藏, 如難鑄銅, 或取竹木鐵製无妨矣. 歲癸卯(憲宗九年)春, 得南京周文勤刻本藏之, 其秋念五, 更縮其本, 模爲小本, 以便入冊矣."

176) 『瓛齋集』 序, 1ㄴ(312책, 313쪽). "大而體國經野之制, 小而金石考古儀器雜服等事, 無不硏究精確, 實事求是, 規模宏大, 綜理微密, 皆可以羽翼經傳, 闡明先王之道者也."

가리키는 것이고, 금석(金石)·고고(考古)는 고증학을 의미하며, 의기(儀器)는 평혼의(平渾儀)·지세의(地勢儀)를 비롯한 각종 기구의 제작을 뜻하는 것이고, 잡복(雜服)은 『거가잡복고(居家雜服考)』라는 저술로 대변되는 의례(衣禮)·복제사(服制史) 연구를 말하는 것이었다.

일찍이 김윤식이 육합(六合)을 망라한 것이라고 평가했던[177] 지세의는 박규수의 과학기술적 성과와 관련하여 일찍부터 학계의 주목을 받았다.[178] 먼저 박규수가 지세의를 제작하게 된 배경으로는 다음과 같은 몇 가지를 생각할 수 있다. 첫째는 1840~1850년대에 걸쳐 박규수가 여러 경로를 통해 해방론(海防論)·척사론(斥邪論)에 관심을 기울이고 있었다는 사실이다. 이 시기에 저술된 것으로 판단되는 「벽위신편평어(闢衛新編評語)」와 「지세의명병서(地勢儀銘幷叙)」에서 그 증거를 찾아볼 수 있다. 여기에서 박규수는 동도(東道)에 대한 확신을 바탕으로 중화문명의 궁극적 승리에 대한 낙관적 전망을 표명하였다.[179] 그것은 이 시기 그의 의식 속에 굳건히 자리 잡고 있었던 강렬한 존명(尊明)의식과 표리 관계에 있었다. 「공록고려사신서인전소재홍무성유발(恭錄高麗史辛庶人傳所載洪武聖諭跋)」에서 박규수는 이 글이 명의 멸망을 슬퍼하며 명에 대한 '오희불망지사(於戲不忘之思)'를 표현하고자 한 것임을 분명히 밝히고 있을 뿐만 아니라,[180] 그 자신을 '좌해초모유신(左海草茅遺臣)'[181]이라고 하여 명(明)

---

177) 『瓛齋集』序, 2ㄴ(312책, 313쪽). "製圓球而包羅六合."

178) 金文子, 「朴珪壽の實學-地球儀の製作を中心に-」, 『朝鮮史研究會論文集』17, 朝鮮史研究會, 1980 ; 孫炯富, 「<闢衛新編評語>와 <地勢儀銘幷序>에 나타난 朴珪壽의 西洋論」, 『歷史學報』127, 歷史學會, 1990 ; 金明昊, 「朴珪壽의 <地勢儀銘幷序>에 대하여」, 『震檀學報』82, 震檀學會, 1996 ; 김명호·남문현·김지인, 「南秉哲과 朴珪壽의 天文儀器 製作-儀器輯說을 중심으로-」, 『朝鮮時代史學報』12, 朝鮮時代史學會, 2000.

179) 김명호, 「환재 박규수 연구 (3)-은둔기의 박규수 下-」, 『민족문학사연구』8, 민족문학사학회, 1995, 144~159쪽 ; 金明昊, 「朴珪壽의 <地勢儀銘幷序>에 대하여」, 『震檀學報』82, 震檀學會, 1996 참조.

의 유신(遺臣)으로 자처하기도 했다.

둘째는 박규수가 조부 박지원(朴趾源, 1737~1805)으로부터 이어지는 낙론계(洛論系) 북학파(北學派)의 학문 전통 속에서 일찍부터 천문학·우주론에 관한 이론에 접했으며, 초학의 단계에서 이미 『상고도회문의례(尙古圖會文義例)』를 통해 천문학에 대한 조예를 보여주고 있었다는 사실이다. 박규수의 자연인식은 『상고도회문의례』에 실린 '혹인론천체(或人論天體)'라는 항목에 잘 나타나 있다.[182] 이는 중국의 전통적 우주론인 개천설(蓋天說)·혼천설(渾天說)·선야설(宣夜說)·흔천설(昕天說)·궁천설(穹天說)·안천설(安天說)에 대한 종합적이고 비판적인 검토라 할 수 있다. 여기에서 박규수는 홍대용 이래 북학파의 학문적 전통을 계승하여 자신의 자연관을 종합적으로 제시하였다.

셋째는 박규수의 교유관계를 들 수 있다. 그는 해방론·척사론을 주창한 이정리(李正履, 1783~1843)·이정관(李正觀, 1792~1854) 형제와 혈연관계를 맺고 있었고, 일찍부터 이들에게서 학문적 영향을 받았다. 헌종 5년(1839) 동지사(冬至使)의 서장관으로 중국에 갔던 이정리는 이듬해 귀국해서 영국을 비롯한 서양 세력에 대한 해방론을 언급하였고,[183] 형과 함께

---

180) 『瓛齋集』 卷4, 「恭錄高麗史辛庶人傳所載洪武聖諭跋」, 18ㄱ(312책, 367쪽). "偶閱舊史, 讀此聖諭, 感天時之回簿, 悲周京之黍離, 而聖人雖遠, 德音猶在, 不獨清廟之瑟, 愀然如復見文王, 敢錄寫一通而恭記其後, 以寓於戲不忘之思云."

181) 『瓛齋集』 卷4, 「恭錄高麗史辛庶人傳所載洪武聖諭跋」, 18ㄱ(312책, 367쪽).

182) 金明昊, 「朴珪壽의 『尙古圖會文義例』에 대하여」, 『韓國의 經學과 漢文學』, 太學社, 1996, 319~320쪽 ; 김인규, 「朴珪壽의 思想形成에 있어서 北學派의 영향과 그 전개－실학사상에서 개화사상으로의 발전을 중심으로－」, 『東洋哲學硏究』 28, 東洋哲學硏究會, 2002, 109~116쪽 참조.

183) 『日省錄』 82책, 憲宗 6년(1840) 3월 25일(乙卯), 書狀官李正履別單. "今彼中旣以此爲憂, 我國亦宜另飭沿海守令, 申嚴海防." ; 『闢衛新編』 卷7, 査匪始末, 733쪽(영인본 『闢衛新編』, 한국교회사연구소, 1990의 쪽수). "書狀官李正履聞見事件, 備陳瑛洋海防事宜, 於是朝廷始聞之."

중국에 동행했던 이정관은 척사론의 효시라 할 수 있는『벽사변증(闢邪辨證)』(1839년)을 저술하였다. 그것은 위원(魏源, 1794~1857)의『황조경세문편(皇朝經世文編)』(1827년 刊)에 크게 영향을 받은 저술이었고, 이후 이항로(李恒老, 1792~1868), 김평묵(金平默, 1819~1891)을 비롯한 척사론자들에게 많은 영향을 주었다.[184]

뿐만 아니라 그의 친우인 윤종의(尹宗儀, 1805~1886)·남병철(南秉哲, 1817~1863) 등이 모두 천문학·지리학에 학문적 관심과 조예를 갖춘 인물들이었다. 윤종의는 1848년『벽위신편(闢衛新編)』의 초고를 완성한 후, 1850년대 초까지 위원의『해국도지(海國圖志)』, 서계여(徐繼畬, 1795~1873)의『영환지략(瀛環志略)』등의 책을 참고해서 수정·보완을 거듭하고 있었으며, 박규수는 이 책에 대해 '평어(評語)'를 작성하였다. 박규수 역시 '평어'에서 위원의『해국도지』를 원용한 흔적이 있는 것으로 보아 이 책을 통해서 해방 문제를 새롭게 인식하게 된 것으로 볼 수 있다. 요컨대 박규수는 평소 친분이 두터웠던 이정리·이정관 형제를 통해 국제 정세에 대한 새로운 이해를 넓혀가는 한편 위원의『황조경세문편』·『해국도지』와 이정관의『벽사변증』, 윤종의의『벽위신편』등의 서적을 통해 해방론·척사론에 대한 관심을 높여가고 있었다.[185] 그리고 그러한 관심이 지세의의 제작으로 나타나게 되었다.

한편 남병철은 서양과학의 '중국원류설'을 신랄하게 비판한 인물이다. 그는 일찍이 강영(江永, 1681~1762)의『추보법해(推步法解)』를 본떠『추보

---

184)『華西集』卷25,「闢邪錄辨」, 9ㄴ(305책, 158쪽). "往在己亥(1839년 − 인용자) 李禮山正觀作闢邪辨證 以草本寄余, 使之刪潤 ……." ;『重菴集』卷41,「闢邪辨證記疑序」, 11ㄱ(320책, 137쪽). "仍記憲廟丁未(1847년 − 인용자)年間, 得潜室李公正觀所著闢邪辨證一卷, 妄有所記疑 ……."

185) 김명호,「환재 박규수 연구(3) − 은둔기의 박규수 下 −」,『민족문학사연구』8, 민족문학사학회, 1995, 144~159쪽 참조.

속해(推步續解)』를 저술한 바 있다. 그가 왜 강영을 존중했는가 하는 점에
대해서는 다음의 글이 그 해답을 제공한다.

　　청초(淸初)로부터 지금까지 200여 년 동안 뛰어난 유학자[宏儒]가 배출
되어 경학(經學)이 크게 갖추어졌고, 사실에 의거하여 진리를 탐구함으로
써[實事求是] 육예(六藝)가 환히 밝아졌다. 상수학(象數學)을 유자(儒者)가
당연히 힘써야 할 바로 여겨 왕석천(王錫闡, 1628~1682, 號 曉庵), 매문정
(梅文鼎, 1633~1721, 號 勿庵), 완원(阮元, 1764~1849, 號 芸臺)과 같은
분들이 혹은 전문적으로 다루고, 혹은 경학을 익히면서 널리 통해서
심오하고 미묘함[精奧淵微]에 도달하지 않음이 없었다. 그러나 나는 강영
(江永, 字 愼修) 선생이 최고라고 생각한다. 왜냐하면 서법(西法)을 확신하
여 훼손시키지 않았기 때문이다. 서법을 믿어 훼손시키지 않은 것이
어째서 취할 만한 것인가? 공평하기 때문이다.[186]

　서양과학의 우수성에 직면한 중국과 조선의 지식인들은 이 당혹스러운
현실을 어떻게 설명해야 할지 고민하였다. 그 과정에서 등장한 것이
이른바 서양과학의 '중국원류설'이었다.[187] 위의 인용문에서 남병철이
지목한 매문정과 완원은 '중국원류설'의 대표적 주창자였다. 그런데 남병

---

186) 『圭齋遺藁』卷5, 「書推步續解後」, 9ㄱ~ㄴ(316책, 632쪽). "粤自淸初, 至今二百餘年,
　　宏儒輩出, 經學大備, 實事求是, 六藝昌明. 以象數之學, 爲儒者所當務, 若王曉菴·梅勿菴·
　　阮芸臺諸公, 或專門用工, 或治經傍通, 莫不造乎精奧淵微. 然余則謂以江愼修先生爲最.
　　何哉, 以其確信西法而不毁也. 信西法而不毁, 奚取焉. 以其公平也."
187) 중국과 조선 학계의 '중국원류설'에 대해서는 朴星來, 「西洋宣敎師의 科學」, 『중국
　　과학의 사상』, 電波科學社, 1978 ; 노대환, 「조선 후기의 서학유입과 서기수용론」,
　　『震檀學報』83, 震檀學會, 1997 ; 盧大煥, 「正祖代의 西器收容 논의-'중국원류설'
　　을 중심으로-」, 『韓國學報』94, 一志社, 1999 ; 노대환, 「정조시대 서기 수용
　　논의와 서학 정책」, 『정조시대의 사상과 문화』, 돌베개, 1999 등을 참조.

철은 이런 논리가 공평하지 못한 것이라고 지적하였다. 이러한 태도의 밑바닥에는 '보산지술(步算之術)'로 명명되는 천문역산학에 관한 한 서양의 그것이 중국보다 뛰어나다는 현실인식이 자리하고 있었다. 명말(明末)에 서법이 중국에 들어온 이후에 그에 기초하여 시헌력을 만들었고, 중국의 선비들이 그 방법을 익힘으로써 종전에 알고 있던 것을 더욱 정밀하고 상세하게 하였고, 일찍이 듣도 보도 못했던 것들을 많이 알게 되었으며, 중국에 원래 있었지만 잘 알지 못했던 방법들도 서법으로 인해서 통달하게 되었다는 것이다. 요컨대 서법은 정밀하고 분명하며 간편해서 중국의 그것에 비해 매우 우수하다는 것이었다.[188]

남병철은 '중국원류설'이 이와 같은 분명한 사실을 왜곡하고 있다는 점에서 공평하지 못하다고 판단했다. 그것은 위문괴(魏文魁)·오명훤(吳明烜)·양광선(楊光先) 등의 서학 배척이 실패한 이후 서법을 비난하거나 배척할 수 없다는 것을 깨닫고 그것을 교묘히 취하거나 강탈하려는[巧取豪奪] 의도에서 나온 것이었다.[189] 터럭만큼의 유사함만 보여도 제멋대로 해석하고[斷章取義] 억지로 꿰맞추어[敷演牽合] 끌어다 증거로 삼으니, 서양의 우수한 과학기술 가운데 중국의 것이 아닌 게 없게 되었다.[190]

남병철은 '중국원류설'의 주창자들이 그들의 논리를 '존화양이(尊華攘夷)'라는 이념과 연결하는 방식에 대해서도 비판적이었다. 역법이라는

---

188) 『圭齋遺藁』 卷5, 「書推步續解後」, 10ㄱ(316책, 632쪽). "明萬曆間, 西法始入中國. 今則用其法爲時憲, 中國之士, 乃通其術, 不惟從前知者益精, 言者益詳而已. 得其所不覩而所不聞者甚多, 而亦有中國素有之法而不能通者, 因西法而始通者, 乃知其法之精明簡易, 過中國遠甚."

189) 『圭齋遺藁』 卷5, 「書推步續解後」, 10ㄱ(316책, 632쪽). "於是中國之士病之, 如魏文魁·吳明烜·楊光先諸人, 前後譏斥之. 然所以譏斥者, 皆妄庸逞臆, 徒欲以意氣相勝, 故擧皆自敗, 而有聰明學識之士, 知其法之不可譏斥, 乃有巧取豪奪之事."

190) 『圭齋遺藁』 卷5, 「書推步續解後」, 10ㄴ(316책, 632쪽). "苟有一毫疑似髣髴者, 則斷章取義, 敷演牽合, 援以爲徵 …… 故一事一物, 莫不奪之爲中國之法, 而亦莫不有其爲中國法之援徵."

238

것은 천문현상과의 정합성 여부[驗天]로 판단되기 때문에 '존화양이'라는 이념을 개재할 여지가 없다고 보았다.191) 종래의 천문역법에는 여러 가지 방법이 사용되었지만 천문현상 자체는 객관적인 것으로 중국과 서양을 선택하지 않으며, 오로지 정교한 관측과 계산[精測巧算]만이 그것과 합치될 수 있었다.192) 요컨대 천문현상은 인간 세계의 '존화양이'의 이념이 있다는 것을 알지 못하며, 서법(西法)이 잘 들어맞고 중국의 방법이 틀리다는 객관적 사실은 원망하거나 탓할 수 있는 일이 아니었다. 따라서 역법의 경우 천문현상과의 정합성 여부만을 따지면 되는 것이지 그것이 중화(中華)의 것인지, 이적(夷狄)의 것인지를 논할 필요는 없다고 보았다.193)

남병철의 '중국원류설'에 대한 비판에서 우리는 몇 가지 사실에 주목할 필요가 있다. 먼저 그가 서양 과학기술의 독자성을 인정하였고, 그 우수성을 '측험(測驗)'으로 파악하고 있었다는 사실이다. 서양의 역법이 중국보다 우수한 것은 측험에 정밀하기 때문인데, 그것은 한 사람이 일시에 능통한 것이 아니었다. 종신토록 연구하고 대대로 전수하여 수많은 사람들이 오랜 세월에 걸쳐 각고의 노력을 통해 이룩한 성과였다.194) 따라서 이것을 절취해서 자기 것이라고 우기는 '중국원류설'은 사람을 대하는

---

191) 『圭齋遺藁』 卷5, 「書推步續解後」, 11ㄱ(316책, 633쪽). "且以是爲尊華攘夷之學問, 故每見知識愈勝則其弊愈甚. 盖曆法者, 驗天爲長."

192) 『圭齋遺藁』 卷5, 「書推步續解後」, 11ㄱ(316책, 633쪽). "天何言哉. 大象寥廓, 諸曜參差, 不擇中西, 惟精測巧算是合."

193) 『圭齋遺藁』 卷5, 「書推步續解後」, 11ㄱ~ㄴ(316책, 633쪽). "彼日月五星, 安知世間有尊華攘夷之義哉. 故以西法則驗者多, 而中法則不驗者多, 此豈非不可以怨尤者乎. 是以只論天之驗否, 不論人之華夷可也."

194) 『圭齋遺藁』 卷5, 「書推步續解後」, 12ㄱ(316책, 633쪽). "彼曆法之能勝於中國者, 一言以蔽曰精於測驗也. 其測驗之精, 實非一人一時之能, 乃終之以身, 傳之以世, 千百人爲羣, 千百歲爲期, 矻矻不已以得之也."

도리에 어긋나는 행위라고 보았고, 그 주창자들의 비판은 지나쳤을 뿐만 아니라 그들의 학문 역시 서학에 영향 받은 바가 많다고 보았다.

둘째는 천문역법으로 대표되는 자연학과 인간학의 상호 관련성에 대해서 부분적으로 비판하고 있었다는 사실이다. 남병철이 역법에 '존화양이'의 이념을 개재하는 것을 비판하였다는 사실에서 이러한 짐작이 가능하다. 그렇다고 하여 그가 '존화양이'의 이념 자체를 부정하는 것은 아니었다. 그는 일찍이 경학(經學)을 숭상하였다고 하며,[195] 스스로도 공자(孔子)를 배우기를 원하며 중학를 사모한다고 말했다.[196] 그가 판단하기에 서양 사람들이 우수한 재능을 보이는 역상(曆象)은 유자(儒者)의 일이기는 하지만 기예(技藝)에 속하는 것이었다. 반면에 육덕(六德)·육행(六行)·육예(六藝) 등으로 대변되는 인륜·도덕과 관계된 것들은 중국 사람들이 능하다고 보았다. '존화양이'라는 이념이 개입할 수 있는 것은 바로 이와 같은 인륜·도덕학의 영역이었다.[197]

셋째는 이와 같은 비판들이 서양 과학기술의 적극적 수용론으로 연결되고 있었다는 점이다. 물리쳐야 하는 것은 서양 사람들이지 그들의 과학기술이 아니라는 주장이었다.[198] 남병철이 강영을 높이 평가한 것은 바로 그가 공평하게 서학을 수용하고 그 장점을 인정했다는 점에서였다.

남병철을 비롯한 여러 친구들과의 학문적 교유를 통해 박규수는 자연스

---

195) 『圭齋遺藁』 跋, 「跋」(南秉吉), 1ㄱ(316책, 664쪽). "先伯氏圭齋太史公, 素尙經學而詩文不屑爲也."

196) 『圭齋遺藁』 卷5, 「書推步續解後」, 16ㄱ(316책, 635쪽). "所願則學孔子也, 所慕則在中華也."

197) 『圭齋遺藁』 卷5, 「書推步續解後」, 11ㄴ(316책, 633쪽). "然曆象雖爲儒者之事, 不過是一藝, 西人之所能也. 知仁聖義忠和之德·孝有目媚任恤之行·禮樂射御書數之藝咸通者, 中國之士所能也. 可尊也可攘也實在是."

198) 『圭齋遺藁』 卷5, 「書推步續解後」, 11ㄴ(316책, 633쪽). "而且攘之者, 卽攘其人, 非并其所能而攘之也."

럽게 자연학의 문제에 관심을 기울이게 되었다. 이는 그가 오창선(吳昌善)과 함께 우리나라 지도인 「동여도(東輿圖)」를 제작하였고,[199] 철종 원년(1850) 부안(扶安)에서 남극노인성(南極老人星)을 관측하였으며,[200] 지세의(地勢儀)나 평혼의(平渾儀＝渾平儀)와 같은 천문의기를 제작하였다는 사실에서 확인할 수 있다.[201]

일찍이 박규수의 가문에서 두꺼운 한지로 만든 천문의기가 발견되었다. 그런데 이 의기를 담은 봉투의 겉면에는 "평혼의(平渾儀) 환당수제(瓛堂手製), 간평의소본부(簡平儀小本附)"라는 글씨가 적혀 있었다.[202] 이 봉투 안에 평혼의와 간평의 작은 것[小本]이 들어 있으며, 그것은 환당(瓛堂), 즉 박규수가 직접 제작한 것이라는 뜻이었다. 이 종이 평혼의와 동일한 것이 국립고궁박물관에 소장되어 있다. 황동으로 제작된 평혼의가 그것이

---

199) 『眉山集』卷7, 「東輿圖序」, 46ㄴ(322책, 306쪽). "汝大(吳昌善의 字－인용자)聰明有經世志, 博極羣書, 嘗與瓛齋朴公纂東國地圖."; 金明昊, 「朴珪壽의 ＜地勢儀銘幷序＞에 대하여」, 『震檀學報』82, 震檀學會, 1996, 240~241쪽 참조. 吳昌善(1829~1858)은 일찍이 박규수와 함께 「東輿圖」를 제작하였는데 철종 9년(1858) 요절하였다[『尾山集』卷14, 「年譜」, 4ㄴ(322책, 449쪽)]. 그로부터 10여 년 후에 韓章錫(1832~1894)이 龍岡縣令으로 부임하여－한장석은 고종 12년(1875) 8월 龍岡縣令에 임명되었고[『尾山集』卷14, 「年譜」, 9ㄴ(322책, 452쪽)], 이듬해 9월 龍岡縣志와 地圖를 수찬하였다[『尾山集』卷14, 「年譜」, 10ㄴ(322책, 452쪽)]－그곳에서 박규수의 문하생이자 「東輿圖」 제작에 동참했던 安基洙를 만나 제작 당시의 사정을 전해 들었고, 당시 金善根家에 소장되어 있던 「東輿圖」의 副本을 빌려서 모사하였다. 그리고 이러한 일련의 경위를 기록하여 고종 30년(1893)에 「東輿圖」의 서문을 작성하였다.

200) 『瓛齋集』卷8, 「與溫卿(4)」, 6ㄱ~ㄴ(312책, 441쪽).

201) 『瓛齋集』行狀, 「節錄瓛齋先生行狀草(原狀溫齋公所撰, 門人金允植刪補)」(朴瑄壽), 8ㄴ(312책, 314쪽). "所製儀器曰平渾儀曰地勢儀, 其說俱載集中."; 『圭齋遺藁』卷5, 「渾平儀說」, 29ㄴ~30ㄱ(316책, 642쪽). "是儀友人朴桓卿製也."; 『儀器輯說』卷下, 渾平儀, 「渾平儀說」, 43ㄱ(481쪽－『韓國科學技術史資料大系』(天文學篇 10), 驪江出版社, 1986의 쪽수).

202) 『경향신문』1972년 3월 11일(토요일), 3면의 「開國의 先覺者 朴珪壽③제네럴·셔맨號 事件」에 수록된 사진 참조.

<그림 4-13> 평혼의(平渾儀) | 국립고궁박물관 소장

다[유물번호 : 창덕26756]. 이 유물의 테두리에는 "환당창제(桓堂刱製)"라는 명문이 새겨져 있어서 박규수가 제작한 것임을 확인할 수 있다.

평혼의는 간평의나 혼개통헌의와 마찬가지로 구체의 하늘을 평면에 투영한 서구식 천문 의기이다. 평혼의는 혼개통헌의를 더욱 단순화한 의기라 할 수 있다. 지평좌표 등이 그려진 혼개통헌의의 내반(內盤, plate) 대신에 남북총성도(南北總星圖)나 현계총성도(見界總星圖)를 사용하였고, 외반(外盤) 역시 적도규와 지평호(地平弧), 몽영한(曚景限)을 나타내는 몽영호(曚景弧) 정도로 단순화하였다. 『서양신법역서』에 수록된 『항성역지(恒星曆指)』에서는 평혼의가 과거의 구형 혼천의를 평면에 그린 것이라고 하면서, "형체는 심히 들어맞지 않지만 이수(理數)는 매우 합치한다."고 하였다.[203] 그 겉모습은 천구의 실상과 꼭 들어맞지 않지만 별의 좌표를 정확히 표시하는 데 장점이 있다는 뜻이다.

---

203) 『新法算書』 卷58, 恒星曆指 卷3, 以度數圖星象 第2, 平渾儀義, 18ㄱ(789책, 28쪽). "古之作者造渾天儀, 以準天體, 以擬天行, 其來尙矣. 後世增修遞進, 乃有平面作圖爲平渾儀者, 形體不甚合而理數甚合."

제5장 조선후기 의상개수론(儀象改修論)의 대두와 전개

1. 실측(實測)·측량(測量)에 대한 새로운 인식

송준길(宋浚吉, 1606~1672)의 현손인 송문흠(宋文欽, 1710~1752)이 송시열(宋時烈, 1607~1689)의 현손이자 한원진(韓元震, 1682~1751)의 적전(嫡傳)인 송능상(宋能相, 1710~1758)에게 보낸 편지에는 다음과 같은 대목이 있다.

근자에 몇 종의 책이 새로 북경으로부터 들어왔습니다. …… 우리나라에 들어온 그 책 가운데 6~7종을 이미 보았는데, 또한 걱정스럽고 두려워할 만합니다. 또 서양인 탕약망(湯若望)이 저술한 역법(曆法) 80여 권이 있는데, 지금 행하고 있는 '오랑캐의 역[胡曆 : 時憲曆]'이 바로 그 법입니다. 일찍이 그것과 구법(舊法)이 많이 다른 것을 괴이하게 여겼는데 그 근원이 여기에서 나온 것인지는 모르겠습니다. 우리나라가 서법(西法)을 행한 것이 이미 오래되었는데, 칠정(七政)의 지질(遲疾)과 박식(薄蝕)을 논한 측량(測量)과 산수(算數)의 여러 법이 하나하나 교묘하고 정밀하여 거의 옛사람이 발명하지 못한 바입니다. 다만 저는 여기에 겨를이 없어서 실상을 깊이 있게 살필 수 없으니 족하(足下)와 함께 보지 못하는 것이 한스러울 뿐입니다.[1]

송문흠이 편지를 보낸 시점을 정확히 알 수 없고, 이에 대한 송능상의 답장도 찾아볼 수 없기 때문에 송문흠이 제기한 문제에 대한 논의가 이후에 어떻게 진행되었는지는 확인할 수 없다. 그러나 양자의 생몰 연도를 고려해 볼 때 영조 대 전반부, 구체적으로 영조 28년(1752) 이전의 상황을 배경으로 하고 있다고 짐작할 수 있다. 당시 조선 정부는 영조 2년(1726) 역서(曆書)부터 『역상고성(曆象考成)』 체제로, 영조 18년(1742) 역서부터는 『역상고성후편(曆象考成後編)』 체제로 변경됨에 따라 청의 개력(改曆)에 발맞추어 시헌력의 세부적 산법을 습득하기 위한 노력을 경주하고 있었다. 사행 때 파견된 관상감의 관원과 역관(譯官)들이 청에서 『역상고성』과 『수리정온(數理精蘊)』, 『역상고성후편』을 비롯한 다양한 천문역법서를 구입하여 국내로 들여오는 일이 반복되었다. 송문흠의 발언은 이와 같은 저간의 사정을 반영한 것으로 보인다.

송문흠의 편지에서는 노론 핵심부의 서학에 대한 우려와 착잡한 심경을 동시에 엿볼 수 있는데, 서학의 우수성과 관련해서 측량과 산수를 거론했다는 점이 주목된다. 서학 도입 초기에 등옥함(鄧玉函 : Johannes Schreck-Terrentius, 1576~1630)의 『대측(大測)』과 나아곡(羅雅谷 : Giacomo Rho, 1598~1638)의 『측량전의(測量全義)』 등이 전래되어 서양의 삼각법

---

1) 『閒靜堂集』 卷3, 「與宋士能」, 22ㄱ(225책, 338쪽). "近有數種書新自北來 …… 其書出 我國者, 已見六七種, 亦足憂懼. 又有西人湯若望所述曆法八十餘卷, 卽今所行胡曆是其 法. 曾怪其與舊法多異, 而不知其源之出於此. 吾國之行西法, 其已久矣. 其論七政遲疾薄 蝕, 測量筭數諸法, 一一巧妙精密, 殆古人所未發. 但僕未閑於此, 不能深綴, 恨不能與足下 共觀耳."

을 소개하였다. 서호수는 이 책들이 대소(大小)·경중(輕重)의 비례(比例)를 다루고 있다고 언급한 바 있다.[2] 이 책들은 『서양신법역서(西洋新法曆書= 新法算書)』에 수록되어 있었기 때문에[3] 관심 있는 사람들은 참조할 수 있었다. 이와 같은 서학서의 전래 이후 '측량'이라는 용어는 이전과는 다른 맥락에서 사용되기 시작했다.

그러한 상황을 보여주는 대표적 사례로 홍대용의 「측량설(測量說)」을 거론할 수 있다.

하늘에 대해서 나는 그것이 높고 멀다는 것을 알뿐이고, 땅에 대해서 나는 그것이 두텁고 넓다는 것을 알뿐이라고 말한다면, 이는 아버지에 대해서 나는 그가 남자라는 것을 알뿐이고, 어머니에 대해서 나는 그녀가 여자라는 것을 알뿐이라고 말하는 것과 무엇이 다르겠는가. 그러므로 하늘과 땅의 형상[體狀]을 알고자 한다면 의구(意究)해서는 안 되며 이색(理索)해서도 안 된다. 오직 기구를 제작해서[製器] 그것을 관측해야 하고, 수(數)를 헤아려[籌數] 그것을 추산해야 한다. <천지의 형상을> 관측하는 기구가 많이 제작되었으나 <그것은 모두> 모나고 둥근 것[方圓]에서 벗어나지 않으며, 수를 추산하는 방법은 많지만 구고(句股)보다 중요한 것은 없다.[4]

---

2) 『私稿』,「比例約說序」. "西土東來, 始言比例, 百餘年間, 踵事增修, 若幾何原本·大測·測量全義·比例規諸篇, 則多言大小輕重之比例 ……."

3) 『大測』은 『新法算書』 卷9~10에, 『測量全義』는 卷87~96에 수록되어 있다.

4) 『湛軒書』外集, 卷6, 籌解需用 外編 下,「測量說」, 1ㄱ(248책, 223쪽). "若日天吾知其高且遠而已, 地吾知其厚且博而已, 則是何異於日父吾知其爲男子而已, 母吾知其爲女子而已者哉. 故欲識天地之體狀, 不可意究, 不可以理索, 唯製器以窺之, 籌數以推之. 窺器多製而不出於方圓, 推數多術而莫要於勾股."

여기에서 홍대용은 천지를 파악하기 위해서는 '의구(意究)'와 '이색(理索)'의 전통적 방법을 버리고 '제기(製器)'와 '주수(籌數)'의 방법을 이용해야 한다고 강조한다. 천문의기를 제작하고 수학을 탐구해야만 한다고 역설했던 것이다. 그는 이러한 자신의 주장을 실천하기 위해 통천의(統天儀), 혼상의(渾象儀), 측관의(測管儀), 구고의(勾股儀) 등의 기구를 제작하여 천체를 관측했고, 전통적인 산서(算書)와 서양의 산학 서적을 참조하여 『주해수용(籌解需用)』을 편찬하였다.

홍대용은 서양의 천문(天文)·역법(曆法)을 전인미발(前人未發)의 것으로 높이 평가했다.5) 그는 서법(西法)이 산수(算數)로써 근본을 삼고 의기(儀器)로써 참작하여 모든 형상을 관측하므로 무릇 천하의 멀고 가까움, 높고 깊음, 크고 작음, 가볍고 무거움을 모두 눈앞에 집중시켜 마치 손바닥을 보는 것처럼 하니 한당(漢唐) 이후 없던 것이라고 해도 망령된 말이 아니라고 했던 것이다.6) 이처럼 홍대용은 서양 천문역법의 우수성을 인정했고, 그 원인을 산술(算術＝算數)과 의상(儀象＝儀器)에서 찾고 있었다.7) 그가 『의산문답(毉山問答)』에서 "오직 서양 한 지역이 지혜와 술수가 정밀하고 상세하여 측량(測量)이 모두 갖추어졌다."8)라고 평가했던 이유도 여기에

---

5) 『湛軒書』外集, 卷2, 杭傳尺牘, 「乾淨衕筆談」, 41ㄱ(248책, 149쪽). "余曰, 論天及曆法, 西法甚高, 可謂發前未發."

6) 『湛軒書』外集, 卷7, 燕記, 「劉鮑問答」, 9ㄴ(248책, 247쪽). "今泰西之法, 本之以算數, 叅之以儀器, 度萬形窺萬象, 凡天下之遠近高深巨細輕重, 擧集目前, 如指諸掌, 則謂漢唐所未有者非妄也."

7) 『湛軒書』外集, 卷1, 杭傳尺牘, 「與孫蓉洲書」, 47ㄴ(248책, 126쪽). "泰西人之學, 雖極力闢佛, 而其言則出於佛敎之下乘, 近聞中國多崇其學, 害甚異端. 若其算術儀象之巧, 實是中國之所未發, 大方評議云何.";『湛軒書』外集, 卷6, 籌解需用外編下, 籠水閣儀器志, 「測管儀」, 24ㄱ(248책, 234쪽). "盖自西法之出而機術之妙深得唐虞遺訣, 儀器以睨之, 算數以度之, 天地之萬象無餘蘊矣."

8) 『湛軒書』內集, 卷4, 補遺, 「毉山問答」, 21ㄴ(248책, 92쪽). "惟西洋一域, 慧術精詳, 測量該悉."

있다.

이처럼 조선후기에 서학을 적극적으로 수용했던 지식인들은 서양과학의 우수성을 '수학과 실측의 전통'에서 찾고 있었다. 사실 조선전기에는 실측이라는 용어의 용례를 쉽게 찾아보기 어렵다. 조선후기 이전에 이용어를 사용한 예는 소천작(蘇天爵, 1294~1352)의 『원명신사략(元名臣事略)』과 이를 인용한 『원사(元史)』「곽수경전(郭守敬傳)」에서 확인할 수 있다.9) 실측이라는 용어는 수시력(授時曆)이 완성된 지원(至元) 17년(1280)에 곽수경(郭守敬, 1231~1316)이 올린 상주문(上奏文)에 등장한다. 곽수경은 간의(簡儀)와 고표(高表)를 창조해서 관측을 통해 '실수(實數)'에 도달하여 고정(考正)한 것이 일곱 가지라고 하였다. 동지(冬至), 세여(歲餘), 일전(日躔), 월리(月離), 입교(入交), 28수(宿) 거도(距度), 일출입주야각(日出入晝夜刻)이 그것인데, 실측이라는 표현은 28수 거도를 설명하는 부분에 나온다.

> 한(漢)의 태초력(太初曆) 이래로 거도(距度)가 같지 않아서, 서로 손익(損益)이 있었다. 대명력(大明曆)은 도(度) 이하의 여분을 태(太)·반(半)·소(少)에 붙였는데, 모두 사의(私意)로 견취(牽就)한 것[개인적 판단에 따라 억지스럽게 한 것]이고 일찍이 그 수를 실측(實測)하지 않았다. 지금 새로 만든 의기(儀器)는 모두 주천도분(周天度分)을 세밀하게 새기고 매도(度)는 36등분하였으며, 거선(距線)으로 관규(管窺)를 대신하였다. 수도(宿度)의 여분은 모두 실측에 의한 것이고 사의로 견취하지 않았다.10)

---

9) 『元名臣事略』卷9, 太史郭公 ; 『元史』卷164, 列傳 第51, 郭守敬, 3850쪽(點校本 『元史』, 北京 : 中華書局, 1995의 쪽수).

10) 『諸家曆象集』卷2, 曆法, 名臣事略郭守敬傳, 62ㄱ(261쪽－영인본 『諸家曆象集·天文類抄』, 誠信女子大學校 出版部, 1983의 쪽수). "(至元十七年, 新曆告成, 公與太史諸公同上奏曰 ……)六曰, 二十八宿距度. 自漢太初曆以來, 距度不同, 互有損益. 大明曆則於度下餘分, 附以太半少, 皆私意牽就, 未嘗實測其數. 今新儀皆細刻周天度分, 每度爲三十六分, 以距線代管窺. 宿度餘分, 並依實測, 不以私意牽就."

기존의 주관적 판단을 배제하고 천문의기의 객관적 관측 데이터로 28수의 거도를 산출하였다는 자신감을 피력했던 것이다.

조선에서 실측이라는 용어의 사용자로는 정제두(鄭齊斗, 1649~1736)를 첫손에 꼽을 수 있다. 그는 『선원경학통고(璇元經學通攷)』에서 지구설의 이치를 설명하면서 땅에서 남북으로 350리 이동할 때마다 천체의 도수가 1도씩 차이난다는 전제하에, 이는 토규(土圭)로 해그림자를 측정했을 때 1촌 5분의 값이기 때문에 3,500리는 토규의 그림자의 차이가 그 열 배인 1척 5촌이 되며, 이때 도수의 차이는 10도가 된다고 하면서, 이는 실측에서 나온 것이므로 의심의 여지가 없다고 하였다.[11] 그는 '측산(測算)'이라는 용어도 사용하였다. "원의 수시력과 근세의 시헌력에 이르러서 성도(星度)가 더욱 정밀해졌는데 대부분 서양 회회력(回回曆)의 측산에서 나온 것이라고 한다."[12]라는 언급이 그것이다. 수시력과 시헌력의 정밀성이 측산에 근거했기 때문이라고 보았던 것이다.

실측의 의미와 가치를 분명히 언급한 사람은 서호수이다. 널리 알려진 바와 같이 서호수는 『수리정온』과 『역상고성』을 높이 평가했다. 서호수는 『수리정온』 45편은 선(線)·면(面)·체(體)의 전체를 망라하고 도량형(度量衡)의 용법을 곡진하게 설명했을 뿐만 아니라 구장(九章)·팔선(八線)으로부터 대수(對數)·비례(比例)·비례규(比例規)에 이르기까지 그 방법을 말했을 뿐만 아니라 그 원리[所以然之故]까지 반드시 밝혔으니 이는 진정 '실용적인

---

11) 『霞谷集』卷21,「璇元經學通攷」, 14ㄱ(160책, 529쪽). "土圭之日景差一寸五分, 故去三千五百里, 景差一尺五寸, 度差十度, 是出實測, 無可疑貳." 여기에서 정제두는 土圭로 측정한 해그림자의 차이가 1촌 5분일 때 그것이 땅의 길이 350리에 해당하는지를 구체적으로 설명하지 않았기 때문에 그의 설명을 온전히 이해하기는 어렵다. 1척 5촌이라는 수치는 『周禮』「考工記」에 등장하는 토규의 길이인데, "하지의 해그림자가 1척 5촌이 되면 이를 일컬어 地中이라고 한다"고 하였다.

12) 『霞谷集』卷21,「璇元經學通攷」, 10ㄱ(160책, 527쪽). "至元隨[授의 誤字]時, 近世時憲, 其星度蓋益密, 多出西洋回回之測算云爾."

책[實用之書]'이며 '일을 성취하는 도구[濟事之具]'라고 평가했다.[13]

『수리정온』이 "그 방법을 말했을 뿐만 아니라 그 원리까지 반드시 밝혔다"고 파악한 서호수의 논리는 『역상고성』에 대해서도 동일하게 적용되었다.

> 역서(曆書)에서 법(法)을 말하고 수(數)를 말하면서 반드시 그 소이연지리(所以然之理)를 밝힌 것은 서광계(徐光啓)의 『숭정역지(崇禎曆指)』에서 비롯되어, 매문정(梅文鼎)의 『역학전서(曆學全書)』에서 구비되었고, 하국종(何國宗)·매각성(梅瑴成)의 『강희역상고성(康熙曆象考成)』에서 집대성(集大成)되었다. 그 수(數)와 리(理)는 모두 태서(泰西)의 선비 제곡(第谷)이 실측(實測)한 것이다. 대저 법(法)을 말하고 수(數)를 말하는 것은 중국과 서양이 같은 바이지만 서양의 역법이 중국의 역법보다 뛰어난 것은 수(數)를 말하면 반드시 그 리(理)를 밝히기 때문이다.[14]

위의 인용문에서 볼 수 있듯이 서호수는 『숭정역서』로부터 『역상고성』에 이르는 서양의 '역서'가 제곡(第谷 : Tycho Brahe, 1546~1601)의 실측에 기초한 것이라고 파악하였다. 그리고 그것은 법(法)과 수(數)를 말했을 뿐만 아니라 그 리(理)를 반드시 밝혔다고 하였다. 이것이 서력(西曆)의 신법이 중력(中曆)의 고법보다 뛰어난 점이라고 파악했던 것이다.

이와 같은 서호수의 생각은 『연행기(燕行紀)』에서도 드러난다. 그는

---

13) 『私稿』, 「數理精蘊補解序」. "數理精蘊四十五篇, 旁羅線面體之全, 而曲盡度量衡之用, 自九章八線, 以至對數比例比例規, 非徒言其法, 必明其所以然之故 …… 此正實用之書而濟事之具也."

14) 『私稿』, 「曆象成補解引」. "曆書之言法言數而必明其所以然之理者, 肇于徐光啓之崇禎曆指, 備于梅文鼎之曆學全書, 集大成于何國宗·梅瑴成之康熙曆象考成. 其數與理, 皆泰西士第谷之實測也. 夫言法言數, 中西之所同, 而西曆之勝於中曆者, 卽言數而必明其理也."

옹방강(翁方綱, 1733~1818)에게 보낸 편지에서 고법(古法)보다 금법(今法 =西洋新曆)이 뛰어나다는 점을 역설하였다. 서호수는 그 대표적 사례로 지구설(地球說)과 세차설(歲差說), 본륜설(本輪說)을 거론하였다. 그는 금법 이 고법보다 뛰어난 것은 "금법이 일부러 고법과 다르게 하려고 그런 것이 아니라 실측을 해보니 그런 것"이라고 하면서 신법의 새로운 이론들 이 실측에 근거하고 있다는 점을 중시했다. 그것은 전통 역법을 평가하는 기준으로도 적용되었다. 서호수는 서양 역법이 전래되기 이전에 수시력이 가장 정밀한 역법으로 평가받을 수 있었던 이유도 그것이 '측량'을 위주로 했기 때문이라고 보았던 것이다.15)

　　남병길(南秉吉, 1820~1869)도 『시헌기요(時憲紀要)』에서 실측의 중요 성을 강조했다. 그는 한대(漢代) 이후로 치력(治曆)의 방법에 세 가지가 있다고 보았다. 한(漢)의 태초력(太初曆), 당(唐)의 대연력(大衍曆), 원(元)의 수시력(授時曆)이 사용한 방법이 그것인데, 남병길은 그 가운데 곽수경의 수시력이 사용한 방법을 최고라고 평가했다. 그 이유는 곽수경이 부회(傅 會)한 허율(虛率)을 제거하고 오로지 '실재(實在)의 측산(測算)'을 사용했기 때문이었다. 그는 희화(羲和)로 대표되는 중국의 고력(古曆)도 실측을 위주 로 했다고 주장했으며, 『역상고성』과 『역상고성후편』 또한 수시로 실측한 것은 '혁(革)'에서 상(象)을 취한 뜻이라고 보았다.16) '치력명시(治曆明時)'

<hr>

15) 『燕行紀』卷3, 起圓明園至燕京, (乾隆庚戌)8월 25일 癸酉(Ⅴ, 121쪽-국역 『연행록선 집』, 민족문화추진회, 1976의 책수와 原文 쪽수). "西洋新曆與古法絶異. 北極有南北 之高低, 而晝夜反對, 時刻有東西之早晩, 而節候相差, 此地圓之理也. 古謂天差而西, 歲差 而東, 今則曰恒星東行. 古謂日有盈縮損益, 月有遲疾損益, 今則曰輪有大小, 行有高卑. 非今之故爲異於古, 實測卽然也. 西曆以前, 惟郭太史授時曆, 最號精密, 蓋因其專主測量, 而得羲和賓餞之義也."

16) 『時憲紀要』上編, 七政, 「曆法沿革」, 1ㄱ~ㄴ(13쪽-영인본 『韓國科學技術史資料大 系』天文學篇⑩, 驪江出版社, 1986의 쪽수. 이하 같음). "元郭守敬, 始去傅會之虛率, 專用實在之測算, 行之垂四百年, 無大差忒, 爲三者之最. 以羲和分宅觀之, 古曆亦以實測 爲主也. 明末西法入中國, 徐光啓·李之藻等譯之. 淸順治初始用頒朔, 康熙中使梅轂成等,

라는 천문역산학의 전통적 이념을 『역상고성』과 『역상고성후편』에서
충실히 계승했다고 보았던 것이다.[17] 남병길은 역원(曆元)을 정하는 방법
에서도 적년법(積年法)은 허율(虛率)에 불과할 뿐이며, 절산법(截算法)이야
말로 한결같이 실측에 근거한 것이니 하늘에 순응하여 합당함을 구하는
방법[順天求合之道]이라고 보았다.[18] 이는 남병철(南秉哲, 1817~1863)의
『추보속해(推步續解)』에도 그대로 인용되어 있다.[19]

이상에서 살펴본 바와 같이 조선후기의 일부 학자들은 서양과학의
우수성을 수학과 실측에서 찾았고, 당시 천문역산학의 문제를 개혁하기
위한 방안으로 수학의 필요성과 함께 실측의 중요성을 강조했으며, 그
연장선에서 실측을 위한 기구로서 천문의기에 대해 많은 관심을 기울었
다. 바로 이러한 인식의 전환을 통해 기존의 주자학적 자연학의 논리적
문제점을 '실측'과 '실증(實證)'의 차원에서 지적하였고, 그와는 다른 새로
운 자연학을 모색하게 되었다. 아울러 당시 최신의 서양식 천문의기를
도입하여 종래의 천문의기가 지니고 있는 문제점을 개선해야 한다는
논리가 제출되기에 이르렀다. 그것이 바로 '의상개수론(儀象改修論)'으로
개념화할 수 있는 논리의 출현이었다.

정조(正祖, 1752~1800)는 역법(曆法)의 대단(大端)을 정기(定氣)·정삭(定

於暢春園推測, 更加潤色, 爲曆象考成上編. 雍正末, 戴進賢等, 又用西洋新法變通, 是爲考
成後編. 蓋隨時實測, 取象於革之義也."

17) '革'에서 象을 취했다는 것은 『周易』의 革卦 大象에서 "澤中有火, 革, 君子, 以,
治歷明時"라고 한 구절을 가리키는 것이다. 일찍이 程頤는 이 구절을 "君子觀變革之
象, 推日月星辰之遷易, 以治歷數, 明四時之序也"라고 풀이한 바 있다.

18) 『時憲紀要』上編, 七政, 「曆元」, 5ㄱ(21쪽). "杜預云, 治曆者當順天以求合, 不當爲合以驗
天. 積年之法, 是爲合以驗天也, 安得爲盡善之法乎. 若夫截算之法, 不用積年虛率, 一以實測
爲憑, 誠爲順天求合之道也."

19) 『推步續解』卷1, 推日躔用數, 「曆元」, 2ㄱ(331쪽). "若夫截算之法, 不用積年虛率, 而一
以實測爲憑, 誠爲順天求合之道, 治曆者所當取法也."

朔)·보오성(步五星)·추역원(推曆元)의 네 가지로 정리했다. 기삭(氣朔 : 24기 (氣)와 매달의 기점)을 정하는 문제, 오성에 대한 관측, 역원의 설정을 역법의 중요한 문제로 지목한 것이다. 그런데 주목할 점은 정조가 이러한 역법의 주요 수(數)·술(術)이 시대가 내려오면서 추측(推測)과 고구(考究)를 통해 더욱 정밀해진다고 보았다는 사실이다. 따라서 정조 자신의 시대에 이르러 역학(曆學)은 남김없이 밝혀졌다고 보았다.20) "요(堯) 임금의 역법을 밝히고자 한다면 마땅히 지금의 시헌력법(時憲曆法)으로 구해야 한다."21) 라는 정조의 언급은 이러한 그의 인식을 보여주는 것이다.

그렇다면 현재의 시헌력이 과거의 역법보다 우수하다는 근거는 무엇일까? 정조는 그 이유로 '실측'을 거론하였다. 예컨대 옛날의 지평설(地平說) 대신 지원설(地圓說)을, 예전의 세차론(歲差論) 대신 '항성동행설(恒星東行說)'을, 예전의 영축설(贏縮說) 대신 고비설(高卑說)을, 오행성의 역행 현상을 성륜설(星輪說)로 대체한 것은 모두 실측에 근거했다는 것이다.22) 정조가 서양의 중천설(重天說)을 원용해서 오행성의 높낮이와 운행 속도를 설명하면서 그것이 "모두 실측의 분명한 근거가 있는 것이니 주인(籌人)들의 전문 기술이라 하여 소홀히 여겨서는 안 된다."23)고 강조했던 것도 그의 실측론(實測論)의 일단을 보여주는 것이다.

---

20) 『弘齋全書』卷161, 日得錄 1, 文學 1, 9ㄴ(267책, 142쪽). "蓋曆法之大端, 定氣也, 定朔也, 步五星也, 推曆元也. …… 其數以推測而彌精, 其術以攷究而彌密, 至於今而曆學無餘蘊矣."

21) 『弘齋全書』卷161, 日得錄 1, 文學 1, 10ㄱ(267책, 142쪽). "欲明帝堯之曆法, 當於今之時憲曆法而求之."

22) 『弘齋全書』卷161, 日得錄 1, 文學 1, 9ㄴ~10ㄱ(267책, 142쪽). "古稱地平, 而今則曰地圓, 古立歲差, 而今則曰恒星東行, 古推贏縮, 而今則曰最高最卑, 古紀五緯遲留, 而今則曰星輪, 非今之故爲異, 實測則然也."

23) 『弘齋全書』卷161, 日得錄 1, 文學 1, 11ㄱ(267책, 143쪽). "此皆實測之有明據者, 不可以籌人專門之術而忽之也."

이와 같은 정조의 실측론은 앞서 살펴본 서호수나 뒤에 거론할 이가환의 그것과 매우 유사하다. 이는 그가 서호수와 이가환을 중심으로 역상(曆象) 개혁을 추진했던 이유를 짐작하게 해 준다. 정조는 천문역산학 개혁사업의 일환으로 의상(儀象) 개수(改修)를 염두에 두고 있었으며 그 과정에서 혼개통헌의(渾蓋通憲儀)와 같은 서양식 의기의 적극적 수용을 도모하였다. 그는 이미 의상 개수에 대한 나름의 방향을 설정하고 있었던 것이다.

2. 의상개수론의 대두 :
정조(正祖)의 「천문책(天文策)」을 중심으로

정조 12년(1788) 2월 11일, 정조는 '대동(大同)과 태화(太和)의 정치'를 표방하며 친필로 특지를 내려 남인 채제공(蔡濟恭, 1720~1799)을 우의정에 임명하였다.[24] 이로써 이른바 정조 득의의 '의리탕평(義理蕩平)'-영의정 노론 김치인(金致仁, 1716~1790), 좌의정 소론 이성원(李性源, 1725~1790), 우의정 남인 채제공의 삼당 보합(保合)체제-이 출범하였다.[25] 그리고 이듬해(1789) 윤5월 22일, 전(前) 승지(承旨) 이가환(李家煥, 1742~1801)·이서구(李書九, 1754~1825)와 직각(直閣) 이만수(李晩秀, 1752~1820), 교리(校理) 윤행임(尹行恁, 1762~1801)을 대상으로 「천문책(天文策)」이 내려졌다.[26] 정조는 자신이 의도했던 탕평정치의 구상을 본격적으로

---

24) 『正祖實錄』卷25, 正祖 12년 2월 11일(甲辰), 16ㄱ~17ㄱ(45책, 689~690쪽).

25) 정조 대의 政局 동향과 탕평정치의 추진 과정에 대해서는 朴光用, 『朝鮮後期 「蕩平」 硏究』, 서울大學校 大學院 國史學科 博士學位論文, 1994, 146~157쪽 ; 金成潤, 『朝鮮後期 蕩平政治 硏究』, 지식산업사, 1997, 275~319쪽 참조.

26) 『內閣日曆』(奎章閣 藏本, 책번호 13030_0111), 正祖 13년(己酉) 閏5월 22일(丁未). "御題天策書下, 命前承旨李家煥·李書九·直閣李晩秀·校理尹行恁製進." 天文策과 對策

현실화하는 과정에서 천문역산학의 정비를 주제로 이들 핵심 관료들에게 대책을 하문했던 것이다. 그것은 전반적인 국가 체제와 제도 개혁의 일환이었다.

정조가 답안 작성을 명했던 이가환, 이서구, 이만수, 윤행임은 모두 정조의 각별한 신임을 받았던 측근 관료 세력의 일원이었다. 물론 이들은 당색과 출자가 달랐고, 정조 사후 정치적 행로 역시 상이했다. 이가환은 정조 대 남인계 성호학파의 대표적 관인·학자로서 정조 사후 '신유사옥(辛酉邪獄)'의 주된 표적이 되어 죽임을 당했다. 당색에서 이가환과 차이를 보였던 노론계의 이서구와 윤행임은 순조 대 세도정권과의 갈등으로 다른 방향의 정치적 파란을 겪게 되었다. 같은 노론계이지만 벽파(僻派) 이서구와 정치적 대립을 보였던 시파(時派) 윤행임은 순조 초년 외척 세력을 견제하다가 신지도(薪智島)에 유배되었으며[27] 결국 사사(賜死)되고 말았다.[28] 박지원(朴趾源, 1737~1805) 계열의 북학론자이자 '사림청론(士林淸論)'의 주창자였던 이서구는 순조 초년 내시노비(內寺奴婢) 혁파와 장용영(壯勇營) 혁파 등 일련의 정책 시행 과정에서 주도적 역할을 담당하기도 했지만, 순조 5년(1805) 실각한 이후 정계에서 축출됨으로써 세도정권하에서 자신의 정치적 경륜을 펴보지 못하고 15년간 방폐되기에 이르렀다.[29]

에 대한 전반적인 검토는 구만옥, 「朝鮮後期 天文曆算學의 주요 爭點 – 正祖의 天文策과 그에 대한 對策을 중심으로–」, 『韓國思想史學』 27, 韓國思想史學會, 2006 ; 「조선후기 천문역산학의 개혁 방안 : 정조의 천문책에 대한 대책을 중심으로」, 『한국과학사학회지』 제28권 제2호, 韓國科學史學會, 2006을 참조.

27) 『純祖實錄』 卷3, 純祖 元年 5월 14일(己丑), 8ㄴ(47책, 391쪽).

28) 『純祖實錄』 卷3, 純祖 元年 9월 10일(甲申), 39ㄱ~40ㄱ(47책, 406~407쪽).

29) 李書九의 학문과 정치활동에 대해서는 유봉학, 『燕巖 一派 北學思想 研究』, 一志社, 1995, 160~187쪽 ; 유봉학, 「이서구–비운의 사림청론 정치가」, 『63인의 역사학자가 쓴 한국사 인물 열전 2』, 돌베개, 2003 참조.

이만수는 소론 준론(峻論)을 대표하는 이복원(李福源, 1719~1792)의
아들로 정조에게 인정을 받아 아홉 번이나 대제학이 되었고 장기간 규장각
직함을 겸하였다.30) 순조 대 정국에서 판의금부사·대제학·형조판서·병
조판서·내각제학·호조판서를 역임했고, 1803년 사은정사(謝恩正使)로 청
나라에 다녀왔다. 1804년 광주부유수(廣州府留守), 1806년 함경도관찰사·
판의금부사, 1808년 호조판서를 거쳐 1810년 평안도관찰사가 되었다.
1811년 '평안도농민전쟁'이 일어나자 치안 유지를 잘못했다는 이유로
이듬해 파직되어 경주에 유배되었으나 곧 사면되어 공조판서·예조판서·
병조판서 등을 역임하였다. 1814년 우빈객(右賓客), 1816년 좌빈객(左賓客)
을 거쳐 다음 해 빈객(賓客)이 되었다. 1819년 예조판서에 이어 1820년
수원유수로 나갔다가 그 해 임지에서 죽었다.

이만수의 학맥은 부친 이복원을 거쳐 윤증(尹拯, 1629~1714)에게 연결
되며,31) 그 자신은 정조 대 소론계를 대표하는 서명선(徐命善, 1728~1791)
의 사위였다. 그의 형 이시수(李時秀, 1745~1821)는 영의정까지 올랐다.
소론계 양명학파의 정동유(鄭東愈, 1744~1808)는 이만수의 계모(季母 :

---

30) 『純祖實錄』卷23, 純祖 20년 7월 28일(壬午), 11ㄱ(48책, 164쪽). 水原留守 李晩秀의
   卒記.
31) 李福源(號 雙溪, 諡號 文簡)은 尹拯의 손자이자 문인인 尹東源(1685~1741 : 號
   一庵)의 사위였다[『雙溪遺稿』卷7,「一庵尹先生墓誌」, 10ㄱ~15ㄴ(237책, 146~149
   쪽) ;『展園遺稿』卷11,「先府君墓誌」, 2ㄱ(268책, 482쪽). "前配贈貞敬夫人坡平尹氏,
   明齋先生曾孫一菴先生進善諱東源女."]. 유봉학,『燕巖一派 北學思想 硏究』, 一志社,
   1995, 45쪽 참조. 李晩秀의 가계를 정리하면 다음과 같다.

작은 아버지 學源의 부인, 鄭元淳의 딸)의 동생으로 외삼촌뻘이 된다.[32] 이만수와 정동유는 이광려(李匡呂, 1720~1783)와 사승관계를 맺었던 것으로 보인다.[33]

정조의 책문에 응하여 네 사람은 각각 대책을 제출하였는데 그것이 바로 이가환의 「천문책」, 이서구의 「대책(對策-天文)」, 윤행임의 「천문」 등이었다. 이만수의 대책은 그의 문집에 '답성문(答聖門)'이라는 항목의 뒷부분에 수록되어 있는데, 책문의 말미에 세주로 "기유각신승지응제(己酉閣臣承旨應製)"라고 기록되어 있다.[34] 이만수의 대책은 『내각일력(內閣日曆)』에도 수록되어 있는데, 그 날짜를 확인해 보면 책문이 내려진 일주일 후인 윤5월 29일이었다.[35] 따라서 이들의 대책은 정조의 책문이 내려지고 난 후 일정한 시간 간격을 두고 작성하여 제출된 것이었으리라 추정된다.

정조는 책문의 모두(冒頭)에서 국가 운영에서 천문이 갖는 중요성을 확인한 뒤,[36] 대략 20조에 해당하는 질문을 제기하였다. 그것을 정리하면 다음과 같다.

> (1) 역대로 천문을 담당했던 명가(名家)―예컨대 하(夏)의 곤오(昆吾), 은(殷)의 무함(巫咸), 주(周)의 사일(史佚), 위(魏)의 석신(石申), 제(齊)의 감덕(甘德), 노(魯)의 재신(梓愼), 송(宋)의 자위(子韋), 정(鄭)의 비조(裨竈), 초(楚)의 당매(唐昧) 등―의 기술은 같은 것인가, 다른 것인가?

---

32) 『展園遺稿』 卷21, 「掌樂院正鄭公墓碣銘」, 54ㄱ(268책, 508쪽). "公晩秀之季母鄭夫人之弟也."

33) 유봉학, 앞의 책, 1995, 45~47쪽 참조.

34) 『展園遺稿』 卷6, 賜芴集, 答聖問, 「五經百篇答聖問」, 84ㄱ~91ㄴ(268책, 274~278쪽).

35) 『內閣日曆』, 正祖 13년(己酉) 閏5월 29일(甲寅).

36) 『弘齋全書』 卷50, 策問, 「天文閣臣承旨應製」, 23ㄱ(263책, 271쪽). "天文之於爲國也, 務孰先之."

후대 사람들은 어느 것이 낫다고 평가했는가?[37]

(2) 역대의 우주구조론 가운데 개천설(蓋天說)과 혼천설(渾天說)의 구체
적 내용은 무엇이며, 개천가(蓋天家)와 혼천가(渾天家)의 상호 토론을
통해서 볼 때 어떤 것이 우수한 우주론인가?[38]

(3) 서양의 구중천설(九重天說)과 주희(朱熹)의 9중천설은 같은 것인가,
다른 것인가?[39]

(4) 역가(曆家 : 서양의 曆家를 말함)들이 증명한 바 뭇별들의 엄식(掩食)
과 운행 속도의 지질(遲疾)은 원근(遠近)의 징험에 부합되는가?[40]

(5) 고법(古法)과 금법(今法)의 주천도수(周天度數)－365 1/4 대 360－,
고법과 금법의 세차설(歲差說)－황도서퇴설(黃道西退說) 대 항성동
행설(恒星東行說)－은 어느 것이 우수한가?[41]

(6) 전통적 천체운행론인 좌선설(左旋說)과 우선설(右旋說)은 어떻게 절
충할 수 있는가?[42]

---

37) 같은 글, 23ㄱ(263책, 271쪽). "先王知所先務, 是以史領天文, 肇自隆古, 而夏有昆吾,
殷有巫咸, 周有史佚. 施及諸侯, 如魏之石申, 齊之甘德, 魯之梓愼, 宋之子韋, 鄭之裨竈,
楚之唐昧, 皆能各有圖驗, 爲世名家. 其所操者, 一術耶, 二術耶. 後人之論, 何軒何輊."

38) 같은 글, 23ㄱ～ㄴ(263책, 271쪽). "蓋天也·宣夜也·渾天也, 古之言天象者, 三家也.
宣夜絶無師承, 則今不可以郗萌·虞喜穿鑿之說, 强爲之解, 而蓋天之蓋笠覆槃, 其制可詳,
渾天之如卵裏黃, 其形何如. 桓·鄭·蔡·陸謂蓋天之多違天象, 則蓋不如渾耶. 王仲任據蓋
天以駁渾儀, 則渾不如蓋耶."

39) 같은 글, 23ㄴ(263책, 271쪽). "宗動也·列宿也·塡星也·歲星也·熒惑也·太陽也·金星
也·水星也·太陰也, 今之言天體之九重也. 圜則九重, 見於楚辭, 則其說固有所本, 而朱子
所謂不是分九處, 只是旋有九者, 果無異於高卑之論耶."

40) 같은 글, 23ㄴ(263책, 271쪽). "曆家所證諸曜之掩食, 行度之遲疾, 亦皆合於遠近之驗
耶."

41) 같은 글, 23ㄴ～24ㄱ(263책, 271쪽). "三百六十五度四分度之一, 古法周天之度也,
三百六十度, 今法周天之度也. 恒星不移而黃道西退, 古法之歲差也, 黃道不動而恒星東
行, 今法之歲差也. 古勝於今耶, 今密於古耶."

42) 같은 글, 24ㄱ(263책, 271쪽). "星從天而西, 日違天而東, 漢志也. 天左旋, 日右行,
日東出, 月西生, 邵子也. 天與日月五星俱左旋, 張子也. 傳詩則從邵, 傳書則從張, 朱子也.

(7) 북극(北極)에 남북(南北)의 고저(高低) 차이가 있어 추위와 더위가
상반되고, 시각(時刻)에 동서(東西)의 조만(早晩)이 있어 밤낮이 상반
된다. 그 경위(經緯)의 수치와 대대(對待)의 까닭을 지적하여 말하라
[서양의 지구설에 따르면 지구상의 각 지역에 계절의 차이와 주야의
차이가 발생하는 이유는 경도와 위도의 차이로 설명된다. 이 질문은
그 이치를 상세히 설명하라는 것이다].[43]

(8) 분야설(分野說)과 '운한양계설(雲漢兩戒說)'의 타당성을 논하라.[44]

(9) 12차(次)의 명칭이 황제(黃帝)로부터 나왔다는 왕혁(王奕)의 주장은
타당한가?[45]

(10) 별의 명칭이 감석(甘石 : 甘德·石申)에게서 나왔다는 진탁(陳卓)의
주장은 타당한가?[46]

(11) 북두칠성(北斗七星)의 색깔이 계절의 변화에 따라 달라지는 이유는
무엇인가?[47]

(12) 토성(土星)의 운행 궤도가 적도와의 거리에 따라 그 형태를 달리하는
이유는 무엇인가?[48]

前賢之不同如此, 將誰使之折衷耶."

43) 같은 글, 24ㄱ(263책, 271쪽). "北極有南北之高低, 而寒暑相反, 時刻有東西之早晩,
而晝夜相反, 其經緯之數, 對待之故, 可歷言之耶."

44) 같은 글, 24ㄱ(263책, 271쪽). "分野所以配九州, 而南疆日闢, 宿度不改, 雲漢所以表兩
戒, 而河道旣移, 星土莫遷, 雖以淳風·一行之善言天者, 猶不免傅會而然耶."

45) 같은 글, 24ㄱ~ㄴ(263책, 271쪽). "王奕以十二次, 謂出於黃帝, 則實沈之名, 可前知於
高辛之前, 大梁之稱, 可預言於分晉之先耶."

46) 같은 글, 24ㄴ(263책, 271쪽). "陳卓以星名謂出於甘石, 則羽林郞將, 春秋亦有此官,
王良造父, 當時亦有此人耶."

47) 같은 글, 24ㄴ(263책, 271쪽). "北斗當春夏則其色靑而赤, 當秋冬則其色白而黑, 隨四時
而異色者, 何理."

48) 같은 글, 24ㄴ(263책, 271쪽). "土星遠赤道則其圈宕而寬, 近赤道則其圈逼而窄, 以遠近
而殊形者, 何故耶."

(13) 점성술(占星術)의 타당성을 논하라.[49]

(14) 장형(張衡)의 '후풍지동의(候風地動儀)'<와 신도방(信都芳)의 윤선(輪扇)>의 정확성은 어떤 기술에 근거한 것인가?[50]

(15) 기형(璣衡＝璿璣玉衡)을 혼의(渾儀)라고도 하고, 선추(璇樞)라고도 하는데 어느 것이 옳은가?[51]

(16) 『주비산경(周髀算經)』은 주공(周公)의 저작이라고도 하고, 한유(漢儒)들의 위작이라고도 하는데 어느 것이 옳은가?[52]

(17) 낙하굉(洛下閎＝落下閎)·경수창(耿壽昌)의 원의(圓儀), 가규(賈逵)의 황도의(黃道儀), 장형(張衡)의 혼천상(渾天象), 왕번(王蕃)의 혼천의(渾天儀)는 옛 법에 어긋나지 않고 새로운 뜻을 발명한 것인가?[53]

(18) 원(元)나라에는 간의(簡儀)·앙의(仰儀)·규궤(闕几)·영부(景符) 등의 종류가 있었고, 명(明)나라에는 상한(象限)·기한(紀限)·천구(天球)·지구의(地球儀) 등이 있었다. 그 가운데 가장 정밀한 것은 무엇에 근거한 것인가, 또 관측하는 바는 각각 다른 것인가?[54]

(19) 숭고산(嵩高山)이 하늘의 중심이라는 논의와 '소아지투일영(小兒之鬪日影)'의 이치 및 몽기론(蒙氣論)에 대해 논하라('천중지의(天中之

---

49) 같은 글, 24ㄴ(263책, 271쪽). "緯星聚奎, 而占文運之將興, 難星過空, 而護御舟而移次, 以何數而推驗之神妙至此耶."

50) 같은 글, 24ㄴ(263책, 271쪽). "地氣動而儀丸之墜不爽分刻, 節候到而輪扇之應如合符契, 以何術而制作之精巧若是耶."

51) 같은 글, 24ㄴ(263책, 271쪽). "器莫古於璣衡, 而論其制者, 或指爲渾儀, 或指爲璇樞, 何者爲是."

52) 같은 글, 24ㄴ~25ㄱ(263책, 271~272쪽). "經莫古於周髀, 而疏其義者, 或云周公所作, 或云漢儒所贗, 何說爲當耶."

53) 같은 글, 25ㄱ(263책, 272쪽). "洛耿造圓儀, 賈逵造黃道儀, 張衡造渾天象, 王蕃造渾天儀, 果能無乖於古法, 而有發於新義耶."

54) 같은 글, 25ㄱ(263책, 272쪽). "元有簡儀·仰儀·闕几·景符之屬, 明有象限·紀限·天球·地球之類, 其爲最精者何據, 而所測者各異耶."

義)'와 '몽기지론(蒙氣之論)'에 대해 논하라).[55]

　이상과 같은 정조의 「천문책」은 조선후기 천문역산학의 여러 문제를 망라한 것으로, 그 가운데는 천문의기와 관련된 질문[14, 15, 17, 18]도 포함되어 있다. 예컨대 장형(張衡)의 '후풍지동의(候風地動儀)'와 신도방(信都芳)의 윤선(輪扇)의 정확성은 어떤 기술에 근거한 것인가, 기형(璣衡＝璿璣玉衡)을 혼의(渾儀)라고도 하고, 선추(璇樞)라고도 하는데 어느 것이 옳은가, 낙하굉(洛下閎＝落下閎)·경수창(耿壽昌)의 원의(圓儀), 가규(賈逵)의 황도의(黃道儀), 장형의 혼천상(渾天象), 왕번(王蕃)의 혼천의(渾天儀)는 옛 법에 어긋나지 않고 새로운 뜻을 발명한 것인가, 원(元)에는 간의(簡儀)·앙의(仰儀)·규궤(闚几)·영부(景符) 등이 있었고, 명(明)에는 상한(象限)·기한(紀限)·천구(天球)·지구의(地球儀) 등이 있었는데 그 가운데 가장 정밀한 것은 무엇에 근거한 것인가, 또 관측하는 바는 각각 다른 것인가 등등의 질문이 그것이다.

　이는 역대 천문의기의 특징과 장단점을 정리한 다음, 새롭게 전래된 서양식 천문의기의 특성을 적출해 낼 것을 요구하는 문제였다. 그 연장선에서 서양식 천문의기의 장점을 바탕으로 전통 천문의기의 문제점을 해소하여 새로운 의상(儀象)을 구축하는 방안이 마련될 수도 있었다. 먼저 이가환 등의 대책에서 이 문제에 대해 어떤 답변을 내놓았는지 살펴보기로 하자.

---

55) 같은 글, 25ㄱ(263책, 272쪽). "嵩高之爲天頂, 隨地不同, 而註家則誤解天中之義, 小兒之鬪日影, 難言其理, 而後儒則㫌爲蒙氣之論, 看書之不易如此耶."

1) 후풍지동의(候風地動儀)와 윤선(輪扇)

지동의(地動儀 : 일명 候風地動儀)는 후한(後漢)의 장형(張衡, 78~139)이 132년 발명한 기계로 지진을 예보하는 장치로 알려져 있다. 청동을 주조해서 만들었고, 형태는 술동이[酒尊]와 유사하며 지름이 8척이었다. 내부의 중앙에는 기둥[都柱]이 있고, 주변으로 8개의 길[八道]이 배치되어 있는데, 이는 용기 바깥의 여덟 개의 용과 연결되어 있다. 용은 팔방(八方)을 기준으로 배치되었고, 용의 주둥이에는 한 개의 청동 구슬이 들어 있다. 이 8개의 용머리에 대응해서 용기 주변으로 8개의 두꺼비가 입을 위로 벌리고 앉아 있다. 지진이 발생하면 용기 안에 있는 기둥이 해당 방향으로 기울어지면서 용머리와 연결되어 있는 길을 건드리게 되고, 이에 따라 그 방향에 위치한 용의 주둥이가 열리면서 구슬이 두꺼비의 입 안으로 떨어지게 된다. 이로써 지진이 발생하는 방향을 알 수 있도록 설계되었다.[56]

한편 신도방(信都芳)[57]의 윤선(輪扇)은 절기(節氣)를 측정하는 일종의 후기의(候氣儀)라고 할 수 있다. 전통적인 '후기(候氣)'의 방법은 율관(律管)을 땅에 묻고 갈대를 태워 재를 만들어 그 끝에 두는데, 재가 날리는 것을 보고 절기의 도래를 판단하였다.[58] 신도방은 윤선 24매를 만들어 땅에 묻어두고 24기를 측정하였다고 한다. 1기가 도래하면 윤선 가운데 하나가 움직여 그것을 알렸는데 율관의 재가 날리는 것과 꼭 들어맞았다고

---

56) 『後漢書』卷59, 列傳 49, 張衡, 1909쪽 ; 陳美東, 「張衡」, 『中國科學技術史(人物卷)』, 科學出版社, 77~78쪽 참조.

57) 北齊의 河閒人으로, 字는 玉琳이다. 算術에 정통하였다고 한다. 『魏書』卷91, 列傳術藝 79 ; 『北齊書』卷49, 列傳 41, 方伎, 信都芳 ; 『北史』卷89, 列傳 77, 藝術, 信都芳.

58) 『燃藜室記述』別集, 卷15, 天文典故, 候氣, 590~591쪽(국역 『연려실기술』 XI, 민족문화추진회, 1967의 原文 쪽수).

한다.59)

이가환은 장형의 지동의나 신도방의 윤선에 대해 비판적 평가를 내렸
다. 그는 먼저 지동이란 일정한 법칙이 있어서 미리 예측할 수 있는
것이 아니라고 보았다. 땅에는 빈 공간이 있으며, 그 공간에 기(氣)가
오랫동안 쌓이게 되면 충격에 의해 바깥으로 분출하게 되는데, 지동의
빈도나 범위는 일정한 법칙이 있는 것이 아니라고 하였다.60) 이가환은
장형이 비록 기교가 있었다고 할지라도 지동의를 통해 지동의 방위와
시각을 정확하게 예측하기는 어려웠을 것이라고 보았다. 게다가 그가
보기에 장형은 「사현부(思玄賦)」 등에서 허망함을 숭상한 사실이 많았고,
지리에도 어두웠으므로 지동의 이치를 해득하지는 못했을 것이라고 평가
하였다.61)

이가환은 신도방의 윤선을 지동의의 일종으로 파악하면서 그 정확성을
부정하였다. 그 이유는 전통적인 24기 배치법의 문제 때문이었다. 전통적
으로 24기를 배치하는 방법은 평기법(平氣法)이었다. 그것은 동지점을
기준으로 15일-1년의 길이를 24등분 한 값- 간격으로 중기(中氣)와
절기(節氣)를 번갈아 배당하는 방법이었다. 이 경우 24기의 각각의 간격은
일정하게 된다. 문제는 이러한 평기법이 황도상의 태양의 위치를 정확하
게 반영하지 않는다는 사실이었다. 이가환이 지적하는 문제가 바로 이것
이었다. 그가 보기에 수시력이나 대통력(大統曆)에서조차 각 절기 사이의

---

59) 『隋書』卷16, 志 1, 律曆 上, 候氣, 394쪽. "又爲輪扇二十四, 埋地中, 以測二十四氣.
每一氣感, 則一扇自動, 他扇並住, 與管灰相應, 若符契焉."

60) 『錦帶殿策』, 「天文策」, 544쪽ㄱ~ㄴ. "臣以爲地動者, 非一定之數, 可以豫知. 盖緣(?)地
有空隙, 積氣蘊藏, 含蓄旣久, 奮怒衝擊而出, 或疎或數, 或遠或近, 漫無準的."

61) 『錦帶殿策』, 「天文策」, 544쪽ㄴ. "張衡雖巧, 安能使人龍吐丸, 以應方位時刻哉. 臣竊觀
衡所爲思玄賦曰, 越邛州而遠[遊]遨, (曰)出石密之闇野之類, 崇信虛妄, 不可勝數, 於其地
理, 本自茫昧, 安有巧解密合於地動之理哉."

간격이 일정하지 않다는 정기법(定氣法)의 원리를 이해하지 못하고 있었다. 이것은 원대(元代) 이전에 절기를 정확하게 결정하지 못했다는 사실을 반증하는 것인데, 신도방의 시대에는 더 말할 필요가 없다는 것이다. 따라서 신도방의 후풍의가 절기의 도래를 정확하게 예측했다는 평가는 이치에 맞지 않는다고 보았다.[62]

이만수는 장형의 '후풍지동의'와 신도방의 윤선에 대해서는 그 구체적 제작 원리나 방법을 언급하지 않은 채 '고인제기지교(古人製器之巧 : 옛 사람이 기구를 제작하는 교묘함)'라는 차원에서 간단하게 언급하고 있다.[63] 여기에서 주목해야 할 것은 '고인제기지교'와 대비하여 현재의 기구 제작 방법이 진보한 것이냐, 퇴보한 것이냐, 또는 인류의 기술사는 역사적으로 발전하고 있느냐 하는 문제인데, 이와 같은 이만수의 상고적(尚古的) 태도는 기술사의 발전 자체를 부정하거나 그 가치를 높이 평가하지 않는 입장으로 연결되기 쉬웠다고 할 수 있다.

이서구 역시 장형의 지동의와 신도방의 윤선을 정교한 기구로 높이 평가하였다. 그는 장형의 '기지(機智)'와 신도방의 '담사(覃思 : 깊은 생각)'가 '곡탈조화(曲奪造化 : 천지의 조화를 빼앗음)'의 경지에 이르렀다고 보았다. 그들이 만든 기구가 그토록 정교했던 이유는 그들이 "천지(天地)의 정상(情狀)을 보았고 음양(陰陽)의 변통(通變)을 알았기" 때문이라고 하였다.[64]

---

62) 『錦帶殿策』, 「天文策」, 544쪽ㄴ. "至於信都芳之輪扇, 則又是地動儀之類也. 夫二十四氣分排於二分前後, 長短本自不齊, 授時大統之曆, 皆有未達, 强置空度隔日, 然則自元世以前, 節氣尚有未定, 況信都芳之時, 則並與空度隔日而無之者乎. 交節時刻, 尚未能知, 而謂造翁而合之者, 無是理也."

63) 『內閣日曆』, 正祖 13년(己酉) 閏5월 29일(甲寅). "張平子之八龍吐丸, 遙應隴西之地動, 齊信都之十二輪扇, 可比室中之管灰, 古人製器之巧, 有如是矣."

64) 『惕齋集』 卷7, 「對策(天文)」(270책, 148쪽ㄷ~ㄹ). "張平子之機智, 信都芳之覃思, 庶可以曲奪造化, 而苟非見天地之情狀, 識陰陽之通變, 其所制作, 必不能若是之精巧也."

윤행임은 장형의 지동의와 신도방의 윤선에 대해서 그 제작 경위를 간단히 설명하고, 그 제작 기술의 정교함을 인정하였다. 장형의 후풍의는 "수술궁천지(數術窮天地), 제작모조화(制作侔造化)[술수는 천지를 다했고, 제작은 조화와 같다]"라는 최원(崔瑗, 78~143)의 평가 그대로이며, 윤선을 이용해서 절기를 측정하는 신도방의 기구도 신묘하다고 보았다.[65]

장형과 신도방이 제작한 기구는 역대 사서에 정교한 것으로 소개되어 있었다. 따라서 이러한 문헌에 근거해서 그것을 이해할 경우 이만수나 이서구, 윤행임처럼 예전의 평가를 답습하는 데 머물 가능성이 매우 컸다. 따라서 기존의 평가에 대한 비판이 가능하려면 이가환의 경우처럼 회의의 자세를 가져야만 했다. 이가환은 전통적 상고주의에 매몰되지 않았으며 신법(新法)에 근거해서 역대의 천문의기를 평가하였던 것이다.

2) 선기옥형론(璿璣玉衡論)

『서경(書經)』「순전(舜典)」의 '선기옥형'을 어떻게 이해할 것인가 하는 문제는 조선후기 일부 지식인들 사이에서 논란거리였다. 이는 물론 조선 왕조에서 처음 제기된 문제는 아니었고, 유교 경학(經學)의 오래된 과제이기도 했다.[66] 그 핵심은 선기옥형을 천문의기의 일종인 혼천의(渾天儀)로 볼 것인가, 아니면 북두칠성으로 볼 것인가 하는 문제였다. 기형(璣衡)을 혼의(渾儀)로 볼 것인가, 아니면 선추(璇樞)로 볼 것인가 하는 정조의 질문이

---

65) 『碩齋稿』卷14, 策,「天文」(287책, 256쪽ㄷ). "候風之儀, 盖爲地動而張衡之所造也. 八龍銅丸, 下承蟾蜍, 飾以篆籀龜鳥之狀, 崔子玉之銘曰, 數術窮天地, 制作侔造化. 逮至後齊時, 有信都芳者, 以管候氣, 造鐵輪扇二十四枚, 埋土中以測二十四氣. 一氣感則一扇動, 管灰相應, 妙函合符." 사실 崔瑗의 銘文은 후풍지동의에 대한 것은 아니었고, 碑銘의 일부였다.

66) 구만옥,「조선후기 '선기옥형'에 대한 인식의 변화」,『한국과학사학회지』제26권 제2호, 한국과학사학회, 2004 참조.

바로 이것이었다.

이 질문에 대해서 이가환은 주희의 혼천의설(渾天儀說)이 정론(正論)이라고 답변하였다. 후세에 주조된 혼천의가 비록 순(舜)의 선기옥형과 합치하는 것은 아니라 할지라도 그 '지류나 말류[支流餘裔]'에 해당하는 것이라고 볼 수 있으며, 이른바 '선추(璇樞)'설에 대해서는 이미 주희가 『서전(書傳)』의 주석에서 "이제 경문(經文)을 살펴보면 매우 간략하고 질박하니, 북두(北斗)의 두 글자를 써서 이름을 붙일 리가 없다."[67]라고 하였으므로 더 이상 논의할 필요가 없다고 하였다.[68]

이만수는 혼의와 선추 양자가 동일한 것이라는 입장을 취했다. 천체를 본뜬 것이 혼의이고, 두극(斗極)에 상응한 것이 선추인데, 그 기구는 같고 그 의미 역시 하나라고 보았던 것이다.[69] 그러면서도 이만수는 지금 혼천의라고 부르는 것이 『서전』에 실려 있으니 마땅히 선기옥형을 혼의로 보는 것이 옳다는 입장을 고수하였다.[70] 경전을 가치 판단의 기준으로 삼고 있는 이만수의 기본적 태도를 여기서도 확인할 수 있다.

기형의 명칭에 대한 이서구의 답변은 정확하지 않았다. 그는 기형이 모든 의상(儀象)의 시초[權輿]가 된다고 전제하고, 혼의의 방법이나 선추의 제도가 모두 여기에 근거한 것이라고 주장하였다.[71] 정확한 것은

---

67) 『書傳』, 虞書, 舜典, 璿璣玉衡章 註. "曆家之說, 又以北斗魁四星爲璣杓, 三星爲衡. 今詳經文簡質, 不應北斗二字, 乃用寅名, 恐未必然. 姑存其說, 以廣異聞."

68) 『錦帶殿策』, 「天文策」, 544쪽ㄴ. "璣衡之說, 後世所鑄, 雖未知合於舜之遺制, 而要之其支流餘裔也. 若以魁杓之異名, 則朱子以爲經文簡質, 不應北斗二字, 乃用寅名, 臣以爲正論無容更議也."

69) 『內閣日曆』, 正祖 13년(己酉) 閏5월 29일(甲寅). "象天體則曰渾儀, 應斗極則曰璇樞, 其器則同, 其義則一也."

70) 『內閣日曆』, 正祖 13년(己酉) 閏5월 29일(甲寅). "而今之渾天儀云者, 載於書集傳, 則當以渾儀爲是也."

71) 『惕齋集』 卷7, 「對策(天文)」(270책, 148쪽ㄹ). "璣衡爲儀象之權輿, 而渾儀之法, 璇樞之制, 實皆本此."

아니지만 기형을 기준으로 혼의나 선추를 동일한 것의 다른 이름으로 파악한 것이 아닌가 여겨진다. 그것이 아니라면 혼의나 선추는 다른 것이지만 모두 기형에 근거한다고 주장한 것으로 볼 수도 있다.

윤행임 역시 분명한 입장을 보이지 않았다. 다만 심괄(沈括)의 말을 인용하여 태사국(太史局)과 비서성(秘書省)에 소장되어 있는 청동 의기의 제도가 매우 정치하였고, 동정(銅丁 : 구리 못)으로 눈금 표시를 대신했다는 사실을 확인하고, 역가(曆家)들은 북두칠성 자루 부분의 네 개의 별을 '기(璣)', 국자 부분의 세 개의 별을 '형(衡)'이라고 부른다는 것, 그리고 『서전』의 채침(蔡沈) 주에서는 이를 혼천의로 해석하였다는 사실만을 서술하였다.72) 이것은 『서전』 선기옥형장의 주석을 그대로 반복한 것에 지나지 않는다.

3) 원의(圓儀)·황도의(黃道儀)·혼천상(渾天象)·혼천의(渾天儀)

일찍이 『진서(晉書)』「천문지(天文志)」에서는 역대 천문의기의 제작 과정을 다음과 같이 서술하였다.

한(漢)의 태초(太初) 연간(B.C. 104~101)에 낙하굉(落下閎)·선우망인(鮮于妄人)·경수창(耿壽昌) 등이 원의(圓儀)를 만들어 역도(曆度)를 고찰하였다. 뒤에 화제(和帝) 때(89~105)에 이르러 가규(賈逵)가 이어서 제작하였는데 황도(黃道)를 첨가하였다. 순제(順帝) 때(126~144)에 장형(張衡)이 또 혼상(渾象)을 제작하였는데 내외규(內外規)·남북극(南北極)·황적도(黃

---

72) 『碩齋稿』 卷14, 策, 「天文」(287책, 256쪽ㄷ~ㄹ). "若彼璣衡, 先王所以在七政, 而沈存中以爲太史局秘書省銅儀, 制極精緻, 以銅丁爲之星, 曆家以爲斗魁四星爲璣, 杓三星爲衡, 而蔡注引渾天儀證之."

赤道)를 갖추었고, 24기(氣)와 28수(宿), 중외성관(中外星官)과 일월오성(日月五星)을 배열하였으며, 궁전의 실내에서 물로 운전하였는데 성신(星辰)의 움직임이 천상(天象)과 상응하였다. …… 그 후에 육적(陸績)이 역시 혼상(渾象)을 만들었다. 오(吳)나라 때 이르러 중상시(中常侍) 여강인(廬江人) 왕번(王蕃)은 술수(術數)를 잘하였는데 유홍(劉洪)의 건상력(乾象曆)을 전하였고, 그 방법에 의거하여 혼의(渾儀)를 제작하였다.[73]

정조가 책문에서 거론했던 문제는 여기에 등장하는 원의·황도의·혼천상·혼천의 등의 천문의기가 고법(古法)과는 어떤 차이가 있고, 새롭게 개발한 면은 무엇인가 하는 것이었다. 실제로 낙하굉이 만든 것은 적도식(赤道式) 혼의(渾儀)였고, 경수창이 제작한 것은 혼상(渾象)이었다. 가규는 황도동의(黃道銅儀)를 제작할 것을 건의하였고, 이것이 후에 만들어져 영대(靈臺)에 비치되었다. 장형이 제작한 것은 수격식 혼천의였다. 왕번은 유홍의 『건상력』의 방법에 의거하여 혼의를 제작하였고, 「혼천설(渾天說)」을 저술하였다.

먼저 이가환은 낙하굉과 경수창이 만들었다고 하는 원의는 지금 상고할 수 없다고 전제하면서, 다만 "낙하굉(洛下閎)이 <혼천(渾天)을> 경영(經營)하였고, 선우망인(鮮于妄人)이 측량하였으며, 경수창(耿壽昌)이 상고하여 형상화하였다."는 양웅(揚雄)의 『법언(法言)』에 근거해 볼 때[74] 그렇다고 인정할 수 있다고 보았다.[75] 가규의 황도의 역시 그 상세한 내용은

---

73) 『晉書』卷11, 志 1, 天文 上, 儀象, 284~285쪽. "曁漢太初, 落下閎·鮮于妄人·耿壽昌等 造員儀以考曆度. 後至和帝時, 賈逵繫作, 又加黃道. 至順帝時, 張衡又制渾象, 具內外規· 南北極·黃赤道, 列二十四氣·二十八宿中外星官及日月五緯, 以漏水轉之於殿上室內, 星 中出沒與天相應. 因其關戾, 又轉瑞輪莫莢於階下, 隨月虧盈, 依曆開落. 其後陸績亦造渾 象. 至吳時, 中常侍廬江王蕃善數術, 傳劉洪乾象曆, 依其法而制渾儀 ……."
74) 『揚子法言』卷7, 重黎篇. "或問渾天. 曰, 洛下閎營之, 鮮于妄人度之, 耿中丞象之, 幾乎幾 乎, 莫之能違也."

알 수 없으나 이순풍(李淳風)의 황도의(黃道儀)와 양영찬(梁令瓚)의 황도유의(黃道游儀)에 근거해서 볼 때 그 제도가 크게 다르지 않을 것이라고 추측하였다. 그리고 『당서(唐書)』 「천문지(天文志)」에서 이순풍의 황도의는 옥형선규(玉衡旋規)로 일도(日道)를 따로 설치하였고, 양영찬은 나무로 유의(游儀)를 만들어 황도의 운행으로 하여금 열수(列宿)의 변화를 따르게 하였다고 했으며,[76] 일행(一行)은 말하기를 양영찬이 제작한 것이 일도월교(日道月交)가 자연스럽게 부합한다고 하였음[77]을 근거로 황도의에도 취할 바가 있을 것이라고 하였다.[78]

이가환은 장형의 혼천의에 대해서는 종래의 평가와 다른 입장을 취하였다. 『진서』 「천문지」의 평가 이후로 장형의 수격식 혼천의에 대해서는 "그 제작이 조화와 같다[조화의 묘(妙)를 다했다]."라는 것이 일반적인 논의 수준이었다.[79] 이가환은 장형의 논의가 언뜻 보면 그럴 듯하지만

---

75) 『錦帶殿策』, 「天文策」, 544쪽ㄴ. "臣以爲洛耿所作, 今不可考, 據揚子雲之言曰, 洛下閎經營之, 鮮于妄人度之, 耿壽昌象之, 幾乎, 莫能違也, 此豈非洛耿之可取者乎."

76) 『舊唐書』 卷35, 志 15, 天文上, 1295쪽. "近祕閣郎中李淳風著法象志, 備載黃道渾儀法, 以玉衡旋規, 別帶日道, 傍列二百四十九交, 以擬月游, 用法頗雜, 其術竟寢. 臣伏承恩旨, 更造游儀, 使黃道運行, 以追列舍之變 ……." ; 『新唐書』 卷31, 志 21, 天文 1, 807쪽. "李淳風黃道儀, 以玉衡旋規, 別帶日道, 傍列二百四十九交, 以擬月游, 法頗難, 術遂寢廢. 臣更造游儀, 使黃道運行, 以追列舍之變 ……."

77) 『舊唐書』 卷35, 志 15, 天文上. "一行乃上言曰, 黃道游儀, 古有其術而無其器. 以黃道隨天運動, 難用常儀格之, 故昔人潛思皆不能得. 今梁令瓚創造此圖, 日道月交, 莫不自然契合, 旣於推步尤要, 望就書院更以銅鐵爲之, 庶得考驗星度, 無有差舛." ; 『新唐書』 卷31, 志 21, 天文 1, 806쪽. "開元九年, 一行受詔, 改治新曆, 欲知黃道進退, 而太史無黃道儀, 率府兵曹參軍梁令瓚以木爲游儀, 一行是之, 乃奏, 黃道游儀, 古有其術而無其器, 昔人潛思, 皆未能得. 今令瓚所爲, 日道月交, 皆自然契合, 於推步尤要, 請更鑄以銅鐵. 十一年儀成."

78) 『錦帶殿策』, 「天文策」, 544쪽ㄴ~ㄷ. "賈逵之黃道儀, 其詳亦不可考, 而據李淳風之黃道儀, 梁令瓚之黃道游儀, 其法要不相遠, 而唐志以爲李淳風之黃道儀, 以玉衡旋規, 別帶日道. 又以爲令瓚以木爲游儀, 使黃道運行, 以追列舍之變. 一行又謂令瓚所謂[爲]日道月交, 自然契合, 要亦有可取也."

79) 『晉書』 卷11, 志 1, 天文 上, 天體, 281쪽. "張平子旣作銅渾天儀, 於密室中以漏水轉之,

엄밀하게 생각해 보면 실제로는 그렇지 않다는 사실을 알 수 있다고 하였다. 무릇 하늘을 관측하는 기구는 때에 따라 세밀하게 관측하여 분초(分秒)를 구하는 것이 중요한데, 밀실에서 운전하는 장형의 혼천의는 "기이함을 자랑하고 교묘함을 다툼[衒奇鬪巧]으로써 세속을 놀라게 하려는 것에 불과하고 실용(實用)에는 합당하지 않은" 것이라고 보았다.[80) 장형의 혼천의가 실외에서 천체를 관측하기 위한 관측용 기구가 아니라 실내에 설치하여 천체의 운행을 보여주는 완상용(玩賞用) 기구라는 사실을 지적한 것이다.

이가환은 왕번의 혼천의에 대해서는 진(晉) 유지(劉智, ?~289, 字 子房)의 평가[81)를 인용하였다. 즉 왕번 이래로 제작된 혼천의는 그 중앙에 유통(游筒)을 설치하여 옥형(玉衡)이라고 하였으므로 장형의 그것과 비교하면 조금 낫다고 할 수 있었지만, 실내에 설치하고 판옥으로 덮었기 때문에 안팎으로 설치된 삼중의 고리와 그 안에 배치된 형관(衡管)을 주선할 때 차폐되고, 또 그 아래를 용주(龍柱)와 오운(鰲雲) 등의 장식으로 막아

令伺之者閉戶而唱之. 其伺之者以告靈臺之觀天者曰, 璇璣所加, 某星始見, 某星已中, 某星今沒, 皆如合符也. 崔子玉爲其碑銘曰, 數術窮天地, 制作侔造化, 高才偉藝, 與神合契."

80) 『錦帶殿策』,「天文策」, 544쪽ㄷ. "張衡之渾天象, 則以漏水轉之, 置之於密室之中, 以告靈臺觀天者, 皆如合符. 驟觀其說, 雖似可喜, 夷考其理, 實有未然. 夫窺天之器, 所貴乎隨時密測, 以求分秒, 密室暗轉, 義無所取, 此不過衒奇鬪巧, 以驚愚俗, 無當於實用者也, 所謂制作侔造化者, 豈其然乎."

81) 『羣書考索』別集, 卷17, 曆門, 渾天儀, 總論渾天之制. "或問劉智云, 渾天之制, 周制衡管用考三光之分, 所以揆正宿度, 準步盈虛者也. 自王蕃以來, 孔挺·淳風·一行·張思訓·韓公廉所造, 皆周旋衡管於渾天腹中, 窺測七曜. 今曰, 衡管在渾儀之中, 乃爲贅物, 何以知其無窺測之用乎. 曰, 窺測七曜者, 當在露天空曠之中, 其衡管之下, 必通人來往窺測. 今淳風儀置之凝暉閣, 一行儀置之武成殿, 張思訓儀置之文明殿, 韓公廉儀置之集英殿, 皆在禁中, 又作版屋覆之, 其儀表裏三重, 衡管在三重之中, 周旋遮蔽, 載以龍柱鰲雲, 充塞其下, 不通往來, 以是知其無窺測之用也. 且衡貴持正, 以定觀動, 今使隨規東西運回, 又自於雙軸之間, 得南北低昂, 其勢搖搖然, 靡所定正, 是動中之動也, 安取持正之義乎. 此所以知其無窺測之用也."

사람이 왕래할 수 없게 하였다는 점에서 보면 이 역시 관측에 실용적이지 못했음을 알 수 있다고 하였다.[82]

장형과 왕번의 혼천의에 대한 비판에서 볼 수 있듯이 이가환은 천문의기의 실용성을 중시했다. 실제로 천체 관측에 사용할 수 있는 것인지가 이가환이 역대 천문의기를 평가하는 주요 관점 가운데 하나였던 것이다. 주목해야 할 또 하나의 관점은 천문의기에 대한 발전론적 시각이다. 이가환은 낙하굉 이래의 역대 의기들이 고법(古法)에 완전히 합치하는 것은 아니지만 교대로 조술(祖述)하여 뒤에 나온 것이 더욱 정교해지고 새로운 뜻이 차츰차츰 발명된 것[後出愈巧, 新義漸發]은 모두 이것들에 힘입은 바라고 평가하였다.[83] 원·명 대의 천문의기에 대한 이가환의 높은 평가는 바로 이러한 관점에 입각한 것이었다.

역대 천문의기의 제작과 관련한 이만수의 답변은 역사적 사실을 확인하는 것에 그치고 있다. 그는 먼저 삼대(三代) 이후에 낙하굉과 경수창이 처음으로 원의를 만들기 시작하였고, 이어 가규가 황도를, 장형이 내외규(內外規)를 첨가하였고, 왕번은 유씨(劉氏)의 법제에 따랐다고 하였다. 그것들은 각각 뜻이 다르고, 후대로 내려올수록 더욱 정밀해졌지만 실상은 모두 선기옥형(璇璣玉衡=璣衡)의 범위에서 벗어나지 않는 것이라고 하였다.[84]

역대 천문의기에 대한 평가에서 이서구는 창시(刱始)의 공적을 낙하굉

---

82) 『錦帶殿策』, 「天文策」, 544쪽ㄷ. "王蕃之制渾儀, 則乃設游筩於其中, 謂之玉衡, 比之張衡, 固爲差勝. 但表裡三重, 候[衡]管在中, 周旋遮蔽, 載以龍柱鼇雲, 充塞其下, 不通往來, 是以知其無窺測之用也."

83) 『錦帶殿策』, 「天文策」, 544쪽ㄷ. "臣謂凡若此類, 雖未必盡合於古法, 然遞相祖述, 後出愈巧, 新義漸發, 實亦有賴於是也."

84) 『內閣日曆』, 正祖 13년(己酉) 閏5월 29일(甲寅). "三代以後, 洛·耿二人, 始造圓儀, 賈逵加黃道, 張衡具內外規, 王蕃依劉氏法制, 雖各異意, 雖益密而俱不出璣衡之範圍矣."

과 경수창에게 돌렸고, 제도로서의 정밀함은 가규와 장형의 그것을 넘지 못한다고 하였다. 또한 왕번이 육적의 '조란지상(鳥卵之象)'을 비판하고 하늘의 형체가 둥글다는 것을 밝힌 것[85] 역시 '자득지견(自得之見)'이 있다고 평가하였다. 이상에서 살펴본 여러 사람들의 천문의기는 고제(古制)에 합치한다고 말할 수는 없지만 새로운 뜻[新義]을 발명했다고 평가할 수 있다고 보았다.[86]

윤행임 역시 역대 천문의기에 대해서는 특별한 평가를 내리지 않았다. 다만 종래의 역사서를 기초로 객관적 사실만을 나열하였다. 낙하굉이 원의를 경영하였고, 경수창이 이를 완성하여 청동으로 의상을 만들었는데 양웅이 이를 정밀하다고 평가했다는 것, 가규가 황도의를 창시했는데 이순풍이 이를 개선하여 다시금 안팎으로 3중의 고리가 배치된 의기를 제작하였다는 것,[87] 장형과 왕번이 하늘을 따라 운행하는 의상의 법식을 갖추었는데, 이것들은 모두 음양을 깊이 궁구하여 밝히고, 선기옥형의 오묘함을 다했으니 칠정(七政)의 범위를 벗어나지 않는다고 지적하였다.[88]

---

85) 『晉書』 卷11, 志 1, 天文 上, 儀象, 285~288쪽 참조.

86) 『惕齋集』 卷7, 「對策(天文)」(270책, 148쪽ㄹ~149쪽ㄱ). "洛下閎·耿壽昌始造員儀, 賈逵繼作, 又加黃道, 張衡旣制渾象, 王蕃復制渾儀. 此外如陸績錢樂之徒所制儀器, 難以殫擧, 刱始之功, 當首洛耿, 規度之備, 莫踰賈張, 而至於王蕃駁陸績鳥卵之象, 以明天形之正圓者, 不無自得之見. 盖此諸家之所作, 雖未必悉合於古制, 亦可謂有發於新義矣."

87) 李淳風이 혼의를 제작한 과정은 『舊唐書』 卷79, 列傳 29, 李淳風, 2717~2718쪽 ; 『新唐書』 卷31, 志 21, 天文 1, 806쪽 참조.

88) 『碩齋稿』 卷14, 策, 「天文」(287책, 256쪽ㄹ). "洛下閎經營圓儀, 而耿壽昌成之, 銅以爲象, 揚雄以爲莫之能違. 賈逵創黃道儀, 而李淳風復之表裏三重, 張平子王·蕃俱有運天儀象之式, 而研覈陰陽, 妙盡璇璣, 則毋出於七政範圍."

4) 원(元)·명(明) 대의 천문의기

이가환은 역대의 천문의기 가운데 원의 곽수경이 만든 것들이 전대(前代)의 잘못을 모두 바로잡았고 창의성을 발휘한 것이 많았다고 일컬을 수 있다며 높이 평가하였다.[89] 그 가운데 간의(簡儀)는 치력(治曆)의 근본은 관측[測驗]에 있고, 관측기구 가운데는 의(儀 : 혼천의)와 표(表 : 규표)가 중요하다고 생각하여 고표(高表)와 함께 만든 것이었다. 앙의(仰儀)는 모난 표로 둥근 하늘을 측정하기 위해서는 "원(圓)으로써 원(圓)을 구하는 것"보다 나은 것이 없다고 생각하여 아래 반원(半圓)의 기구로 위의 반원(半圓)의 도수를 측정하기 위해 만든 기구였다. 규궤(闚几)는 달<이나 별>의 그림자의 길이를 정밀하게 측량하기 위해서, 영부(影符)는 표가 높을 경우 그림자 측정이 어렵기 때문에 그림자를 정밀하게 측정하기 위해 만든 것이었다.[90] 이가환은 이상의 의기들이 모두 매우 훌륭한 것이었지만 거기에도 나름의 문제점이 있다고 보았다.

간의의 경우에는 표의 길이가 너무 길다는 점이 지적되었다. 일반적으로 표가 짧으면 그림자가 명확하고 표가 길면 그림자가 흐려진다. 때문에 고표(高表)로 해그림자를 측정할 경우에는 영부(影符)를 설치하여 그림자의 상을 명확히 하고자 했던 것이다. 그러나 이가환은 이런 조치로도 그림자를 정확하게 측정하기는 어렵다고 보았다. 특히 아침저녁으로 태양이 지평선상에 위치할 때는 더욱 어렵다고 하였다. 따라서 장표(長表)

---

89) 『錦帶殿策』, 「天文策」, 544쪽ㄷ. "至元郭守敬所造, 則可謂盡改前失, 多出刱智者也."
90) 『錦帶殿策』, 「天文策」, 544쪽ㄷ. "其製簡儀也, 則以爲治曆之本, 在於測驗, 測驗之器, 莫先儀表, 作為此儀與高表, 相比覆者也. 其製仰儀也, 則以爲表之矩方, 測天之正圓, 莫如以圓求圓, 以下半圓之器, 仰合於上半圓之度也. 其製闚几也, 則以爲月雖有明, 察之則難, 以目力代表影也. 其製影符也, 則以爲表高, 影虛罔, 象非眞, 上加橫梁, 銅片鑽孔, 以取眞的者也."

=高表)보다는 단표(短表)를 이용할 것을 건의하였다. 수학이 정밀하다면 그림자의 길고 짧은 것은 문제가 되지 않는다는 생각에서였다.[91] 사실 이러한 지적은 간의에 대한 것이라기보다는 규표에 대한 것이다. 그런데 앞에서 보았듯이 이가환은 간의와 규표가 긴밀히 연관되어 있는 의기라고 생각했기 때문에 이렇게 지적했던 것이다.

앙의(仰儀)의 경우에는 그 기구 자체가 쓸모없다는 점을 지적하였다. 앙의를 만든 이유가 모난 표로써 둥근 하늘을 측정하기 어렵다는 것이었는데, 이가환이 보기에 이것은 할원술(割圓術)을 모르기 때문에 나온 이야기에 불과하였다. 만약 할원술을 안다면 팔선법(八線法 : 삼각함수)을 이용해서 원(圓)으로써 방(方)을 구할 수도 있고, 방(方)으로써 원(圓)을 구할 수도 있다고 주장하였다. 따라서 앙의는 상 위에 상을 포개놓은 것처럼 쓸모없는 것이라고 보았다.[92]

명대(明代)에 제작된 천문의기에 대한 이가환의 평가에 주목할 필요가 있다. 왜냐하면 그것은 서양 선교사들에 의해 제작된 것이므로 그 평가를 통해서 서양식 천문의기에 대한 이가환의 생각을 엿볼 수 있기 때문이다. 이가환은 명대의 상한(象限)·기한의(紀限儀), 천구(天球)·지구의(地球儀)는 모두 서양인 마테오 리치[利瑪竇]가 만든 것이라고 하였다.[93] 천구의(天球儀)는 이지조(李之藻)의 설명에 따르면[94] 고대의 혼천의와 다르지 않은

91) 『錦帶殿策』, 「天文策」, 544쪽ㄹ. "以言乎簡儀, 則曰立表之太長也. 何以言之. 夫表短則影眞, 表長則影短[虛?], 四長之表, 方其最短, 亦得三丈之影. 及至朝晡, 日近地平, 則已不啻數十丈矣. 虛淡之影, 落於半空, 雖有影符, 殆難眞確. 故臣以爲改爲短表, 取其確影, 倘精數術, 長短元自一揆也."

92) 『錦帶殿策』, 「天文策」, 544쪽ㄹ. "以言乎仰儀, 則曰設法之太冗也. 何以言之. 夫方之所以不可測圓者, 以割圓之無術耳. 若使割圓有術, 八線正餘錯綜相求, 則有圓可以知方, 有方可以知圓, 仰儀之設, 無乃疊床而無用歟."

93) 『錦帶殿策』, 「天文策」, 544쪽ㄹ. "至於大(?)明之有象限紀限之儀, 天球地球之類, 乃是萬曆中, 西洋人利瑪竇所製也."

것으로, 다만 고대 혼천의가 북극 출지고도를 주조하여 고정하였다면,
지금의 천구의는 자오규(子午規)를 지역에 따라 변경할 수 있게 해 놓았으
므로 사용하기에 편리하다고 하였다.95) 지구의에 대해서 이가환은 그
기구를 보지는 못했지만 당시 세상에 유행하던 남회인(南懷仁)의 「곤여전
도(坤輿全圖)」를 바탕으로 추정하면 아마도 청동이나 나무로 구를 만들고
경위도를 나눈 다음 세계 여러 나라를 표시해 놓은 것이리라고 하였다.96)
상한의 역시 청동이나 나무로 제작한 것으로 90도의 상한호(象限弧)와
호면(弧面)을 따라 움직이는 하나의 규형(窺衡)으로 구성된 것이었다.97)
기한의는 그 제도가 상한의와 유사한 것인데, 다만 60도의 원호로 구성된
것이 다르다고 보았다.98)

　　이가환은 이상과 같이 서양 의기를 설명하면서 그것이 예전의 천문의기
와 비교할 때 나타나는 특성에 대해서 주목하였다. 천구의는 예전의
혼상(渾象)과 유사하다고 할 수 있는데, 다만 은하수의 시작과 끝에 대한
설명과 남방의 "항상 숨겨져 보이지 않는 별"에 대한 설명은 서양인들이
직접 항해를 통해 경험적으로 획득한 것이므로 고법(古法)에는 없는 것이
라고 하였다.99) 지구의의 근거가 되는 지구설에 대해서는 보다 적극적인

---

94) 『明史』卷25, 志 1, 天文 1, 儀象, 359쪽. "萬曆中, 西洋人利瑪竇制渾儀·天球·地球等器.
　　仁和李之藻撰渾天儀說, 發明製造施用之法, 文多不載. 其製不外於六合·三辰·四游之法.
　　但古法北極出地, 鑄爲定度, 此則子午提規, 可以隨地度高下, 於用爲便耳."

95) 『錦帶殿策』, 「天文策」, 544쪽ㄹ. "天球, 據李之藻之說, 不外乎古者渾儀之法. 但古法北
　　極出地, 鑄爲定度, 此則子午提規, 可以隨地高下, 於用爲便耳."

96) 『錦帶殿策』, 「天文策」, 544쪽ㄹ. "地球, 臣雖未目睹其器, 以今世所傳坤輿全圖推之,
　　大抵或銅或木, 製爲至圓之球, 分割經緯之度, 而布列各國者也."

97) 『錦帶殿策』, 「天文策」, 544쪽ㄹ. "所謂象限儀者, 亦或銅或木, 製爲四分圓之一, 立柱承
　　之, 設爲衡尺, 可以低仰測量, 或代以游表定表者."

98) 『錦帶殿策』, 「天文策」, 544쪽ㄹ. "所謂紀限者, 其制一如象限之儀, 但以六十度爲限者
　　也."

99) 『錦帶殿策』, 「天文策」, 544쪽ㄹ. "天球卽古者渾象之制, 而但銀漢起止, 及密[蜜]蜂·馬

주장을 개진하고 있었다. 이가환은 먼저 '중국원류설'의 입장에서 지구설을 적극적으로 옹호하였다. 『대대례(大戴禮)』의 증자(曾子)와 선거리(單居離)의 문답이나 혼천설(渾天說)이 그 근거로 제시되었다. 그러나 보다 중요한 것은 당시 시헌력에서 사용하고 있던 각 지방의 주야(晝夜)의 장단(長短)과 절기(節氣)의 조만(早晩)이 모두 지구설에 근거하여 얻어진 것이므로, 지구설은 '시행지제(時行之制)'라는 측면에서 적극적으로 긍정되었다.100)

상한의와 기한의의 경우 고대의 여러 의기와 비교해 보면 간략한 듯하지만, 측면에 선을 그은 것과 중심에서 그림자를 취한 것은 모두 일찍이 강구하지 못한 바라고 평가하였다.101) 이는 혼천의로 대표되는 구형 천문의기와 대비되는 평면 천문의기의 특징을 설명한 것이었다. 이가환은 역대 천문의기의 가장 큰 문제점으로 여러 겹의 고리[圓圈]를 설치함으로써 그것을 회전시키면서 관측하기 어려웠다는 사실을 지적하면서,102) 상한의나 기한의는 비록 간략한 듯하지만 바로 그 간이(簡易)함으로써 천하의 지극히 번잡하고 어려움을 바로잡을 수 있으니, 쓸데없는 번잡함을 제거하고 본체를 곧바로 파악하는 데 이보다 뛰어난 것이 없다고 보았다.103)

服[腹]·三角·龜·杵之屬, 爲南界常隱不見之星, 而彼旣航海東來, 仰視南極而得之, 則爲古法之所未嘗有也." 이것은 徐光啓 이래의 주장을 인용한 것이다. 원문은 『明史』卷25, 志 1, 天文 1, 恒星, 343~344쪽 참조.

100) 『錦帶殿策』, 「天文策」, 544쪽ㄹ~545쪽ㄱ. "地球之說, 創聞者駭之, 而曾子之答單居離曰, 若果天圓而地方, 則是四角之不相掩也, 渾天說亦謂地如卵黃, 則中國亦嘗有是說矣. 況今時憲所用, 各方晝夜長短, 節氣早晩, 皆由地圓而得之, 則實爲時行之制矣."

101) 『錦帶殿策』, 「天文策」, 545쪽ㄱ. "至於象限·紀限之儀, 視古諸儀, 反似太略. 然其側面之畫線, 中心之取影, 皆前世之所未講也."

102) 『錦帶殿策』, 「天文策」, 545쪽ㄱ. "況窺天之器, 强立名目, 以示神奇, 多設圓圈, 以礙轉望, 從古之通患也."

103) 『錦帶殿策』, 「天文策」, 545쪽ㄱ. "今象限·紀限之儀, 雖似太簡, 而惟其簡也, 故能以其

이가환의 대책에 나타난 역대 천문의기에 대한 설명은 타의 추종을 불허할 정도로 매우 자세하다. 이는 뒤에서 살펴볼 그의 '정역상론(正曆象論)' 가운데 '수역상지기(修曆象之器)'의 문제와 밀접하게 관련된다. 이가환이 이 문제에 심혈을 기울인 까닭은 이것이 역상(曆象) 개혁의 본질과 직접적으로 연관된다고 생각했기 때문이다.

원·명 대의 천문의기에 대한 이만수의 설명은 간략하다. 원대의 간의·앙의는 하늘을, 영부(景符)는 해그림자를, 규궤는 별과 달을 관측하는 것이었고, 명대의 상한·기한은 역원(曆原)을 관측하는 것이고, 천구의는 열수(列宿)의 경위(經緯)를, 지구의는 만국(萬國)의 경위(經緯)를 묘사한 것이라는 설명이었다.[104] 이만수는 각종 천문의기의 제작 기술이 후대로 내려올수록 정밀해지며, 관측 기술 역시 더욱 정교해진다는 점을 인정하였다.[105] 주목할 것은 그가 여기서 주자(朱子)의 '후출자교(後出者巧)'라는 논리를 동원하고 있다는 점이다. 주자의 이른바 '후출자교'는 장재(張載)의 『정몽(正蒙)』에 비해 호굉(胡宏, 1106~1161)의 『지언(知言)』을 높이 평가한 여조겸(呂祖謙, 1137~1181)의 주장에 대한 답변 형식으로 제출된 것이었다.[106] 그러나 "뒤에 나온 것이 정교하다."는 주자의 발언은 『지언』의 학문적 가치를 적극적으로 긍정하는 것이 아니었다. 실제로 주자는 『지언』의 문제점을 여덟 가지로 지적하여 호되게 비판하였으며,[107] 『정몽』의 규모

簡, 簡天下之至繁. 惟其易也, 故能以其易, 易天下之至難. 掃去冗蕪, 直指本體, 臣以爲無過於此也."

104) 『內閣日曆』, 正祖 13년(己酉) 閏5월 29일(甲寅). "元之簡儀仰儀以驗天, 景符以測晷景, 闚几以望星月, 明之象限紀限曆原也, 天球列宿經緯也, 地球萬國經緯也."

105) 『內閣日曆』, 正祖 13년(己酉) 閏5월 29일(甲寅). "制作之精, 推測之妙, 盖多前人之所未發, 則後出者巧, 亦不可誣也."

106) 『朱子語類』 卷101, 程子門人, 胡康侯, 李方子錄, 2582쪽(點校本 『朱子語類』, 中華書局, 1994의 쪽수). "東萊云, 知言勝似正蒙. 先生曰, 盖後出者巧也."

107) 『朱子語類』 卷101, 程子門人, 胡康侯, 楊方錄, 2582쪽. "知言疑義, 大端有八. 性無善惡,

가 큰 것에 비해 『지언』의 그것은 작다고 보았다.[108] 결국 '후출자교'란 말은 뒤에 나온 것이 더욱 정교하다는 뜻이지만, 그렇다고 그것이 꼭 학문적으로 우수하고, 뛰어난 가치를 지니고 있다는 의미는 아니었다. '후출자교'라는 말은 그것을 사용하는 사람의 의도에 따라, 그것이 사용되는 맥락에 따라 정반대의 의미로 해석될 수도 있었다.

원·명 대의 천문의기에 대해서 이서구는 대체로 높은 평가를 내렸다. 원대의 의기는 모두 곽수경에게서 나온 것인데, 간의와 앙의는 북극고도를 관측하고 하늘의 형상을 관찰하는 기구이며, 규궤와 영부는 별의 궤도를 점치고 해 그림자를 관측하는 기구라고 파악하였다. 명대의 의기는 서광계(徐光啓)에 의해 갖추어진 것으로, 상한·기한은 천상(天象)을 고찰하고 천운(天運)을 조화하는 기구이며, 천구·지구의는 별자리를 배열하고 만국(萬國)을 표시한 것이었다.[109] 비록 역사적 평가를 인용하기는 했지만 "그 뛰어난 식견은 고래로 미치지 못하는 바이다."라든가, "그처럼 미묘함과 심오함을 드러낸 것은 일찍이 없었다."라는 평가는 천문역법에 대한 이서구의 기본적 관점, 즉 '후출유교(後出愈巧)'의 관점을 그대로 드러낸 것이라 할 수 있다.[110]

윤행임 역시 원·명 대의 천문의기를 '후출자유기(後出者逾奇)'의 관점에서 설명하였다. 그러나 그의 설명을 통해 각 의기의 특징을 추려내기에는 어려움이 있다. 왜냐하면 원대 의기의 경우 『원사(元史)』에 소개된 내용을

心爲已發, 仁以用言, 心以用盡, 不事涵養, 先務知識, 氣象迫狹, 語論過高."

108) 『朱子語類』卷101, 程子門人, 胡康侯, 吳振錄, 2582쪽. "振錄云, 正蒙規摹大, 知言小."
109) 『惕齋集』卷7, 「對策(天文)」(270책, 149쪽ㄱ). "元之儀器, 皆出於郭守敬. 簡儀仰儀所以推極度而驗天形也, 闚几景符所以占星躔而測日景也. …… 明之儀器, 大備於徐光啓. 象限紀限所以考天象而恊天運也, 天球地球所以分列宿而表萬國也."
110) 『惕齋集』卷7, 「對策(天文)」(270책, 149쪽ㄱ). "史稱其卓見絶識, 古來莫及. …… 史稱其發微闡奧, 前此未有, 此臣所謂推步多驗, 後出愈巧者也."

대폭적으로 축약해서 서술하고 있기 때문이다. 예컨대 간의·앙의는 그 구조상의 특징만을 소략하게 언급했고, 규계·영부에 대해서는 구조와 기능을 모호하게 설명했을 뿐이다.[111] 그것은 명대 의기의 경우도 마찬가지였지만 상대적으로 그에 대한 평가는 높았다. 상한의는 땅의 넓이를 측량하고 개방술의 은미함을 드러냈으니 매우 훌륭한 일이라고 했고, 기한의는 '역학(曆學)의 지남(指南)'이 된다고 보았으며, 이들 천문의기가 출현함으로써 "이에 우러러 그 형상을 취하고, 구부려 그 무늬를 살핌에 일부법서(一副法書 : 완비된 법식)를 이루었다."고 평가하였다.[112] 주목되는 것은 윤행임이 명대 의기를 언급하면서 그것이 서양 과학기술의 영향을 받아 제작되었다는 사실에 대해서는 전혀 언급하지 않았다는 점이다. 이는 서양 천문역산학에 대한 그의 부정적 인식과 깊은 관련이 있다.

3. 의상개수론의 전개와 지향

이가환은 정조의 질문에 대한 축조적(逐條的)인 답변만으로는 '역상'의 핵심 문제를 모두 논하기에 미진한 점이 있다고 생각하였다. 그래서 그는 대책의 끝부분에 자신의 역상개수론(曆象改修論)을 세 가지로 정리하

---

111) 『碩齋稿』卷14, 策, 「天文」(287책, 256쪽ㄹ~257쪽ㄱ). "而郭守敬之制簡儀也, 四方爲趺, 置之方匱之上, 南北極出入匱面各四十度. 當是時, 又有仰儀之制焉, 闚几之法焉, 景符之規焉. 銅鑄如釜, 置於軵臺, 內劃周天之度, 脣列十二之辰者, 仰儀之制也. 以板爲面, 兩刃斜劂, 星月正中, 而從几仰睇者, 闚几之法也. 銅以爲葉, 竅若針芥, 而透日如米者, 景符之規也."

112) 『碩齋稿』卷14, 策, 「天文」(287책, 257쪽ㄱ). "洎我皇明, 始有象限儀者, 盖象限爲本表之界, 弦矢割切正四餘四, 而量輿地之廣, 開方籌之微, 甚盛擧也. 至若紀限之儀, 損益於象限, 而爲曆學之指南. 天球者, 括天地萬物之摠名也. 地球者, 因人所止, 以期合于天行也. 於是乎仰而取其象, 俯而察其文, 衷成一副法書, 則先儒所謂後出者逾奇也."

였다. 그것이 바로 '정역상지본(正曆象之本)', '수역상지기(修曆象之器)', '양역상지재(養曆象之才)'였다.113) 이가환이 생각하는 역상의 본질은 '경수인시(敬授人時)', '치력명시(治曆明時)', '협세월일(協歲月日)' 등으로 표현되는 바 시간을 파악하는 데 초점이 맞추어져 있었다. 그가 보기에 고대 성인들이 역법을 제정하고 관측 기구를 제작했던[造曆制象] 근본적 이유가 여기에 있었다. 그런데 후대의 역상은 술수에 빠져 그 본질이 흐려졌다.114) 이는 당시 역서의 내용에 대한 비판이었다. 대통력이나 시헌력에서는 역서의 권두에 '연신방위도(年神方位圖)'를 기재하였다. 연신(年神)은 지정된 방위에 1년 동안 머물러 길흉을 다스리는 신이었다. 연신방위도에서는 동남서북에 따라 둘레를 24방위로 구분하고, 거기에 12개의 지지(地支)와 8개의 천간(天干) 및 4개의 괘(卦)를 배당하였는데, 각 방위에 각각의 신을 1년간 머물게 하였던 것이다.115) 한편 당시 역서에서는 날짜 밑에 '건제(建除)'를 써 놓고 중단(中段)이라 부르며, 날의 길흉을 정하여 택일하는 데 사용했다. 이가환은 이 같은 연신방위도나 건제설을 경전에는 없는 사설(邪說)로 보았다.116) 그는 경험적 사실을 근거로 술수의 허무맹랑함을 지적하였고, 그 연장선에서 역서에서 이러한 술수를 일체 제거하고 오직 매달의 크기와 회삭현망(弦望晦朔)의 시기 및 사계절의 절기만을 기록하자고 건의했다. 이렇게 해야만 역상의 바른 뜻이 더욱

---

113) 『錦帶殿策』, 「天文策」, 546쪽ㄴ. "如上所陳, 皆不過逐端條列, 未盡指歸. 臣請得更氣其大要而言之, 一則曰, 正曆象之本也, 二則曰, 修曆象之器也, 三則曰, 養曆象之才也."

114) 같은 글, 546쪽ㄴ. "臣曆觀前聖之書, 堯之命羲和, 則曰敬授人時也, 周公之贊革卦, 則曰治曆明時也, 箕子之傳洪範也, 則曰協歲月日也. 由是觀之, 聖人之造曆制象, 其專爲授時協日, 可知也. 而後人之學, 一涉曆象, 便欲入術象, 此何異於混涇渭雜薰蕕同歸一科耶."

115) 이은성, 『曆法의 原理分析』, 정음사, 1985, 397~406쪽 참조.

116) 『錦帶殿策』, 「天文策」, 546쪽ㄴ. "顧今曆書所載年神方位之圖, 建除滿平等說, 不見經傳, 初無理據, 何爲者哉."

분명해질 수 있고, 일반 백성들이 '혹세무민(惑世誣民)'의 폐단으로부터 벗어날 수 있다고 주장하였다.[117] 이것이 바로 이가환이 말하는 '정역상지본'이었다.

이가환은 역대의 역법이 주자(朱子)가 말한 바와 같이 "오늘날 역법을 만드는 것은 정해진 법칙이 없고, 단지 하늘의 운행 도수를 따라 합치시키고자 한다."[118]는 잘못에서 벗어나지 못한다고 평가하였다. 자고이래로 수많은 개력이 있었지만 그 나름대로 일가를 이루어 여러 사람들의 추존을 받은 것은 세 가지뿐이라고 보았는데, 한의 태초력과 당의 대연력 및 원의 수시력이 그것이었다. 그 가운데서도 천문의기에 입각하여 제작한 수시력이 황종률(黃種律)이나 시책(蓍策)에 의거한 태초력과 대연력보다 우수하다고 평가했다.[119] 이가환이 천문의기의 제작에 주목하는 이유가 바로 여기에 있었다. 이가환은 북신(北辰)을 관측하기 위해서는 후극의(候極儀), 천체를 확정하기 위해서는 혼천상(渾天象), 혼상(渾象)을 사용하기 위해서는 영롱의(玲瓏儀)를 사용하면 된다고 하였으며, 그밖에 황도경위의(黃道經緯儀)·적도경위의(赤道經緯儀)·지평경위의(地平經緯儀) 등도 필요하다고 보았다. 그리고 반드시 '삼직유의(參直游儀)'[120]로써 이것들을

---

117) 같은 글, 546쪽ㄷ. "今若自雲觀之曆, 一切刪去, 只著月建之大小, 弦望晦朔之期, 分至啓閉之節, 則上配先王茂對之政, 遠追前聖闢廓之功, 一洗千古之陋, 將專首出之義夫, 然後曆象之正旨益明, 而民聽無惑亂之患."

118)『朱子語類』卷2, 理氣下, 天地下, 沈僩錄, 25쪽.

119)『錦帶殿策』,「天文策」, 546쪽ㄷ. "臣聞朱子之言曰, 今之造曆者, 只是赶[趕]趁天行以求合, 夫赶趁求合之患, 歷代之所不免. 臣竊觀自古曆法之變, 不啻數十百家, 大較竊取古人之法, 稍加增損, 非能有以卓然自名一家者也. 其自名一家而古今共推者, 凡有三家, 曰漢太初曆以鍾律, 唐大衍曆以蓍策, 元授時曆以晷影. 三家之中, 又必以授時爲最者, 以求天於天, 求日於日, 而無鍾律蓍策拖泥帶水之患也."

120)『明史紀事本末』卷73, 修明歷法, 27ㄱ~ㄴ(364책, 940쪽 - 영인본『文淵閣 四庫全書』, 臺灣商務印書館의 책수와 쪽수. 이하 같음) ;『新法算書』卷96, 測量全義 10, 儀器圖說, 古三直游儀第一, 1ㄴ~4ㄴ(789책, 725~727쪽).

회통시켜야 한다고 주장했다.[121]

이가환은 의기를 만드는 방법으로 세 가지 요점을 제시했다. 의기의 재료로는 청동이 가장 좋고, 의기의 크기가 클수록 좋으며, 유동하는 의기보다는 고정된 의기가 좋다는 주장이었다. 의기의 재료로는 나무보다는 철이, 철보다는 청동이 좋다고 한 이유는 나무는 부러질 염려가 있고, 철은 녹슬 염려가 있기 때문이었다. 의기가 클수록 좋다는 것은 크기가 작으면 분(分)·초(秒)를 구분하기 어렵고, 크면 호(毫)·리(釐)까지 판별할 수 있기 때문이다. 고정된 의기가 좋은 이유는 의기가 움직이면 그것을 통해 얻은 값이 정확할 수 없고, 의기가 고정된 상태라야 관측한 값이 정확하기 때문이었다.[122]

위와 같은 사실은 의기를 만들 때 반드시 알아야 하는 사항이며, 동시에 천체를 관측하는 데 가장 먼저 해야 하는 일이었다. 이가환은 당시 조선의 장인들이 기술 수준이 떨어지지만 그 가운데 우수한 자를 선발해서 서서히 지도하면 반드시 성취하는 바가 있게 될 것이라고 전망하면서, 『원사(元史)』와 『명사(明史)』 「천문지(天文志)」의 내용과 그밖에 의상과 관련된 여러 책들을 참고하여 지금부터라도 각종 천문의기들을 만들자고 제안하였다.[123] 이상의 내용이 이가환이 말하는 '수역상지기'의 요점이었다.

이가환은 기본적으로 "인재란 다른 시대에서 빌릴 수 없다."는 인식을

---

121) 『錦帶殿策』, 「天文策」, 546쪽ㄷ. "淸問中所及簡儀·仰儀·闌几·影符, 固爲其選, 而欲知北辰, 則宜有候極之儀, 欲定天體, 則宜有渾天之象, 欲用渾象, 則宜有玲瓏之儀. 其他如黃道經緯·赤道經緯·地平經緯儀之類, 闕一不可. 又必有參直游以會通之."

122) 같은 글, 546쪽ㄷ. "而總論造儀之法, 則木不如鐵, 鐵不如銅, 小不如大, 游不如定. (木)有折裂之患, 鐵有鏽澁之慮, 所以惟銅爲善也. 小則分抄[秒]難明, 大則毫釐可辨, 所以小不如大也. 游則推移前却, 得影不眞, 定則輪郭不動, 取數必確, 所以游不如定也."

123) 같은 글, 546쪽ㄷ~ㄹ. "凡此皆製器之所當知也, 窺天之所先務也. 我國匠役, 心粗手鈍, 雖不足與議於精微之際, 若能擇其優者, 詳察而徐導之, 則必當有所成. 今但誘以粗鈍, 初不經度, 則此如七年之病, 不蓄三年之艾, 寧有不假學習, 頓然精紬之理哉. 臣謂宜博採元明史志, 兼取儀象諸書, 及今始造, 然後庶有成效, 臣所謂修曆象之器者, 此也."

갖고 있었다. 따라서 역상의 문제를 해결하기 위해서는 그것을 담당할 인재를 당시대의 사람들 가운데서 양성하는 수밖에 없었다. 그는 나이가 어리고 자질이 뛰어난 '동년미질지사(童年美質之士)'를 선발하여 이들이 다른 것에 한눈팔지 않고 오로지 천문역산학에 힘써 '신법(新法)'을 터득하게 하면 그 이후에 심오한 것을 드러내 밝히는 효과가 있게 될 것으로 내다봤다. 그런데 문제는 당시 조선사회에서 천문역산학을 천시하고 있다는 것이었다. 이가환은 인정이란 권장하지 않으면 흥기하지 않기 때문에 지금처럼 천문역산학에 종사하는 사람들을 '하류(下流)'·'천기(賤技)'로 대우하면 비록 '날마다 살펴보고 달마다 시험하여[日省月試]'도 지리멸렬하게 될 것이라고 예상하였다. 따라서 천문역법 담당관들의 봉급을 올려주고 현직에 진출할 수 있도록 허락해야만 사람들이 즐겁게 업무에 종사하고 마음을 다해 학습에 전념함으로써 효과를 거둘 수 있으리라 판단하였다.[124] 이것이 이가환이 말하는 '양역상지재'의 요점이었다.

이상과 같이 '정역상지본', '수역상지기', '양역상지재'라는 천문역산학 개혁의 핵심적 문제를 정리한 다음, 이가환은 이를 수행하기 위해서는 '도수지학(度數之學)'이라는 본원을 먼저 밝혀야만 한다고 강조했다.[125] 수학의 중요성을 역설한 것이다. 그가 말하는 '도수지학'의 구체적 내용은 다음과 같았다.

이른바 '도수지학'은 경방(京房)이나 이순풍(李淳風) 등이 점험(占驗)을 억지로 끌어다 합치시키는 것과 같은 것을 일컬음이 아니다. 그것은

---

124) 같은 글, 546쪽ㄹ. "今若擇童年美質之士, 絕去外誘, 專意本業, 以一傳十, 以十傳百, 則當此新法大明之後, 豈無闡發微奧之效哉. 顧人情不有以勸之, 則不能興起, 若待之以下流, 視之以賤技, 則雖日省月試, 依舊滅裂矣. 今必優其廩祿, 許以顯職, 使人情樂赴, 則方可以盡心學習, 綽有成效."
125) 같은 글, 546쪽ㄹ. "雖然爲是三者, 有本有原, 必先明於度數之學, 是也."

오로지 물체의 분한(分限)을 관찰하는 것이다. 분(分)이란 분할해서 수(數)가 되면 물체의 다소(多少)를 드러내는 것이고, 완전하게 해서 도(度)가 되면 물체의 대소(大小)를 가리키는 것이다. 수(數)란 가감승제(加減乘除)가 그것에 말미암아 발생하는 바이고, 도(度)란 높이, 깊이, 너비, 거리[高深廣遠]를 그것에 말미암아 측정할 수 있는 바이다. …… 도수지학에 종사하고자 하는 사람은 또한 마땅히 신법(新法)을 아울러 채택해야 한다. 방원평직(方圓平直)의 사정을 궁구하고, 규구준승(規矩準繩)의 용법을 남김없이 익혀, 혹은 측량하여 사계절의 기후와 일월(日月)의 출입을 밝힘으로써 방위를 정하고 윤여(閏餘)를 바르게 하며, 혹은 각 중천(重天)의 후박(厚薄)과 일(日)·월(月)·성(星)이 지구로부터 얼마나 떨어져 있고 크기가 몇 배인지를 측량하고, 혹은 의기(儀器)를 만들어 천지(天地)를 본뜨고 칠정(七政)의 운행을 살핀다. 익숙해져서 오래되면 점차 깨달음이 생기게 되니 다만 역법을 바로잡고 의상을 꾸미는 것[治曆尙象]이 반드시 이에 도움을 받을 뿐만이 아니다. 악가(樂家)가 율려(律呂)를 만들고, 공장(工匠:工師)이 기용(器用)을 제작하고, 농가(農家)가 수리(水利)를 진흥시키고, 병가(兵家)가 공수(攻守)의 방책을 세우는 것이 <이에> 힘입지 않음이 없을 것이다. 이를 미루어 제가(諸家)의 여러 기술에 이르면 수치를 계산하고 형체를 본떠야 하는 데 속하는 것들은 모두 와서 방법을 취해 마땅하지 않음이 없을 것이다.126)

126) 같은 글, 546쪽ㄹ~547쪽ㄱ. "夫所謂度數之學者, 非如京房·李淳風等牽合占驗之謂也, 卽專察物體之分限者也. 其分者, 若截以爲數, 則所以顯物之多少也, 完以爲度, 則指物之大小也. 數者, 乘除加減之所由起也, 度者, 高深廣遠之所由測也. …… 欲從事度數之學者, 亦宜兼採新法, 窮方圓平直之情, 盡規矩準繩之用. 或測量[景]以明四時之氣候, 二曜之出入, 以定方位, 以正閏餘, 或量各重天之厚薄, 日月星體, 去地遠近幾許, 大小幾倍, 或造器以儀天地, 以審七政次舍. 習熟旣久, 悟解漸生, 則不但治曆尙象, 必資於是, 樂家之造律呂, 工師之制器用, 農家之興水利, 兵家之策攻守, 莫不有賴. 推而至於諸家衆技, 凡屬有數可計, 有形可摸者, 咸來取法, 靡適不當."

위의 인용문에서 볼 수 있듯이 이가환은 자신이 말하는 '도수지학'이 경방이나 이순풍 등의 점술과는 다른 것이라고 주장하였다. 그것은 '물체의 분한(分限)'을 관찰하는 학문이었다. 여기서 분(分)이란 분할해서 수(數)가 되면 물체의 다소를 드러내는 것이고, 완전하게 해서 도(度)가 되면 사물의 크기를 가리키는 것이다. 또 수(數)란 가감승제가 기원하는 바이고, 도(度)란 사물의 높이, 깊이, 너비, 거리를 측정할 수 있는 근거였다.

이상과 같은 이가환의 주장은 마테오 리치의 「역기하원본인(譯幾何原本引)」을 원용한 것이었다.127) 그리고 그 내용은 『서학범(西學凡)』에서 '마득마제가(馬得馬第加, mathematica)'를 설명한 부분, 즉 '기하지도(幾何之道)'에 대한 서술에서도 찾을 수 있다.128) 이가환은 '명물도수지학(名物度數之學)'은 시간이 흐를수록 더욱 발전하게 된다는 전제하에 도수지학에 종사하는 사람은 마땅히 신법을 채택해야 한다고 주장했다. 그가 말하는 신법이 서양 수학을 가리키는 것임은 두말할 필요가 없다.

이가환은 역대 수학책 가운데 『주비산경(周髀算經)』이 가장 정밀하다고 보았으며, 주관육예(周官六藝) 가운데 구고(句股)와 개방(開方) 두 장이 가장 잘 갖추어져 있다고 평가하였다. 후세로 내려오면서 조충지(祖冲之, 429~500)·유휘(劉徽)·조연독(趙緣督=趙友欽) 등이 밀율(密率)을 사용하여 여러 차례 구고를 구함으로써 『주비산경』의 유의(遺意)를 잘 계승했다고 보았

---

127) 利瑪竇, 「譯幾何原本引」, 298~299쪽(朱維錚 主編, 『利瑪竇中文著譯集』, 上海：復旦大學出版社, 2001의 쪽수). "幾何家者, 專察物之分限者也, 其分者若截以爲數, 則顯物幾何衆也. 若完以爲度, 則指物幾何大也. 其數與度或脫于物體而空論之, 則數者立算法家, 度者立量法家也. 或二者在物體, 而偕其物議之, 則議數者如在音相濟爲和, 而立律呂樂家, 議度者如在動天迭運爲時, 而立天文曆家也. 此四大支流, 析百派. 其一量天地之大, 若各重天之厚薄, 日月星體去地遠近幾何, 大小幾倍[許] …… 其一, 測景以明四時之候, 晝夜之長短, 日出入之辰, 以定天地方位, 歲首三朝, 分至啓閉之期, 閏月之年, 閏日之月也. 其一造器以儀天地, 以審七政次舍, 以演八音, 以自鳴知時, 以便民用, 以祭上帝也."
128) 『西學凡』, 6ㄱ~7ㄴ(11~12쪽 ─ 영인본 『天學初函』, 亞細亞文化社, 1976의 쪽수).

286

다.129) 그러면서도 이가환은 정교(政教)·문장(文章)과 달리 명물도수지학(名物度數之學)은 세대가 내려오면서 더욱 발전한다는 역사적 인식을 지니고 있었다. 따라서 당시 일반적이었던 상고주의[是古而非今]는 변통에 적합한 논리가 아니라고 갈파하였다.130) 도수지학에 종사하는 사람은 마땅히 '신법'을 채택해서 방원평직(方圓平直)의 사정을 궁구하고, 규구준승(規矩準繩)의 용법을 익혀야 한다고 보았다. 그래야만 사계절의 기후와 일월의 출입을 측량함으로써 방위를 확정하고 윤여(閏餘)를 정확하게 하며, 중천(重天)의 후박(厚薄)과 각 천체의 지구로부터의 거리와 각각의 크기를 측량할 수 있고, 의기를 만들어 천지를 헤아리고 칠정의 운행을 살필 수 있기 때문이었다. 이가환은 이러한 작업을 꾸준히 수행하여 익숙해지면 깨달음을 얻을 수 있고, 이는 결국 역상의 문제에 국한되지 않고 악가(樂家)가 음악을 정리하고, 공장(工匠 : 工師)이 각종 물품을 제작하고, 농가(農家)가 수리(水利)를 진흥시키고, 병가(兵家)가 공수(攻守)의 방책을 세우는 데 크게 기여할 수 있을 것이라고 보았다. 왜냐하면 그러한 작업들이 모두 수치를 계산하고 형체를 만들어야 하는 것이기 때문이었다. 이것이 바로 이가환이 생각하는 명물도수지학의 실체이며 효과였다. 따라서 이가환은 명물도수지학이 밝혀져야만 위에서 자신이 지적한 천문역산학 개혁을 위한 세 가지 방안이 현실화될 수 있다고 생각하였던 것이다.131)

이상에서 살펴본 것처럼 조선후기에는 기존의 방식에서 벗어나 수학과

---

129) 『錦帶殿策』, 「天文策」, 547쪽ㄱ. "臣歷選前哲之書, 惟周髀之經, 最爲精切, 而周官六藝之中, 則惟句股·開方二章, 最爲該備. 降及後世, 如祖冲之·劉徽·趙緣督等密率乘除, 屢求句股, 頗得遺意, 此朱子所以亦嘗許冲之爲古今數家之最者也."

130) 같은 글, 547쪽ㄱ. "然臣當以爲政教文章, 世□級[遞]降而淳風日斲, 名物度數, 年代愈近而靈竅日開, 欲一切是古而非今者, 非通變之論也."

131) 같은 글, 547쪽ㄱ. "臣以爲必先務乎此, 然後上所陳三者, 始可有源而有委矣."

의기(儀器)를 중심으로 천문역산학을 탐구하려는 새로운 경향이 대두하고 있었다. 조선후기 의상개수론자들은 천문역산학에서 실측(實測 : 測量·測驗)의 중요성을 강조했고, 실측을 위한 유용한 도구로 천문의기의 제작을 주장했으며, 그를 위한 기초 학문으로서 수학의 필요성을 역설했다. 이들이 '후출유교(後出愈巧)'의 관점에서 서양의 천문역산학이 전인미발(前人未發)의 경지에 이르렀다고 높이 평가하고 그 이유를 수학[算數]과 의기의 우수성에서 찾았던 이유가 바로 여기에 있었다.

4. 선기옥형(璿璣玉衡)에 대한 인식의 변화

앞에서 살펴보았듯이 조선후기에는 '선기옥형'을 천문의기의 일종인 혼천의로 이해하는 관점이 주류를 이루었으며, 양란 이후 전란의 피해를 복구하는 작업의 연장선에서 혼천의 제작 사업이 진행되었다. 효종 대에 홍처윤·최유지 등이 왕명에 따라 선기옥형=혼천의를 제작하였으며, 현종 대에는 최유지의 혼천의를 보수하는 한편, 그것이 지니고 있는 구조적 문제점을 극복하기 위한 방안으로 이민철과 송이영에게 명해 각각 전통적 방식의 수격식(水激式) 혼천의와 서양 자명종의 원리를 원용한 기계식 혼천의를 제작하였다. 숙종 대 이후에도 혼천의의 제작과 중수 사업이 꾸준히 전개되었다. 이는 선기옥형이 지니고 있는 정치사상적 중요성을 보여주는 사례로 주목된다. 따라서 조선후기 관인·유자들의 선기옥형에 대한 인식의 변화를 살펴보는 것은 매우 중요한 의미가 있다.

1) 선기옥형의 구조에 대한 이해의 심화

조선후기 선기옥형에 대한 여러 논의들은 크게 두 가지로 요약할 수 있다. 하나는 선기옥형의 세부 구조에 대한 탐구였고, 다른 하나는 선기옥형이 과연 혼천의와 같은 천문의기인가 아닌가 하는 논란이었다. 조선후기에는 세종 대에 제작되었던 천문의기들을 복원·보수하는 한편 새로 도입된 서양식 천문의기의 제작 원리를 원용해 새로운 천문의기를 만들기도 했다. 천문의기의 복원 과정에서 선기옥형은 가장 중요한 것이었는데, 실제 제작에서는 그 구체적 제도가 논란거리였다.

인조(仁祖)와 정경세(鄭經世, 1563~1633)의 선기옥형에 대한 논의를 보면 당시 논란이 되었던 선기옥형 제도의 문제점이 무엇이었는지 엿볼 수 있다. 정경세에 따르면 선기옥형장의 주석이 분명하기는 하지만 미묘한 곳에 이르러서는 문자로 형용할 수 없기 때문에 사람들이 분명히 알지 못하며, 자신도 아직까지 이해하지 못하고 있다고 그 문제점을 토로했다.[132] 구체적으로 거론된 문제의 하나는 흑쌍환(黑雙環)의 제도였다. 정경세가 보기에 흑쌍환은 천경(天經)이기 때문에 묘유(卯酉)에 매어 있지 않은 것인데, 주에서는 "묘유에 매여 있다."[133]고 했다는 것이다. 다른 하나는 백단환(白單環)과 '직거(直距)'에 대한 것이었는데, 정경세는 이에 대해서 여러 역서(曆書)에서 논의한 바가 있지만 매우 의심스럽다고 보았다.[134] 이는 결국 백단환의 구조와 '직거'의 의미에 대한 문제였다.

---

132) 『仁祖實錄』 卷19, 仁祖 6년 11월 1일(戊午), 53ㄱ(34책, 304쪽). "經世曰, 臣自爲書生, 究而未解, 聖人竭其心思而創之, 決非等閒尋究所可識得也. …… 經世曰, 註雖分明, 至於巧處, 則非可以文字形之也."

133) 『書經』, 虞書, 舜典, 璿璣玉衡章 註. "其赤道則爲赤單環, 外依天緯, 亦刻宿度, 而結於黑雙環之卯酉. 其黃道則爲黃單環, 亦刻宿度, 而又斜倚於赤道之腹, 以交結於卯酉, 而半入其內, 以爲春分後之日軌, 半出其外, 以爲秋分後之日軌."

이와 같은 문제점은 당시 학자들 사이에서 선기옥형을 논할 때 자주 등장하는 주제였다. 이만부(李萬敷, 1664~1732)가 학성(鶴城)에서 이익(李瀷, 1681~1763)과 만나 나눈 대화에서도 수격식 혼천의의 구조에 대한 논의가 들어 있다. 먼저 이익은 혼천의의 수격 장치가 어디에 설치되어 있는지를 질문했다.[135] 이에 대해 이만부는 땅위에서 물을 대기 때문에 남극 부분에 기륜을 설치하여 돌리는 것이라고 답변하였다.[136] 이익은 이러한 이만부의 견해에 동의하면서 황도환(黃道環)의 연결 방식에 대해 질문했다.[137] 이만부는 육합의(六合儀)와 삼신의(三辰儀)에 모두 황도와 적도가 있는데, 이들은 모두 흑쌍환의 묘유에 연결한다고 대답했다.[138] 이에 대해 이익은 적도환[赤緯環]과 천경환(天經環)의 경우는 고정적으로 연결하여 움직이지 않게 하지만, 태양이 운행하는 황도의 경우 그 궤도에 진퇴가 있기 때문에 한곳에 고정시키면 곤란하지 않느냐고 의문을 제기했다.[139] 이만부는 자신도 이 문제에 대해 일찍이 의심해 본 적이 있다고 하면서, 다만 황도가 적도의 남북으로 출입하고 있고, 황도와 적도가 만나는 점은 춘분과 추분으로 동서의 정중(正中)한 곳이기 때문에 태양의

---

134) 『仁祖實錄』卷19, 仁祖 6년 11월 1일(戊午), 53ㄱ(34책, 304쪽). "黑雙環, 乃天經也, 不係於卯酉, 而註云係於卯酉, 臣未之思也. 至於白單環直距之說, 諸家曆書, 論說雖多, 不能無疑矣."

135) 『息山集』卷12, 「鶴城問答」, 13ㄴ~14ㄱ(178책, 276쪽). "子新又問, 渾儀激水運轉, 當在何處乎."

136) 『息山集』卷12, 「鶴城問答」, 14ㄱ(178책, 276쪽). "曰, 意謂限地平注水, 則當於南極, 作輪以激也."

137) 『息山集』卷12, 「鶴城問答」, 14ㄱ(178책, 276쪽). "曰, 是固然矣. 黃道一環, 結於何處乎."

138) 『息山集』卷12, 「鶴城問答」, 14ㄱ(178책, 276쪽). "曰, 六合三辰兩儀, 皆有黃赤道, 俱可結於原儀黑雙環之卯酉也."

139) 『息山集』卷12, 「鶴城問答」, 14ㄱ(178책, 276쪽). "曰, 赤道天經, 則固可一結不動, 黃道則乃日行之道, 日行有進退, 何可縛定一處乎."

진퇴는 황도의 남북을 벗어나지 않는다는 점을 염두에 두면 그 진퇴의 분수를 추측할 수 있으므로 황도와 적도를 함께 고정시킨다 해도 무방할 것 같다는 견해를 표명했다.140)

이와 같은 이만부의 답변에 이익은 충분히 만족하지 못했던 것 같다. 이익은 그러한 방식으로는 태양이 운행하는 진퇴의 분수를 정확하게 나타낼 수 없다고 보았던 것이다. 그는 어렸을 때 혼천의가 작동하는 것을 직접 목격한 경험을 말하면서, 당시 삼신의가 운행할 때 황도환 역시 스스로 움직이면서 진퇴하는 것으로 보았는데, 이렇게 되어야만 가지런하고 바르게 되는 것이 아니냐고 주장했다.141) 이에 대해 이만부는 그것이 가능하려면 황도환은 별도의 축을 갖고 있어야 한다고 지적했고,142) 이익은 『서집전』의 주석에 보면 백단환을 설치하여 "교차한 부분을 이어서 기울어지지 않게 하였다[以承其交, 使不傾墊]"고 했는데, 아마도 이것이 황도환의 운동과 관련된 것이 아니겠는가 하는 추론을 제기했다.143) 이에 이만부는 얼핏 보면 백도환은 긴요한 용도가 없는 것 같다고 하면서, 이익의 추론을 긍정적으로 평가하고 그 오묘한 이치를 탐구하기를 희망했다.144)

권구(權榘, 1672~1749)의 논의에서도 선기옥형 제도의 문제점을 엿볼

---

140) 『息山集』卷12,「鶴城問答」, 14ㄱ(178책, 276쪽). "曰, 亦嘗有疑於此, 而但黃道旣半出赤道之南, 半出赤道之北, 黃赤相交處, 乃是春秋分, 東西正中之道, 則其進極退極, 不出南北黃道之外, 亦可以占其進退之分數, 故雖與赤道同結, 而似無害也."

141) 『息山集』卷12,「鶴城問答」, 14ㄱ~ㄴ(178책, 276쪽). "曰, 是亦然矣, 而日行進退分數, 終不分曉. 嘗見一銅儀, 三辰運轉之時, 黃道一環, 各自搖動, 或進或退, 如此然後方始齊正. 但少時略見, 不詳其制, 是爲恨耳."

142) 『息山集』卷12,「鶴城問答」, 14ㄴ(178책, 276쪽). "曰, 然則黃道環當別軸也."

143) 『息山集』卷12,「鶴城問答」, 14ㄴ(178책, 276쪽). "曰, 本註謂白道, 使不傾墊云云, 疑黃道之推轉不墊, 似在白道也."

144) 『息山集』卷12,「鶴城問答」, 14ㄴ(178책, 276쪽). "曰, 汎看則白道似無緊用, 今聞子言, 可謂善觀, 幸更究其妙也."

수 있는데, 그것은 백단환과 기륜(機輪), 그리고 쌍환(雙環)의 구조에 대한 문제였다. 먼저 백단환의 경우 권구는 그것을 설치하지 않아도 무방하기 때문에 도본에 빠져 있는 것으로 간주했다.[145] 채침의 주에 따르면 삼신의의 구조를 설명하는 말미에 "아래에는 기륜을 설치하여 물로 작동시켜서 밤낮으로 하늘을 따라 동서로 운전하게 하여 하늘의 운행을 상징한다."[146]라고 하였다. 이는 수격 장치를 설명한 것인데 그 구체적 구조는 생략되어 있다. 권구는 이 구절에 근거하여 수격 장치의 구조를 나름대로 유추했다.[147] 그는 나아가 쌍환의 구조에 대해서도 의문점을 제기했다.[148]

이익의 「기형해(璣衡解)」는 『서집전』 선기옥형장의 채침 주에 대한 축조적 분석이다. 채침 주에 대한 이익의 기본자세는 비판적이었다. 그는 먼저 채침의 주석이 스승 주희의 견해를 발전적으로 계승한 것이라는 종래의 평가에 대해 이의를 제기했다. 채침은 서문에서 "이전(二典)과 대우모(大禹謨)는 선생이 일찍이 시정(是正)하시어 손때가 아직도 새롭다."[149]라고 했는데, 그 주에는 "선생의 개정본은 이미 문집에 수록되어 있다. 그 사이에도 또한 선생께서 구두로 자세하게 가르쳐주신 내용 가운데 미처 고치지 못한 부분이 있었다. 지금 모두 개정했다."[150]라고 하였다. 그런데 이익은

---

145) 『屛谷集』 卷5, 「璣衡註解」, 35ㄴ(188책, 93쪽). "白單環, 雖不設無妨, 圖本亦闕之."
146) 『書傳』, 虞書, 舜典, 璿璣玉衡章 註. "下設機輪, 以水激之, 使其日夜隨天東西運轉, 以象天行."
147) 『屛谷集』 卷5, 「璣衡註解」, 36ㄴ(188책, 93쪽). "不言其制, 有不可考, 然以下設機輪之語觀之, 或可意推. 南極圓軸, 仍出長柄, 稍長下端, 設轂如車轂樣, 周轂面分, 樹十二矢如輻輳, 轂闊狹輕重長短均亭. 又於其端, 各設水壺, 大小輕重, 亦均亭, 仍注漏其上, 前者旣滿, 後者繼至, 漸滿者漸傾, 勢當次第相承, 循環不窮, 時刻如或不應, 速則減漏, 遲則添漏, 一以漏穴大小, 水壺淺深, 有所斟酌, 矢長隨宜, 然當稍長, 方始引動來有力耳."
148) 『屛谷集』 續集, 卷2, 「雙環說」, 14ㄱ~16ㄱ(188책, 216~217쪽).
149) 『書傳大全』 卷首, 「書傳傳序」, 22ㄱ(17쪽). "二典禹謨, 先生蓋嘗是正, 手澤尙新."
150) 『書傳大全』 卷首, 「書集傳序」, 22ㄱ(17쪽). "先生改本, 已附文集中, 其閒亦有經承先生口授指畫而未及盡改者, 今悉更定."

채침의 주석과『주자대전』에 수록된 주희의 주석을 대조하여 채침의 주석에 빠진 부분과 더한 부분이 있음을 지적했다.

『주자대전』에는 "至宣帝時, 耿壽昌始鑄銅而爲之象. 衡長八尺 ……"이라고만 했는데, 채침의 주석에는 "至宣帝時, 耿壽昌始鑄銅而爲之象, 宋錢樂又鑄銅作渾天儀, 衡長八尺 ……"이라고 하여 "송(宋)의 전악(錢樂)이 청동으로 혼천의를 만들었다."는 내용이 첨부되어 있다. 이익은 이렇게 될 경우 문장 구조상 8척(尺)의 혼천의를 제작한 주체가 경수창(耿壽昌)이 아니라 전악(錢樂)이 되며, 상(象)과 의(儀)는 본래 하나인데 채침의 주석대로 하면 상은 경수창이 창시한 것으로, 의는 전악이 제작한 것으로 되어 사실과 어긋난다고 지적했다.[151] 이익은 일찍이 낙하굉(洛下閎)이 경영한 것을 혼천의로 보았고, 그렇다면 진(晉)·송(宋) 이래로 그 제작법이 점점 정밀해지면서 서로 전해져 사라지지 않았으니 전악에 이르러 혼천의가 만들어졌다고 볼 수 없다고 주장했다.[152]

또『주자대전』에는 육합의 가운데 천경환의 구조를 설명하면서 "側立黑雙環, 具刻去極度數, 以中分天脊, 直跨地平, 使其半出地上, 半入地下, 而結於其子午, 以爲天經"이라고 했는데, 채침의 주석에는 "側立黑雙環, 背刻去極度數, 以中分天脊, 直跨地平, 使其半入地下而結於其子午, 以爲天經"이라고 하여 '반출지상(半出地上)' 네 자가 누락되어 있다. 이익은 바로 그 아래 천위환(天緯環)의 구조를 설명하는 부분에서 "半出地上, 半入地下"라고 한 것과 비교해 볼 때 이것은 채침의 주석에서 누락한 것이 확실하고, 이것이 비록 중요한 부분은 아닐지라도 경전의 문자를 소홀히 다룬 혐의가 있다고 지적했

---

151)『星湖全集』卷43,「璇衡解」, 35ㄱ(199책, 288쪽). "夫八尺之制始於耿, 而今轉作錢事, 象與儀一也, 而今謂象作於耿, 儀作於錢, 皆違於事實矣."

152)『星湖全集』卷43,「璇衡解」, 35ㄱ(199책, 288쪽). "蓋洛下閎經營者卽渾天儀, 而晉宋以來, 其法漸密, 相傳未嘗泯也, 奚待於錢耶."

다.153)

이익은 "至漢武帝時, 洛下閎始經營之"라는 주석에 대해서도 재검토했다. 이익은 먼저 "낙하황굉(洛下黃閎)은 천문(天文)에 밝아 지중(地中)에서 혼천(渾天)을 운전하여 시절을 정했다."라는 『익부기구전(益部耆舊傳)』의 기록을 근거로,154) 그 상세한 제도는 알 수 없지만 이것이 바로 낙하굉이 경영한 것으로 주(周)·진(秦) 이후 혼천의 제도가 시작된 것이라고 판단했다.155) 그런데 환담(桓譚)의 『신론(新論)』에는 "양웅(揚雄)이 천문을 좋아하여 낙하굉에게 혼천의 설(說)을 물었다. 낙하굉이 대답하기를 젊었을 때 그 일을 하였는데 그 이치를 완전히 깨닫지 못했다. 이제 나이 70에 이르러 비로소 그 이치를 알게 되었다라고 하였다."156)라는 기록이 있다. 이에 대해 이익은 양웅(B.C. 53~A.D. 18)은 무제(武帝)의 시대(B.C. 141~B.C. 87)로부터 시간적 거리가 멀기 때문에 낙하굉과 접촉했을 가능성이 적다고 의심했다. 다만 낙하굉이 어렸을 때는 무제의 말년에 해당하므로 그때부터 70년 후면 선제(宣帝, B.C. 74~B.C. 49)·원제(元帝, B.C. 49~B.C.

---

153) 『星湖全集』卷43,「璣衡解」, 35ㄱ~ㄴ(199책, 288쪽). "蔡註云, 天經之環, 直跨地平, 使其半入地下, 大全則半入之上, 又有半出地上四字, 其義尤詳. 且下文云, 天緯之環, 必使半出地上, 半入地下, 可以驗矣. 此雖未有肯綮, 而至使傳經文字, 未免有疏漏."

154) 『太平御覽』卷2, 天部2, 渾儀. "益都耆舊傳曰, 漢武帝時, 洛下閎明曉天文, 於地中轉渾天, 定時節." ; 『御定淵鑑類函』卷369, 儀飾部3, 渾儀. "原益部耆舊傳曰, 漢洛下閎明曉天文, 於地中轉渾天, 以定時節."

155) 『星湖全集』卷43,「璣衡解」, 35ㄴ(199책, 288쪽). "按益部耆舊傳, 洛下黃閎明曉天文, 於地中轉渾天, 以定時節. 其所謂轉於地中, 其制未詳, 而卽所經營者此也, 此周秦以後渾天儀之起也."

156) 『蜀中廣記』卷94, 著作記 第4, 子部, 太初歷. "桓子新論云, 揚子雲好天文, 問洛下黃閎以渾天之說. 閎曰, 我少作其事, 不曉達其意, 到今年七十, 始知其理, 然則洛下其隱處, 黃其姓也." ; 『太平御覽』卷2, 天部2, 渾儀. "桓子新論曰, 揚子雲好天文, 問之於黃門作渾天. 老工曰, 我少能作其事, 但隨尺寸法度, 殊不曉達其意. 我稍稍益愈, 到今七十, 乃甫適知, 己又老且死矣. 今我兒子受學作之, 亦當復年, 如我乃曉知己又且復死焉. 其言可悲可笑也."

294

33)의 사이에 해당하고, 이때 나이가 어린 양웅이 노인인 낙하굉을 만났다고 한다면 일말의 가능성도 있다고 보았다. 그렇다면 낙하굉이 무제 때 경영했다고 하는 혼천의는 "젊었을 때 제작하여 그 이치를 깨닫지 못하였다[少作其事而未達其意者]"고 한 바로 그것이 된다.[157]

이익은 『구당서(舊唐書)』「이순풍전(李淳風傳)」에 수록된 혼천의 제도[158]와 서전의 주석을 상호 대조해 보면 그 구조를 분명하게 깨닫게 되는 바가 있다고 했다.[159] 이익은 먼저 이순풍전의 "下據準基, 狀如十字, 末樹鼇足, 以張四表"라는 문구를 선기옥형도(璇璣玉衡圖)와 비교해서 설명하였다. 선기옥형도를 보면 혼천의의 하단 부분에 십자 모양의 난[十字交欄]이 있는데 그 네 귀퉁이에 다리 모양의 물건을 세워 기계를 받들고 있으며, 또 물로 수평을 맞춰 기울어지지 않게 한 것을 볼 수 있다. 이익은 이것이 바로 이순풍전에서 말하는 '준기(準基)'라고 보았다. 준기의 모퉁이에 세워진 다리로 받치고 있는 것이 지평환(地平環)이었는데, 『서전』의 주석에서 "흑단환을 평평하게 놓았다[平置黑單環]."라고 한 구절은 바로 이를 가리키는 것이었다. 지평환의 위에는 간지(干支 : 12辰과 8干)와 사우

---

157) 『星湖全集』 卷43,「璣衡解」, 35ㄴ(199책, 288쪽). "桓譚新論, 揚子雲好天文, 問洛下黃閎以渾天之說. 閎曰, 少作其事, 不曉達其意, 到今年七十, 始知其理. 夫雄之距武帝甚遠, 疑若不可與閎接, 然閎少時當武帝末, 則及年七十, 可至宣元之間, 雄又可以年少, 上接閎之末年. 然則其經營於武帝時者, 卽所謂少作其事而未達其意者乎."

158) 『舊唐書』 卷79, 列傳 29, 李淳風, 2718쪽. "太宗異其說, 因令造之, 至貞觀七年造成. 其制以銅爲之, 表裏三重, 下據準基, 狀如十字, 末樹鼇足, 以張四表焉. 第一儀名曰六合儀, 有天經雙規·渾緯規·金常規, 相結於四極之內, 備二十八宿·十干·十二辰, 經緯三百六十五度. 第二名三辰儀, 圓徑八尺, 有璿璣規·黃道規·月遊規, 天宿矩度, 七曜所行, 並備于此, 轉於六合之內. 第三名四遊儀, 玄樞爲軸, 以連結玉衡·遊箭而貫約規矩, 又玄樞北樹北辰, 南距地軸, 傍轉於內, 又玉衡在玄樞之間而南北遊, 仰以觀天之辰宿, 下以識器之晷度. 時稱其妙. 又論前代渾儀得失之差, 著書七卷, 名爲法象志以奏之. 太宗稱善, 置其儀於凝暉閣, 加授承務郎."

159) 『星湖全集』 卷43,「璣衡解」, 35ㄴ~36ㄱ(199책, 288쪽). "今觀唐李淳風傳, 其制已略備, 與書註兩相參勘, 有釋然曉者矣."

(四隅)를 새겨서 지면을 기준으로 방위를 측정했다. "흑쌍환을 비스듬히 세웠다[側立黑雙環]."고 한 것은 청동으로 두 개의 고리를 만드는데 그 크기를 똑같게 하고, 쌍환의 사이에는 청동 못으로 서로 지탱하게 하여 고정시켰다. 그 사이를 비워두는 것은 옥형(玉衡)을 사용하여 관측을 가능케 하기 위한 것이고, '측립(側立)'이라고 한 것은 '평치(平置)'와 상반되기 때문이었다. "하늘의 등마루를 반으로 나누었다[中分天脊]"고 한 것은 지평환의 가운데에서 흑쌍환이 남북으로 나누어져 동쪽이나 서쪽으로 치우치지 않게 한 것을 말함이었다. "적단환을 비스듬히 기울어지게 하였다[斜倚赤單環]."라는 것은 측립시킨 흑쌍환의 남극과 북극 사이를 평분해서 가로로 적단환을 연결하면 그 모양이 비스듬히 기울어지게 되는 것을 말함이며, 이것은 춘분과 추분 때 태양이 운행하는 경로를 가리키는 것이다. "하늘의 배를 반으로 나누었다[平分天腹]."는 것은 동서를 배로 표현한 것인데, 남극과 북극 사이가 인체의 배와 허리에 해당하기 때문에 이렇게 표현한 것이다. "묘유(卯酉)에서 연결한다."고 할 때의 '묘유'란 지평환의 묘유를 말하는 것이다. 일반적으로 남북을 경(經)이라 하기 때문에 흑쌍환(黑雙環)은 천경(天經)이 되고, 동서를 위(緯)라고 하기 때문에 적단환(赤單環)이 천위(天緯)가 되며, 이 양자가 지평환과 함께 육합의를 구성하게 된다.160)

「이순풍전」에서 말하는 "第一儀名曰六合儀, 有天經雙規·渾緯規·金常規, 相結於四極之內, 備二十八宿·十干·十二辰, 經緯三百六十五度"란 바로 육합의의 구조를 설명하고 있는 것이었다. 천경규(天經規)는 흑쌍환을, 혼위규(渾緯規)는 적단환을, 금상규(金常規)는 지평환을 뜻하는 것이고, 28수는 혼위규에, 10간과 12진은 금상규에, 365도는 천경환(天經環 : 천경규)과 천위환

---

160) 이상의 내용은 『星湖全集』 卷43, 「璣衡解」, 36ㄱ~ㄴ(199책, 288쪽).

(天緯環 : 혼위규)에 새기는 것을 말함이다. 『서집전』의 주에서 "둥근 축의 가운데를 비운다[圓軸虛中]."라고 한 것은 장차 옥형을 수용하여 남북극을 관측하기 위한 것으로 보았다. "안을 향한다[內向]."고 한 것은 둥근 축의 바깥쪽은 천경환을 관통하고 그 나머지가 안쪽을 향한다는 것을 뜻하며, 이는 장차 삼신의와 사유의의 환을 연결하기 위한 장치였다.161)

삼신의는 축을 따라서 동서로 회전함으로써 하늘의 운행을 표현하게 하며, 다시 천경환에 천위환을 설치했던 것처럼 적단환을 비스듬히 설치하여 삼신의와 함께 운행하게 함으로써 태양이 운행하는 적도를 표현한다. 『서전』의 주에서는 "흑쌍환의 묘유에 묶는다[結於黑雙環之卯酉]."라고 하였다. 여기서 흑쌍환은 삼신의를 말하는 것이다. 그런데 앞에서 설명한 바와 같이 삼신의는 밤낮으로 운행하게 되어 있으므로 정해진 묘유가 있을 수 없다. 따라서 이것은 태양이 동쪽과 서쪽의 지평상에 위치할 때를 대표로 들어 말한 것으로 보아야 한다. 그러나 이러한 적단환은 춘분과 추분 때의 태양의 운행을 나타낼 수는 있지만 동지나 하지 때 태양의 궤도가 남북으로 이동한다는 사실은 표현할 수 없다. 이에 별도로 적도의 가운데를 가로질러 황단환을 설치하여, 태양이 여름에는 적도의 북쪽을, 겨울에는 적도의 남쪽을 운행한다는 사실을 표현한다.162) 서전의 주에는 "또 백단환을 설치하여 교차한 부분을 이어서 기울어지지 않게 하였다[又爲白單環以承其交, 使不傾墊]."고 되어 있다. 이익은 이것을 "또 백단환을 설치하여 위아래로 교차한 부분을 이어서 황도가 기울어지지 않게 하였다."는 것으로 해석하였다. 그러나 이익이 보기에 백단환 역시 의착할 곳이 없었다. 『서집전』의 주나 그림에도 그 제도가 나타나 있지 않기 때문에 억지로 해석하지는 않는다고 했다.163)

---

161) 『星湖全集』 卷43, 「璇衡解」, 36ㄴ(199책, 288쪽).
162) 『星湖全集』 卷43, 「璇衡解」, 36ㄴ~37ㄱ(199책, 288~289쪽).

『서집전』의 주에 "아래에 기륜을 설치하여 물로 작동시켰다[下設機輪, 以水激之]."라고 한 것은 수격식 혼천의의 작동 원리를 설명한 것이었다. 이익은 남극의 축이 환(環)의 바깥으로 길게 나와서 수륜(水輪)을 관통하는 것으로 생각하였다. 수력으로 물레바퀴를 회전시키면 물레바퀴의 회전에 따라 축이 움직이게 되고, 축의 회전에 의해 삼신의와 황도·적도가 움직이는 방식이었다.[164] 「이순풍전」에는 삼신의 제도가 "第二名三辰儀, 圓徑八尺, 有璿璣規·黃道規·月遊規, 天宿矩度, 七曜所行, 並備于此, 轉於六合之內"라고 소개되어 있으며, 수격장치에 대해서는 이순풍의 상소문에 "或綴附經星, 機應漏水, 或孤張規郭, 不依日行, 推驗七曜, 並循赤道. 今驗冬至極南, 夏至極北, 而赤道當定於中, 全無南北之異, 以測七曜, 豈得其眞. 黃道渾儀之闕, 至今千餘載矣"[165]라고 기록되어 있다. 이익은 "七曜所行, 並備于此"라고 한 이순풍의 제도가 지금 황도만으로 태양의 운행을 나타내는 것과 비교하여 매우 상세하며, "機應漏水"라고 한 것 역시 현재의 기륜의 설과 비교해 보면 서로 부합한다고 보았다.[166]

『서집전』의 주에서는 "가장 안쪽에 있는 것을 사유의(四遊儀)라고 한다."고 하였다. 이익은 앞에서 살펴본 바와 같이 삼신의가 밤낮으로 운전하여 하늘의 운행을 상징하는 것이라고 생각했다. 때문에 관측자가 자신의 의도대로 동서남북의 천체를 관측하기 위해서는 삼신의 이외의 별도의 제도가 필요하였다. 그것이 바로 삼신의 내부에 설치한 사유의였던 것이

---

163) 『星湖全集』 卷43, 「璣衡解」, 37ㄱ(199책, 289쪽). "又爲白單環, 以承上下之交, 使黃道無傾墊之患, 然其白環亦無倚著, 註中不言, 圖亦不著, 不可强解."

164) 『星湖全集』 卷43, 「璣衡解」, 37ㄱ~ㄴ(199책, 289쪽). "下設機輪, 以水激之者, 南軸長出環外, 貫定水輪, 水激而輪轉, 輪轉而軸轉, 三辰及黃赤道, 皆隨軸而轉也."

165) 『舊唐書』 卷79, 列傳 29, 李淳風, 2718쪽.

166) 『星湖全集』 卷43, 「璣衡解」, 37ㄴ(199책, 289쪽). "淳風傳云 …… 所謂七曜並備, 比今黃道惟著日軌者, 當必益詳, 所謂機應漏水, 亦必與機輪之說符合耳."

다.167) 그렇다면 "양면(兩面)이 중앙을 당하게 하여 직거(直距)를 설치한다[兩面當中 各施直距]."라는 것은 무슨 뜻일까? 이익은 사유의 역시 삼신의와 마찬가지로 흑쌍환이므로 그 가운데가 비어 있는데, 이것을 양면이라고 한다고 보았다. 흑쌍환의 양면은 비어 있으므로 형소(衡簫 : 玉衡)를 설치할 수 있는 장치가 아무 것도 없다. 때문에 두 쪽으로 된 직거를 흑쌍환의 양면에 설치하여 그 사이에 형소를 끼울 수 있게 했다는 것이다.168)

"밖으로 두 축을 가리킨다[外指兩軸]."라는 것은 직거의 지름이 남북극에 다다라 천경환의 축과 만나게 된다는 뜻이다. 남북극의 양축은 바깥에 있고, 직거는 안쪽에 있으며, 그 가운데 형소가 끼여 있으면서 위아래로 움직여 관측할 수 있다. 축(軸)과 직거(直距)는 사유의의 환(環)에 고정되어 있으므로 환과 직거는 함께 움직이는 것이다.169) "허리 가운데의 내면에 당하여[當其要[腰]中之內面]"라는 것은 직거 가운데 형소와 연결되는 부분을 가리킨다. 그리고 "또 작은 구멍을 내어 옥형의 허리 가운데의 작은 축을 받는다[又爲小竅, 以受玉衡要中之小軸]."는 것은 직거의 가운데 부분에 각각 작은 구멍을 내고, 형소의 가운데에 양쪽에서 각각 작은 못을 박아 축을 만들어, 직거의 구멍이 형소의 축을 받아서 형소가 위아래로 움직일 수 있게 만든다는 의미이다.170) "곳에 따라 남북으로 올라갔다 내려갔다

---

167) 『星湖全集』卷43, 「璣衡解」, 37ㄴ(199책, 289쪽). "彼三辰卽日夜運轉, 象天行者也. 雖欲隨意候望於東西南北, 其勢不能, 故別爲黑雙環, 特設於三辰之內, 動靜隨人, 以便候望也."

168) 『星湖全集』卷43, 「璣衡解」, 38ㄱ(199책, 289쪽). "環本雙立而虛其間, 是有兩面也. 環之內無以挈衡簫, 故又設直距. 直距亦有兩片, 設於環之兩面, 而挾衡簫在內也."

169) 『星湖全集』卷43, 「璣衡解」, 38ㄱ(199책, 289쪽). "外指兩軸者, 徑直於南北二極, 與天經之軸相當. 兩軸在外, 直距在內, 距挾衡簫, 上下連通, 可以候望也. 軸而直距, 又固結於四遊之環, 環與距同運也."

170) 『星湖全集』卷43, 「璣衡解」, 38ㄱ(199책, 289쪽). "又爲小竅, 以受玉衡之軸者, 距之腰中, 各開小竅, 衡之腰中, 兩旁各加小丁而爲軸, 使竅受軸而衡可以低昂也."

한다[隨處南北低昂]."는 것은 동쪽이나 서쪽을 막론하고 어느 곳에서나 남북으로 움직이며 관측할 수 있다는 뜻이다.171)

「이순풍전」에는 사유의의 구조가 "第三名四遊儀, 玄樞爲軸, 以連結玉衡·遊筩而貫約規矩, 又玄樞北樹北辰, 南距地軸, 傍轉於內, 又玉衡在玄樞之間而南北遊, 仰以觀天之辰宿"라고 기록되어 있다. 이익은 여기서 말하는 '현추(玄樞)'를 직거(直距)로 해석하면서, 그 설명이 서전의 주석과 정확하게 들어맞는다고 주장했다. 다만 후세 사람들이 「이순풍전」에 기재된 준기(準基)·오족(鼇足)·혼위규(渾緯規)·금상규(金常規)·선기규(璿璣規)·현추(玄樞) 등의 명칭을 알지 못하여 그것이 『서전』 주석의 선기옥형과 같은 제도임을 파악하지 못하고 있을 뿐이라고 보았다.172)

이처럼 이익은 「이순풍전」의 내용이 혼천의의 제도를 아주 잘 설명하고 있다고 간주했다. 그는 주희의 주석이 이순풍의 창조에서 벗어난 것이 아니라고 보았지만, 『서집전』의 주석이 없었더라면 「이순풍전」의 제도를 제대로 파악하기 어려웠을 것이라는 점을 염두에 두고 그 가치를 인정했다.173) 이순풍의 혼천의 제도를 높이 평가하는 이면에는 이순풍을 유종(儒宗)의 자질을 갖춘 사람으로 평가하는 이익의 관점이 깔려 있었다.174)

이처럼 주희의 주석을 상대화한 이익은 주희가 개천설을 수용하지

---

171) 『星湖全集』卷43, 「璣衡解」, 38ㄱ(199책, 289쪽). "隨處南北低昂者, 在東有南北低昂, 在西有南北低昂, 而無所不遍也."

172) 『星湖全集』卷43, 「璣衡解」, 38ㄱ~ㄴ(199책, 289쪽). "…… 所謂玄樞, 直距也. 距, 至也, 蓋樹北至南之義也. 其說與今書註鑿鑿可徵, 而其準基·鼇足·渾緯·金常·璿璣·玄樞 等名, 後人未嘗識也."

173) 『星湖全集』卷43, 「璣衡解」, 38ㄴ(199책, 289쪽). "然則朱子所釋, 不出於淳風之刱造, 而書註沒焉不傳, 豈非可惜耶."

174) 『星湖僿說』卷26, 經史門, 郭璞李淳風, 45ㄴ(X, 65쪽-국역 『성호사설』(민족문화추진회)의 책수와 원문 쪽수). "郭璞李淳風, 以星命名世, 後人遂指爲方技小數 …… 惟淳風昧昧不彰, 其所撰隋經籍志, 議論卓出, 可謂羽翼經傳, 優爲儒宗. 但有絶人藝術爲其所壓, 不少槩見於世, 則可惜也."

않은 것에 대해서도 이론을 제기했다. 그것은 개천설이 "천상을 상고하고 징험함에 위배되고 맞지 않는 것이 많다."고 한 채옹(蔡邕)의 주장을 주희가 그대로 수용한 것에 대한 불만이었다.[175] 그리고 이러한 비판을 가능하게 한 것은 그가 서양의 지구설을 수용했기 때문이었다. 주자학의 선기옥형론, 나아가 주희의 자연학에 대한 상대화의 가능성이 열리고 있었던 것이다.

이상과 같은 이익의 탐구를 통해 선기옥형의 제도 가운데 종래 논란이 되었던 구조적 문제점, 예컨대 백단환·기륜·쌍환·직거 등의 구조적 문제를 해결할 수 있는 중요한 토대가 마련되었다. 이는 조선전기 이래 주자학의 선기옥형론에 대한 이론적·실증적 탐구가 축적되어 이룩한 성과였다. 그 과정에서 주자학의 선기옥형론이 지니고 있는 세부적 문제점이 노출되었고, 그것은 새로운 방향의 선기옥형론이 출현하게 되는 바탕이 되었다.

2) 주자학적 선기옥형론의 전변(轉變)

선기옥형에 대한 또 다른 논의는 천문의기로서의 선기옥형에 대한 본질적 문제 제기였다. 그것은 선기옥형을 과연 천문의기로 볼 수 있는가 하는 의문이었다. 이는 선기옥형을 천문의기로 해석한 주희의 경학에 대한 문제 제기임과 동시에 새로운 자연학 체계의 모색이었다. 그 과정에서 선기옥형을 북두칠성으로 이해하는 방식이 새롭게 주목받게 되었다. 이러한 새로운 경향을 대표하는 인물이 윤휴(尹鑴, 1617~1681)였다.

---

175) 『星湖全集』 卷43, 「璇衡解」, 38ㄴ(199책, 289쪽). "又按朱子曰, 言天者三家, 周髀·宣夜·渾天, 宣夜絶無師說, 周髀之術, 以爲天似覆盆, 蓋以斗極爲中, 中高而四邊下, 日月旁行遶之, 日近而見之爲晝, 日遠而不見爲夜, 蔡邕以爲考驗天象, 多所違失, 遂棄而不用. 以余觀之, 未見違失."

윤휴는 먼저 혼천의가 중성을 관찰하고 시간을 측정하는데 사용하는 의기라고 지적하면서, 그것으로 어떻게 일월오성의 운행을 가지런히 할 수 있으며, 제왕이 직무를 주고받는 급선무가 될 수 있느냐고 반문했다.[176] 이어서 윤휴는 북두칠성을 선기옥형으로 소개한『사기(史記)』「천관서(天官書)」의 기사를 소개하면서, 북두칠성을 관찰하여 징험하는 것은 예로부터 그 방법이 갖추어져 있고, 이것이야말로 천심(天心)을 살피고 왕정(王政)을 반성하는 것으로『서경(書經)』「홍범(洪範)」의 "왕의 득실은 해로써 징험하고, 서민의 욕구는 별로써 살핀다."[177]라는 것과 같다고 했다.[178] 군주가 진실로 '앙관부찰(仰觀俯察)'하여 '외천지심(畏天之心)'을 삼가 보존하고, 천하의 휴상(休祥)을 관찰하여 자신의 득실을 살핀다면, 천상(天象 : 泰階와 玉燭)을 화평하게 조절하는 데 부족함이 없으리니 이것이 곧 교민(敎民)·사천(事天)의 급선무라고 했다.[179] 이렇듯 윤휴는『서경』의 "재선기옥형(在璿璣玉衡), 이제칠정(以齊七政)"이라는 구절을 제왕이 천상(天象 : 玄象)을 관찰하여 왕정(王政 : 王事)을 바로잡는 것으로 파악했다.[180]

윤휴는『황제내경(黃帝內經)』에서 사람의 경맥을 설명한 부분 가운데 선기(璇璣)·자궁(紫宮)·화개(華蓋)·옥당(玉堂) 등과 같이 별의 명칭을 차용

---

176)『白湖全書』卷26,「七政六符書」, 1082~1083쪽(영인본『白湖全書』(慶北大學校 出版部, 1974)의 쪽수. 이하 같음). "抑此渾儀, 祗以考中星占刻漏則可, 烏可以是而齊日月五星之行也, 又烏足爲帝者受終正始之先務也."

177)『書經集傳』卷6, 周書, 洪範. "曰, 王省惟歲, 卿士惟月, 師尹惟日. 歲月日, 時無易, 百穀用成, 乂用明, 俊民用章, 家用平康. 日月歲, 時旣易, 百穀用不成, 乂用昏不明, 俊民用微, 家用不寧. 庶民惟星, 星有好風, 星有好雨. 日月之行, 則有冬有夏, 月之從星, 則以風雨."

178)『白湖全書』卷26,「七政六符書」, 1083쪽. "考馬史天文志, 謂天北斗七星, 所謂璿璣玉衡, 其測候占驗, 具有其法, 此殆古之遺法, 所以察天心省王政, 若洪範所謂王省推[惟]歲庶民推[惟]星之法也."

179)『白湖全書』卷26,「七政六符書」, 1083쪽. "南面君子誠能仰觀俯察, 兢兢乎存畏天之心, 於以觀天下之休祥, 而考得失於己, 豈不足以平泰階調玉燭, 而爲敎民事天之急務也哉."

180)『白湖全書』卷26,「七政六符書」, 1083쪽. "余於是益知古之察玄象正王事者, 必有所取徵, 不獨帝舜爲然也."

한 사례가 있음을 지적하면서, '선(璇)'과 '옥(玉)'을 '아름다운 옥'으로 해석하여 선기옥형을 혼천의로 파악한 정현(鄭玄)과 채침의 견해를 비판했다. 아울러 복생(伏生)의 『상서대전(尙書大傳)』과 사마천의 『사기』 「천관서」의 선기옥형에 대한 해설이 동일하다는 사실을 들어 자신의 견해에 대한 방증으로 삼고자 했다. 윤휴는 혼천의를 만드는데 아름다운 옥을 사용할 필요가 없다는 기본자세를 견지했다.[181]

그렇다면 북두칠성은 어째서 중요한가? 윤휴가 보기에 북두칠성은 음(陰)의 자리에 거처하여 양(陽)을 펴고, 원기(元氣)를 짐작(斟酌)하는 존재였다.[182] 그것을 '선기(璇璣)'라고 부르는 이유는 북두칠성의 자루가 하늘을 한 바퀴 회전하면서 1년의 계절 변화를 나타내고, '옥형(玉衡)'이라 부르는 이유는 북두칠성의 색깔 변화를 보고 점성술에 따라 천하의 치란을 평정하기 때문이라고 했다.[183] 그것을 '정(政)'이라고 일컫는 것은 군주가 행하는 일이 위로 하늘에 응하기 때문이며, 그것을 칠정(七政)이라 일컫는 것은 천문(天文)·지리(地理)·인도(人道)·사시(四時 : 春·夏·秋·冬)가 정사가 되기 때문이었다.[184] 이는 전통적인 천인감응론(天人感應論)에 입각한 해석이었다. 천하를 다스리는 군주의 일체의 정치적 행위가 정사인데, 그것이 천인감응의 원리에 따라 하늘 위의 천체 현상으로 반영되기 때문에 북두칠성으로 대표되는 천상의 변화를 통해 군주의 정치 행위의 득실을 판단할 수 있다는 논리였다. 그렇게 보면 북두칠성은 "인군(人君)의 형상으

---

181) 『白湖全書』 卷26, 「七政六符書」, 1083쪽.

182) 『白湖全書』 卷26, 「帝舜在璇璣玉衡以齊七政」, 1085쪽. "斗居陰布陽, 斟酌元氣, 故謂之北斗."

183) 『白湖全書』 卷26, 「帝舜在璇璣玉衡以齊七政」, 1085쪽. "其曰璇璣, 周旋以成四時也. 其曰玉衡, 視其色以平天下之治亂也."

184) 『白湖全書』 卷26, 「帝舜在璇璣玉衡以齊七政」, 1085쪽. "謂之政者, 王者行事, 上應於天也. 謂之七政, 天文地理人道四時, 所以爲政也."

로서 명령을 내리는 주인"이 되는 것이었고,185) "칠정(七政)의 기틀이며 음양(陰陽)의 근본"이 되기도 하는 것이었다.186) 요컨대 천(天)의 의지는 기(氣)를 통해 구체적으로 이루어지는데, 이를 주관하는 주체가 바로 북두칠성이었다. 윤휴에게 북두칠성은 천황대제(天皇大帝)의 주관하에 원기를 짐작하고 음양을 펼쳐 만물을 생성하고, 사시(四時)·풍우(風雨)를 조율하는 운동의 근원이며, 인간사회의 정치적 변화를 반영하는 존재였던 것이다.187)

이형상(李衡祥, 1653~1733)은 이만부(李萬敷)를 영결하는 제문에서 다음과 같은 시 한 수를 읊었다.

秋水精神玉灑塵 / 知公如我亦無人 / 深衣盡制璣衡古 / 地下空潛席上珍188)

여기서 "심의는 제도를 다했고 기형은 옛스러우니[深衣盡制璣衡古]"라는 구절은 이형상과 이만부가 평소에 강론했던 핵심적 내용을 압축적으로 표현한 것이었다. 전자가 심의(深衣) 제작으로 대표되는 예학(禮學)·예론(禮論)이었다면, 후자는 선기옥형[璣衡]으로 대표되는 천문역산학·상수학이었다. 전자에 대한 논의는 양자가 주고받은 편지글 속에 담겨 있고, 후자의 논의에 대해서는 이형상이 「기형설(璣衡說)」이라는 독립적 논문을 통해 정리했다.189)

---

185) 『白湖全書』卷26, 「帝舜在璿璣玉衡以齊七政」, 1085쪽. "斗者, 人君之象, 號令之主也."
186) 『白湖全書』卷26, 「帝舜在璿璣玉衡以齊七政」, 1086쪽. "斗者, 七政之樞機, 陰陽之本原也."
187) 정호훈, 「尹鑴의 經學思想과 國家權力强化論」, 『韓國史研究』89, 韓國史研究會, 1995, 101~105쪽.
188) 『瓶窩集』卷15, 「祭李別提萬敷文」, 19ㄴ(164책, 474쪽).
189) 『瓶窩集』卷13, 「璣衡說」, 13ㄴ~21ㄱ(164책, 433~436쪽). "仲舒問我以璿璣玉衡, 作璣衡說以解 ……."

여기서 주목되는 것은 선기옥형에 대한 이형상의 입장이다. 전통적으로 선기옥형은『서집전』의 채침 주에 입각하여 천문관측 의기의 일종인 혼천의를 뜻하는 것으로 이해되어 왔다. 그러나 채침 역시 주석의 말미에서 밝히고 있듯이 선기옥형을 북두칠성으로 보는 견해도 존재했다.『사기』「천관서」이래의 해석이 그러했으며, 복생의『상서대전』의 해석190)도 그와 유사했다. 이형상은 선기옥형에 대한 역대의 논의를 면밀히 고증하여 선기옥형이 혼천의를 가리키는 것이 아니라 북두칠성을 뜻하는 것이라고 단정했다. 그의 고증은 선기옥형의 명칭에 대한 것과 그것을 북두칠성이라고 보았을 경우 북두칠성을 통해 어떻게 하늘의 운행을 형상화할 수 있는가 하는 문제에 집중되었다.

이형상은『사기』·『한서(漢書)』·『진서(晉書)』·『수서(隋書)』등 역대 중국 정사의「천문지」와『천원발미(天元發微＝天原發微)』·『태현(太玄)』·『이아소(爾雅疏)』등의 문헌을 광범위하게 인용하여 선기옥형의 명칭을 분석했다. 그를 통해 선기옥형이 북두칠성을 뜻하는 것이었음을 밝히고, 두건(斗建)의 변화를 통해 계절 변화를 비롯한 천상의 변화를 일목요연하게 파악할 수 있다는 점을 들어 천상(天象)을 형상화하는 데 북두칠성이 불가결의 요소임을 증명하고자 했다.191) 요컨대 그는 선기옥형을 북두칠성을 지칭하는 용어로 간주했고,192) 기존의 혼천의 제도를 그대로 유지하더라도 중앙의 옥형을 제거하고 북두칠성을 삽입하여 두병(斗柄)이 계절

---

190)『尙書大傳』,「唐傳」, 堯典(16쪽 - 영인본『四部叢刊正編』(法仁文化社, 1989)의 쪽수). "旋機者, 何也. 傳曰, 旋者, 還也, 機者, 幾也, 微也. 其變幾微而所動者大, 謂之旋機, 是故旋機, 謂之北斗."

191)『甁窩集』卷13,「璣衡說」, 13ㄴ～17ㄴ(164책, 433~434쪽). 논의의 결론은 "合而觀之, 北斗之重於璣衡者如此"라는 말로 요약된다.

192)『甁窩集』卷13,「璣衡說」, 17ㄴ(164책, 434쪽). "鄙意則似是北斗之謂, 而非以璿飾璣之謂也.";「璣衡說」,『甁窩集』卷13, 21ㄱ(164책, 436쪽). "然璿璣玉衡之稱, 果是北斗."

의 변화에 따라 12진(辰)의 방향을 지시하도록 개선할 필요가 있다고 보았다.193) 이러한 논의는 그 자체로서는 경전 해석에서 고증의 방법을 사용한 한 가지 예로 볼 수 있다. 그러나 이형상에 앞서 이러한 작업을 시도했던 인물이 윤휴였다는 사실을 상기해 보면 그 의미가 단순하지 않음을 알 수 있다.

정약용(丁若鏞, 1762~1836)은 『상서(尙書)』 선기옥형장의 "재선기옥형(在璿璣玉衡), 이제칠정(以齊七政)"이란 구절에 대한 전면적 재해석을 시도했다. 그는 선기옥형을 혼천의로, 칠정을 일월오행성으로 해석하던 종래의 통설에서 벗어나 자신의 독자적 견해를 제시했다. 정약용은 『상서』에 대한 기존의 주석, 즉 복생(伏生), 공안국(孔安國), 매색(梅賾), 정현(鄭玄), 마융(馬融), 왕숙(王肅), 공영달(孔穎達) 등의 주석을 전체적으로 비교하여 고증(考證)과 고정(考訂)을 가하고 이어서 자신의 총변(總辨)을 붙였다. 정약용의 변설은 "선기옥형은 상천(象天)의 의기(儀器)가 아니다."라는 도발적 발언으로 시작한다. 그가 보기에 선기옥형을 혼천의와 같은 종류로 본 것은 마융의 잘못이었다.194) 그렇다고 정약용이 요순시대에 혼천의와 같은 천문의기가 없었다고 주장하는 것은 아니었다. 그는 「요전(堯典)」의 "역상일월성신(曆象日月星辰)"이란 구절의 '상(象)'을 천문의기로 보았다. 그리고 그 근거로 『후한서(後漢書)』 「율력지(律曆志)」와 『진서(晉書)』 「천문지」에서 『춘추문요구(春秋文耀[曜]鉤)』를 인용하여 요임금이 즉위한 이후 희화(羲和)가 상의(象儀)를 세웠다는 기사195)를 제시했다.196)

---

193) 『瓶窩集』 卷13, 「璣衡說」, 17ㄴ(164책, 434쪽). "今若去其衡而揷以斗, 且刻二十八宿度數於黃赤道, 則昏朝夜半, 自適於十二方 ……." ; 『瓶窩集』 卷13, 「璣衡說」, 21ㄱ(164책, 436쪽). "…… 則必刻北斗於此, 使其斗柄, 隨其節候, 各指十二辰, 遇閏則使指兩辰之間, 別有其法 ……."

194) 『與猶堂全書』 第2集, 第22卷, 經集6, 尙書古訓, 卷1, 堯典, 27ㄱ(283책, 42쪽). "辨曰, 璿璣玉衡, 非象天之儀器也. 其謂之渾天儀之類者, 馬融之謬也."

그럼에도 불구하고 정약용이 선기옥형을 혼천의로 보지 않는 첫째
이유는 기존의 주석에서 선(璿)을 옥(玉)과 같은 종류로 파악했기 때문이었
다. 마융은 '선'을 '미옥(美玉 : 아름다운 옥)'으로 해석했는데, 그렇다면
혼천의 전체를 산에서 나는 옥으로 만들었다는 이야기가 되며, 그럴
경우 동철(銅鐵)로 제작하듯이 각종 환들을 서로 엇갈리게 하고, 그 위에
눈금을 새기고, 서로 결합시키기 어렵다는 점을 지적했다.[197] 채침은
'선'을 '미주(美珠)'로 해석했는데, 이 주장에 따르면 혼천의를 바다에서
나는 진주(眞珠)와 같은 것으로 장식했다는 말이 되며, 이는 순(舜)임금을
사치스러운 군주로 만드는 것이라고 보았다.[198] 이처럼 정약용은 '선옥(璿
玉)'으로는 혼천의를 제작할 수 없다고 주장했다. 경수창(耿壽昌)이나 전악
(錢樂) 등이 제작했다는 역대의 혼천의는 모두 청동으로 제작되었다. 기계
의 축을 만들어 고리를 회전하게 하고, 톱니바퀴를 만들고 각종 수치를
새겨 넣기 위해서는 청동으로 제작하지 않으면 안 되기 때문이었다.
따라서 요순의 시절에만 '아름다운 옥'으로 각종 환이나 형소(衡簫)를
만들었다고 볼 수는 없다는 것이다.[199]

---

195) 『後漢書』志2, 律曆中, 3037쪽. "文曜鉤曰, 高辛受命, 重黎說文, 唐堯卽位, 羲和立禪
[渾]." ; 『晉書』卷11, 志1, 天文上, 儀象, 284쪽. "春秋文曜鉤云, 唐堯卽位, 羲和立渾儀."
196) 『與猶堂全書』第2集, 第22卷, 經集6, 尙書古訓, 卷1, 堯典, 27ㄱ(283책, 42쪽). "蓋自黃
帝以來, 世修曆紀, 逮嚳至堯, 其術彌備, 故堯令羲和曆象日月星辰. 象也者, 儀器也(東漢
志晉志皆引春秋文曜鉤云, 唐堯卽位, 羲和立象儀)."
197) 『與猶堂全書』第2集, 第22卷, 經集6, 尙書古訓, 卷1, 堯典, 27ㄴ(283책, 42쪽). "馬融曰,
璿, 美玉也 …… 馬通身材之以山出之玉 …… 如馬之義則鉏牙刻鏤回合之巧, 無以如銅鐵也."
198) 『與猶堂全書』第2集, 第22卷, 經集6, 尙書古訓, 卷1, 堯典, 27ㄴ(283책, 42쪽). "蔡沈曰,
璿, 美珠也 …… 而蔡歷錄然文之以水物之珠 …… 如蔡之說則爲舜爲奢侈主, 好作淫技奇物
無益之觀者也."
199) 『與猶堂全書』第2集, 第22卷, 經集6, 尙書古訓, 卷1, 堯典, 28ㄱ(283책, 42쪽). "璿玉不
可以爲渾儀, 故耿壽昌作渾儀則鑄銅爲之, 錢樂作渾儀則鑄銅爲之. 蓋其機軸環轉之巧, 牙
輪刻鏤之工, 非銅不可也. 安得堯舜之時, 獨以美玉爲機, 又以美玉爲簫哉. 雖般倕奏巧,
無以細雕, 此謬悠之說耳."

또 선기와 옥형의 설명에서도 주석가들 사이에 의견이 엇갈리고 있다는 점을 지적했다. 마융은 바깥의 환들을 선기라 하고, 가운데의 망통을 옥형이라고 한 반면, 그 제자인 정현은 가운데 망통을 선기라 하고, 바깥의 고리를 옥형이라고 했다는 것이다. 이는 선기옥형을 혼천의로 보는 견해가 주석가들의 억측에서 나온 것이며, 근거 있는 주장이 아니었다는 반증이라고 정약용은 생각했다.200)

정약용이 선기옥형을 혼천의로 보지 않는 또 다른 이유는 '형(衡)'에 대한 해서상의 문제 때문이었다. 본래 '형'이란 사물의 경중을 측정하는 물건이었다. 수레에 '형'이 있는 이유는 그것으로써 수레 앞과 뒤의 균형을 잡아주기 때문이었다. 정약용은 혼천의의 망통처럼 구멍을 통해 일월성신을 관측하는 기구를 '형'이라고 할 수는 없다고 보았다. 그럼에도 불구하고 사람들이 억지로 '형'이라고 부르는 것은 눈과 귀에 익숙해져서 의심하지 않기 때문이었다.201) 정약용은 「요전」 가운데 '형'자가 쓰인 것이 '선기옥형(璿璣玉衡)'과 '율도량형(律度量衡)'인데 두 글자의 뜻이 현저하게 차이가 날 리가 없다고 보았다.

이렇듯 선기옥형을 혼천의로 해석하는 것에 반대한 정약용은 그것을 북두칠성으로 간주하는 종래의 견해에 대해서도 이의를 제기했다. 그가 보기에 『위서(緯書)』에서는 다만 북두칠성을 선기옥형이라고 했는데, 마융이 북두칠성의 각각의 별들이 일월오성을 주관한다는 주장을 개진했고, 정현에 이르러 일월오성이 칠정이라고 해석하게 되었던 것이다.202) 이는

---

200) 『與猶堂全書』第2集, 第22卷, 經集6, 尙書古訓, 卷1, 堯典, 27ㄴ(283책, 42쪽). "且馬融以外儀爲璿璣, 中筩爲玉衡, 而其親弟子鄭玄己違其師說, 其註書大傳以中筩爲璿璣, 外規爲玉衡, 使其言有所承受可徵者, 豈有師弟二人, 遷移不安若是哉, 其臆剏而無所據可知也."
201) 『與猶堂全書』第2集, 第22卷, 經集6, 尙書古訓, 卷1, 堯典, 28ㄱ(283책, 42쪽). "大抵渾天儀之制, 無所爲衡. 凡稱物之輕重者謂之衡, 車之有衡, 亦以其前後軒輊, 衡能平之, 故得衡名也. 今渾天儀之橫簫, 無軒輊低昂之用, 何以謂之衡也. 蔡邕云, 玉衡長八尺, 孔徑一寸, 下端望之, 以視星辰, 其制非衡, 强名爲衡, 眼慣耳熟, 不復置疑."

결국 칠정을 무엇으로 볼 것인가 하는 문제와 직접적으로 연관된다. 『위서(緯書)』와 『사기』「천관서」에서 마융과 정현을 거쳐 그 의미가 자의적으로 변화되었다고 보는 정약용은 복생의 경우 『상서대전』에서 칠정을 사시(四時 : 春夏秋冬)와 삼재(三才 : 天文·地理·人道)로 해석했다는 점을 상기시키면서[203] 그 의미를 다시금 천착했다.

정약용은 '정(政)'이란 '바르게 한다[正]'는 의미이며, 군주가 정치로써 백성을 바르게 하기 때문에 그것을 일컬어 '정'이라 한다고 보았다. 따라서 일월오성은 '정'이 될 수 없었다. 마융과 같은 사람은 선기옥형으로 일월성신의 영축과 진퇴를 관측하여 군주 자신의 실정(失政)을 징험했다고 주장하였는데,[204] 정약용은 그렇다면 이때의 칠정이란 곧 왕정을 말하는 것이며 일월오성과는 상관없는 것이라고 지적했다.[205] 그는 「홍범(洪範)」의 팔정(八政), 「왕제(王制)」의 팔정(八政), 『관자(管子)』의 오정(五政), 『신감(申鑒)』의 육정(六政), 『순자(荀子)』의 오정(五政), 호태초(胡太初)의 사정(四政), 『주례(周禮)』의 12황정(荒政), 우리나라의 삼정(三政) 등과 비교하면서 자고이래로 '정'이라고 이름이 붙은 것은 모두 '재부렴산(財賦斂散)'과

---

202) 『與猶堂全書』第2集, 第22卷, 經集6, 尙書古訓, 卷1, 堯典, 26ㄴ(283책, 41쪽). "鏞案緯書直以北斗七星爲璇機玉衡, 馬融乃以北斗七點, 爲兩曜五緯之所主, 已再轉也, 鄭玄直以七曜爲七政則三轉也."

203) 『與猶堂全書』第2集, 第22卷, 經集6, 尙書古訓, 卷1, 堯典, 27ㄴ(283책, 42쪽). "旣以北斗七星爲璿璣玉衡(天官書緯書), 又以北斗七星爲七曜之主(馬氏說), 又直以七曜爲七政(鄭梅已下), 而考古伏生之學, 則乃以四時三才爲七政, 七政竟是何物 ……." ; 『與猶堂全書』第2集, 第22卷, 經集6, 尙書古訓, 卷1, 堯典, 26ㄴ(283책, 41쪽). "政者, 齊中也, 謂春秋冬夏, 天文地理人道, 所以爲政也(四時三才之政)."

204) 『與猶堂全書』第2集, 第22卷, 經集6, 尙書古訓, 卷1, 堯典, 27ㄱ(283책, 42쪽). "馬融云, 日月星, 皆以璿璣玉衡, 度知其盈縮進退, 失政所在, 聖人謙讓, 猶不自安, 視璿璣玉衡, 以驗齊日月五星行度, 知其政是與否, 重審己之事也 ……."

205) 『與猶堂全書』第2集, 第22卷, 經集6, 尙書古訓, 卷1, 堯典, 28ㄱ(283책, 42쪽). "政也者, 正也. 上以政正民, 故謂之政. 日月五星, 何得爲政. 若云聖人察此璣衡, 以驗己之失政, 則七政仍是王政, 與七曜無涉也."

같은 실제적 정치 행위였다고 강조했다.[206]

일월오성을 칠정으로 볼 수 없는 또 다른 이유는 '이제칠정(以齊七政)'이라는 문구의 해석 때문이었다. 정약용이 보기에 이 세상에서 가장 가지런하게 만들기 어려운 것이 일월오성의 궤도와 도수의 변화였다. 실제로 역법이 정밀하게 발전해도 칠정의 운행과 관련된 세차, 치윤법, 그리고 일식과 월식의 문제를 깔끔하게 처리할 수 없었다는 경험적 사실이 이와 같은 반론의 토대가 되었다. 요컨대 순임금이 '아름다운 옥'으로 혼천의를 제작하여 그것으로 일월오성을 가지런하게 하고자 하였을지라도 그것은 불가능하다는 것이다. 혼천의로 일월오성을 관측하는 것은 가능하지만 가지런하게 할 수는 없다는 주장이었다.[207]

기존 학설에 대한 이상과 같은 비판적 검토 위에서 정약용은 자신의 독창적 견해를 제시했다. 그것은 선기(璿璣)를 자[尺度]로, 옥형(玉衡)을 저울[權秤]로, 칠정을 「홍범」의 팔정과 같은 종류로 파악하는 것이었다.[208] 그는 성왕(聖王)의 정치에서 가장 중요한 것은 그 정사를 가지런하게 하는 것이라고 했고, 때문에 '동률도량형(同律度量衡)'이라는 사업이 가장 급선무라고 판단했다.[209] 따라서 순임금이 요임금에게 제위를 물려받은 초기에 가장 중요한 사업 역시 척도와 권형에 있었음을 의심할 수 없다고 하였다. 도량형이 정밀하면 천하가 다스려지고, 그렇지 못할

206) 『與猶堂全書』 第2集, 第22卷, 經集6, 尙書古訓, 卷1, 堯典, 28ㄱ~ㄴ(283책, 42쪽).
"…… 自古及今, 凡以政爲名者, 皆財賦斂散之類, 豈有日月五星, 在天成象, 而可云七政者."
207) 『與猶堂全書』 第2集, 第22卷, 經集6, 尙書古訓, 卷1, 堯典, 28ㄴ(283책, 42쪽). "然且天下
之最不可齊者, 卽日月五星之躔次度數也, 故曆法彌精彌不得齊. 天有歲差, 基有積分, 離合
交食, 振古不齊, 舜雖以美玉創造渾儀, 以之齊七曜, 則非其用也. 察之則可, 齊之奈何."
208) 『與猶堂全書』 第2集, 第22卷, 經集6, 尙書古訓, 卷1, 堯典, 28ㄴ(283책, 42쪽). "竊謂璿
璣者, 尺度也, 玉衡者, 權秤也, 七政者, 洪範八政之類也."
209) 『與猶堂全書』 第2集, 第22卷, 經集6, 尙書古訓, 卷1, 堯典, 29ㄱ(283책, 43쪽). "聖王之爲
治也, 齊其政而已, 故巡守方岳, 其第一件最大事曰同律度量衡, 同之也者, 所以齊之也."

경우 간사한 속임수가 횡행하여 분쟁과 소송이 일어나기 때문이었다.[210)] 그렇다면 어째서 검소함을 숭상하는 고인들이 '선옥(璿玉)'으로 도량형을 만들었던 것일까? 정약용은 나무로 만든 자나 저울은 속임수가 일어나는 발단이 되기 때문에, 일단 그 형체를 견고하게 만들어 수치를 정확하게 새겨 속임수를 방지하고, 귀한 옥으로 그것을 제작하여 위조를 어렵게 하기 위한 목적에서 그리한 것이라고 추정했다.[211)]

이상에서 살펴본 바와 같이 선기옥형을 천문의기로 파악하는 기존의 주장에 대한 반론은 크게 두 가지 경향으로 나누어 볼 수 있다. 하나는 선기옥형을 북두칠성으로 간주하는 전통적 논의를 발전적으로 계승하는 것이었고, 다른 하나는 그것과 다른 독자적 견해를 제시하는 것이었다. 윤휴나 이형상의 논의가 전자에 속하는 것이라면, 정약용의 논의는 후자에 속하는 것이었다. 이들의 논의는 기존의 경학에 의문을 제기하며 그 나름의 독자적 견해를 제시했다는 점에서 일맥상통한다고 볼 수 있다. 이들의 논의에 따를 때 『서경』의 주석이 달라질 뿐만 아니라, 더 나아가 정치사상에도 일정한 변화를 가져올 수 있기 때문이다. 실제로 윤휴나 정약용의 선기옥형에 대한 논의는 그들의 정치사상과 관련하여 살펴볼 필요가 있을 것이다.

---

210) 『與猶堂全書』 第2集, 第22卷, 經集6, 尙書古訓, 卷1, 堯典, 29ㄱ~ㄴ(283책, 43쪽). "舜受堯禪, 其一初大政之必在於尺度權衡, 又何疑哉. …… 度量衡精, 則天下治, 度量衡不精, 則奸僞詐竊, 紛爭辨訟起焉."

211) 『與猶堂全書』 第2集, 第22卷, 經集6, 尙書古訓, 卷1, 堯典, 29ㄴ(283책, 43쪽). "古人尙儉, 其必以璿玉爲之者何也. 木尺木衡, 詐僞之所由興也. 物體彌堅, 則其刻鏤彌精, 物品彌貴, 則其詐冒彌難, 此其所以璿玉也."

제6장 정부의 의상 개수 정책

1. 숙종(肅宗)·경종(景宗) 대의 의상 제작

천문역산학의 측면에서 볼 때 숙종 대는 시헌력에 대한 이해가 심화되고 활발한 천문의기 제작 사업이 추진되었던 때이다. 그것은 효종 대이후 시헌력 체계를 이해하기 위한 일련의 사업과 병행된 서양식 천문의기에 대한 이해와 수용의 과정이기도 했다. 숙종 대 의상 정비 과정에서 최석정(崔錫鼎, 1646~1715)의 역할이 주목된다. 그는 숙종 13년(1687) 국왕의 명을 받들어 이민철(李敏哲)과 함께 혼천의(渾天儀) 개수 작업을 했고,[1] 그 일련의 상황을 「제정각기(齊政閣記)」라는 글을 통해 정리하였다.[2] 숙종 초년에 부서진 선기옥형의 개조(改造)를 요청한 사람은 당시 정계의 실력자인 김석주(金錫冑, 1634~1684)였다. 숙종 5년(1679) 김석주는 선기옥형의 개조를 건의했고, 숙종은 홍문관으로 하여금 수리하게

---

[1] 『肅宗實錄』 卷18, 肅宗 13년 7월 15일(辛卯), 32ㄱ(39책, 106쪽). "上命崔錫鼎·李敏哲, 改修璿璣玉衡."

[2] 『明谷集』 卷9, 「齊政閣記」, 1ㄱ~3ㄴ(154책, 4~5쪽).

한 다음 승정원에서 검사하여 대내(大內)에 들이라고 명했다.3) 그런데 이때 선기옥형이 개수되었는지는 확실하지 않다. 그 후 숙종 13년(1687) 7월에 최석정이 주관하여 이민철과 함께 선기옥형을 개조하라는 명이 내려졌고,4) 선기옥형을 개조하기 위한 작업은 9월에 시작되었다.5) 이때의 개수 사업은 실은 최석정의 건의에서 촉발된 것으로 이듬해(1688) 5월에 완성되었다.6)

당시 최석정은 현종 대 제작된 두 종류의 혼천의를 모두 개수했던 것으로 보인다. 하나는 이민철이 제작한 수격식 혼천의였고, 다른 하나는 천문학교수 송이영(宋以穎)이 제작한 것으로 일본 자명종의 원리를 이용한 기계식 혼천의였다. 최석정은 전자를 '대기형(大璣衡)', 후자를 '소기형(小璣衡)'이라고 불렀다. 아마도 수격장치가 설치된 혼천의의 규모가 기계식 혼천의보다 컸기 때문일 것이다. 최석정의 전언에 따르면 대기형은 어좌(御座) 옆에, 소기형은 홍문관에 설치하였는데 나중에 모두 대내(大內)에 들이도록 조처했다고 한다. 이 두 가지 혼천의의 작동에 문제가 발생하자 숙종 14년 가을(13년 가을의 잘못-필자 주)에 숙종은 최석정으로 하여금 개수(改修) 사업을 주관하도록 명했고, 이듬해인 숙종 14년(1688) 5월에 혼천의 2가(架)가 완성되었다. 당시 수격식 혼천의는 이민철이 보수하였

---

3) 『承政院日記』 269冊, 肅宗 5년 3월 27일(壬戌). "(金)錫胄曰, 璿璣玉衡, 在於何處, 而今何如. 上曰, 今已破碎矣. 錫胄曰, 改造, 似當. 上曰, 何時改爲耶. 錫胄曰, 臣待罪玉堂時, 見璿璣有刻皮矣. 上曰, 使於玉堂改造, 可矣. …… 上曰, 渾天儀, 畢修補後, 政院看品入之."

4) 『承政院日記』 323冊, 肅宗 13년 7월16일(壬辰). "備忘記, 璿璣玉衡, 參判崔錫鼎主管, 與李敏哲, 改造以入." ; 『肅宗實錄』 卷18, 肅宗 13년 7월 15일(辛卯), 32ㄱ(39책, 106쪽). "上命崔錫鼎·李敏哲, 改修璿璣玉衡."

5) 『承政院日記』 324冊, 肅宗 13년 9월 9일(甲申) ; 『承政院日記』 324冊, 肅宗 13년 9월 13일(戊子).

6) 『肅宗實錄』 卷19, 肅宗 14년 5월 2일(癸酉), 13ㄴ(39책, 126쪽). "璿璣玉衡成. 先是, 顯廟使李敏哲, 創造渾天儀, 中廢不用者久, 崔錫鼎建請修之. 上命敏哲改修, 令錫鼎監其事, 置于齊政閣, 閣在熙政堂南."

고, 오도일(吳道一, 1654~1703)이 명문을 지었다.[7] 자명종의 원리를 이용한 규모가 작은 혼천의는 현종 대에 그것을 제작했던 송이영이 이미 사망한 상태였기 때문에 관상감 관원인 이진(李𣲡)과 장인 박성건(朴成建) 등으로 하여금 중수하게 하였다고 한다. 이 혼천의에 대한 명문은 최석정이 작성하였다.[8]

이 과정에서 최석정은 천문의기의 정비 문제에 관심을 갖게 되었던 것으로 보인다. 그 연장선에서 최석정이 일찍이 천체 관측 기구들이 구비되지 못했음에 주목하여 중국에 사행 가는 관상감 관원에게 『의상지(儀象志)』를 구입해 오도록 하였고, 이를 토대로 일영의(日影儀)·반천의(半天儀) 등을 제작하여 진상했다는 기록[9]을 검토해 볼 필요가 있다. 서양 선교사 남회인(南懷仁 : Ferdinandus Verbiest, 1623~1688)은 강희(康熙) 13년(1674)에 『신제영대의상지(新製靈臺儀象志)』(16권)를 편찬하였다. 이 책에는 강희 12년(1673)에 제작한 여섯 종류의 천문의기, 즉 적도경위의(赤

----

7) 『西坡集』 卷19, 「璿璣玉衡銘幷序」, 15ㄴ~17ㄱ(152책, 375~376쪽). 오도일에 따르면 숙종 14년 4월에 이민철이 개수한 선기옥형이 완성되자 제정각을 지어 안치하면서 최석정에게 「齊政閣記」를, 오도일 자신에게 「璿璣玉衡銘」을 짓게 하였다고 한다[『西坡集』 卷19, 「璿璣玉衡銘幷序」, 16ㄱ(152책, 375쪽). "我聖上之十四年夏四月, 璿璣玉衡成. 蓋修先朝遺制, 而僝其工者, 護軍臣李敏哲, 管其役者, 副提學臣崔錫鼎也. 𩓣一小閣而扁之曰齊政以安之, 仍命崔錫鼎俾爲記, 又命臣道一作銘而書諸機函之右."].

8) 『明谷集』 卷11, 「自鳴鍾銘幷序」, 7ㄱ~ㄴ(154책, 51쪽). "歲己酉春, 我顯廟命𩓣造渾天儀. 其一用古水激之法, 護軍李敏哲所造也. 其一卽此架, 形制差小, 用日本自鳴鍾之法, 天文教授宋以穎所造也. 大璣衡置于御座側, 小璣衡置玉堂, 旣而命並入大內. 我殿下十四年秋, 以渾儀中廢, 命臣錫鼎主管修改. 越明年戊辰夏, 二架成. 玆事顚委, 詳載于臣所撰齊政閣記. 水激渾儀, 則使敏哲修補, 命學士吳道一銘之. 自鳴鍾小架, 則宋以穎已死, 使書雲官李𣲡匠人朴成建等, 精加重修, 命臣錫鼎銘之. 時著雕執徐[戊辰-인용자 주]夏六月己巳也."

9) 『昆侖集』 卷19, 「先考議政府領議政府君行狀」, 30ㄴ(183책, 360쪽). "占象之器, 闕而不備, 稟送書雲官燕京, 購得儀象志, 按圖作占晷測遠之器·日影儀·半天儀以進."; 『西堂私載』 卷6, 「領議政明谷崔公神道碑銘」, 41ㄱ(186책, 334쪽).

道經緯儀), 황도경위의(黃道經緯儀), 천체의(天體儀), 지평경위의(地平經緯儀), 상한의(象限儀), 기한의(紀限儀)의 구조와 원리, 사용 방법이 소개되어 있다.10) 실제로 관상감 관원인 허원(許遠)이 중국에서 『의상지』를 구입해 온 것은 숙종 35년(1709)이었다. 당시 사행단은 『의상지』뿐만 아니라 그 밖의 여러 서적도 구매하였고, 일성정구(日星定晷)와 일영윤도(日影輪圖)라는 천문의기도 구입하였다.11)

허원은 그 이전의 사행에서도 천문의기를 구해 왔던 것으로 보인다. 숙종 32년(1706)의 사행에서 허원은 여러 서책을 얻어서 가지고 왔으며 '일월오성초면추보지법(日月五星初面推步之法)'을 배워 왔다고 한다.12) 『동문휘고(同文彙考)』에 따르면 이때 허원은 흠천감(欽天監)에 을유(乙酉 : 1705)·병술(丙戌 : 1706) 두 해의 『시헌력(時憲曆)』, 『칠정력사초가령(七政曆查草假令)』, 『일월오성주법목록(日月五星籌法目錄)』, 『삼원교식총성고(三元交食總成稿)』, 『만년력(萬年曆)』, 『상원중원하원력(上元中元下元曆)』, 『일전세초서(日躔細草書)』 등을 요청했으나, 흠천감에서는 을유·병술 두 해의 정월 초1일 누자(縷子) 1장(張)만을 보내왔다.13) 어쨌든 이 사행에서 허원은

---

10) 『欽定大淸會典則例』 卷158, 欽天監, 時憲科. "十三年, 編著新儀製法用法圖說, 並恒星經緯度表十六卷, 名曰, 新製靈臺儀象志."; 張柏春, 『明淸測天儀器之歐化』, 沈陽 : 遼寧敎育出版社, 2000, 170~175쪽 참조.

11) 『承政院日記』 第447冊, 肅宗 35년 3월 23일(甲午). "又所啓, 因觀象監草記, 本監官員許遠, 別爲入送, 而管運餉銀二百兩, 亦出給矣. 所謂金水星年根未透處及日月蝕法, 可考諸冊, 幸得貿來, 而竝與中間通言人所給情債, 其數爲一百兩. 欽天監人, 又送言以爲, 尙有他冊可買者, 欲買則當許賣云. 故臣使之錄示其冊名, 則乃是戎軒指掌·儀象志·精儀賦·詳儀[祥異]賦·七十二候解說·流星攝要及日星定晷·日影輪圖兩器也. 此皆我國所未見者, 故盡爲買之, 而此外天文大成·天元曆理等書, 亦頗要緊, 且日月蝕測候時, 所用遠鏡, 每每借來於閭家云. 故亦皆貿得以來, 餘銀尙爲四十兩五錢, 故歸時還置於管運餉矣. 雖涉煩瑣, 而初出於朝命, 故敢此仰達."

12) 『承政院日記』 429冊, 肅宗 32년 4월 20일(丁未). "又所啓, 曆法大小月不同, 皇曆與我國曆, 多有差違處矣. 本監官許遠在彼時, 得來諸件書冊, 其文艱奧, 非比他文, 而許遠, 能學得日月五星初面推步之法, 出來後, 自本監一一推算, 今始盡爲解出矣."

<그림 6-1> 적도경위의(赤道經緯儀)

<그림 6-2> 황도경위의(黃道經緯儀)

<그림 6-3> 천체의(天體儀)

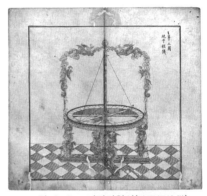

<그림 6-4> 지평경위의(地平經緯儀)

<그림 6-5> 상한의(象限儀)

<그림 6-6> 기한의(紀限儀)

예부(禮部)에 있던 석본일영(石本日影)을 모사해서 가지고 왔다. 숙종 34년
(1708)에 관상감에서는 이를 바탕으로 석본(石本)을 제조하여 관상감에
비치해 두고, 또 철로 한 본을 주조하여 진상하도록 하자고 건의하여
국왕의 윤허를 받았다.[14]

숙종 39년(1713)에 목극등(穆克登)이 청(淸)의 칙사(勅使)로서 조선에
올 때 오관사력(五官司曆)을 대동했다.[15] 당시 목극등이 오관사력을 대동
하고 조선을 방문한 것은 매우 이례적인 일로 여겨졌다. 칙사를 맞이하는
원접사(遠接使)는 오관사력이 조선에서 '측후(測候)'를 하기 위해 그에
필요한 '측후의기(測候儀器)'를 가지고 왔다고 보고했다. 이에 관상감에서
는 이 기회를 적극 활용하고자 했다. 당시 조선의 측후 관련 업무는
소략함을 면치 못하는 상태였고, 이를 타개하기 위해 중국에 사람을
파견해서 그 방법을 배우게 했지만 미처 겨를이 없었는데, 중국의 칙사가
오관사력을 대동하고 온 절호의 기회를 범연히 보낼 수 없다고 판단하였기
때문이다. 이에 관상감에서는 허원을 비롯한 관상감의 관원을 칙사의
관소(館所)에 보내 의기의 제도를 배우게 하자고 건의하였다.[16]

---

13) 『同文彙考』補編, 卷3, 使臣別單 3(書狀官聞見事件譯官手本附), 乙酉謝恩兼冬至行書狀
官南廸明聞見事件, 34ㄱ~ㄴ(1625쪽). "許遠以乙酉丙戌兩年時憲曆及七政曆查草假令
日月五星籌法目錄及三元交食總成稿萬年曆上元中元下元曆日躔細草書, 懇於欽天官, 則
只送乙丙兩年正月初一日縷子一張."

14) 『承政院日記』439冊, 肅宗 34년 1월 21일(己巳). "去上年監□□許遠, 以曆法釐正事,
赴京時, 彼中禮部所在石本日影, 模寫而來, 其時使臣狀啓中, 有所論及矣. 國儲匱竭, 物力
雖難, 而其所入無多, 不可不製造, 而以石本, 置於該監, 又用鐵鑄一本, 進上宜當, 依此擧
行, 何如. 傳曰, 允."

15) 『肅宗實錄』卷53, 肅宗 39년 5월 16일(壬辰), 39ㄱ(40책, 499쪽).

16) 『承政院日記』478冊, 肅宗 39년 윤5월 15일(辛酉). "(趙)泰耉啓曰, 臣待罪觀象監提調,
故敢達. 頃見遠接使狀啓, 則五官司曆, 以測候事, 持來測候儀器云. 我國於測候事甚疏,
每欲送人中國, 學法以來, 雖有所未遑, 而渠旣適爲出來, 則不可泛然過送. 觀象監官員許
遠, 曾送北京貿來曆法, 亦嘗學得而曉解矣. 其餘稍能曉法者, 亦或有之, 入送此輩於館中,
使之學得其術, 而不必稱以觀象監官員, 以凡人樣入送, 見其儀器制度而學之, 似好."

당시 오관사력 하국주(何國柱)는 관측을 위해 '측후의기'를 가지고 왔는데 이는 '반원의기(半圓儀器)'인 상한의(象限儀)였다.[17] 숙종은 원접사의 장계를 통해 오관사력이 가지고 온 것이 '반원의기' 1건(件)인데 '술업(術業)'이 자못 정교하다는 보고를 받았다. 상한의가 매우 정교하게 제작된 관측기구라는 보고였다. 이에 숙종은 이것이 전에 허원이 중국에 갔을 때 보았던 기구인지, 아니면 새로 나온 기구인지를 관상감에 물었으나 확실한 답변을 듣지 못했다.[18] 이와 같은 논의 과정에서 나온 이이명(李頤命, 1658~1722)의 다음과 같은 언급은 당시 천문의기 문제에 대한 관인 일반의 인식을 보여준다는 점에서 흥미롭다.

역상(曆象)의 법[曆象之法]은 국가를 소유한 사람이 소중히 여기는 바로 [나라에서 소중히 여기는 바이며] 조종조(祖宗朝)에서도 큰 일로 여겼습니다. 궁궐 안에 간의대(簡儀臺)가 있었고, 관상감에도 또한 옛날 원형 기구[古圓器]가 있는데 폐하여 쓰지 않으니 어디에 사용하는지도 알지 못합니다. 이것은 아마도 혹은 중국에서 배워 오고, 혹은 세종대왕께서 예지(睿智)로 창조하신 것입니다. 지금 의기는 있지만 사용할 바를 알지 못하니 매우 애석합니다. 일찍이 들건대 서양국(西洋國)의 술사(術士)가

---

17) 『承政院日記』第478冊, 肅宗 39년 윤5월 15일(辛酉). "(趙)泰耈啓曰, 臣待罪觀象監提調, 故敢達. 頃見遠接使狀啓, 則五官司曆, 以測候事, 持來測候儀器云 …… 上曰, 遠接使狀啓中, 其所持來者, 半圓儀器一件, 而術業頗精云 ……."; 『增補文獻備考』卷2, 象緯考2, 北極高度, 10ㄴ(上, 34쪽). "臣謹按, 右漢陽北極高度, 肅宗癸巳, 淸人穆克登, 率五官司曆來到實測者也."; 『國朝曆象考』卷1, 北極高度, 4ㄴ(362쪽). "肅宗三十九年, 淸使何國柱, 用象限大儀, 測北極高度于漢城鐘街, 得三十七度三十九分一十五秒, 此乃曆象考成所載朝鮮北極高度也."; 『書雲觀志』卷3, 故事, 45ㄴ~46ㄱ(260~261쪽).

18) 『承政院日記』478冊, 肅宗 39년 윤5월 15일(辛酉). "上曰, 遠接使狀啓中, 其所持來者, 半圓儀器一件, 而術業頗精云. 雖在彼國, 猶可往學, 而渠旣來此, 學得尤好, 故日昨, 送人觀象監, 問之以此. 乃前日許遠入去時, 所知之器, 或今番新出之器與否, 則許遠以儀天圖來告曰, 似與此一樣, 而未能詳知云."

중국에 들어와 역상의 기술[曆象之術]이 자못 교묘하고 정밀해졌다고 합니다. 이 사람은 반드시 그 술업(術業)을 전파하고자 할 것인데, 관상감 관원들과 그 밖의 정교한 생각을 하는 사람들[巧思人]이 그 기술을 얻지 못하고 다만 그 의기만 본다면 깨닫지 못할 것 같습니다. 비록 곧이곧대로 관상감 관원이라고 하면서 <칙사의 관사에> 들여보내 배우게 해도 무방할 것 같습니다.[19]

　　이이명의 위와 같은 언급이 당시의 실상을 어느 정도 반영한 것인지는 판단하기 쉽지 않다. 그러나 왜란 이후인 선조 34년(1601)에 이항복(李恒福)에게 명해 누기(漏器)·간의(簡儀)·혼상(渾象) 등의 의상(儀象)을 중수(重修)하게 했다는 기록[20] 이후로 숙종 대에 이르기까지 선기옥형(혼천의)을 제외한 천문의기의 제작이나 중수와 관련한 기록을 찾아보기 어렵다는 점만은 염두에 둘 필요가 있다. 그렇다면 위와 같은 이이명의 언급은 양란 이후 피폐화한 조선왕조의 천문의기를 개수하기 위한 하나의 방도를 제시했다는 측면에서 이해할 수도 있다. 이는 서양의 천문의기 제작 기술을 중국을 통해서 적극적으로 도입함으로써 조선왕조의 의상을 개수하자는 견해로 볼 수 있는 것이다.

　　이와 관련하여 당시 관상감에서 숙종 35년(1709)에 허원이 중국에서 구입해 온『의상지』의 간행을 추진하고 있었다는 사실을 주목해야 한다. 당시 조태구(趙泰耉, 1660~1723)는『의상지』안에 '도본제법(圖本制法)'이

19)『承政院日記』478冊, 肅宗 39년 윤5월 15일(辛酉). "頤命曰, 曆象之法, 有國所重, 祖宗朝則視爲大事, 空[宮]闕內, 有簡儀臺, 觀象監, 亦有古圓器, 廢而不用, 未知用於某處, 而似是或學於中國, 或世宗大王, 以睿智創造矣. 今則有器而不知所用, 甚可惜也. 曾聞西洋國術士, 入來中國, 而曆象之術, 頗爲巧密云. 此人必欲傳其術業, 且觀象監官及他巧思人, 不得其術, 而但見其器, 似不可曉矣. 雖直以觀象監官員, 入送學得, 似無所妨矣."
20)『白沙集』卷2,「重建簡儀序」, 12ㄱ~ㄴ(62책, 189쪽) ;『增補文獻備考』卷3, 象緯考 3, 儀象 2, 1ㄱ~ㄴ(上, 47쪽).

있긴 하지만 그것을 환하게 알고 있는 사람이 없다고 하면서, 만약 그 기구를 주의해서 살펴보기만 하면 그 제조의 방법을 알 수 있는 '정교한 생각을 하는 사람[巧思之人]'을 얻을 수 있다면 진실로 다행이라고 하면서 그와 같은 인물로 이민철과 최천약(崔天若)을 거론했다. 그런데 당시 이민철은 이미 늙고 병들었기 때문에 최천약과 그 밖의 젊고 총민(聰敏)한 자들을 골라내서 허원과 함께 보내 배우게 하는 방법을 강구하자고 하였다.[21]

이와 같은 조태구의 건의가 받아들여져 허원과 관상감 관원 조기(趙琪)를 오관사력이 묵고 있는 관소로 보낼 때 최천약도 동행했으며, 나중에는 의주(義州)까지 따라가서 그 제조법을 모두 배우도록 했다. 조태구는 이들이 당시 그 기구를 직접 보았고, 제조법도 배웠으므로 빨리 제조하지 않으면 뒤에 미혹될 우려가 있다고 하면서 허원과 최천약에게 이 일을 감독하게 하자고 건의하여 재가를 받았다.[22]

그 당시 허원은 오관사력의 관소에 들어가 의기(儀器)와 산법(算法)을 배웠으나 미진한 점이 있었다고 한다. 이에 그는 의주까지 오관사력을 따라가서 중성법(中星法)의 의심스러운 부분과 의기의 사용법을 모두 배웠으며, 역법에 소용되는 산법과 『삼각형거요(三角形擧要)』를 등서해

---

21) 『承政院日記』478冊, 肅宗 39년 윤5월 15일(辛酉). "泰耉曰, 本監, 方有儀象志開刊之役, 其中雖有圖本制法, 有未能瑩然者云. 如得巧思之人, 諦觀其器, 而得其製造之法, 誠爲多幸, 而如李敏哲者, 今已老病矣. 武人崔天若, 曾於都監治玉時見之, 頗有巧思, 許遠與崔天若及其他年少聰敏者, 擇出送之, 善爲解問, 則似或有學得之路矣."

22) 『承政院日記』480冊, 肅宗 39년 9월 18일(壬戌). "入侍時, 知事趙泰耉所啓, 五官司曆, 持來儀器, 欲令學得, 依樣製造. 當初陳達此意, 許遠及觀象監官員趙琪, 入送館所時, 武士崔天若, 有巧思, 可以學得製造, 故同爲陳達入送. 其後又陳達, 追往義州, 盡學其法而來, 儀器制樣, 前日自役[彼]中, 貿來圖本中有之, 已經睿覽, 而今又親見其器, 學得其法. 若不趁今製造, 恐有日後迷昧之慮, 故今方製造, 而崔天若, 其後見差摠戎廳敎鍊官, 長在軍門, 不得往看其役云. 使之除本司, 與本監官員許遠等同議, 監董其役, 何如. 上曰, 依爲之."; 『備邊司謄錄』, 癸巳九月十九日.

왔다. 그런데 의기를 사용하기 위해서는 『의상지』와 『황적정구표(黃赤正球表)』 등의 책이 있어야 하는데, 이 책들은 이미 허원이 사행에서 구해온 것이었다. 따라서 조태구는 산서(算書)와 의기에 대한 책들을 간인(刊印)하여 반포하고, 의기도 주조하자고 건의했던 것이다.23)

당시 허원은 오관사력에게 자신이 중국에 다시 갈 때 천문역산학 관련 서적과 천문관측 기구를 구해달라고 요청해서 허락을 받았다.24) 오관사력은 천문역법과 관련된 책자는 사사로이 수수하는 것이 옳지 않다고 하면서, 자신이 돌아가 황제에게 고해 조선에 없는 서책과 의기를 구해주겠으니 허원에게 중국으로 오라고 하면서 자신이 거처하는 곳을 알려주었다.25) 이에 조정에서는 숙종 39년(1713)의 사행 때 허원을 파견하기로 계획하였다. 그런데 허원이 담당하고 있던 천문의기 제작이 미처 끝나지 않은 상태였고, 또 의주에서 배워온 산법을 온전히 풀어내지 못했기 때문에 당시 사행에 참여하기 어렵다고 판단하였다. 이에 조정에서는 허원으로 하여금 오관사력에게 지속(紙束)·필묵(筆墨)·부채[扇柄] 등의 물건을 보내 후일에 가르침을 청하겠다는 뜻을 보이게 하고, 오관사력의 답장을 받은 다음 사행 파견을 논의하기로 하였다.26) 그런데 당시 사행에

23) 『備邊司謄錄』, 癸巳八月初一日. "戶曹判書趙泰耉所啓, 五官司曆出來時, 使觀象監官負許遠, 入館中, 學得儀器及算法, 而猶有未盡者, 故仍令隨往義州, 從容論難矣, 中星法疑晦處, 及儀器用法, 皆爲學得, 曆法所用算法, 三角形緊要, 謄書以來, 而儀器之用, 必有儀象志蔥[黃]赤正球表等冊而後, 可以推步窺測, 此冊則許遠, 曾已覓來於彼中者也. 算書及此等冊, 使之印布, 儀器, 亦爲依樣鑄造, 何如. 上曰, 依爲之."

24) 당시 許遠은 算法을 배우기 위해 義州까지 五官司曆을 쫓아갔고 여러 가지 '天文方書' 全帙과 '測候器械'를 구해 달라고 요청하였다[『承政院日記』484冊, 肅宗 40년 6월 19일(己丑). "觀象監官員, 以提調意啓曰, 上年五官司曆出來時, 監官員許遠, 以算法學得事, 追往于義州, 諸般天文方書全帙及測候器械, 有奏聞許給之約."].

25) 『備邊司謄錄』, 癸巳八月初一日. "泰耉曰, 司曆, 言于許遠曰, 曆法天文秘書, 不可私相受授, 吾當歸告皇上, 爾國所無書冊及器械, 覓給, 爾須入來爲可, 仍言其居住而去云矣. 前頭使行時入送, 使之得來, 何如. 上曰, 前頭使行時入送, 使之得來, 可也."

26) 『承政院日記』480冊, 肅宗 39년 9월 18일(壬戌). "晝講時, 知事趙泰耉所啓, 頃以觀象監

서 허원의 편지를 오관사력에게 전달하는 임무를 맡았던 정태현(鄭泰賢)이 제대로 일을 수행하지 못했다. 이에 조정에서는 정태현을 처벌하는 한편 숙종 40년(1714)의 절행(節行)에 허원을 파견하기로 하였다.[27]

이처럼 숙종 39년(1713) 무렵 관상감에서는 『의상지』 간행을 추진하고 있었는데 도본(圖本) 제작에 어려움을 겪고 있었기 때문에 오관사력의 출래(出來)를 계기로 이 문제를 해결하고자 하였다. 이는 숙종 대에 새로운 천문의기 제작의 필요성이 대두하였고, 당시 정부에서는 이 문제를 해결하기 위해 청(淸)으로부터 최신 서적인 『의상지』를 수입했으며, 『의상지』의 간행·보급과 그에 기초한 천문의기 제작 사업을 추진했다는 사실을 말해준다.[28] 숙종 39년에 시작된 『의상지』와 『의상도(儀象圖)』 출간 사업은 해를 넘겨 숙종 40년(1714)에 완료되었다.[29]

官員許遠, 前期[頭]入送于彼中, 往見五官司曆, 依其前約, 方書覓來事, 陳達蒙允矣. 儀品[器]今方造成, 未及畢役, 且自義州學來算法, 未得解出. 若待此事完訖之後, 則今番使行, 勢有所未及入送者. 姑使許遠, 先以紙束·筆墨·扇柄等物, 書問五官司曆, 以致後日請敎之意, 見其所答而後, 從後入送, 似爲未晚, 故敢達. 上曰, 如是爲之(則)好矣." 여기서 [ ] 안의 내용은 『備邊司謄錄』과 대조하여 수정한 것이고, ( ) 안의 내용은 보충한 것임. ; 『備邊司謄錄』, 癸巳九月十九日.

27) 『承政院日記』484冊, 肅宗 40년 6월 19일(己丑). "觀象監官員, 以提調意啓曰, 上年五官司曆出來時, 監官員許遠, 以算法學得事, 追往于義州, 諸般天文方書全帙及測候器械, 有奏聞許給之約, 故上年節行, 許遠入送事啓下蒙允, 而許遠, 自義州所學算法, 未及解出, 且令造其儀器, 故姑俟後行, 而以紙束筆墨等物, 通書于五官司曆處, 其書簡物件, 使行中掌務官鄭泰賢傳致矣. 泰賢終不傳致而來, 其慢忽朝命之狀, 殊甚司駭, 令攸司囚禁科罪, 許遠依上年啓達, 入送於今年節行, 而譯官中可以幹事者, 使之同力周旋事, 分付, 何如. 傳曰, 允."

28) 『肅宗實錄』卷54, 肅宗 39년 7월 30일(乙亥), 17ㄱ(40책, 511쪽). "(趙)泰耉曰, 五官司曆出來時, 許遠學得儀器·算法, 仍令隨往義州, 盡學其術矣. 儀器之用, 有儀象志·黃赤正球等冊. 筭書及此等冊, 使之印布, 儀器亦令造成, 而司曆又言, 爾國所無書冊·器械, 當歸奏覓給云, 日後使行, 許遠使之隨往好矣."

29) 『肅宗實錄補闕正誤』卷55, 肅宗 40년 5월 23일(癸卯[亥]), 2ㄱ(40책, 547쪽). "儀象志及圖成. 初, 觀象監正許遠, 入燕購得而來, 觀象監刊志以進, 書凡十三冊, 圖二冊, 亦依唐本模出焉."

숙종 41년(1715) 관상감 관원 허원은 북경에 다녀오면서 '측산기계(測算器械)' 6종과 함께 서양의 자명종을 얻어 가지고 돌아왔다. 이에 비변사에서는 자명종을 모방하여 하나 더 제작해서 관상감에 비치하자고 건의하였고 국왕의 허락을 받았다.[30] 이때의 '측산기계' 6종은 분명히 천문 관측에 필요한 의기로 보이는데 그 자세한 내용은 알 수 없으며,[31] 자명종 역시 기계식 시계를 말하는 것인지, 자명종 방식으로 작동하는 기계식 혼천의를 뜻하는 것인지 불분명하다.

속종 대부터 경종 대까지 허원이 사행을 통해 들여온 서책과 의기를 <표>로 정리하면 아래와 같다.

<표 6-1> 허원(許遠)의 사행(使行) 활동

	사행명	기간	습득 曆算 내용	貿來 書籍·儀器
1차	謝恩兼冬至使	숙종 31년(1705) 숙종 32년(1706)	兩曆法推步之術 日月五星初面推步之法 乙酉至癸巳年根書 (乙丙兩年正月初一日縷 子一張)	諸件書冊 石本日影 模寫
2차	冬至使	숙종 34년(1708) 숙종 35년(1709)	金水星年根未透處及日 月蝕法 時憲法七政表	戎軒指掌·儀象志·精 儀賦·詳儀[祥異]賦·七 十二候解說·流星攝要 及日星定晷·日影輪圖 兩器,　天文大成·天元 曆理, 遠鏡
		숙종 36년(1710)	『細草類彙(玄象新法細 草類彙)』 편찬	

30) 『肅宗實錄』卷56, 肅宗 41년 4월 18일(癸未), 3ㄱ~ㄴ(40책, 549쪽). "初, 朝廷命觀象監官員許遠, 從節使赴燕, 見五官司曆, 貿來其曆法補遺方書及推算器械. 遠見司曆, 仍得其日食補遺·交食證補·曆草駢枝等合九冊, 及測算器械六種, 而又得西洋自鳴鍾而來, 其制極奇妙. 備局竝進之, 仍請以自鳴鍾, 依樣造置於本監, 許之."

31) 전용훈은 中星儀, 簡平儀, 水銃器 등이 아닐까 추론한 바 있다(전용훈, 「17·18세기 서양 천문역산학의 도입과 전개—時憲曆의 수입과 시행을 중심으로—」, 『韓國實學思想硏究 4(科學技術篇)』, 혜안, 2005, 301쪽 주) 94 참조).

		숙종 39년(1713)	五官司曆의 방문 儀器와 算法	『三角形擧要』 등서
3차	節使(冬至使)	숙종 40년(1714) 숙종 41년(1715)	五官司曆과 質正	日食補遺·交食證補· 曆草騈枝等合九冊, 測算器械六種, 西洋自鳴鍾
4차	謝恩使(謝恩陳 奏兼冬至使)	경종 2년(1722) 경종 3년(1723)	曆註와 日月食	水銃, 『天元玉曆祥異賦』(?)

　숙종 44년(1718)에는 관상감에서 중성의(中星儀)와 간평의(簡平儀)의 제작을 건의하여 재가를 받았다.[32] 관상감에서 중성의와 간평의의 제작을 건의한 이유는 시간 측정 때문이었다. 관상감 소속의 금루(禁漏)에서는 시각을 관장하였는데, 낮에는 해 그림자를 이용해 시간을 측정했고, 밤에는 별자리를 이용해 시간을 측정하였다. 그런데 당시 역법(曆法)과 일월식(日月蝕)의 추산은 모두 시헌력(時憲曆)의 새로운 방법으로 수정하였으나 금루의 시각만은 여전히 대통력법(大統曆法)에 의지하고 있었다. 시헌력의 방식에 따라 중성(中星) 관측을 통해 교정하지 않고 구래의 시각법을 사용하고 있었던 것이다. 관상감에서는 이제 조금씩 오차가 발생하고 있는데 이러한 상황이 계속될 경우 장차 자시(子時)가 해시(亥時)가 되고, 해시(亥時)가 자시(子時)가 되는 폐단이 발생할 것이라고 염려하였다. 이에 관상감에서는 금루주시관(禁漏奏時官)들을 모아 시헌력의 중성(中星) 관측법과 추산(推算)의 방법을 수개월 동안 익히게 하였고, 이때에 이르러 거의 이해할 수 있게 되었다고 한다. 이에 관상감에서는 인정(人定)과 파루(罷漏)를 비롯한 각종의 시간 예보를 새로운 방법에 의거해서 거행하고, 매달 초하루에 주시관들을 시재(試才)하여 착오가 발생하는 폐단이

---

32) 『肅宗實錄』 卷61, 肅宗 44년 6월 13일(庚寅), 47ㄴ(41책, 24쪽). "觀象監言 …… 其器械中所謂中星儀·簡平儀, 亦令造給. 世子許之."; 『承政院日記』 508冊, 肅宗 44년 6월 13일(庚寅).

없도록 하자고 건의하였다. 아울러 정밀한 기계가 있어야만 시각에 오차가 없다고 하면서 중성의와 간평의의 제조를 건의했던 것이다.[33]

이때 중성의와 간평의가 제작되었는지는 확실하지 않다. 그러나 서양식 천문 의기인 간평의의 제작이 논의되었다는 점은 주목되는 사실이다. 비록 후대의 기록이기는 하지만 영조 27년(1751) 기록에 관상감에 보관되어 있는 중성의의 존재가 확인된다.[34] 중성의는 그 이름 그대로 중성을 관측하는 기구였다. 중성의 제작의 이론적 근거는 서조준(徐朝俊)의 『중성표(中星表)』였다. 이규경은 중성의가 중성을 관측하기 위한 기구일 뿐만 아니라 다른 천체를 관측하는 데도 매우 유용하다고 하면서 "천상(天象)을 관측하는 신기한 의기"라고 평가했다.[35]

---

33) 『承政院日記』508冊, 肅宗 44년 6월 13일(庚寅). "觀象監官員, 以提調意達曰, 本監所屬禁漏, 專掌時刻, 晝則以日影定時, 而夜則如非星宿, 無以定天時之眞正. 故周禮, 有以星分夜之文, 元史有以星定夜之語矣. 近來曆法及日月食, 皆以時憲新法釐正, 而禁漏時刻, 尙用大統曆法, 不以時憲中星, 有所校正, 沿襲至今. 前頭積漸差違, 則將有以子爲亥, 以亥爲子之弊. 故令本監, 聚禁漏奏時官指敎, 其時憲中星及推算之術, 敎習數朔, 已盡曉解. 自今人定罷漏與各樣奏時, 依此擧行, 而亦令每朔試才, 俾無舛訛之弊. 且器械精密然後, 時刻可以無差. 所謂中星儀及簡平儀, 不可不造給 ⋯⋯."; 『肅宗實錄』 卷61, 肅宗 44년 6월 13日(庚寅), (41책, 24쪽). "觀象監言, 禁漏時刻, 晝則以日影相準, 而夜則非星宿, 無以定天時之眞正, 故周禮, 有以星分夜之文, 元史亦有以星定日之語. 近來曆法及日月交食, 皆以時憲新法釐正, 而禁漏時刻, 尙用大統舊法, 不以時憲中星有所校正, 沿襲至今, 積漸差違, 將至於以子爲亥, 以亥爲子, 故令本監, 聚會禁漏奏時官等, 指敎以時憲時刻中星及推算之術, 肄習數朔, 已盡曉解. 請自今奏時, 必依此法, 每月試才, 俾不至於遺忌訛舛, 其器械中所謂中星儀‧簡平儀, 亦令造給."

34) 『承政院日記』第1066冊, 英祖 27년 3월 15일(壬子). "上曰, 步星, 則量天人第一矣. (申)晩曰, 觀象監中星儀, 卽夜中知時刻者, 而卽中原物矣."

35) 『五洲衍文長箋散稿』卷9, 「中星儀中星全儀辨證說」(上, 299~300쪽). "此儀卽徐恕堂朝俊所製. ⋯⋯ 兩儀造法, 用法中星前后表, 榮篡置此, 非徒測中星, 雖素昧星宿者, 用此儀, 則天之星象, 自可知之, 豈匪觀象之奇儀耶."; 『五洲衍文長箋散稿』卷17, 「中星辨證說」(上, 518~519쪽). "不佞嘗從淸吳省蘭藝海珠廛中, 得淸之江蘇婁縣諸生徐朝俊(字冠千, 號恕堂)所著中星表一卷(有前冊‧後冊二目), 中星儀一件, 圖說甚晢, 精妙无比, 匪特測中星而已. 俾未諳星象者, 不煩指示某星某宿, 而一覽可識, 瞭如指掌, 而較他儀象, 此法更捷, 故采其圖說, 以爲測象一斑焉."

326

이상과 같은 천문의기의 제작과 함께 서양식 천문도의 제작도 눈에 띈다. 앞에서 살펴보았듯이 숙종 34년(1708)에 탕약망(湯若望 : Adam Schall von Bell)의 「적도남북총성도(赤道南北總星圖)」를 모사한 「서양건상도」 병풍이 그것이다. 당시 예판(禮判)이 진래(進來)한 「곤여만국전도(坤輿萬國全圖)」는 당본(唐本)이었는데, 숙종은 당본은 쉽게 손상되기 때문에 모사해 두지 않으면 전해지지 않을 염려가 있다고 판단하였다. 그런데 당시 탕약망의 대천문도(大天文圖)를 관상감에 주어 모사하고 있었기 때문에 「곤여만국전도」도 함께 모사하여 한 부는 대내에 들이고 하나는 관상감에 보관하라고 지시했다.[36] 탕약망의 천문도는 천체를 평분하여 북극과 남극을 중심으로 하는 두 개의 원으로 구성되어 있다는 점에서 북극을 중심으로 그린 전통적인 천상열차분야지도(天象列次分野之圖)와는 확연히 다른, 천상(天象)의 진면목을 얻은 천문도로 평가되었다.[37]

경종 원년(1721)에는 관상감에서 사신들이 중국에서 얻어온 혼천의(渾天儀) 가본(假本)을 본떠서 혼천의 1건을 제작하여 관상감에 비치할 것을 건의해서 윤허를 받았다. 그 목적은 세종조에 제작한 혼천의가 전란의 여파로 파괴된 것을 복구하기 위함이었다.[38] 그러나 당시 실제로 혼천의를 제작하였는지, 그리고 그 모델인 가본(假本)은 어떤 것이었는지는 구체

---

36) 『承政院日記』 442冊, 肅宗 34년 5월 12일(丁亥). "上曰, 禮判進來坤輿萬國全圖, 卽唐本, 而萬曆·天啓間出來, 置於江都, 如書傳渾天儀圖, 而極爲詳備, 第唐本易傷, 頗有破落處, 若不趁卽模出, 則恐遂不傳, 甚可惜也. 頃因大臣陳達, 湯若望大天文圖, 付諸觀象監, 今方模寫, 此與天文圖相類, 使本監一體模寫以入, 而一本則留置本監, 可也."

37) 『明谷集』 卷8, 「西洋乾象坤輿圖二屛總序」, 33ㄱ(153책, 585쪽). "皇明崇禎初年, 西洋人湯若望, 作乾象坤輿圖各八帖爲屛子, 印本傳於東方. 上之三十四年春, 書雲觀進乾象圖屛子, 上命繼摸坤輿圖以進. 蓋本監舊有天象分野圖石本, 而以北極爲中央, 赤道以北躔度無差, 赤道以南躔度, 宜漸窄而反加闊, 與上支本體不侔. 今西士爲二圓圈, 平分天體, 一則以北極爲中, 一則以南極爲中, 以天漢爲無數小星, 列宿中觜參換置. 此與石本不同, 而却得天象之眞面矣."

38) 『景宗實錄』 卷3, 景宗 원년 4월 10일(庚子), 14ㄱ(41책, 153쪽).

적으로 확인할 수 없다.

경종 3년(1723)에는 관상감에 명해 문신종(問辰鍾)을 제작하게 하였다. 그것은 밀창군(密昌君) 직(樴)이 청에 진하사(進賀使)로 다녀올 때 청의 황제가 조선에 보낸 것을 모방하여 만든 것인데, 밤낮으로 날씨에 관계없이 시각을 측정할 수 있는 서양식 기구였다.[39] 그런데 당시 중국에서 보내온 문신종에는 파손된 곳이 있었다. 때문에 관상감에 명해 이를 보수하게 하였으나 오랜 시일이 지나도록 작업을 완료하지 못했다. 그래서 지방에 있는 장인들을 동원하여 경종 4년(1724)에 겨우 일을 끝마칠 수 있었다. 이조(李肇, 1666~1726)는 문신종이 시각을 측정하고 천문을 관측하는 데 중요한 기구라고 하면서 하나를 더 만들어 관상감에 비치해 둘 것을 요청해 허락을 받았다.[40] 이에 따라 보수를 마친 문신종을 잠시 관상감에 비치해 두고 이를 모방하여 새로운 것을 만들고자 하였다. 이 작업은 이듬해에 마무리되었다.

영조 원년(1725)의 기록을 보면 지난해에 문신종 1좌(坐)와 문종(問鍾)

---

39) 『景宗實錄』卷13, 景宗 3년 10월 9일(乙卯), 11ㄱ(41책, 302쪽). "下西洋國問辰鐘於觀象監, 令新造. 是進賀使密昌君樴回還時, 淸主送於我國者也. 其法極精妙, 晝夜雨陰, 易以推測晷刻, 本監啓請依樣新造, 上許之." 이외에 景宗代 問辰鍾에 대한 언급으로는 다음을 참조. 『增補文獻備考』卷3, 象緯考 3, 儀象 2, 6ㄱ(上, 49쪽) ; 『國朝寶鑑』卷56, 景宗朝, 10ㄱ～ㄴ(796쪽) ; 『書雲觀志』卷3, 故事, 47ㄱ(263쪽) ; 『林下筆記』卷13, 儀器(3책, 31쪽―『국역 임하필기』, 민족문화추진회, 1999의 책수와 原文쪽수) ; 「大食窯琺瑯器辨證說」, 『五洲衍文長箋散稿』卷3(上, 69쪽). "我之舌人金指南通文館志紀年, 景宗癸卯, 禮部咨, 雍正元年, 皇帝賜朝鮮國王物種, 有法瑯問鍾一箇(今自燕出來自鳴·問時鍾表·時表等器前面, 竝以琺瑯圓片爲飾矣)." 李圭景의 전언에 따르면 문신종의 前面은 琺瑯으로 장식되어 있었다고 한다.

40) 『承政院日記』第570冊, 景宗 4년 6월 30일(辛丑). "(李)肇曰, 北京出送之問辰鍾, 有傷處, 故下觀象監, 使之修補矣, 已久, 而匠人之能爲修補者, 不易得之, 在鄕之人, 招來始役, 故近才完畢, 而其制度極精, 機關極巧, 以此足以定時刻測天文, 只是一本而已. 內入之後, 則更無他本可惜, 更造一本, 留置本監, 何如. 上曰, 依爲之. 肇曰, 然則分付該曹, 使之上下物力, 模倣新造間, 內下本, 姑留本監, 不得卽爲還入之意, 敢啓. 上曰, 依爲之."

2좌를 관상감에 보내 보수(補修)·개조(改造)하게 했는데 문신종의 경우 중국본[唐本]은 이미 보수를 마쳤고, 아울러 그것을 본떠 2좌를 새로 만들어서 진상하고자 한다고 했으며, 문종의 경우에는 기관이 극히 정밀하여 우리나라 공장(工匠)이 수보(修補)·제조(製造)하기 어렵기 때문에 문종 2좌를 궐내에 환입(還入)한다는 관상감의 보고가 있었다.[41] 이를 통해 문신종은 중국에서 보내온 원본과 그것을 모방하여 관상감에서 제작한 부본 2좌를 포함하여 모두 3좌가 있었음을 알 수 있다. 영조 연간에 관상감에서 효장세자(孝章世子)에게 바친 문신종이 바로 이것이었다고 판단된다.[42]

2. 영조(英祖) 대 의상의 중수와 서양식 천문의기의 도입

1) 혼천의(渾天儀)의 중수

전통적 천문의기 가운데 대표적인 것이 '선기옥형'이라고 일컬어지는 혼천의였다. 조선왕조에서는 세종 때 혼천의를 제작한 이후로 여러 차례의 복원과 중수(重修) 사업이 벌어졌다. 혼천의는 육합의(六合儀), 삼신의(三辰儀), 사유의(四遊儀)라는 삼중의 기계장치[儀]로 구성되어 있고, 각각의 기계장치는 지평환(地平環), 천경환(天經環), 천위환(天緯環), 적도환(赤道

---

41) 『承政院日記』第604冊, 英祖 원년 11월 9일(癸卯). "趙榮世, 以觀象監提調意啓曰, 上年自內退出問辰鍾一坐, 問鍾二坐, 令本監修補改造事, 下敎. 故問辰鍾則唐本已爲修補, 且二坐, 依樣新造, 以爲進上供上之地, 而問鍾, 則其制度機關, 極其細密, 我國工匠, 決難修補製造, 不得已本鍾二坐, 還入之意, 敢啓. 傳曰, 知道."
42) 『英祖實錄』卷20, 英祖 4년 11월 26일(壬申), 9ㄱ(42책, 93쪽) ; 『英祖實錄』卷21, 英祖 5년 1월 26일(辛未), 11ㄱ(42책, 102쪽).

環), 황도환(黃道環), 백도환(白道環) 등의 여러 개의 고리와 직거(直距)·옥형
(玉衡) 등의 장치로 구성되어 있다. 요컨대 혼천의는 천구를 본떠 여러
개의 동심원 고리들을 조합해서 구성된 천체 좌표를 측정하는 천문관측
기구였다.

　영조 8년(1732) 3월에 관상감 제조 윤순(尹淳, 1680~1741)의 요청에
따라 현종 때 제작한 혼천의의 수리가 시작되었다. 현종조의 혼천의는
송준길(宋浚吉, 1606~1672)의 건의에 따라 만든 것으로 알려져 있다.
그런데 그 혼천의의 제도를 보면 육합의와 삼신의는 갖추었으나 사유의와
옥형이 없었고, 남북극의 출지(出地)와 입지(入地) 도수는 주조해서 표시했
다고 한다. 대체로 『서집전(書集傳)』에 수록된 채침(蔡沈)의 주석을 모방하
고 약간의 변통을 가한 것으로 보인다. 그런데 이 혼천의가 세월이 오래되
어 파손되었기 때문에 개수를 요청하게 된 것이다.[43]

　현종조에 이민철이 제작한 혼천의는 숙종 때 개수(改修)되었다. 숙종
13년(1687)에 최석정(崔錫鼎)의 건의에 따라 이민철에게 선기옥형을 수리
하도록 하였고, 이듬해(1688) 선기옥형이 완성되자 창덕궁 희정당(熙政堂)
남쪽에 제정각(齊政閣)을 지어 안치하였다.[44] 숙종 30년(1704)에는 안중태

---

43) 『英祖實錄』 卷31, 英祖 8년 3월 12일(己巳), 13ㄴ(42책, 299쪽). "命修顯宗朝所創渾天
　　儀, 從觀象監提調尹淳請也. 初, 祭酒宋浚吉告顯宗, 創渾天儀, 其制具六合·三辰儀, 而無
　　四游·玉衡, 南北極出地入地, 鑄爲定度, 蓋倣蔡沈書集傳, 而稍爲變通也. 至是, 歲久壞損,
　　故淳啓請修改, 上可之."

44) 『肅宗實錄』 卷18, 肅宗 13년 7월 15일(辛卯), 32ㄱ(39책, 106쪽). "上命崔錫鼎·李敏
　　哲, 改修璿璣玉衡.";『肅宗實錄』 卷19, 肅宗 14년 5월 2일(癸酉), 13ㄱ~ㄴ(39책,
　　126쪽). "璿璣玉衡成. 先是, 顯廟使李敏哲, 創造渾天儀, 中廢不用者久, 崔錫鼎建請修之.
　　上命敏哲改修, 令錫鼎監其事, 置于齊政閣, 閣在熙政堂南.";『增補文獻備考』 卷3, 象緯
　　考 3, 儀象 2, 3ㄱ(上, 48쪽). "肅宗十三年, 命李敏哲, 重修顯宗朝舊渾天儀, 建齊政閣于昌
　　德宮熙政堂之南, 以安之." 齊政閣은 熙政堂 앞의 동쪽 변두리에 설치한 작은 전각이
　　었다[『承政院日記』 902冊, 英祖 15년 11월 23일(丙寅). "上曰, 上下番及承史, 持此冊,
　　偕中官往于齊政閣(熙政堂前東邊小閣), 審察其璣衡制度, 與朱子所論渾天儀法, 有異同
　　處與否而來, 可也."].

(安重泰)·이시화(李時華)가 여벌[副件] 혼천의를 제작하였다. 이는 구제(舊制)에 따라 조금 크게 만든 것이었다.[45)]

윤순의 건의에 대한 영조의 답변을 보면 당시 두 개의 혼천의가 있었음을 알 수 있다. 모두 이민철이 제작하고 최석정의 기문을 쓴 것인데, 하나는 대내에 있는 것으로 파손될 때마다 보수를 해서 시간을 알리는 데는 큰 문제가 없었고, 또 하나는 선조(先朝 : 景宗) 때 파손되어서 관상감에 수리하라고 내보낸 것이었다. 그런데 호조에서 비용을 마련해 주지 않아 그때까지도 수리를 하지 못하고 있었다. 이에 윤순은 시일이 더 경과하기 전에 이를 수리하자고 건의하면서, 최천약(崔天若)·변이진(卞爾眞)과 같은 사람은 실로 얻기 어려우니 그들로 하여금 작은 선기옥형 하나를 만들어 누국(漏局)에 비치하면 좋을 것 같다고 하였다. 영조는 후자의 경우 물력이 많이 소요되지 않을 것으로 판단해서 이것의 수리를 명했고, 작은 선기옥형의 제조는 물력을 마련하기 쉽지 않으니 천천히 하자고 하였다.[46)]

영조 8년 3월 윤순의 건의에 따라 시작된 혼천의 수리 작업은 4월 무렵에는 본격화되었다. 당시 관상감에 나와 있던 혼천의(=璇璣玉衡)를

---

45) 『肅宗實錄』 卷39, 肅宗 30년 7월 16일(甲寅), 65ㄴ(40책, 96쪽). "觀象監, 進璇璣玉衡. 因舊制而稍大之, 知製敎朴權奉敎撰銘." ;『增補文獻備考』 卷3, 象緯考 3, 儀象 2, 3ㄴ (上, 48쪽). "三十年, 命安重泰·李時華等, 鑄副件渾天儀."

46) 『承政院日記』 740冊, 英祖 8년 3월 12일(己巳). "淳曰 …… 曾在先朝, 璇璣玉衡, 有破傷處, 度數差錯, 出付本監, 使之修補以入, 物力不至大段, 而戶曹尙不磨鍊以送, 遷就至此. 若又拖過歲月, 必將尤爲傷毁, 量其所入, 物力浩大, 則經費匱竭之日, 姑難輕議, 而些少修補, 所入無多, 從速磨鍊以送之意, 申飭戶曹, 以爲趁時修葺之地, 而本監, 有略干物力鳩聚者, 崔天若·卞爾眞輩機巧, 實是難得, 使之別造小璇衡一座, 置諸漏局樓上, 參考漏刻遲速似好, 而本監物力, 工匠料布, 似不足. 此則待秋, 吏曹亦爲添補, 何如. 上曰, 此李敏哲所造, 故相國崔錫鼎作記以入, 一座置內, 連爲隨毁隨補, 奏時一節, 不至於大段差錯, 而一座, 在先朝出付, 使之修補, 而尙今未果云. 物力似不至大段, 參量以給事, 分付, 而別造一座, 物力似未易, 姑徐爲之, 可也."

보기 위해 여러 사람들이 몰려들어 작업에 방해가 되었다고 하니[47] 혼천의에 대한 사람들의 관심을 엿볼 수 있다. 그런데 당시 개수 과정에서 '수정항(水正缸)'과 '천하지도(天下地圖)'에 훼손된 곳이 많아 그대로 사용하기 어렵다는 보고가 올라왔다. 이에 궐내에 있는 '수정항'과 '천하지도'를 참조해서 만들도록 하였다.[48] 이는 혼천의의 구조와 관련하여 우리에게 중요한 시사점을 제공한다.

현재로서는 '수정항'이 무엇인지 정확하게 알 수 없다. 그러나 현종 때 이민철이 만든 혼천의가 전통적인 수격장치를 이용해서 각종 기계를 작동시키는 수격식(水激式) 혼천의였다는 점에서[49] '수정항'은 수격장치와 관련된 물통[水壺]으로 볼 수 있다. 이민철의 혼천의에서는 중앙에 설치되었던 옥형을 제거하고 그 자리에 종이로 산과 바다를 그린 '지평(地平)'을 만들어 설치하였다.[50] 후대에 정조가 이민철이 만든 혼천의는 가운데 '산하도(山河圖)'를 두어 옥형을 대신했는데, 이는 땅의 형체가 둥글다는 것을 알지 못한 것이라고 지적한 것을 보면[51] '지평'은 지구의와

47) 『承政院日記』 741冊, 英祖 8년 4월 3일(庚寅). "又以觀象監官員, 以領事提調意啓曰, 今此內出璇璣玉衡修補時, 本監則曆象考成印役, 與明年日課出草之役, 方張廨宇, 無他容接處. 且璣衡觀玩之人, 本來紛沓, 有妨於工役者甚多, 慶德宮空闕內, 諸各司中, 擇其靜僻處, 移坐始役, 分付衛將所, 嚴其闌入之禁, 何如. 傳曰, 允."

48) 『承政院日記』 742冊, 英祖 8년 5월 13일(己巳). "李鳳翼, 以觀象監官員, 以領事提調意啓曰, 璿璣玉衡, 今方修改, 而其中水正缸及天下地圖, 多有破傷, 不可仍用, 闕內所上水正缸·地圖, 退出見樣後, 卽爲還入, 何如. 傳曰, 允."

49) 『息庵遺稿』 卷17, 「新造渾天儀兩架呈進啓」, 8ㄱ(145책, 402쪽). "安設水壺於板蓋之上, 水由漏筩下灌於庋內小壺, 遞遞盈滿, 以爲激輪之地."

50) 『增補文獻備考』 卷3, 象緯考 3, 儀象 2, 3ㄱ(上, 48쪽). "中不設衡, 而用紙畵山海爲地平, 繫于中." 숙종 13년(1687) 이민철과 함께 혼천의 개수하는 작업을 했던 崔錫鼎(1646~1715)은 가운데 설치된 '地平'에는 九州와 五嶽, 裨海와 여러 나라들을 그렸다고 했다[『明谷集』 卷9, 「齊政閣記」, 2ㄱ(154책, 4쪽). "去舊法衡管直距, 而中設地平, 畫九州五嶽裨海諸國."].

51) 『弘齋全書』 卷166, 日得錄 6, 政事 1, 15ㄴ(267책, 255쪽). "中置山河圖, 以代玉衡, 則是未達地體正圓."

같은 모습은 아니었던 것으로 보인다. 어쨌든 영조 때 혼천의를 수리하면서 '천하지도'를 요청했다는 것은 바로 이 '지평' 내지 '산하도'를 수정하기 위해서였다. 이때의 '천하지도'가 전통적인 세계지도였는지, 아니면 서양식 세계지도였는지는 알 수 없다. 만약 '지구설'에 입각한 세계지도였다면 혼천의의 가운데에 '천하지도'를 이용한 지구의를 부착했을 가능성을 조심스럽게 타진해 볼 수도 있을 것이다. 『증보문헌비고』에 따르면 이 혼천의의 남극에서 쇠막대기[鐵條]가 나와 지심(地心)으로 향해 꺾여서 깍지 낀 형태로 '산하도'를 들어 올렸다고 한다.[52]

영조 8년 6월 무렵에는 선기옥형의 개수 작업이 상당한 진전을 이루어 장차 대내에 들이겠다는 보고가 있었고, 이에 명문(銘文)을 찬술하는 문제가 논의되었다.[53] 혼천의 개수 사업은 8월 5일에 이르러 완료되었다.[54] 숙종 30년(1704)의 혼천의 제작 사업에 참여한 경험이 있는 이시화와 안중태가 감역관으로서 중요한 역할을 했고, 명문은 조명익(趙明翼, 1691~1737)이 지었다.[55] 영조는 경희궁(慶熙宮)에 규정각(揆政閣)을 지어 혼천의를 안치하였다. 『동국문헌비고』에서는 "영조가 숙종조에 부건으로 주조한 혼천의가 세월이 오래되어 오차가 발생하자 안중태 등에게 명해 중수하게 했다."고 하였으니 영조 8년에 중수한 혼천의는 숙종 30년에 안중태·이시화 등이 제작한 부건 혼천의였음을 알 수 있다.[56]

---

52) 『增補文獻備考』 卷3, 象緯考 3, 儀象 2, 7ㄱ(上, 50쪽). "由南極出鐵條, 折向地心, 爲爪叉形, 擎山河圖."

53) 『承政院日記』746冊, 英祖 8년 6월 8일(癸亥). "徐命淵, 以觀象監官員, 以領事意啓曰, 今此璿璣玉衡, 修改校正, 則日月行度, 時刻出沒, 無不脗合, 今將內入, 而從前機衡修改時, 皆有銘文撰述之例, 今亦令詞臣, 製進宜當, 敢啓. 傳曰, 令提調尹淳制進."

54) 『英祖實錄』 卷32, 英祖 8년 8월 5일(己未), 10ㄱ(42책, 315쪽).

55) 『承政院日記』748冊, 英祖 8년 8월 5일(己未). "備忘記, 傳于徐命淵曰, 璿璣玉衡修補時, 銘製述官承旨趙明翼, 虎皮一令賜給. 監役官李時華·安重泰, 本衙門高品施賞, 監董官, 本衙門准職除授, 他與工匠等, 令該曹, 米布分等題給."

한편 영조 45년(1769)에는 관상감 관원인 김태서(金兌瑞)를 시켜 선기옥형을 보수했다.[57] 당시 영조는 수리해야 할 혼천의를 '고제(古制)', 또는 '고건'(古件)이라고 표현했는데, 이는 두 가지 의미로 해석할 수 있다. 하나는 이민철이나 송이영이 제작한 혼천의처럼 그 제도를 약간 변통한 것이 아니라 옛 제도 그대로 제작한 혼천의라는 뜻이고, 또 하나는 제작한 지 오래된 혼천의라는 의미이다. 전자라면 그것이 언제, 누구에 의해 만들어진 것인지 확인하기 어렵다. 후자라면 그것은 경희궁의 규정각 혼천의일 가능성이 높다. 당시 영조가 김태서를 만난 장소가 경희궁 집경당(集慶堂)이었는데 영조가 "이 궐에 있는 혼천의"라고 했기 때문이다. 문제는 그 다음에 이어진 영조의 발언이다. 영조는 "소옥형(小玉衡)은 관상감으로 하여금 만들어서 바치게 하는 것이 좋고, 간의판(簡儀板)과 규견통(窺見筒)은 또한 나무로 모양을 작게 해서 만들어 바치게 하는 것이 좋겠다."고 하였다.[58] 이 발언에 등장하는 소옥형, 간의판, 규견통이 무엇을 뜻하는지 명확하게 알 수는 없다. 그런데 만약 소옥형이 '작은 선기옥형'이 아니라 사유의에 설치된 관측용 '옥형'을 뜻하는 것이고, 규견통도 그와 같은 종류라고 한다면 이는 규정각 혼천의라고 볼 수 없다. 규정각 혼천의의 모델은 숙종 대 이민철이 제작한 혼천의였는데, 이민철의 혼천의에서는 관측을 위해 필요한 옥형을 제거했기 때문이다.

---

56) 『東國文獻備考』 卷2, 象緯考 2, 儀象, 21ㄴ. "今上八年, 上以肅宗朝副鑄渾天儀, 歲久而差, 命安重泰等重修, 建揆政閣于慶熙宮興政堂之東, 以安之.";『增補文獻備考』 卷3, 象緯考 3, 儀象 2, 6ㄱ(上, 49쪽).

57) 『英祖實錄』 卷113, 英祖 45년 10월 5일(癸丑), 12ㄱ(44책, 334쪽). "上召觀象監官員金兌瑞, 問彗星形體, 仍敎曰, 璿璣玉衡, 有古制, 在闕中, 能修補乎. 兌瑞對曰, 能逐. 命造進小玉衡及簡儀板."

58) 『承政院日記』 1297冊, 英祖 45년 10월 5일(癸丑). "上曰, 璿璣玉衡, 有古件在此闕矣, 修補不難乎. 兌瑞曰, 然矣. 上曰, 小玉衡, 令觀象監造進, 好矣. 簡儀板窺見筒, 亦以木體小樣爲之以進, 可也." ; 같은 책, "上曰, 簡儀板, 以木造入, 可也."

2) 보루각(報漏閣)과 흠경각(欽敬閣)의 보수

세종 때 건립된 보루각과 흠경각에는 장영실이 제작한 자격루(自擊漏)와 흠경각루(欽敬閣漏)라는 물시계가 보관되어 있었다. 보루각과 흠경각은 왜란을 거치면서 파괴되거나 훼손되었다. 광해군 대에 이르러 궁궐의 재건 사업이 추진되었고, 그 일환으로 각종 의상(儀象)의 복구 작업도 진행되었다. 흠경각의 영건과 보루각의 개수는 그 대표적 사례였다. 지금은 전해지지 않지만 당시 흠경각의 복원 과정을 정리한 『흠경각영건의궤(欽敬閣營建儀軌)』와 보루각의 수리 과정을 정리한 『보루각개수의궤(報漏閣修改儀軌)』가 그 사업의 결과물이었다.59)

그런데 광해군 때 복원된 흠경각은 호란 이후 다시 훼손된 듯하다. 숙종 대 이이명(李頤命, 1658~1722)이 남긴 다음과 같은 기록을 통해 당시 흠경각과 보루각의 상황을 엿볼 수 있다.

> 우리나라의 흠경각은 처음에 경복궁에 있었다. 궁궐이 불에 탄 후 폐주(廢主 : 광해군)가 이충(李沖)에게 명하여 그 일을 감독하게 하여 창경궁 서편에 건설했는데, 오래 전에 폐지된 채로 있다가 그 땅은 만수전 터로 들어갔다고 한다. 그 의궤는 정부에 있다. 대략 전각의 가운데 산을 설치하고, 산 위에는 해와 달을 설치하며, 산간에는 천녀(天女)와 신녀(神女) 등속이 있고, 산 아래에는 논밭을 갈고 씨 뿌리고 김매고 수확하는[耕種耘穫] 형상을 설치한다. 해는 아침에 동쪽에서 떠서 저녁에 서쪽으로 진다. 봄에는 논밭을 갈고, 여름에는 김매고, 가을에는 수확한다. 기계[機關]를 아래에 설치하여 물로 작동시킨다. 보루각은 아직도

---

59) 본서의 제3장 3절 '호란(胡亂) 이후 의상의 중수' 참조.

동편에 있는데 기물(器物)이 흩어져 없어져서[散落] 다시 알아볼 수 없게 되었다. 다만 누기(漏器 : 물시계)가 있어 누인(漏人 : 掌漏人, 또는 禁漏)이 그것을 사용할 뿐이다.60)

위의 인용문에서 알 수 있듯이 경복궁에 있던 흠경각은 왜란 때 소실되었고, 광해군 때 창경궁에 건설한 흠경각은 효종 때 만수전을 건축하는 과정에서 훼철되었다. 다만 광해군 때 편찬한 의궤가 정부에 남아 있었음을 알 수 있다.

영조 8년(1732)에 윤순(尹淳)이 훼손된 의기의 복원을 주청하면서 "세종조의 흠경각은 그 제도가 정교함의 극치에 이르렀는데 병란을 거친 후에 흔적도 없이 사라졌다."고 말한 것은 그러한 사정을 보여준다. 이에 창덕궁 (또는 창경궁)의 2층 누각에 옛 모양에 따라 흠경각을 만들었는데, 이것이 언제 폐지되었는지 알 수 없었고, 누각 위에는 '대기형(大機[璣]衡)'61)으로 추정되는 약간의 훼손된 기계만 남아 있을 뿐이었다.62) 자격루가 설치되어

---

60) 『疎齋集』卷12,「漫錄」, 23ㄱ(172책, 309쪽). "我國欽敬閣, 初在景福宮. 宮燬之後, 廢主令李冲董其事, 建于昌慶宮西偏, 久廢而其地入於萬壽殿基云. 其儀軌, 在於政府. 大略閣中設山, 山上設日月, 山間有天女神女之屬, 山下設耕種耘穫之狀. 日朝升于東, 暮沒于西. 春則耕, 夏則耘, 秋則穫. 機關設于下, 以水激之矣. 報漏閣, 尙在東偏, 而器物散落, 不可復識. 但有漏器, 漏人用之而已."

61) 李睟光(1563~1628)은 『芝峯類說』에서 세종 때 제작된 日星定時儀가 무탈하게 남아 있었다고 하였다. 『芝峯類說』卷19, 宮室部, 宮殿, 2ㄴ(347쪽-영인본『芝峰類說』, 景仁文化社, 1970의 쪽수). "欽敬閣, 初創於世宗朝甲寅, 而在景福宮康寧殿側. 中遇火燒, 明廟朝甲寅, 再創於舊基. 又値兵燹, 至光海甲寅, 改創於昌德宮瑞麟門內. 自始至今, 凡三遇甲寅而創建焉. 世宗朝所定時儀尙存無羔, 亦異矣." ;『林下筆記』卷27, 春明逸史, 欽敬閣(6책, 13쪽). "萬曆間改設於昌德宮瑞獜門內, 世宗朝日星定時儀尙存."

62) 『承政院日記』740冊, 英祖 8년 3월 12일(己巳). "尹淳曰 …… 以儀器言之, 世宗朝欽敬閣, 製度臻妙, 兵燹之後, 蕩然無存, 此闕兩層樓, 依前樣爲之, 而不知自何時廢閣, 樓上, 只有若干毀傷之器械矣. 上曰, 此大機衡也. 淳曰, 然矣." 이때 영조는 昌慶宮에 머물고 있었다. 따라서 윤순이 말하는 '此闕'이 어딘지를 따져볼 필요가 있다.

있던 보루각도 사정은 마찬가지였다. 영조 때의 보루각은 많이 훼손된 상태였고,[63] 시간을 알려주는 나무인형[木人]만 남아 있었다.[64] 이에 흠경각·보루각과 같은 세종 때의 천문의기를 복원하는 문제가 제기되었다.

보루각을 보수하는 문제는 영조 18년(1742) 5월에 당시 호조판서인 서종급(徐宗伋, 1688~1762)에 의해 제기되었다. 궁궐 안의 토목(土木) 영선(營繕)을 담당하는 자문감(紫門監)에서 창경궁의 대루각(大漏閣＝報漏閣)에 대한 보수가 필요하다는 보고가 있어서 호조의 낭청(郞廳)이 조사해 보니 정말로 훼손된 부분이 많았던 것이다. 대들보와 서까래가 썩고 부러진 곳이 많아서 나무로 지탱해 둔 지경이었다. 서종급은 보루각이 오래된 건물이라서 한곳을 고치면 다른 한곳에 또다시 문제가 생기니 기존 건물을 헐어 버리고 새로 짓는 것이 낫다고 생각했다. 요컨대 당시 보루각을 보수하는 방법에 대해서 크게 두 가지 의견이 있었던 것이다. 하나는 기존 방식대로 새는 것이나 막고 터진 것이나 꿰매는[架漏牽補] 임시변통의 소극적 방법이었고, 다른 하나는 기존 건물을 훼철하고 개건(改建)하는 적극적 방법이었다. 다만 후자의 경우에는 보루각이 대내(大內)의 근처에 있었기 때문에 쉽게 착수하기 어렵다는 문제점이 있었다. 때문에 서종급은 어떤 방법이 낫겠느냐고 영조에게 문의했던 것이다.[65]

이에 영조는 예전에 보루각의 '목인(木人)'을 보았는데 그 제도가 매우

63) 『承政院日記』830冊, 英祖 12년 7월 16일(戊申). "假注書鄭夏彦書啓, 昌德宮公廨, 摘奸有頉處 …… 宣傳官李邦佐摘奸 …… 禁漏廳報漏閣, 上下層會簷腐傷, 庫一間椽木一腐傷, 墻三間頹落."

64) 『承政院日記』946冊, 英祖 18년 7월 23일(庚辰). "上曰, 報漏閣, 今雖廢壞, 而木人尙在 ……."

65) 『承政院日記』944冊, 英祖 18년 5월 2일(庚申). "戶曹判書徐宗伋曰, 昌慶宮大漏閣修補事, 自紫門監有所報來, 故令本曹郎廳看審, 則所傷大段, 大樑衝椽, 多有腐折, 或以木撑之. 若欲但爲修補而已, 則事勢實難, 久遠之舍, 一處修改, 一處又生, 終當至於毀撤盡改矣. 第此是大內至近之地, 舊舍之撤改, 甚爲重難, 姑使架漏牽補, 以爲支過之地乎."

기묘해서 흠경각의 그것과 유사하다고 회고했다. 영조는 이것이 선대의 임금[祖宗朝]이 만든 아름다운 제도인데 지금 파괴되었으니 애석하다고 하면서 지금의 인재 가운데 옛날 제도에 따라 이를 중수할 수 있는 사람이 있겠느냐고 물었다. 이에 좌참찬(左參贊)인 윤양래(尹陽來, 1673~1751)가 최천약(崔天若)이면 할 수 있을 것이라고 답변했다.[66] 이에 영조는 일단 임시로 문제가 있는 곳을 보수하고, 전면적 개수 사업은 다음에 궁궐이 빌 때를 기다려서 착수하자고 하였다. 아울러 '목인'도 복구할 수 있는 방법이 있다면 함께 중수하는 것이 좋겠다고 하였다.[67] 보루각에 대한 전면적 개수는 일단 후일로 미루어진 셈이다.

이처럼 당시 보루각에는 시간을 알려주는 나무인형인 '목인'이 남아 있었다. 영조는 이것을 복원할 수 있는 방법을 찾고자 했다. 그래서 당시 음률에 밝다고 소문나 있던 이연덕(李延德, 1682~1750)에게 그 임무를 맡기고자 했다. 영조는 보루각의 다른 구조는 이해하기 어렵지 않지만 수력에 의해 올라왔다 내려갔다 하는 '목인'의 제도는 이해하기 어렵다고 보고 이를 이연덕에게 살펴보라고 했던 것이다. 아울러 최천약과 함께 논의해서 그 제도를 강구하라고 하였다.[68] 그 며칠 뒤에 영조는 흠경각의 선기옥형에 오류가 있으니 수리하지 않을 수 없다고 하면서 고사(古事)에 해박한 이연덕에게 최천약과 함께 살펴보라고 지시했다.[69] 이는 보루각

---

66) 『承政院日記』944冊, 英祖 18년 5월 2일(庚申). "上曰, 曾見漏閣報時木人, 其制甚機巧, 似是移來欽敬閣制度, 而祖宗朝美制, 今皆廢壞, 誠爲可惜. 以今人才, 亦難依舊重修耶. 左參贊尹陽來曰, 卽今崔天若足可爲之矣. 上曰, 依所達姑爲架補, 而至於修改之役, 則以待日後空闕時爲之. 報時木人, 如有復舊之道, 則亦爲同時重修, 可也."

67) 『承政院日記』944冊, 英祖 18년 5월 2일(庚申). "上曰, 依所達姑爲架補, 而至於修改之役, 則以待日後空闕時爲之. 報時木人, 如有復舊之道, 則亦爲同時重修, 可也."

68) 『承政院日記』946冊, 英祖 18년 7월 23일(庚辰). "上曰, 報漏閣, 今雖廢壞, 而木人尙在, 猶有存羊之義, 其在敬修人時之道, 何以則可以修復也. 此與音律, 其理無異, 弼善亦見之耶. 延德曰, 臣曾見之, 而終未能曉得矣. 上曰, 他無難曉, 而但木人之升降難曉, 此必隨水往來, 其制終難究得矣. 弼善須一番往見而理會之, 且招崔天若, 相與問難, 以究其制, 可也."

'목인'을 복원하고자 하는 일의 연장선에서 취해진 조치였다. 흠경각과 보루각의 시보장치를 비롯한 기계의 작동 원리가 같기 때문이다. 당시에는 아직 『흠경각건설의궤(欽敬閣建設儀軌)』가 존재하고 있었기 때문에[70] 영조는 이에 근거해서 이연덕과 최천약에게 보루각과 흠경각의 의기를 개수하는 일을 맡기고자 했던 것으로 보인다.[71]

영조 20년(1744) 2월에 영조가 경덕궁(慶德宮)으로 이어(移御)하여[72] 창경궁이 비게 되자 보루각의 개수 문제가 다시 부각되었다. 6월에 호조판서 김약로(金若魯, 1694~1753)는 영조 18년에 서종급이 건의했던 대루각 개수 공사를 상기시키면서 이어 후에 곧바로 공사를 했어야 하는데 그렇게 하지 못한 이유를 설명하고, 이어서 개수 공사의 구체적 절차에 대해 논했다. 그에 따르면 창경궁의 보루각은 훼손된 곳만 보수해서는 안 되고 철거한 다음에 새로 건설해야 하는데, 건물이 2층짜리 큰 전각이기 때문에 소용되는 목재를 마련하기 어려웠다. 따라서 전례에 따라 대들보, 기둥, 서까래 등에 필요한 목재의 양을 안면도(安眠島)에 복정(卜定)해서 사용하자고 건의했다. 또 시간을 알려주는 '목인' 등의 일은 지금 당장 그것을 복구하는 작업을 병행하기 어려우니 먼저 보루각을 개건한 다음에

---

69) 『承政院日記』946冊, 英祖 18년 7월 26일(癸未). "上曰, 弼善進前. 延德進伏, 上曰, 欽敬閣璿璣玉衡之差訛者, 不可不釐改. 故弼善似是博古者, 以爲能透得, 與崔天若, 使之同見矣. 樂器, 必須從近釐正也."

70) 『承政院日記』947冊, 英祖 18년 8월 20일(丙午). "上曰 …… 十字閣·欽敬閣儀軌, 樂學軌範亦有之矣. 象漢曰, 欽敬閣卽景福宮之漏閣也. …… 上曰 …… 靖陵都監儀軌之在江華者, 趙雲逵今番曝曬之行, 使之持來, 而欽敬閣建設儀軌, 樂學軌範, 亦爲使之持來, 可也." 『欽敬閣謄錄冊』의 존재도 확인할 수 있다[『承政院日記』1013冊, 英祖 23년 2월 20일(庚辰). "東星曰, 昨承下敎, 出而考見, 則乙丑年李永祚曝曬下去時, 欽敬閣謄錄冊, 已爲奉安而來矣."].

71) 『英祖實錄』卷127, 行狀, 58ㄴ(44책, 551쪽). "王且欲復世宗朝報漏閣制, 命延德與巧思人崔天若講究之."

72) 『英祖實錄』卷59, 英祖 20년 2월 25일(癸酉), 13ㄱ(43책, 128쪽).

다시 의논하자고 하였다.73)

이에 영조는 보루각을 개수하는 일이 그렇게 큰 공사냐고 물었다. 이에 대해 김약로는 대내에 가까운 거리에 있는 오래된 건물을 개건하는 역사는 그 규모가 클 수밖에 없다고 하면서, 목재를 지금 복정하면 가을쯤 에나 도착할 터이니, 우선 목재를 복정한 다음 그것이 도착하기를 기다려 공사 날짜를 다시 논의하자고 했다.74) 8월 말에 목재가 도착하자 김약로는 영조에게 공사를 언제 개시하는 것이 좋겠느냐고 물었는데, 영조는 잠시 멈추고 하교를 기다려 하는 것이 좋겠다고 하였다.75) 그러나 이후 공사를 시작했다는 기사는 보이지 않는다.

영조 41년(1765)에는 석강에서 『서경』「순전(舜典)」을 강독했는데 이 자리에서 홍낙인(洪樂仁, 1729~1777)은 "선기옥형을 살펴 칠정을 가지런 히 한다."는 구절이 천하를 다스리는 대경대법(大經大法)이라고 하였다. 영조는 『서전』을 대하면 부끄러운 마음이 많이 든다고 하면서 흠경각에는 선기옥형이 있어서 자신이 일찍이 이것을 보았다고 하였다. 이때의 선기 옥형은 숙종 때 최석정이 이민철과 함께 보수한 것이었다. 영조는 '선기(璿

---

73) 『承政院日記』973冊, 英祖 20년 6월 24일(庚午). "若魯曰, 昌慶宮大漏閣[慶宮待漏閣] 修補之役, 壬戌年間徐宗伋爲戶判時, 有所仰稟, 而其時有待後日空闕時爲之, 而報時木 人, 如有復舊之道, 同時重修之敎矣. 今春移御後, 卽當修改, 其間不無更稟後擧行者, 而前 判書趙觀彬, 久在引入, 臣又在外, 至今遷就矣.大抵此閣, 非隨毁隨補者, 必須撤發改建, 而二層大閣之故, 所入材木, 皆體大難得, 非貢案所在之木物. 在前如此之役, 則有卜定於 安眠島之例, 大樑·高柱·大椽量其容入, 今亦卜定而取用.至於報時木人等事, 今無復舊竝 修之道, 姑先改建漏閣後, 更議, 何如."

74) 『承政院日記』973冊, 英祖 20년 6월 24일(庚午). "上曰, 其將爲大役乎. 若魯曰, 大內至 近之地, 久遠屋之改建役事, 將不免浩大, 而木物今雖卜定, 上來之際, 似至秋間. 還御早 晚, 不敢知, 而空闕時, 修改之敎, 似有聖意. 木物則爲先卜定, 而始役則待木物上來, 更稟 後擇日擧行乎. 上曰, 依爲之."

75) 『承政院日記』976冊, 英祖 20년 8월 26일(庚午). "若魯曰, 昌慶宮大漏閣改建, 待卜定材 木上來, 更稟擧行事, 前已定奪矣. 材木, 昨始來泊江上, 改建始役, 以何間爲之乎. 上曰, 姑置之, 更待下敎擧行, 可也."

璣)'를 무엇으로 만드느냐고 물었고, 홍계희는 호박(琥珀)으로 만든다고 답하였다.[76]

그런데 이 대화에서 영조가 말하는 흠경각이 어디를 가리키는지 분명하지 않다. 흠경각은 왜란 때 소실되었고, 광해군 때 창덕궁 서린문 안에 개건하였으나 효종 6년(1655)에 이를 헐고 만수전(萬壽殿)을 지었기 때문이다.[77] 효종은 11월 17일 비변사의 신료들을 인견하는 자리에서 처음으로 흠경각 터에 자전(慈殿)이 거처할 전각을 짓는 문제를 제기하였고,[78] 11월 23일에는 흠경각을 철거하여 그 목재와 기와를 사용하자고 하였다.[79]

당시 김수항(金壽恒, 1629~1689)이나 김육(金堉, 1580~1658)과 같은 관료들이 이에 대해 비판적 의견을 개진하였는데,[80] 그 내용을 살펴보면 이미 흠경각이 퇴폐한 지경에 이르렀음을 알 수 있다.[81] 효종은 창덕궁의

---

76) 『承政院日記』1240册, 英祖 41년 윤2월 11일(丙辰). "樂仁曰, 在璿璣玉衡以齊七政, 卽治天下之大經大法, 而皆自濬哲中出來矣. …… 上曰, 對書傳則實多愧心矣. …… 上曰, 欽敬閣, 故有玉衡, 而予曾見之矣, 先朝臣崔錫鼎, 亦爲之云矣. 上曰, 璿璣以何物爲之耶? 啓禧曰, 以琥珀爲之 …….."

77) 『林下筆記』卷13, 文獻指掌編, 東朝萬壽殿(3책, 61쪽). "孝宗六年, 上以慈懿大妃處所狹隘, 親相基於欽敬閣舊址, 別建殿, 曰萬壽.";『林下筆記』卷27, 春明逸史, 欽敬閣(6책, 13쪽).

78) 『孝宗實錄』卷15, 孝宗 6년 11월 17일(丁酉), 27ㄴ(36책, 34쪽).

79) 『孝宗實錄』卷15, 孝宗 6년 11월 23일(癸卯), 29ㄱ(36책, 35쪽). "(沈)之源曰, 欽敬閣抑將毀撤乎. 上曰, 毀撤而用其材瓦 …….."

80) 김수항의 상소는 효종 6년(1655) 12월 2일 이전에, 김육의 상소는 12월 4일에 올린 것이다[『孝宗實錄』卷15, 孝宗 6년 12월 2일(壬子), 30ㄴ(36책, 36쪽). "先是, 壽恒上疏, 以欽敬閣爲世宗朝所建, 今不可廢, 辭意頗切. 疏遂留中, 至是有是敎.";『孝宗實錄』卷15, 孝宗 6년 12월 4일(甲寅), 32ㄱ~33ㄱ(36책, 37쪽)].

81) 『潛谷遺稿』卷6,「論修理都監箚同年[乙未]十二月初四日」, 9ㄱ~ㄴ(86책, 112쪽). "欽敬閣, 乃世宗大王之所建, 欽若昊天, 敬授人時, 堯之所以體天行道而理萬民者也. …… 今雖不得復設, 豈可幷與其閣而毀之乎. 此其不可者二也.";『文谷集』卷8,「請寢恢拓宮墻修造殿閣疏乙未」, 7ㄴ(133책, 141쪽). "且欽敬閣, 卽祖宗朝曆象授時之所也. 其器與法, 雖已廢墜, 先王敬天之道, 後嗣之所永觀, 今乃撤舊基而建新殿, 亦恐於義未安, 宜思勿毀

흠경각이 조종조에 건설한 것이 아니고 광해군 때[昏朝] 설치한 것이라고
하면서 공사를 강행하였다.[82] 공사는 이듬해까지 단속적으로 이어졌다.
천재(天災)가 발생하거나 흉년이 들면 공사를 중지했기 때문이다. 효종
7년(1656) 8월에 흠경각·제정당(齊政堂)을[83] 우선 철거하겠다는 수리도감
(修理都監)의 보고를 확인할 수 있다.[84] 아마도 궁궐 수리 공사는 왕대비가
만수전으로 이어하는 효종 8년(1657) 4월 2일 이전에는 마무리되었을
것으로 보인다.[85] 효종은 4월 16일 수리도감 도제조(都提調)인 정태화(鄭太
和, 1602~1673)를 비롯한 관료들에게 포상을 하였다.[86]

이후 흠경각의 존재는 사료상에 보이지 않는다. 숙종 때 최석정이
보수한 선기옥형은 창덕궁 희정당 남쪽에 제정각을 지어 보관하였다.
그렇다면 영조가 흠경각에서 보았다는 선기옥형은 실제로는 제정각에
있었던 것이 아닐까? 흠경각이 다시 등장하는 것은 영조 46년(1770)이다.
영조는 경복궁에 방치되어 있던 국초의 석각 천문도(천상열차분야지도)
를 발굴하여 창덕궁 금호문 밖에 위치한 관상감—북부 광화방 관상감—에
전각을 짓고 보관하였는데, 바로 이 전각의 이름이 '흠경각'이었다. 영조
는 친히 기문[「欽敬閣記」]을 지었다.[87]

明堂之訓, 以寓存羊之意也."

82) 『孝宗實錄』卷15, 孝宗 6년 12월 2일(壬子), 30ㄴ(36책, 36쪽). "上下教曰 ……
　　且欽敬閣, 乃昏朝時所設, 而金壽恒錯認爲祖宗朝所建, 此意亦知悉可也."

83) 흠경각과 제정당의 위치는 仁政殿 북쪽이었다. 『六典條例』卷10, 工曹, 宮室, 3ㄴ.
　　"萬壽殿(在仁政殿北, 齊政堂·欽敬閣之舊基. 孝宗乙未, 建萬壽春暉二殿)."참조.

84) 『承政院日記』141冊, 孝宗 7년 8월 11일(丙戌). "尹鑴, 以修理都監言啓曰 …… 欽敬閣
　　齊政堂, 爲先撤毀 ……."

85) 『孝宗實錄』卷18, 孝宗 8년 4월 2일(甲戌), 24ㄴ(36책, 85쪽). "王大妃移御萬壽殿."

86) 『孝宗實錄』卷18, 孝宗 8년 4월 16일(戊子), 26ㄴ(36책, 86쪽).

87) 『增補文獻備考』卷3, 象緯考 3, 儀象 2, ㄱㄴ(上, 50쪽). "四十六年, 建閣于觀象監,
　　藏國初石刻天文圖, 御書扁名曰欽敬閣."; 『承政院日記』1301冊, 英祖 46년 2월 21일
　　(戊辰). "命書欽敬閣記御製, 淸恭校正訖."

<표 6-2> 간의대(簡儀臺)·보루각(報漏閣)·흠경각(欽敬閣)·
제정각(齊政閣)·규정각(揆政閣)의 연혁

설치 연대	簡儀臺	報漏閣	欽敬閣	齊政閣	揆政閣	典據
세종15 (1433)	景福宮					『世宗實錄』
세종16 (1434)		경회루 남쪽 에 보루각 설 치				『世宗實錄』
세종20 (1438)			흠경각 완 성			『世宗實錄』
세종25 (1443)	간의대를 헐고 離宮 건설 → 간 의대 이전					『世宗實錄』
성종18 (1487)	景福宮	보루각 추가 설치 논의				『成宗實錄』
연산11 (1505)	간의대 철거	창덕궁으로 옮김				『燕山君日 記』
중종9 (1514)	旱災로 간의대 修理 중지					『中宗實錄』
중종12 (1517)		金安國·成 世昌 등이 보 루각과 흠경 각을 교정 중				『中宗實錄』
명종8 (1553)			9월 경복궁 화재로 흠 경각 소실			『明宗實錄』
명종9 (1554)			흠경각 再建			『明宗實錄』
선조13 (1580)	간의대 修改[重修]					『宣祖實錄』 『青溪集』卷 3,「重修簡儀 臺記」
광해6 (1614)?		창덕궁에 보 루각 설치	창덕궁 서 린문 안에 改建			『光海君日 記』기타

효종6 (1655)			흠경각을 헐고 萬壽殿을 세움		김육의 반대 상소(「論修理都監箚」)『孝宗實錄』
숙종14 (1688)			창덕궁 熙政堂 남쪽 齊政閣에 현종 때 이민철이 제작한 혼천의를 개수하여 안치		『肅宗實錄』『增補文獻備考』
영조8 (1732)				경희궁 揆政閣에 선기옥형 안치	『增補文獻備考』
영조46 (1770)			(북부 광화방)관상감의 '흠경각'에 석각 천문도 보관		『增補文獻備考』『承政院日記』

3) 석각 천문도의 발굴과 신법 천문도의 모사

태조 4년(1395)에 석각된 천문도인 「천상열차분야지도(天象列次分野之圖)」는 양란을 경과하면서 폐허가 된 경복궁에 방치되어 있었다. 한동안 방치되어 있던 석각 천문도의 존재를 환기시킨 계기는 영조 대『동국문헌비고』의 편찬이었다. 역대의 문물제도를 정리하는 과정에서 각종 의상들이 주목되었던 것이다. 영조의 「흠경각기(欽敬閣記)」에 따르면 당시 경복궁에 옛 천문도 석판[觀象圖石板]이 방치되어 있다는 사실을 국왕 영조에게 보고한 사람은 '상위고랑(象緯考郞)'이었는데,88) 이는『동국문헌비고』

---

88) 『增補文獻備考』卷3, 象緯考 3, 儀象 2, 8ㄱ(上, 50쪽). "今日聞象緯考郞所奏, 乃知舊闕有觀象圖石板, 卽命審視, 果有之, 而在於衛將所咫尺之地云, 何聞之晚也, 不覺悚然."

「상위고」의 편집낭청(編輯郎廳)이었던 서호수(徐浩修, 1736~1799)를 가리키는 것이다. 『동국문헌비고』의 편찬이 본격화되는 영조 46년(1770) 2월에는 국왕 영조가 관상감원에게 명하여 천문도<의 인쇄본>를 가져오게 하여 서호수와 함께 그 내용을 검토하였다.[89] 그 이틀 후인 2월 23일에 호조판서 홍인한(洪麟漢, 1722~1776)이 석각 천문도의 보관 문제에 대해 의견을 올렸다. 관상감의 석각 천문도 보관 장소가 비좁고 민가에 근접해 있어 어제(御製)·어필(御筆)을 봉안하기에 매우 미안하다는 내용이었다. 이에 관상감 영사인 영의정 김치인(金致仁, 1716~1790)과 홍인한은 이 문제를 해결하기 위한 방안으로 몇 칸의 전각을 지을 것을 건의하여 영조의 허락을 받았다.[90] 이것이 바로 흠경각(欽敬閣)의 건설이었다. 이후 4월의 기록을 보면 이미 전각이 완성되어 석각 천문도를 안치하였음을 알 수 있다.

지금 『문헌비고』의 편집에 인하여 창덕궁 홍문관에 지평일구(地平日晷)가 있다는 말을 들었다. 어제 이 일로 <창덕궁에> 들어가 보았는데 처음 뜻으로는 마당 가운데 두고 보려고 했으니 즉 홍문관의 남쪽 계단에 있었다. 저번에 경복궁에서 얻은 건상판(乾象板)은 관상감에 전각을 설치해서 보관하였다. 이 돌[지평일구]은 관측하는 기구[測候之石]로서 보관

---

89) 『承政院日記』第1301冊, 英祖 46년 2월 21일 戊辰(72책, 797쪽). "濟恭進前, 上曰, 日影石刻, 何處在乎. 濟恭曰, 在衛將所墻邊矣. 上曰, 能無不潔乎. 濟恭曰, 不無雜人踞坐之患矣. 浩修進前讀奏石刻序文, 命觀象監官員, 持天文圖入侍. (出榻敎) 命浩修, 讀奏天文圖. 麟漢曰, 景福宮日影石刻, 同置于昌德宮觀象監好矣. 上曰, 好矣, 好矣. 命麟漢, 往景福宮, 其石刻, 移置于觀象監而後, 來奏, 可也. 麟漢·浩修·光道先退."

90) 『承政院日記』第1301冊, 英祖 46년 2월 23일 庚午(72책, 800쪽). "麟漢啓曰, 觀象監今番天文圖, 石移置處, 極其窄陋, 且近閭家, 御製御筆奉安, 甚爲未安, 本監領事, 與臣往復, 欲爲禀建數間閣矣. 領事未及登筵, 臣不得不仰禀, 而本監之內, 亦有淨僻處云, 自臣曹[曹], 議于領事, 從便擧行, 何如. 上曰, 依爲之. 勿設丹靑, 可也."

할 것이 아니므로 여기에 두고자 한 것이니, 어찌 지난날 "어찌 가히 공경하지 않을 수 있겠는가"라고 한 어명(御銘)<의 뜻>이겠는가. 아! 흥인문(興仁門)의 종(鐘)과 경복궁의 종(鐘)은 내가 모두 전각을 설치하도록 명했고, 광화문(光化門) 안의 건상석(乾象石)은 이미 서운관에 보관하라고 명령했다. 어제 이 돌[지평일구]을 보니 얼마나 많은 사람들이 밟았는지 알 수 없었다. 더욱 두려운 것은 석각 가운데 숭정(崇禎) 연호가 있다는 사실이다. 그 연호를 들으면 마음이 덜컥 내려앉는 것 같다. 건상석의 예에 따라 호조에 명하노니 창덕궁 궐 밖의 관상감에 여러 개의 층석(層石)을 쌓고 방위를 바르게 하여 층석 위에 안치하는 일을 관상감과 호조에 말하도록 하라.91)

이 기록은 『동국문헌비고』에도 요약된 형태로 수록되어 있다.92) 여기서 말하는 '건상판(乾象板)'이나 '건상석(乾象石)'은 석각 천문도를 가리키는 것이다. 당시 석각 천문도와 함께 발굴된 중요한 유물 가운데 하나가 지평일구(地平日晷)였다. 지평일구는 숭정(崇禎) 9년(1636)에 서양 선교사인 탕약망(湯若望)과 나아곡(羅雅谷 : Giacomo Rho, 1598~1638)이 설계하고 이천경(李天經)이 감독해서 제작한 것으로, 인조 대에 조선에 전래되어 창덕궁 홍문관의 남쪽 계단에 설치되어 있었다.93) 현종 10년(1669)에는

---

91) 『承政院日記』第1303冊, 英祖 46년 4월 20일 丁卯(72책, 925쪽─영인본 『承政院日記』, 國史編纂委員會의 책수와 쪽수. 이하 같음). "仍命書傳教曰, 今因文獻備考編輯, 聞昌德弘文館, 有地平(日)晷, 昨日爲此入見, 初意則置庭中是也. 卽在於本館南階, 頃者景福宮得乾象板, 設閣藏置於雲觀, 此石卽測候之石, 非藏者也. 置於此, 豈昔年烏可不欽之御銘乎. 噫, 興仁之鍾, 景福之鍾, 予皆命設閣, 光化門內乾象石, 旣令藏置雲觀, 昨見此石, 莫知幾百人之足踏, 其尤凜然者, 卽所刻中, 崇禎年號, 聞其年則心若隕墜, 依乾象石, 令度支, 作數箇層石, 於昌德闕外雲觀, 正方位, 安於層石之上事, 言于雲觀·度支."

92) 『增補文獻備考』卷3, 象緯考 3, 儀象 2, 9ㄴ(上, 51쪽).

93) 『增補文獻備考』卷3, 象緯考 3, 儀象 2, 9ㄴ(上, 51쪽) ; 李殷晟, 「大理石製 新法地平日晷와 昭顯世子」, 『東方學志』 46·47·48, 延世大學校 國學研究院, 1985.

이민철이 제작한 혼천의의 정확성을 비교하기 위해 지평일구를 사용했음을 확인할 수 있다.[94] 지평일구는 관측기구의 일종인 해시계였으므로 노천에 그대로 놓아두었는데, 오가는 많은 사람들이 밟고 지나다니는 폐단이 있었다. 그런데 이 해시계에는 '숭정(崇禎)' 연호가 새겨져 있었으므로 영조는 이것을 미안하게 생각하여 관상감에 돌을 쌓고 그 위에 안치하도록 명령했던 것이다.

이처럼 영조 대 석각 천문도의 발굴과 보관은 『문헌비고』의 편찬 사업과 깊은 관련이 있었다. 영조는 이 사실을 "지금 『문헌비고』로 인하여 처음에 옛 궁궐인 경복궁에서 건상석을 얻어 (지금의 천문도와) 함께 관상감의 흠경각에 보관했는데, 옛 것은 서쪽에, 지금 것은 동쪽에 위치하여 하나의 전각 안에서 단란하게 한데 모여 있다. 다음으로 홍문관에서 일영석(日影石 : 지평일구)을 얻어 관상감에 함께 두었는데, 옛 돌은 본감(本監)의 대청 앞에, 지금의 돌은 흠경각 앞에 두었다."[95]라고 회고하였다.[96] 영조 46년(1770) 창덕궁 금호문(金虎門) 바깥에 위치한 관상감에 흠경각을 짓고 그 안에 태조 때의 「천상열차분야지도」와 숙종조에 이를 복각한 석각 천문도를 나란히 보관했던 것이다.

영조 대에는 서양식 천문도의 모사 작업도 이루어졌다. 영조 17년(1741)의 절행(節行)이 구입해 온 천문도를 이듬해인 영조 18년(1742) 관상감에서 모사할 것을 요청하였고,[97] 이를 완성한 것은 영조 19년(1743)으로 보인

---

94) 『承政院日記』第217冊, 顯宗 10년 10월 24일(甲申). "又於其傍, 疊設牙輪, 兼設鈴鉻[路], 竝爲奏時擊鍾之機關, 而校諸地平日晷, 亦皆相合." ; 『息庵遺稿』卷17, 「新造渾天儀兩架呈進啓」, 8ㄱ(145책, 402쪽). "幷爲奏時擊鍾之機關, 而校諸地平日晷, 亦皆相合."

95) 『承政院日記』第1304冊, 英祖 46년 5월 1일 丁丑(72책, 948쪽). "上曰, 今因文獻備考, 初得乾象石於景福舊闕, 同藏雲觀欽敬閣, 而古則石西, 今則石東, 團圓於一閣中, 次得日影石於弘文館, 同置於雲觀, 而古石曾置於本監大廳前, 今石置於欽敬閣前."

96) 『書雲觀志』卷1, 官廨, 欽敬閣, 7ㄱ(25쪽). "英宗庚寅, 建閣三間, 戶曹正郎金恒柱·兼敎授姜熙彥董役. 閣中之西, 藏國初石刻天文圖, 其東, 藏肅宗朝石刻天文圖."

다.98) 그 유명한 법주사의 「신법천문도(新法天文圖)」(보물 제848호 報恩 法住寺 新法 天文圖 屛風)가 바로 이것이다. 그 모본이 된 것은 대진현(戴進 賢 : Ignatius Kögler)의 「황도총성도(黃道總星圖)」로 알려져 있다.99) 기존 연구에 따르면 이 「신법천문도」의 특징은 다음과 같은 몇 가지로 요약할 수 있다. "항성의 경도는 매년 서에서 동으로 51초씩 움직여 대략 71년마다 1도씩 달라진다."고 하여 항성동행설(恒星東行說)에 입각한 세차치를 정확 히 제시하고 있고, 은하가 무수히 많은 작은 별들의 집합이라고 설명하고 있다. 토성 주위에 고리가 있다는 사실을 분명히 언급했고, 토성과 목성의 위성들이 토성과 목성 주위를 회전하는 속도를 기술하고 있다. 이러한 점들을 분석해 보면 이 천문도에 담긴 지식과 정보들이 17세기 이후 서양천문학의 지식에 기초하고 있음을 알 수 있다고 하였다.100) 따라서

97) 『承政院日記』 951冊, 英祖 18년 11월 22일(丁丑). "又以觀象監官員, 以領事提調意啓 日, 上年節行天文圖, 新本覓來, 而蓋其圖, 以天之南北, 平剖爲二圖, 均賦經緯, 署以維辰, 此皆按圖指陳, 明哲天象者也. 考其星圖, 二十八宿雜座諸星, 以其體之大小, 分爲六等. 至若日中之有闇虛, 月體之有坳突, 土星之爲橢形, 木星之旁, 附四小星, 金水二星之有上 下弦, 纖悉圖繪, 皆與新曆志, 無不脗合. 此乃前所未有, 而緊於今測者也, 依此模出, 頒給 曆官, 俾便測驗, 似不可已. 且地理所用五層輪圖, 只是一件, 而今已破傷, 指南輪圖, 元無 精品, 亦不可不及時造置. 天文新圖粧屛所入及五層輪圖造成物力, 竝磨鍊上下之意, 分付 該曹, 何如. 傳曰, 允."; 『英祖實錄』 卷56, 英祖 18년 11월 20일(乙亥), 29ㄱ(43책, 75쪽). "觀象監啓言, 節行時覓來天文圖及五層輪圖, 俱緊天文·地理之用, 請模置造成. 上可之."
98) 李龍範, 『韓國科學思想史硏究』, 東國大學校出版部, 1993, 204쪽.
99) 현재 국립중앙도서관에 소장되어 있는 「黃道總星圖」(청구기호 : 古731-3)가 그것 으로 추정되고 있다. 이 천문도에는 "大淸雍正元年歲次癸卯, 極西戴進賢立法, 利白明 鐫"이라고 하여 제작 시기(1723년)와 제작자(戴進賢·利白明)를 명시하고 있다. 利白明은 이탈리아 출신 선교사인 Fernando Bonaventra Moggi(1694~1761)이다. Joseph Needham, Lu Gwei-djen, John H. Combridge, John S. Major, *The Hall of Heavenly Records : Korean satronomical instruments and clocks 1380-1780*, Cambridge University Press, 1986, pp.159~179 ; 한영호, 「서양과학의 수용과 조선의 신법 천문의기」, 『韓國實學思想硏究 4(科學技術篇)』, 혜안, 2005, 345~349쪽 참조.
100) 李龍範, 『韓國科學思想史硏究』, 東國大學校出版部, 1993, 133~143쪽 참조.

「신법천문도」는 서양천문학이 조선 사회로 유입된 것을 여실히 보여주는 유물이라 할 수 있다.

영조 50년(1774)에는 관상감에서 '신법천문도'의 모사 여부를 정부에 문의하였다. 보고에 따르면 예전에 「신법천문도」가 전래되었을 때 관상감에서 그것을 모사해서 그리고 병풍으로 만들어 전례대로 진상했다고 한다. 이는 영조 19년에 대진현의 「황도총성도」를 모사한 일을 지칭하는 것으로 보인다. 그런데 영조 50년 무렵에 서양인 유송령(劉松齡 : August von Hallerstein)의 「신법천문도」가 다시 전래되었다. 관상감에서 천문도의 별들의 숫자와 위치를 천상(天象)과 비교해 보니 사실과 들어맞는 것이 많았다고 한다. 이에 관상감에서는 이 천문도를 다시 모사해서 진상하고자 했던 것이다. 진상하는 목적은 예람(睿覽)에 대비하기 위함이었다.101) 이 천문도의 제작 여부를 확인할 수 있는 자료는 없다.

이 당시의 상황을 이해하기 위해서는 『의상고성(儀象考成)』의 전래 과정에 유의할 필요가 있다. 『의상고성』은 강희(康熙) 13년(1674)에 서양 선교사 남회인(南懷仁 : Ferdinandus Verbiest)이 편찬한 『신제영대의상지(新製靈臺儀象志)』를 수정·보완한 것이다. 건륭(乾隆) 9년(1744)에 대진현(戴進賢 : Ignatius Kögler)이 『영대의상지』의 성표(星表) 부분을 수정할 것을 주청하였고, 이것이 받아들여져 『의상고성』의 편찬 작업이 시작되었다. 유송령은 명안도(明安圖, 1692~1763), 하국종(何國宗, ?~1766) 등과 함께 『의상고성』의 편찬 작업에 참여하였고, 대진현이 죽은 후에는 흠천감의 책임자가 되어 이 사업을 완료하였다. 『의상고성』은 건륭(乾隆) 17년(1752)

---

101) 『承政院日記』1355冊, 영조 50년 9월 24일(甲戌). "金魯永, 以觀象監官員, 以領事提調意啓曰, 在前新法天文圖出來之後, 自本監, 圖畫粧屛, 例爲進上矣. 近年西洋人劉松齡新法, 又爲出來, 而星數位置, 考驗天象, 類多眞的, 不可不及今粧進, 以備睿覽矣. 所入物力, 自戶曹, 例有上下, 今番亦爲磨鍊之意, 分付該曹, 何如."

에 완성되었고, 3년 후인 1755년에 출판되었다.

『의상고성』은 영조 42년(1766) 무렵 조선에 전래되었다. 영조 42년 5월 5일의 영조와 관상감 관원 이덕성(李德星)의 대화를 통해 그 사실을 확인할 수 있다. 영조는 당시 수입된 책이『의상지』냐고 물었는데, 이에 대해 이덕성은『신법의상고성』이라고 답했다. 그는 강희제 때 남회인 등이 편찬한『의상지』를 '구법의상지(舊法儀象志)'라고 지칭하면서, 건륭 9년에 대진현과 유송령 등이 중국과 서양의 방법을 혼합해서 선기무신의(璇璣撫辰儀 : 璣衡撫辰儀의 오기)를 제작하고, 이것으로 항성의 황적경위도수(黃赤經緯度數)를 측정해서 성표를 만들고 '신법천문도'를 개조했다고 설명하였다. 아울러『의상고성』은 건륭 21년(1756)에 간행되었는데, 이번에 비로소 얻어가지고 왔다고 하였다.[102]

이덕성은 영조 41년(1765) 동지사의 일행으로 사신단에 참여했다. 당시 정사는 순의군(順義君) 이훤(李烜)이었고, 부사가 김선행(金善行), 서장관이 홍억(洪檍)이었다.[103] 홍대용이 참여한 연행으로도 유명하다. 이덕성은 이때 역관 고서운(高瑞雲)과 함께 흠천감을 왕래하면서『의상고성』12책과 『일식산(日食算)』을 구입해 왔던 것이다.[104] 따라서 이덕성이 말하는 '신

---

102) 『承政院日記』1255冊, 英祖 42년 5월 5일(癸酉). "命德星進前. 仍命進持入冊子下詢曰, 此是儀象志乎. 德星對曰, 此則新法儀象考成矣. 舊法儀象志則康熙年間, 南懷仁等, 制造 六儀時成出, 而此書則乾隆九年, 戴進賢·劉松齡等, 參考中西之法, 制造璇璣撫辰儀, 仍測 恒星黃赤經緯度數, 成表而改造新法天文圖, 作爲此書, 乾隆二十一年刊行, 而今番始爲得 來矣. 上曰, 爾等以此書推驗乎. 德星曰, 近年以來, 七政度數, 每有相左之處, 而今以此書 所載推步, 則果爲脗合矣. 上曰, 然則此書當緊用於本監耶. 德星曰, 自今年爲始, 當以此書 推步矣."

103) 『英祖實錄』卷106, 英祖 41년 11월 2일(癸酉), 16ㄱ(44책, 210쪽). "冬至使順義君烜· 金善行·洪檍等辭陛, 上召見之, 宣御饌, 親書賜四言各二句, 以寵其行."

104) 『承政院日記』1256冊, 英祖 42년 6월 27일(乙丑). "上年節行, 本監官員李德星, 與同行 譯官高瑞雲, 往來於欽天監, 厚遺面幣, 求見西洋人等, 竭誠殫慮, 一一講究後, 新法儀象考 成十二冊及日食算, 購得以來."

법천문도'는『의상고성』에 수록된「항성전도(恒星全圖)」,「적도북항성도
(赤道北恒星圖)」,「적도남항성도(赤道南恒星圖)」 등을 가리키는 것으로 보
인다.

4) 의상 중수 사업의 의미

이상에서 살펴본 각종 천문의기 제작 사업은 어떤 목적하에서 전개되었
던 것일까? 단순하게 생각한다면 천문역산학의 정비라는 현실적 목적을
달성하기 위해서 보다 정밀한 관측기구가 필요했기 때문이라고 볼 수
있다. 그러나 조선왕조 내내 제작되었던 여러 천문의기에는 이러한 현실
적 목적 이외에 다양한 사상적 가치들이 부여되었다. 다음과 같은 고사는
천문의기에 함유된 정치성을 보여주는 실례의 하나이다.

영조 34년(1758) 5월 4일 창경궁 숭문당(崇文堂)에서 영조와 신료들의
만남이 있었다. 이 자리에서 영조는 먼저 경복궁 간의대의 유석(遺石)을
사람들이 모두 '유연(鍮硯 : 먹물을 담는 놋쇠로 만든 그릇)'으로 여기는
것이 잘못이라는 점을 지적하면서 종묘 앞에 높여진 돌과 일영대(日影臺)
를 알고 있느냐고 신하들에게 물었다. 신하들이 모두 모른다고 하자
영조는 열성조의 고사를 이야기했다. 옛날에 임금이 미행할 때 우연히
한 노파를 만났는데 그 노파가 남편에게 이르기를 "세성(歲星)이 천성(賤星)
에게 쫓기는 바 되어 유성(柳星) 아래로 들어갔다."라고 하였다는 것이다.
이에 즉각 그 노파로 하여금 서운관에 소속시키고, 노파를 위해 일영대
옆에 '의석(欹石)'을 세웠다고 한다. 영조는 이 고사를 열성조에서 '역상(曆
象)'을 중시한 대표적 사례로 거론하면서, 국초에 흠경각을 세우고 천상(天
象)을 관찰한 뜻이 매우 중요하다고 강조했다.[105]

이 고사는 다른 형태로 나타나기도 한다. 영조 40년(1764)에는 영조는

야사에 등장하는 유사한 고사를 서울의 '일영방(日影坊)'이라는 동네 이름과 관련해서 언급하였다. 옛날에 성종(成宗)이 미행을 하다가 일영대의 버드나무 사이에 숨어 있었는데, 어떤 노인이 밤에 천상을 보다가 괴이하게 여기며 말하기를, "자미성(紫微星)이 유성(柳星) 밑에 숨어 있으니 이상한 일이다."라고 하였다는 것이다.[106] 자미성은 군주를 상징하는 것이니 성종이 버드나무 사이에 숨어 있는 모습이 하늘에 나타났고, 어떤 노인이 이것을 읽어냈다는 것이다.

위의 사례에서 나타나는 것처럼 영조는 '역상(曆象)'과 관련된 천문의기 제작 사업을 조선왕조 열성조의 '경천(敬天)'과 관련하여 강조했다. 영조대 후반에 이루어진 각종 의상(儀象)의 발굴과 복원은 『동국문헌비고』의 편찬 사업과 깊은 관련이 있었다. 영조는 이 사실을 "지금 문헌비고로 인하여 처음에 옛 궁궐인 경복궁에서 건상석(乾象石 : 석각 천문도)을 얻어 <지금의 천문도와> 함께 관상감의 흠경각에 보관했는데, 옛 것은 서쪽에, 지금 것은 동쪽에 위치하여 하나의 전각 안에서 단란하게 한데 모여 있다. 다음으로 홍문관에서 일영석(日影石 : 지평일구)을 얻어 관상감에 함께 두었는데, 옛 돌은 본감(本監)의 대청 앞에, 지금의 돌은 흠경각 앞에 두었다."[107]라고 회고하였다.

---

105)『承政院日記』1156冊, 英祖 34년 5월 4일(己丑). "上曰, 昌福宮簡儀臺遺石, 人皆謂之鍮硯, 實非矣. 宗廟前置石及日影臺, 卿等知之乎. 僉曰, 不知矣. 上曰, 列聖朝微行時, 遇一老嫗, 則謂其夫曰, 歲星爲賤星所逐, 入柳星下, 其時卽使其嫗, 隸於雲觀, 日影臺傍欹石, 爲此嫗設耳. 上命書之曰, 曆象日月星辰, 敬授人時, 國初有欽敬閣觀象之義, 顧不重歟. 頃者譯院, 旣已下敎, 雲觀陞品效勞之人, 亦依此例調用事, 分付." 『英祖實錄』의 기사는 이보다 축약되어 있으며, '賤星'이 '賊星'으로 표기되어 있다[『英祖實錄』卷91, 英祖 34년 5월 4일(己丑), 28ㄴ(43책, 687쪽)].

106)『承政院日記』1234冊, 英祖 40년 9월 1일(庚戌). "命讀上言十九度, 至日影坊民上言. 上曰, 承旨知日影臺故事乎. 命植曰, 不知矣. 上曰, 史官知之乎. 皆曰, 不知矣. 上曰, 此在野史矣. 成宗大王微行時, 潛隱於日影臺柳木下矣. 有一老人曰, 異哉, 紫微星, 隱於柳星之下云矣."; 『英祖實錄』卷104, 英祖 40년 9월 1일(庚戌), 14ㄴ(44책, 178쪽).

영조는 『동국문헌비고』의 편찬 과정에서 경복궁의 석각 천문도, 창덕궁의 지평일구, 측우기 등 각종 의상에 주목하였다. 그것은 하늘을 공경한다는 전통적인 유교 정치사상의 천명이면서[敬天] 동시에 조선왕조 열성조의 사업을 계승한다는 의식의 표방이었다[法祖]. 영조는 이러한 사업을 통해 국왕으로서의 권위와 정통성을 확립하고자 했다. 이는 영조 대의 정치 환경과 관련해서 이해할 필요가 있다. 영조는 양란 이후의 각종 사회 혼란을 수습하고 조선왕조의 통치 질서를 재정립한 중흥군주(中興君主)로서의 위상을 공고히 하고자 했고, 국왕 중심의 정치운영을 이론과 실제의 측면에서 완결하고자 노력했다. 탕평정치의 시도와 그 와중에서 제기된 '존왕론(尊王論)'·'군사론(君師論)',108) 후세 사왕(嗣王)들에게 통치의 규범을 제시하고자 하는 목적으로 제작한 『상훈(常訓)』,109) 조선왕조 300년 만에 처음으로 이루어진 초유의 대사업이라고 자부했던 『동국문헌비고』의 편찬은 그 일환이었다.110)

---

107) 『承政院日記』第1304冊, 英祖 46년 5월 1일(丁丑). "上曰, 今因文獻備考, 初得乾象石於景福舊闕, 同藏雲觀欽敬閣, 而古則石西, 今則石東, 團圓於一閣中, 次得日影石於弘文館, 同置於雲觀, 而古石曾置於本監大廳前, 今石置於欽敬閣前."

108) 英祖의 탕평정치 이념으로서의 尊王論·君師論에 대해서는 鄭豪薰, 「18세기 政治變亂과 蕩平政治」, 『韓國 古代·中世의 支配體制와 農民(金容燮敎授停年紀念韓國史學論叢 2)』, 지식산업사, 1997, 569~573쪽 참조.

109) 『英祖實錄』卷61, 英祖 21년 6월 14일(乙卯), 34ㄱ(43책, 184쪽).

110) 『承政院日記』第1308冊, 英祖 46년 8월 5일(戊寅). "又命書傳敎曰, 海東文獻備考, 三百年初成, 初則予意杳然, 着實監役, 工匠亦恪勤, 幾五十卷, 備考九朔內訖功, 此亦三百年初有." 이상의 영조 대 천문역산학 정비의 정치사상적 목적에 대해서는 구만옥, 「方便子 柳僖(1773~1837)의 實證的 宇宙論」, 『韓國學論集』 36, 漢陽大學校 韓國學研究所, 2002, 64~68쪽 참조.

3. 정조(正祖) 대 의상 개수(改修) 정책

1) 전통적 천문의기의 중수 : 혼천의·보루각·흠경각

정조 원년(1777)에 제정각 혼천의를 중수하였다. 수리의 대상이 된 혼천의는 숙종 13년(1687)에 최석정·이민철 등이 제작한 것이었고, 관상감 제조 서호수(徐浩修)를 비롯하여 이덕성(李德星)·김계택(金啓宅) 등이 중수 사업에 참여하였다.[111] 앞에서 검토한 바와 같이 현종 대에 이민철과 송이영에 의해 혼천의가 제작된 이후 숙종 대부터 정조 대에 이르기까지 혼천의의 개수와 여벌 혼천의의 제작 등 일련의 사업이 단속적으로 이어졌다. 개수(改修)·중수(重修)·수보(修補)라는 표현에서 볼 수 있듯이 이는 세월이 흐르면서 각종 부속품과 구동 장치 및 보시 장치 등에서 발생하는 문제를 수리하기 위한 작업이었다.

그렇다면 이와 같은 일련의 혼천의 중수 사업은 어떠한 목적하에서 진행된 것이었을까? 우리는 선조 대에 이항복이 의상 중수 사업을 건의하면서 그 궁극적 목적을 '법천순시(法天順時)'와 '계지술사(繼志述事)'라는 관점에서 설명하고 있음을 살펴보았다. 동일한 논법은 이후에도 반복된다. 혼천의(=선기옥형)는 순(舜)으로 대표되는 고대 성왕들이 하늘로부터 부여받은 덕[天德]을 바탕으로 하늘의 도[天道]를 인간 세상에 실행하는 하나의 상징물로 인식되었다. 그것은 이른바 "하늘을 본받아 도(道)를 행하는 일[體天行道之事]"[112]이었다. 이러한 관점에서 보면 선기옥형을

---

111) 『國朝曆象考』卷3, 儀象, 37ㄴ(554쪽). "聖上元年, 命觀象監, 重修齊政閣渾天儀, 提調徐浩修句管, 監官李德星等董役." ; 『書雲觀志』卷3, 故事, 58ㄱ~ㄴ(285~286쪽). "(正宗丁酉)秋八月, 命本監, 重修齊政閣渾天儀, 提調徐浩修句管, 監官李德星·金啓宅董役."
112) 『英祖實錄』卷15, 英祖 4년 2월 18일(己亥), 11ㄱ(42책, 11쪽). "願殿下深留聖意於體天行道之事."

천문의기로 사용하여 천체를 관측하는 일은 부차적인 것에 지나지 않았다. 보다 근본적 목적은 그를 통해 고대 성왕들의 흠천(欽天)과 그것을 계승한 역대 제왕의 경천 행위를 본받기 위한 것이었다. 그것은 선기옥형만을 살피는 것은 아무런 도움이 되지 않는다고 하면서, "세종(世宗)의 덕(德)이 있은 연후에야 간의대와 흠경각을 사용할 수 있다."고 주장한 이종성(李宗城, 1692~1759)의 논의[113]에서 보다 분명하게 확인할 수 있다. 이종성의 발언은 당시 치자 일반의 인식을 반영하는 것이라고 볼 수 있다. 아울러 거기에는 양란 이후 훼손된 왕실의 정치적 권위와 통치의 정당성을 확인하고자 하는 정치사상적 복선이 깔려 있었다고 보아야 한다.

앞에서 살펴본 바와 같이 영조 18년(1742)에서 20년(1744) 사이에 창경궁 보루각의 수리 문제가 거론된 바 있으나 가시적 성과를 거두지는 못했다. 그로부터 50년의 세월이 흐른 정조 18년(1794) 3월 24일 호조판서 심이지(沈頤之, 1735~1796?)의 보고는 당시 보루각과 흠경각의 현황을 유추할 수 있는 중요한 단서이다.

정조는 이해 3월 17일 사도세자(思悼世子)의 사당인 경모궁(景慕宮)에 참배하기 위해 창덕궁을 출발하였다. 어가(御駕)의 이동 경로는 협양문(協陽門) → 건양문(建陽門) → 동룡문(銅龍門)을 지나 경화문(景化門)을 거쳐 집례문(集禮門)을 경유하여 창경궁의 홍화문(弘化門)으로 나와 관기교(觀旂橋)를 지나 경모궁에 이르는 코스였다.[114] 주목해야 할 것은 동룡문 근처에

---

113) 『英祖實錄』卷15, 英祖 4년 2월 18일(己亥), 21ㄱ(42책, 11쪽). "李宗城曰, 但察璣衡, 而無一心合天之德, 亦無益也. 我世宗, 東方聖人, 禮樂文物大備, 有世宗德, 然後簡儀·欽敬可用也. 不然, 雖有此物, 豈有於乎不忘之德耶."

114) 보다 구체적인 경로와 예식의 절차는 『宮園展省錄』을 참조할 수 있다. 『궁원전성록』은 한국학중앙연구원 장서각[청구기호 : K2-2434]과 서울대학교 규장각한국학연구원[청구기호 : 奎3755, 奎9912]에 소장되어 있다.

는 누국(漏局)이, 경화문 근처에는 옛 도총부(都摠府)가 있었다는 사실이다. 정조는 어가가 누국 앞에 이르자 정민시(鄭民始, 1745~1800)에게 누국의 조속한 수리를 명하였다. 누국 전체를 모두 고치기는 어렵겠지만 금루관이 입직하는 곳은 실로 무너질 염려가 있으니 속히 개수하라고 지시했던 것이다.[115] 현전하는 『동궐도(東闕圖)』를 보면 동룡문 위쪽에 '금루각기(禁漏閣基)'를 중심으로 금루관직소(禁漏官直所), 금루서원방(禁漏書員房) 등이 배치되어 있는 모습을 확인할 수 있다[<그림 3-3> 참조]. 누국이란 이 일대를 뜻하는 것이고, 정조가 급히 수리하라고 지시한 것은 '금루관직소'를 가리키는 것으로 보인다.

어가가 경화문에 이르렀을 때 정조는 옛 도총부의 수리 문제를 꺼내들었다. 옛 도총부가 이미 쇠퇴하고 무너져서 제대로 된 모양을 갖추지 못하고 있으니 호조에 분부하여 헐어버려야 할 것은 헐어버리고 수리할 수 있는 것은 수리하면 좋겠다는 의견이었다. 정조는 건양문 동쪽은 도총부에서 주관하지만 위장소(衛將所) 네 곳[四所]은 병조가 모두 관할하는 것인데, 빈청(賓廳)의 후원은 청소도 하지 않았고, 우물도 깨끗이 쳐내지 않았으며, 담장을 덮은 기와는 깨지고 떨어진 것이 많은데도 수리하지 않았으니 근래 병조 낭관[騎郎]의 일이 매우 놀랄 만하다고 탄식하였다. 정조는 좌부승지 이익운(李益運)에게 명해 날이 풀린 이후에 병조와 도총부의 입직 낭청을 모두 의금부로 잡아들여서 조처하라고 전교하는 한편 병조의 입직 당상을 추고(推考)하라고 지시하였다.[116]

---

115) 『承政院日記』 1727冊, 正祖 18년 3월 17일(甲辰). "上具翼善冠·袞龍袍, 乘輿出協陽門·建陽門·銅龍門, 駕至漏局前. 上顧謂民始曰, 漏局固難盡改, 而禁漏官入直處, 實有傾壓之慮, 此則從速修改, 可也."

116) 『承政院日記』 1727冊, 正祖 18년 3월 17일(甲辰). "駕至景化門, 上曰, 舊摠府頹圮不成樣, 分付戶曹, 當毁者毁之, 可葺者葺之, 可也. 建陽以東, 摠府雖主之, 四所則兵曹旣皆都管, 況賓廳之後園則不掃, 井則不浚, 墻垣蓋瓦, 缺落者多, 而全不修飭, 近來騎郎事, 極爲駭然矣. 命益運書傳敎曰, 解凍以後, 兵曹摠府入直郎廳, 竝拿處(出駕前下敎). 又命書傳敎

이로부터 7일이 지난 3월 24일에 호조판서 심이지의 보고가 올라왔다. 심이지는 왕명에 따라 옛 도총부와 누국 등의 장소를 살펴보고 도형(圖形)을 만들어 바쳤던 것이다. 아울러 흠경각의 상태에 대해서도 보고하였다. 그에 따르면 누국의 상태는 썩 좋지 않았던 것으로 보인다. 일단 그 장소가 낭떠러지[懸崖] 아래 위치하고 있어서 무너지기 쉽고, 외면에서 떠받치는 것은 위급한 것처럼 보이지만 그 안은 크게 상한 곳은 없다고 하면서 금루관이 입직하는 곳은 매우 염려된다고 하였다. 이어서 심이지는 흠경각의 상태를 보고했는데, 들보와 서까래가 새는 빗물로 인해 썩어 있는 상태였다고 한다.117)

심이지는 누국의 입지 장소가 좋지 않다는 점과 건물의 내·외부 상태를 보고했던 것인데, 이를 보면 금루각(禁漏閣), 즉 보루각의 보존 상태를 가늠할 수 있다. 금루관직소는 상태가 매우 좋지 않았던 것으로 보인다. 이에 대해 정조는 보루각처럼 큰 건물을 누가 손댈 수 있겠느냐고 걱정하였다. 금루관직소, 금루서원방과 붙어 있는 세 칸까지 누수각(漏水閣)의 수리는 그리 중요하지 않은 일이라고 판단했던 것이다. 무너질 것을 알면서 그대로 방치해 두는 것도 미안한 노릇이라는 정조의 발언에서 보루각 개수의 어려움과 당국자들의 고민을 읽을 수 있다.118)

정조는 흠경각의 수리 여부에 대해서도 고민하고 있었다. 수리가 불가능하다면 철거해야 하고, 보존하려면 수리를 해야만 했기 때문이다. 그것

日, 解凍以後, 兵曹入直堂上, 竝推考(出駕前下敎)."

117) 『承政院日記』 1727冊, 正祖 18년 3월 24일(辛亥). "頤之曰, 臣於昨日承命, 看審舊摠府漏局等處, 圖形以進, 而處在懸崖之下, 故易爲傾圮, 其外撑柱[拄], 雖似危急, 其內則別無大段傷處, 禁漏官入直處, 極甚悶慮. 至於欽敬閣, 則道里·椽木, 雨漏腐傷矣." 『승정원일기』의 내용은 『日省錄』과 비교해 보면 다소의 출입이 있다.

118) 『承政院日記』 1727冊, 正祖 18년 3월 24일(辛亥). "上曰, 如許大廈, 其孰下手乎. 三間漏水閣, 特其餘事, 決知其有巖墻之慮, 而猶且任置, 實涉未安."

은 흠경각이 지니고 있는 상징성 때문이었다. 정조가 "그 이름과 의미를 생각해 보면 참으로 소중하다[顧名思義, 實有所重]"고 했던 이유가 여기에 있었다. 그러나 심이지는 개건(改建)이 어렵다고 보았고, 정민시는 기와를 갈아 끼워서 빗물이 새는 곳만 보수하자고 하였다.119) 소극적인 방안이었다.

정조는 흠경각이 한(漢)의 영광전(靈光殿)과 흡사한 큰 건물이라고 보았다. 그는 이렇게 큰 건물을 손댈 수 있겠느냐고 고민했던 것이다. 흠경각은 세종조에 창건한 것으로 조선에서 가장 뛰어난 건축물[第一傑構]로 거론되었다. 따라서 이를 보수하는 사업은 조상의 사업을 계승하는 일[堂構]이었다. 정조는 흠경각의 기계 장치와 관련된 기록이 옛 문헌에 상세하게 기재되어 있기 때문에 충분히 모방해서 설치할 수 있다고 판단했다. 또 당시 창덕궁 희정당 앞에 있는 자명종(自鳴鍾)의 수격(水激) 장치는 그 유제를 보여주는 것이기도 했다. 이는 희정당 남쪽에 있던 제정각(齊政閣)의 혼천의를 가리키는 것으로 보이는데, 이미 정조 원년(1777)에 서호수·이덕성 등으로 하여금 제정각 혼천의를 중수한 바 있었다. 정조는 이와 같은 의기는 정우태(丁遇泰) 같은 사람이면 충분히 만들 수 있다고 보았다. 문제는 그것을 보관하는 흠경각의 건물이었다. 정조는 건축물을 지을 수 있는 뛰어난 장인을 어디서 구할 것인지 고민하였던 것이다.120)

정우태는 정조 대에 남포현감(藍浦縣監), 직산현감(稷山縣監), 용인현령

---

119) 『承政院日記』 1727冊, 正祖 18년 3월 24일(辛亥). "欽敬閣則顧名思義, 實有所重, 苟屬無用, 則周之明堂, 孟子猶請毁之, 此亦欲毁則撤去, 欲存則修葺, 苟欲修葺, 雖云難於下手, 豈無可爲之道乎. 頤之曰, 改建誠難, 而實未知何以則好矣. 民始曰, 只令改瓦, 牽架補漏, 亦足改觀矣."

120) 『承政院日記』 1727冊, 正祖 18년 3월 24일(辛亥). "上曰, 此是世宗朝所創, 而爲我國之第一傑構, 至今巋然若靈光, 某條修葺, 則亦係堂構之一端矣. 十二仙童等儀器遺制, 昭載於文跡, 足可倣而設之, 故今之熙政堂前自鳴鍾之水激轉斡者, 亦是傳襲於遺制者, 似此儀器, 如丁遇泰者, 足能成樣, 至若架屋之制, 如許巧匠, 何處得來乎."

(龍仁縣令)을 역임했으며, 순조 대에는 옥구현감(沃溝縣監), 적성현감(積城縣監), 고창현감(高敞縣監) 등의 외직을 역임했던 인물이다. 그는 정조대 현륭원(顯隆園) 조성 공사와 화성(華城) 성역(城役)에 별간역(別看役)으로 참여하였다. 주교사(舟橋司)에서도 그를 차출하여 별간역으로 활용하고자 했다.[121] 정조는 정우태의 재주가 기술자로 유명한 최천약(崔天若)에 못지 않다고 여겼다.[122] 정우태는 정조 사후에 정조의 능인 건릉(健陵)의 조성 사업에 참여하기도 했다.[123]

2) 사도세자(思悼世子)의 천원(遷園)과 천문의기의 제작

정조 13년(1789)에는 김영(金泳, 1749~1817) 등에게 명하여 적도경위의(赤道經緯儀)와 지평일구(地平日晷)를 제작해서 진상하게 하고, 여벌을 제작해서 관상감에 비치하였다.[124] 당시 천문의기를 만든 목적은 사도세자의 묘인 영우원(永祐園)을 수원(水原)의 화산(花山)으로 이전하는 문제와 관련이 있었다. 그것은 천원(遷園) 예식을 거행할 때 필요한 정확한 시간 측정[諏日]을 위해 미리 중성(中星)과 경루(更漏 : 물시계)를 바로잡기 위한 작업이었다. 당시 영의정으로서 관상감 영사를 겸임하고 있던 김익(金熤, 1723~1790)의 건의 내용을 살펴보면 그 사실을 분명히 확인할 수 있다.

---

121) 『承政院日記』 1680冊, 正祖 14년 7월 26일(甲辰). "尹行任, 以舟橋司言啓曰, 藍浦縣監 丁遇泰, 本司別看役差下, 使之擧行, 何如. 傳曰, 允."

122) 『承政院日記』 1672冊, 正祖 14년 2월 9일(庚申). "上曰, 石物比長陵, 如何. 民始曰, 體樣則差小, 而石品及雕刻, 則可謂絶勝矣. 上曰, 然則丁遇泰技藝, 其將不下於崔天若耶. 民始曰, 似然矣." ; 『承政院日記』 1787冊, 正祖 22년 2월 4일(戊戌). "上曰, 左邊屛風石, 有滲水之痕, 何也. 招入別看役丁遇泰下詢. 遇泰曰, 每當下雪時, 左邊偏得朝陽, 故雪水流 下, 以致如此矣. 上曰, 石物制度如長陵, 而反有勝焉, 其工不下於崔天若矣."

123) 『承政院日記』 1834冊, 純祖 원년 3월 11일(丁亥) ; 『承政院日記』 1836冊, 純祖 원년 4월 3일(己酉) ; 『承政院日記』 1883冊, 純祖 4년 8월 19일(乙亥).

124) 『國朝曆象考』 卷3, 儀象, 37ㄴ(554쪽) ; 『書雲觀志』 卷4, 書器, 7ㄱ~ㄴ(323~324쪽).

신이 관상감사(觀象監事)로서 우러러 아뢸 것이 있습니다. 해감(該監 : 관상감)의 말을 들으니, 중성과 경루를 측후하여 바로잡은 지가 거의 50년이나 오래되어서 지금은 성차(星次)가 점점 이동하여 거의 1도(度)나 차이가 나기에 이르렀고, 경루 또한 이로 인해 진퇴(進退)의 차이가 없지 않다고 합니다. 이번에 천원하는 대례(大禮)를 당하여 시각을 정하는 한 가지 일이 실로 막중한데, 지금의 경루를 막중한 용도에 사용하는 것은 조심하고 삼가는 뜻[審愼之義]에 매우 부족합니다. 경루와 일영(日 影 : 해시계)을 불가불 지금 바로잡아야 합니다. 그런데 그 근본을 미루어 보면 중성을 추보(推步)하여 그 전차(躔次)와 도수(度數)를 정하는 데에 있는데, 만약 의기(儀器)가 없으면 측후를 근거할 데가 없으니, 먼저 지평의(地平儀)와 상한의(象限儀) 두 의기와 신법일영(新法日影=新法地平 日晷)을 주조하여 측후해서 바로잡을 수 있는 터전으로 삼아야 한다고 합니다.<여기까지가 관상감의 보고 내용> 별자리[星宿]의 전차(躔次) 는 매년 차이가 있으니 50년에 가까우면 거의 1도의 차이가 나는 것은 진실로 그 형세가 그러합니다. 중성이 이미 그 전차를 잃었으니 경루가 징험할 바가 없는 것 또한 마땅합니다. 선기옥형을 살펴 칠정을 바로잡는 것은 왕정(王政)의 큰일이고, 하물며 시각을 정해야 하는 막중한 일이 있으니 더욱 불가피하게 이때를 따라 급급히 바로잡아야 하는데, 일이 중대한 데 관계되어 있어서 감히 위의 허가 없이 마음대로 거행하지[自下 擅便] 못하고 감히 이와 같이 보고를 드려 결재를 받고자 합니다[稟裁]. 또 해감의 관생배(官生輩)들이 추보의 학술[推步之學]에 익숙한 자가 매우 드문데, 김영(金泳)이라는 사람이 역가(曆家)의 제법(諸法)에 정통하다고 하니 그를 본감(本監)에 입속(入屬)시켜 이 일을 함께하도록 한다면, 실효 가 없지는 않을 듯합니다.[125]

김익의 보고에 따르면 당시 물시계에 문제가 많았다. 이 문제를 해결하기 위해서는 중성 관측을 통해 물시계를 교정하는 작업이 필요했고, 중성을 관측하기 위해서는 정밀한 천문의기를 제작해야 했던 것이다. 물시계의 교정 결과는 통상 『누주통의(漏籌通義)』에 수록된다. 그런데 당시 사용하고 있던 『누주통의』에 수록된 각 절기의 중성은 영조 20년(1744)의 항성적도경위도(恒星赤道經緯度)였다. 정조 13년(1789)은 그로부터 46년이 경과한 시점이었다. 따라서 세차(歲差)운동의 결과 중성의 도수에 0.5도 이상의 차이가 발생하게 되었던 것이다[50″×46년=2300″ → 2300″÷60=38′ → 38′÷60≒0.6도]. 이제 필요한 작업은 먼저 천체 관측을 통해 24기(氣)의 각 시각의 중성을 확정하여 그 결과를 『신법중성기(新法中星紀)』로 편찬한 다음, 이를 토대로 물시계를 교정하고 그 결과를 새로운 『누주통의』로 정리하는 것이었다. 당시 관상감에서는 정조 8년(1784, 甲辰)의 항성적도경위도에 의거하고, 한양의 북극고도인 37도(度) 39분(分) 15초(秒)를 이용해서 각 절기의 각 시각의 중성을 추보해서 『신법중성기』로 편찬하고, 이를 『누주통의』와 함께 간행하였다.126)

125) 『承政院日記』1663冊, 正祖 13년 8월 21일(甲戌). "熤曰, 臣以觀象監事, 有所仰稟矣. 聞該監之言, 中星更漏之測候釐正, 殆近五十年之久. 今則星次漸移, 幾至一度之差, 更漏, 亦因此不無進退之差, 當此遷園大禮, 定時一事, 實爲莫重, 而以此更漏, 用之於莫重之用者, 殊欠審愼之義。 更漏與日影, 不可不及今釐正, 而推其本, 則在於推步中星, 以定其躔次度數, 而若無儀器則測候無憑, 先籌地平·象限兩儀及新法日影, 以爲測候釐正之地云矣。 星宿躔次, 逐年有差, 則近五十年之久, 幾一度差移, 固其勢也, 而中星旣失其躔次, 則更漏之無憑, 亦其宜矣. 在璣齊政, 王政之大者, 況有莫重定時之事, 則尤不可不趁此時汲汲釐正, 而事係重大, 不敢自下擅便, 敢此稟裁. 且聞該監官生輩, 燗於推步之學者絶罕, 而有金泳爲名人, 精於曆家諸法, 使之入屬本監, 與同此事, 恐不無實效矣. 上曰, 依爲之。"; 『正祖實錄』 卷28, 正祖 13년 8월 21일(甲戌), 5ㄴ∼6ㄱ(46책, 51∼52쪽).

126) 『正祖實錄』 卷28, 正祖 13년 8월 21일(甲戌), 6ㄱ(46책, 52쪽). "舊本漏籌通義所載各節氣中星, 卽英廟二十年甲子恒星赤道經緯度也. 已過四十餘年, 恒星本行過半度, 乃以上之八年甲辰恒星赤道經緯度, 依京都北極高三十七度三十九分一十五秒, 推步各節候之各時刻中星, 編爲書, 與漏籌通義印行。"; 『國朝曆象考』 卷2, 中星, 4ㄱ(401쪽), 徐浩修의

현재 규장각에는 여러 권의『신법중성기』가 소장되어 있는데,127) 모두
정조 13년(1789) 관상감에서 편찬한 것이다. 이 책의 말미에는 편찬과
교정에 참여한 역관(役官)들의 명단이 수록되어 있는데, 그에 따르면 교정
관(校正官)은 지중추부사(知中樞府事) 이덕성(李德星)과 절충장군(折衝將軍)
안사행(安思行)이었고, 휘편관(彙編官)은 선략장군(宣略將軍) 김영(金泳), 추
보관(推步官)은 관상감정(觀象監正) 최광진(崔光晋), 감동관(監董官)은 관상
감정(觀象監正) 정충은(鄭忠殷), 천문학교수(天文學敎授) 김상우(金象禹), 관
상감정(觀象監正) 홍구성(洪九成) 등이었다.『신법중성기』와 함께 간행된
『신법누주통의(新法漏籌通義)』도 현재 규장각에 여러 권이 소장되어 있
다.128) 편찬에 참여한 관원들은『신법중성기』의 편찬자와 동일하다.
　앞에서 인용한 김익의 보고에서 주목할 것은 김영을 천거했다는 사실이
다. 그는 위에서 살펴본 바와 같이 관상감 관원으로서『신법중성기』,
『신법누주통의』등의 책을 편찬하였고, 성주덕(成周悳)과 함께 우리나라
천문역산학의 역사를 정리한『국조역상고(國朝曆象考)』를 펴냈으며, 적도
경위의·지평일구 등의 서양식 천문의기 제작에도 참여했다.129) 정조 대에
김영은 '역가제법(曆家諸法)'에 정통하다고 널리 알려져 있었고,130) 그와
같은 명성에 근거하여 '방외미과지인(方外未科之人)'임에도 불구하고 서

　　「中星義例」참조.
127) 奎2925, 奎3146, 奎3802, 奎3807, 奎3808, 奎3813, 奎3814, 奎3815, 奎3817 등.
128) 奎3158, 奎3306, 奎3356, 奎3357, 奎3500, 奎3810, 奎3811, 奎3812, 奎3818, 奎3819
　　등.
129)『弘齋全書』卷58, 遷園事實 2, 諏日 第4, 21ㄱ~ㄴ(263책, 404쪽) ;『弘齋全書』卷183,
　　羣書標記 5, 命撰 1, 新法漏籌通義一卷刊本, 29ㄱ~ㄴ(267책, 568쪽) ;『國朝曆象考』
　　卷3, 儀象, 37ㄴ(554쪽) ;『書雲觀志』卷4, 書器, 7ㄱ~ㄴ(323~324쪽).
130)『竹下集』卷13,「以雲觀測候器釐正事筵奏」(240책, 451쪽). "且聞該監官生輩嫺於推步
　　之學者絶罕, 而有金泳爲名人, 精於曆家諸法, 使之入屬本監, 與同此事, 恐不無實效矣." ;
　　『正祖實錄』卷28, 正祖 13년 8월 21일(甲戌).

호수 등의 건의에 따라 정조 15년(1791)에 수술관(修述官),[131] 정조 20년 (1796)에 삼력관(三曆官),[132] 정조 23년(1799)에 천문학겸교수(天文學兼教授)에 특차(特差)될 수 있었다.[133] 정민시(鄭民始)는 김영을 천문학겸교수에 특차할 것을 건의하면서 그가 "강론(講論)에는 약하지만 추보(推步)에는 가장 밝다."고 하였다.[134] 이는 김영이 수학적 계산에 뛰어나다는 사실을 말하는 것으로, 그는 이와 같은 능력을 바탕으로 당대 '역학지종장(曆學之宗匠)'[135]으로 자리매김될 수 있었다.

정조는 이덕성과 김영을 시켜 『신법중성기』를 편찬한 뒤, 천원 당일 지평일구로 해그림자를, 적도경위의로 중성을 측정하게 해서 『신법중성기』와 서로 맞추어 보게 하였다.[136] 이처럼 『신법중성기』와 『신법누주통의』의 편찬, 지평일구와 적도경위의의 제작은 긴밀히 연결된 사업이었다.[137]

---

131) 『承政院日記』第1695冊, 正祖 15년 10월 11일(壬子). "浩修曰, 方外人金泳, 術業精明, 顯隆園遷奉時, 中星日晷校正, 專委此人擧行. 且於本監推步, 前後效勞甚多, 而特以未及登科, 姑未得入屬於三曆官, 權付大統推步官矣, 今則推步廳旣已減省, 依前兼教授例, 特差修述官, 何如. 上曰, 依爲之."

132) 『承政院日記』第1762冊, 正祖 20년 4월 20일(乙未).

133) 『承政院日記』第1809冊, 正祖 23년 5월 30일(丁亥).

134) 『承政院日記』第1809冊, 正祖 23년 5월 30일(丁亥). "民始曰 …… 天文學兼教授有窠, 取才差定, 新有節目, 而監生中金泳, 雖短於講論, 最明於推步, 監公議皆云當屬此人, 而若取才則無得參之望, 依舊例以此人差定 ……."

135) 『左蘇山人文集』卷8,「金引儀泳家傳」, 41ㄴ(續106책, 165쪽). "通國之人, 皆推爲曆學之宗匠."

136) 『弘齋全書』卷58, 遷園事實 2, 諏日 第4, 21ㄱ~ㄴ(263책, 404쪽). "爰命雲觀生李德星·金泳等, 以予御極後七年癸卯, 恒星赤道經緯度, 用漢陽北極高三十七度三十九分一十五秒, 推步名節候之各時刻中星, 編爲新法中星紀. 又制地平日晷·赤道經緯儀. 是日, 使德星·泳等, 以日晷測日影, 以赤道儀測中星, 與中星紀相准, 則日躔在寅宮五度, 小雪初候, 而亥初初刻, 奎宿第一星, 正當午位爲中星."

137) 『弘齋全書』卷183, 羣書標記 5, 命撰 1, 新法漏籌通義一卷刊本, 29ㄱ~ㄴ(267책, 568쪽). "歲己酉, 旣定遷園大禮吉辰, 董事之大臣奏言吉辰適在夜時, 宜校正漏籌, 以求眞時. 予以舊法之止分二十四氣, 猶未免疎略, 命雲觀細分七十二候, 編爲新法漏籌通義, 以丁酉

앞에서 살펴본 김익의 보고에서 알 수 있듯이 본디 관상감에서 제작을 건의했던 것은 지평의와 상한의였다. 그런데 실제로 제작된 의기는 지평일구와 적도경위의였다. 『신제영대의상지』에 따르면 지평의(地平儀=地平經儀)와 상한의(象限儀=地平緯儀)는 지평좌표의 경도와 위도(=지평고도)를 측정하는 데 쓰이는 것이었고, 적도경위의는 진태양시(眞太陽時, true solar time)나 적도좌표의 적경(赤經, right ascension)과 적위(赤緯, declination)를 측정할 때 사용하는 것이었다. 적도경위의는 적경권(赤經圈), 적도권(赤道圈), 자오권(子午圈)과 상한호(象限弧) 등으로 구성되어 있다.138) 적도경위의가 언제 조선에 전래되었는지는 분명하지 않은데, 북경의 관상대(觀象臺)에 비치되어 있었으므로 연행 사절의 견문록을 통해 국내에 그 존재가 일찍부터 알려져 있었다고 볼 수 있다.139) 이와 함께 제작된 지평일구는 앞에서 살펴보았듯이 이미 인조 연간에 조선에 전래된 바 있다.

정조 대 적도경위의 제작과 관련해서 주목되는 것은 사역원의 관리였던 현익(玄熤)의 상언이다. 그는 정조 14년(1790) 2월에 사역원을 통해 자신의 부친인 현계환(玄啓桓)이 정조 4년(1780) 사은사[進賀兼謝恩使]의 일행으로 청에 파견되었을 때 『의상지』와 『의상도』를 구입해서 관상감에 바쳤다고 하면서, 작년에 적도경위의를 제작할 때 그 책들이 주요 참고문헌이 되었다는 점을 강조하면서 부친에 대한 가자(加資)를 요청했던 것이다.140)

字摹印. 又製地平晷·赤道儀, 晝測太陽, 夜考中星. 及期, 吉辰之中星, 正當東奎大星, 此蓋自天祐之, 吉无不利, 以啓我億萬年文明之運也, 豈區區推步之所能致哉.";문중양, 「18세기 후반 조선 과학기술의 추이와 성격-정조대 정부 부문의 천문역산 활동을 중심으로-」,『역사와 현실』39, 한국역사연구회, 2001, 213~215쪽 참조.

138) 陳美東,『中國科學技術史-天文學卷』, 北京 : 科學出版社, 2003, 701~705쪽 참조.
139) 『湛軒書』外集, 卷9, 燕記, 「觀象臺」, 17ㄴ(248책, 292쪽).
140) 『日省錄』庚戌(1790) 2월 14일(乙丑). "司譯院啓言, 本院前衛玄熤上言, 以爲渠父啓桓,

그런데 이와 같은 현익의 상언이 어느 정도 사실을 반영하고 있는지는 따져볼 필요가 있다. 왜냐하면 『의상지』와 그 도본은 앞에서 살펴보았듯이 숙종조에 이미 조선에 입수되었고, 숙종 40년(1714) 무렵에는 이를 간행하기도 했기 때문이다.

3) 「관상감이정절목(觀象監釐正節目)」과 천문의기의 수입 문제

정조 15년(1791) 10월 27일에 「관상감이정절목(觀象監釐正節目)」[141]이 마련되었다. 이에 대한 논의는 이미 그 이전부터 시작되었던 것으로 판단된다. 왜냐하면 10월 11일 서호수와 정조의 대화를 보면 서호수가 관상감의 「명과학이정절목(命課學釐正節目)」을 언급하고 있기 때문이다.[142] 당시 서호수는 관상감 제조로서 정조의 명을 받들어 「관상감이정절목」을 만드는 데 주도적 역할을 담당했던 것으로 보인다.

당시 「이정절목」을 강정(講定)했던 이유는 관상감의 조직 운영에 심각한 문제가 있다고 판단했기 때문이다. 그것은 해묵은 문제였다. 조선왕조는 개창 이래로 왕정(王政)의 급선무로서 '치력명시(治曆明時)'의 중요성을

庚子年隨往謝恩使行時, 儀象志儀象圖, 自雲觀欲爲求得, 故渠父多捐私財購納雲觀矣. 上年新造赤道經緯儀器時, 以渠父所納儀象志圖爲考據之資. 自前譯官以購納曆家方書之勞, 得蒙加資之典, 而渠父尙未蒙一視之澤云. 所購之書, 果是曆家之緊要, 而捐財私貿, 誠爲可嘉, 而事關恩典, 請上裁. 從之."

141) 『정조실록』에는 「三學釐正節目」이라는 제목으로 수록되어 있다[『正祖實錄』卷33, 正祖 15년 10월 27일(戊辰), 50ㄱ~51ㄱ(46책, 255쪽)]. 규장각한국학연구원에 소장되어 있는 자료의 제목은 「辛亥啓下觀象監釐正節目」이다[청구기호 : 奎 2222]. 이 자료의 표지 제목은 『雲觀節目』이며, 그 내용은 「辛亥啓下觀象監釐正節目」과 「癸丑啓下事目」을 합본한 것이다.

142) 『承政院日記』1695冊, 正祖 15년 10월 11일(壬子). "浩修曰, 本監命課學釐正節目中 …… 浩修曰, 今此命課學之釐正, 專爲國家大事諏吉之道, 則關係至重, 賞罰勸懲, 不可不兼行 ……."

염두에 두고 관상감 운영에 많은 관심을 기울였다. 관상감의 제도를 완비하고 관원들의 녹봉을 후하게 하였고, 초구(貂裘 : 담비의 모피로 만든 갖옷)와 선온(宣醞 : 임금이 신하에게 내리는 술)을 내려 권장의 방도를 극진히 하였다. 그러나 정조 대의 관상감 관원들은 추보의 측면에서 보면 입성(立成)에 의거하여 계산만 하고 있을 뿐 『역상고성』과 『역상고성후편』 등에 수록되어 있는 여러 학설에 대해서는 전혀 이해하지 못하고 있었다. 그것은 입성은 쉽게 이해할 수 있는 반면 역법의 근원은 깨우치기 어려웠기 때문이다. 정조를 비롯한 위정자들이 보기에 관상감 관원들은 녹봉만 헛되이 축내고 있을 뿐 마음을 바쳐 일하고자 하는 의지가 없었던 것이다.143)

명과학 분야의 상황도 마찬가지였다. 명과학은 추길(諏吉 : 길일의 선택)을 담당하는데, 조하(朝賀)·책봉(封冊)·연향(讌享)·동가(動駕)·시사(試士)·열무(閱武) 등 각종 국가 행사에서 길일을 선택하는 것은 그야말로 '지극히 중대하고 지극히 공경해야 하는[至重至敬] 일'이었다. 그런데 명과학을 담당하는 관원들을 배양하고 훈과(訓課 : 교육과 課試)하는 방도가 천문학 분야만 못하다는 문제가 있었다. 서호수는 정조가 「이정절목」을 강정해서 해묵은 폐단을 바로잡으라고 명한 것은 관원들을 격려하고 위엄을 짓는144) 성스러운 뜻에서 나왔다고 보았다.145)

---

143) 『承政院日記』 1695冊, 正祖 15년 10월 27일(戊辰). "觀象監釐正節目, 一才不稱其官, 勞不稱其俸, 凡令之百執事, 何莫不然, 而雲觀最甚, 蓋治曆明時, 爲王政之先務, 故設始之際, 壯其規制, 厚其餼廩, 以至貂裘更[宜의 오자-인용자 주]醞, 極其獎勸之方, 而國初則崔天衢·李茂林數人以外, 寥寥無聞, 近來所謂推步, 則不過憑依立成, 乘除段目而已. 如曆理前後編中輪之大小, 行之高卑, 圓積之爲平行, 角度之爲實行, 則茫然不如爲何說, 蓋因立成易解, 法原難曉, 而徒竊料布, 不欲費心思者, 滔滔皆是也."

144) 『書經』, 周書, 洪範. "惟辟作福, 惟辟作威, 惟辟玉食, 臣無有作福作威玉食."

145) 『承政院日記』 1695冊, 正祖 15년 10월 27일(戊辰). "至於命課學, 則專掌諏吉, 如朝賀·封冊·讌享·動駕·試士·閱武等涓擇, 俱係至重至敬之事, 而培養之道, 訓課之方, 又不如天文學, 尤豈不寒心. 今此講定節目, 釐正宿弊之命, 實出於激勸作威之聖意."

그런데 명과학 분야의 이정에서 상벌(賞罰)과 권징(勸懲)을 병행해야
한다는 생각은 서호수의 지론이었다. 그는 각종 국가 행사에서 추길을
담당한 관원의 성명을 예조로 하여금 서계(書啓)하도록 하고, 택일의 유능
여부[能否]를 관상감의 훈장(訓長)으로 하여금 정간(井間)에 따라 상세히
기록하게 하여 제조의 서명[着押]을 받은 이후 도장을 찍어 봉해서 비치해
두자고 하였다. 택일이 한 번 어긋나면 포(布)를 한 번 건너뛰고[주지
말고], 두 번 어긋나면 포와 료(料)를 건너뛰고, 세 번 어긋나면 겸교수
취재에서 제외하고, 오류가 여러 번에 이르러 그 임무를 감당할 수 없는
자는 관상감에서 초기(草記)를 올려 태거(汰去＝刊汰)하도록 하자는 방안이
었다. 정조도 이와 같은 서호수의 방안에 찬성하였다.146) 바로 이 대목이
「관상감이정절목」에 포함되어 있다. "명과학의 변통은 오로지 국가의
추길을 위한 것이니 관계되는 바가 지극히 중요하다."로 시작하는 대목이
바로 그것이다.147) 이는 서호수가 이 절목을 만들기 위해 그 이전부터
정조와 논의를 거쳤음을 짐작할 수 있는 대목이다. 그렇기 때문에 서호수
는 이 절목을 제출하면서 "이에 이정(釐正)의 조례는 한결같이 임금님께
품의하여 재결을 받은 내용을 따라 삼가 다음과 같이 찬차(撰次)한다."라고
했던 것이다.148)

---

146) 『承政院日記』1695冊, 正祖 15년 10월 11일(壬子). "浩修曰, 今此命課學之釐正, 專爲國
家大事諏吉之道, 則關係至重, 賞罰勸懲, 不可不兼行, 如朝賀·封冊·讌享·動駕·試士·閱
武等諏吉後, 禮曹以推擇日官姓名書啓, 以驗涓擇之能否, 本監訓長, 依井間詳記, 提調着
押後, 踏印封置, 一錯則越布, 再錯則越布越料, 三錯則拔之兼敎授取才, 至於屢錯, 而終不
可勝任者, 自本監草記刊汰, 何如. 上曰, 依爲之."

147) 『正祖實錄』卷33, 正祖 15년 10월 27일(戊辰), 51ㄱ(46책, 255쪽). "一, 命課學之變通,
專爲國家諏吉, 則關係至重 ……." 다만 실록과 『승정원일기』의 내용을 비교해
보면 실록에는 이 항목의 앞부분에 있는 "賞罰을 병행한 연후에야 勸懲이 이에
나타난다."라는 구절이 빠져 있다[『承政院日記』1695冊, 正祖 15년 10월 27일(戊
辰). "一, 賞罰兼行, 然後勸懲乃著. 今此命課學之變通, 專爲國家諏吉之方, 則關係至嚴
……."].

「관상감이정절목」 가운데는 다음과 같은 규정이 있다.

    옛날 규례에는 부연관(赴燕官 : 연경에 파견되는 사신과 그 일행)을 매년 차송(差送 : 일정한 임무를 주어 사람을 보냄)하였는데, 근래에는 3년에 한 번 보내는 것을 정식으로 삼고 있습니다. 천문학에서 역법을 다스리는 것[治曆]과 명과학에서 길일을 선택하는 것[諏吉]은 오로지 중국의 방서(方書)와 의기(儀器)에 도움을 받는데[의지하고 있는데], <중국에> 왕래하는 것이 드물고 듣고 보는 것이 드물어 비록 재주와 슬기가 있는 자라도 개발할 방도가 없습니다. 돌아보건대 지금 관상감원들의 술업(術業)이 거친 것은 이 때문이 아니라는 것을 어찌 알겠습니까[이로 인한 것이 아니겠습니까]? 이제 옛 규례를 회복하여 천문과 명과 양학(學)에서 번갈아 매년 차송하되, 한 번은 취재(取才)해서 차송하고, 한 번은 좌목(座目 : 관리들의 서열)에 따라 차송하소서. 천문학의 일과감인(日課監印 : 日課監印官)은 두 자리[窠]인데, 이 또한 좋은 자리[腴窠]라 격례(格例 : 격식으로 되어 있는 관례)가 너무 없어서 분쟁이 일어나도록 내버려 두어서는 안 되오니, 한 자리는 전례대로 삼력관으로 새로 부임한 자로 임명하여 보충하고, <다른> 한 자리는 본 학의 부연관 취재의 차례와 본 학의 좌목에 따라 차례대로 번갈아 임명하게 하옵소서.149)

---

148) 『承政院日記』 1695冊, 正祖 15년 10월 27일(戊辰). "玆以釐正之條例, 一遵筵稟定奪, 謹撰次如左."

149) 『承政院日記』 1695冊, 正祖 15년 10월 27일(戊辰). "一, 古規則赴燕官, 每年差送, 而近來以三年一送爲式. 夫天文學之治曆, 命課學之諏吉, 專資中國之方書儀器, 而往來稀闊, 聞見諏寡, 縱有才智, 末由開發, 顧今監生輩術業之鹵莽, 安知不因於此. 今復古規, 以天文·命課兩學輪回, 每年差送, 而一次則取才差送, 一次則從座目差送. 天文學之日課監印爲二窠, 而此亦腴窠, 不可太無格例, 任其紛爭, 一窠則依前以三曆官新付者塡差, 一窠則以本學赴燕取才之次及本學座目, 次第輪回塡差爲白齊."; 『正祖實錄』 卷33, 正祖 15년 10월 27일(戊辰), 51ㄱ(46책, 255쪽). 『정조실록』의 내용을 『승정원일기』의 그것과 비교해 보면 빠진 부분이 있다. 밑줄 친 부분이 실록에 누락된 것이다.

위의 인용문에서 가장 중요한 내용은 지금까지 3년에 한 차례씩 관상감 관원을 연행 사절에 포함시켜 파견하던 규례를 바꾸어 매년 파견하자는 것이었다. 파견되는 관상감 관원은 천문학과 명과학 전공자를 해마다 교체하는 방식이었다. 다시 말해 올해 천문학 분야의 관원이 파견되었다면 다음해에는 명과학 분야의 관원이 파견되는 것이었다. 그 이유는 천문학과 명과학 분야 모두 중국으로부터 관련 방서와 의기를 도입할 필요가 있었기 때문이었다. 파견할 관상감 관원을 선발할 때 개인적 능력[취재]과 전공 분야의 서열[좌목]을 모두 고려했던 것은 해당 관원들의 불만을 최소화하기 위한 조치로 판단된다. 그만큼 연행 사절로 선발되는 것이 여러 가지 혜택을 받을 수 있는 기회였기 때문일 것이다.

관상감에서는 「이정절목」을 마련하면서 그로 인해 바뀌게 될 중요한 내용을 세 가지로 정리했다. 첫째, 이전에는 박한 녹봉을 번갈아 가면서 받았는데 이제는 사람들이 각각 항상적인 늠료(廩料 : 봉급)를 받을 수 있게 되었다. 둘째, 이전에는 15년 동안 근속해야만 동반(東班)으로 옮길 수 있었는데[遷轉], 이제는 45삭(朔)이면 옮길 수 있게 되었다. 셋째, 이전에는 3년에 한 차례 부연(赴燕)하였는데 이제는 한 해를 건너[間年] 한 번씩 부연할 수 있게 되었다.150) 이는 관상감 관원들의 녹봉을 늘리고 승진 일수를 단축함으로써 그들이 업무에 전념할 수 있도록 권장하는 한편, 천문학 분야와 명과학 분야의 관원들을 번갈아 매년 중국에 파견함으로써 새로운 지식과 정보를 습득하여 관상감의 업무 효율과 수준을 제고하기 위한 조치였다. 뒤에 관상감 제조 서용보(徐龍輔, 1757~1824)가 「관상감이정절목」의 개정을 건의하면서 "부연일관(赴燕日官)을 매년 차송하는 것은 오로지 의기를 구매[購買]하고 방서를 널리 구하기 위한 뜻에서 나온

---

150) 『承政院日記』 1695冊, 正祖 15년 10월 27일(戊辰). "前之以薄料輪回者, 今則人各有恒廩, 前之以十五年一遷東班者, 今可四十五朔一遷, 前之以三年一赴燕者, 今爲間年一赴."

것이다."라고 분명히 언급한 것에서도 그 목적을 확인할 수 있다.151)

　이상과 같은 「이정절목」을 마련하면서 국왕 정조와 서호수를 비롯한 관상감의 책임자들은 일정한 효과를 기대했던 것으로 보인다. 그들은 이러한 조치가 당시의 의관이나 역관에 대한 규정과 비교해 볼 때도 우월한 것으로 판단했다. 따라서 이와 같은 절목을 마련한 이후에도 만약 인재가 길러지지 않고, 관상감 관원들의 술업이 이전과 같은 수준에 머문다면 그것은 관리의 책임을 맡은 신하들[提擧之臣]이나 교육의 책임을 맡은 관리들[敎訓之官]이 게을러서 절목을 소홀히 여겨 준수하지 않은 잘못으로 볼 수밖에 없다고 분명히 밝혔던 것이다.152)

　「관상감이정절목」에는 이상과 같은 내용과 함께 역서에 팔도의 일출입 시각과 절기 시각을 삽입하는 규정도 이때 마련되었다. 「관상감이정절목」의 마지막 항목이 바로 그것인데, 『정조실록』에는 이것이 10월 27일의 기사에 수록되어 있지 않고 10월 11일 기사에 세주로 첨부되어 있다. 실록 기사가 이렇게 재정리된 이유는 크게 두 가지로 보인다. 하나는 서호수가 8도의 일출입 시각과 절기 시각을 이정해야 한다고[八道刻差法] 건의한 것이 10월 11일이었기 때문이고, 다른 하나는 이 항목의 경우 처음에는 「관상감이정절목」에 수록되었으나 이후의 논의 과정에서 폐지되어 시행되지 않았기 때문이다.153)

---

151) 『雲觀節目』(奎 2222), 「癸丑啓下事目」, 13ㄱ. "龍輔曰, 赴燕日官之每年差送者, 專出於購貿儀器·博求方書之意, 近年以來, 彼中生利轉益凋殘, 當次之類, 率多不願 ……." 『승정원일기』에서도 이 기사를 확인할 수 있는데, 밑줄 친 부분이 탈락되어 있다. 옮겨 적는 과정에서 누락된 것으로 보인다[『承政院日記』 1721冊, 正祖 17년 9월 12일(壬寅). "龍輔曰, 赴燕日官之每年差送者, 專出於轉益凋殘, 當次之類, 率多不願 ……."]. 『서운관지』에는 제대로 기록되어 있다[『書雲觀志』 卷3, 故事, 61ㄴ(292쪽)].

152) 『承政院日記』 1695冊, 正祖 15년 10월 27일(戊辰). "比之醫·譯, 反復勝焉. 如是而人才猶不興, 術業依舊樣子, 則怠忽節目之辜, 提擧之臣, 敎訓之官, 安可逭也."

153) 『正祖實錄』 卷33, 正祖 15년 10월 11일(壬子), 36ㄴ～37ㄱ(46책, 248쪽). "……

실제로 정조 16년(1792)의 역서에는 8도의 일출입 시각과 절기 시각이 삽입되었던 것으로 보인다. 그런데 이러한 방식에 대해서는 당시에 이견이 있었던 듯하다. 그것은 이해 6월 16일에 검교직제학(檢校直提學) 서유방(徐有防, 1741~1798)의 발언을 통해서 확인할 수 있다. 그는 역서에 절기 시각을 삽입하는 일에 대해서는 언단(言端)이 있다고 하면서, 작년에 관상감에서 3장을 첨부하여 간행한 일은 지방의 원근에 따른 절기의 조만을 알려 백성을 교화하고 시간을 알려주고자 하는 뜻에서 나온 것이지만 그 차이는 분각(分刻)에 불과할 뿐이고, 실제로 농사짓는 어리석은 백성들은 이것이 무엇인지 모르며, 이를 널리 배포한다 하더라도 보기에 아름다울 뿐이고 이해의 단서가 없으며, 첨부하는 것도 관상감의 힘이 미치지 못하고, 경외에서 매매하는 것도 불편하다는 등의 문제점을 들어 고칠 것을 요청하였다.154)

이상의 내용을 통해 알 수 있는 바와 같이 정조 15년(1791)은 정조대 천문역산학의 정책 방향을 결정하는 데 매우 중요한 해였다. 이후 「관상감이정절목」에 따라 해마다 관상감 관원을 연행 사절에 포함시켜 각종 방서와 의기를 구입해 오도록 하였다. 이는 단순히 관상감 관원의 술업을 향상시키기 위한 조치만은 아니었다. 정조의 구상은 보다 먼 곳을 향하고 있었다. 정약용의 회고에 따르면 정조 23년(1799)에 정조는 수리(數理)와 역상(曆象)의 근원[數理曆象之原]을 밝히는 책의 편찬을 이가환에게 맡기고자 하는 의도를 가지고, 연경(燕京)에서 관련 책자를 구입하

旋因議不一, 八道刻差法, 廢不行."

154) 『承政院日記』1706冊, 正祖 16년 6월 16일(癸未) ; 『正祖實錄』卷35, 正祖 16년 6월 16일(癸未), 30ㄱ~ㄴ(46책, 319쪽). 그런데 『書雲觀志』에서는 徐龍輔가 "외국에서 曆을 만드는 것은 이미 법으로 금하고 있는데, 또 이 規例를 추가하면 공연히 일만 확대하게 될 것 같다."라는 요지로 경연석상에서 아뢰어 폐지되었다고 하였다[『書雲觀志』卷3, 故事, 46ㄴ(262쪽). "時, 徐龍輔提擧本監, 以外國造曆, 旣是法禁, 又添此例, 徒涉張大, 筵白, 罷之."].

는 문제를 이가환에게 문의한 적이 있었다. 그러나 이가환은 이와 같은 정조의 기획에 반대했다. 그는 수리(數理)와 교법(敎法 : 西敎)을 구분하지 않고 싸잡아 배척하는 당시 조선 사회의 현실을 직시하면서, 그와 같은 책자의 편찬이 이가환 자신에 대한 비방에 그치는 것이 아니라 정조의 성덕(聖德)에도 누가 되리라고 우려했던 것이다.[155)]

비록 이가환의 반대로 정조의 뜻은 실행에 옮겨지지 않았지만, 그의 원대한 구상이 수학과 천문역산학의 근원을 밝히는 대전(大全)의 편찬으로 수렴되고 있었다는 사실은 짐작해 볼 수 있다.

4) 사행(使行)을 통한 천문의기의 무래(貿來)

「관상감이정절목」이 마련된 정조 15년(1791) 10월 이후 규정에 따라 해마다 관상감 관원이 청에 파견되어 방서와 의기의 구입해 왔을 것으로 보인다. 물론 이때부터 방서와 의기의 구입이 시작되었다고 볼 수는 없다. 그 이전에도 사행에 파견된 역관과 관상감 관원들이 각종 기물을 구입해 온 사실을 확인할 수 있다. 일례로 정조 13년(1789) 동지사행에서 구입해 온 물품들이 있었다. 당시 황력재자관(皇曆賫咨官)이었던 홍인복(洪仁福)은『율력연원』한 질을 구입해 왔고, 사역원 첨정(僉正)인 박치륜(朴致倫)이『율력연원』,『의상고성』, 매문정(梅文鼎)의『주법전서(籌法全書＝曆算全書)』등 17갑(匣) 142본(本)을 구입해 와서 정조 15년(1791) 2월에 내각에 바친 사실이 있다.[156)]

155)『與猶堂全書』第1集, 第15卷, 詩文集, 墓誌銘,「貞軒墓誌銘」, 23ㄱ(281책, 329쪽).
    "己未(정조 23년, 1799-인용자 주)春 …… 上欲令公編書, 明數理曆象之原, 將購書于燕京, 御筆下詢, 公對曰, 流俗貿貿, 不知數理爲何說, 敎法爲何術, 混同嗔喝. 今編是書, 不唯臣謗益增, 抑將上累聖德. 事遂已. 然上以爲不必然也."
156)『日省錄』壬子(1792) 4월 18일(丙辰). "禮曹判書徐浩修, 以觀象監提調啓言, 再昨年皇

당시 사행을 통해 방서나 의기를 구입해서 조정에 바치는 사역원 역관과 관상감 관원에게 포상을 하는 것이 관례화되어 있었기 때문에 각종 혜택을 염두에 두고 사재를 털어 서책과 기물을 구입해 오는 관리들이 있었던 것이다. 정조 13년(1789) 3월 20일에 동지사가 회환하여 입시하였다. 사역원의 보고에 따르면 당시 사행에서 당상역관(堂上譯官) 이익(李瀷)은 신간 서적인 『황제어제문이집(皇帝御製文二集)』을 구입해서 바쳤다. 조정에서 논란이 되었던 문제는 이 책이 과연 『신법의상고성』이나 『역상고성』처럼 긴요한 책인가 하는 것이었다. 이 문제는 정조의 명으로 특별히 가자하는 것으로 마무리되었다.157) 주목할 것은 정조 대에도 『의상고성』이나 『역상고성』과 같은 천문역산학[象緯] 관련 서적을 구입해서 바치는 자에게 논상을 하고 있었다는 사실이다.

정조 15년(1791) 10월 11일 서호수는 관상감 제조로서 당시 관상감에서 추진하고 있는 업무와 「관상감이정절목」에 관한 사항 등을 정조에게 보고했다. 이 일련의 보고 내용에는 역서에 8도의 일출입 시각과 절기 시각을 삽입하자는 건의도 포함되어 있었다.158) 이와 함께 서호수는

曆齎咨官洪仁福購納律曆淵源一秩於本監.";『日省錄』癸丑(1793) 9월 5일(乙未). "又啓言, 司譯院前銜朴命淵上言以爲, 渠父司譯院前僉正致倫, 曾於己酉年, 隨往冬至使行時, 律曆淵源及儀象考成·梅氏籌法全書·律呂正義等冊, 各十七匣, 一百四十二本, 購得以來. 辛亥二月入納內閣之日, 渠父同官洪仁福, 亦以律曆淵源一秩, 同爲呈納矣. 昨年四月, 洪仁福則因本監提調陳達, 特蒙加資, 渠父所納各冊, 比諸仁福, 卷帙旣多, 則洪仁福以此蒙賞, 而渠父未蒙一視之澤, 有此呼籲云矣."

157) 『承政院日記』1653冊, 正祖 13년 3월 27일(甲申). "趙衍德, 以司譯院官員, 以都提調, 提調意啓曰, 今三月二十日回還冬至使臣入侍時, 因正使李在協所啓, 堂上譯官李瀷, 皇帝御製文二集新刊者, 覓得來納, 施賞一款, 令該院考例稟處事, 命下矣. 象譯之因冊子貿來, 前後賞加, 果非一二, 而今此李瀷之所購來冊子, 則與新法儀象·曆象考成等諸書之緊於考閱倣效者有異, 援例加資, 恐或踰濫, 且係堂上譯官, 自本院別無論賞之規, 施賞一款, 今姑置之, 何如. 傳曰, 雖與象緯等書有異, 事體自有不輕, 援例賞資, 未至濫賞, 特爲加資, 此後使行, 皇帝御製詩文全集, 仍令此譯, 誠心求來事, 分付, 可也."

158) 『承政院日記』1695冊, 正祖 15년 10월 11일(壬子). 당시 서호수의 보고와 건의는

규정에 따라 동지사행에 명과학 1명을 보내야 하는데 당시 수임(首任) 지일빈(池日賓)이 관상감의 일 때문에 바빠서 보낼 수가 없으니 차임(次任) 지경철(池景喆)을 대신 보내자고 건의하였다. 아울러 이번 사행에 책자와 의기를 구입해야 하기 때문에 그 임무가 가볍지 않으니 비용을 넉넉히 지급해 주자고 하였다.159) 이때 파견되었던 지경철은 이듬해 귀국할 때 의기 2좌(坐)를 구입해서 귀국하여 관상감에 바쳤다.160) 당시 지경철이 구입해 온 의기가 무엇인지는 확인할 수 없다.

다음과 같은 다섯 가지 사항이었다. ① 8도의 일출입 시각과 절기 시각을 별도의 표[立成]로 만들어 역서에 수록하지 못한 것은 실로 커다란 闕典이므로, 이를 釐正하기 위해 관상감의 관리들과 함께 '曆象考成新法'에 의거해서 推步·立成하여 睿覽에 대비하고 있는데, 동지가 가까워서 頒曆이 멀지 않으니 壬子年(정조 16년, 1792)부터 역서에 편재하는 것이 어떻겠느냐는 것. ②「명과학이정절목」과 관련 해서 '삼학에서 돌려가며 임명하는 겸교수[三學輪回之兼敎授]' 1窠를 명과학에 전속시켜 45개월이 차면 6품으로 승진하게 하고, 지리학의 경우는 乙丑年에 줄였던 番布 5疋을 복구하여 마련해 줄 것. ③ 앞에서 살펴보았던 명과학 분야의 釐正에서 賞罰과 勸懲을 병행해야 한다는 것. ④ 김영을 修述官으로 特差할 것. ⑤ 池日賓 대신 池景喆을 동지사행에 파견할 것.

159) 『承政院日記』 1695冊, 正祖 15년 10월 11일(壬子). "…… 浩修曰, 今番冬至使行, 依節目, 命課學一人, 當爲從座目帶去, 而首任池日賓, 本監擧行甚緊, 不可許送, 勢將以之次池景喆代送矣. 今行應貿冊子·儀器, 所關不輕, 與從前循例帶去者, 有異, 到灣後雖或均包, 雲監官則別爲準包, 且以正官帶去之意, 令廟堂分付灣府及使行, 景喆方帶監牧官, 卽太僕之郎官, 與外任不同, 依例帶職往還, 亦令戶曹, 衣資賜米, 依例上下之意, 一體分付, 何如. 上曰, 依爲之."; 『正祖實錄』 卷33, 正祖 15년 10월 11일(壬子), 36ㄴ(46책, 248쪽). "又命赴燕使行, 貿來儀器." 실록에서는 정조가 儀器의 貿來를 명한 것으로 되어 있으나 이는 서호수의 건의를 수용한 것이었다.

160) 『承政院日記』 1702冊, 正祖 16년 4월 18일(丙辰). "浩修曰, 在前譯官或監官中, 有購得推步書籍·儀器於燕京, 來納本監者, 則有草記請賞之規矣. 再昨年皇曆寶咨官洪仁福, 購納律曆淵源一秩於本監, 昨年冬至使帶去本監官員池景喆, 貿納儀器二座於本監, 多費私財, 辛勤求來者, 恐不可無紀勞之道. 但書籍則卷數甚多, 儀器則坐數旣少, 似當分等論賞, 而事係恩典, 敢此仰達矣. 上曰, 洪仁福, 依例加資, 池景喆, 相當職調用, 可也."; 『日省錄』 壬子 (1792) 4월 18일(丙辰). "禮曹判書徐浩修, 以觀象監提調啓言, 再昨年皇曆寶咨官洪仁福 購納律曆淵源一秩於本監, 昨年冬至使帶去本監官員池景喆, 貿納儀器二坐於本監, 多費私財, 辛勤購, 來恐不可無紀勞之道. 但書籍則卷數甚多, 儀器則坐數旣少, 似當分等論賞矣. 敎以洪仁福依例加資, 池景喆相當職調用."

이후에도 「관상감이정절목」의 규례에 따라 매년 사행에 관상감원을 파견해서 관상감에서 필요한 서책과 의기를 구입하였다. 정조 22년(1798) 9월 관상감 제조 정민시의 건의 내용을 보면 이 사실을 확인할 수 있다. 그는 "본감의 관원이 바야흐로 부연(赴燕)하기 때문에 관상감에서 소용되는 서책과 의기를 그로 하여금 사오게 해야 하는데, 이전에 이와 같은 때에는 반드시 그로 하여금 준포(準包)[161]를 가지고 들어가게 해서 주선할 수 있는 터전으로 삼도록 하였습니다. 이번에도 또한 이 예에 따라 준포를 지급하라는 뜻으로써 사행과 만부(灣府=의주부)에 분부하심이 어떻겠습니까?"라고 하였다.[162]

정조 23년(1799) 봄에 동지사가 회환할 때 관상감의 감생 이정덕(李鼎德)이 관상감에 필요한 방서(方書) 200여 권을 구입해 와서 바쳤고, 감생 정충은(鄭忠殷)과 김종신(金宗信)은 『율력연원』 3질을 바쳤다.[163] 정조 말년까지 방서와 의기를 구하기 위한 노력이 계속되었던 것이다.

이때 구입해 온 방서가 무엇인지 구체적으로 확인할 수 없으나 짐작할 수 있는 단서는 있다. 그것은 정조 22년(1798) 10월 12일 창덕궁 성정각(誠正閣)에서 대신(大臣)과 비국당상(備局堂上)을 인견했을 때의 논의를 살펴보면 알 수 있다. 이때 관상감 제조 정민시는 앞서 9월에 건의했던 바와

---

161) 八包에 준하여 사행원에게 지급하는 비용. 八包란 사행의 공식 인원이 사용할 자금으로 휴대할 수 있는 비용을 규정한 것이다. 1인당 휴대할 수 있는 비용은 인삼 80斤에 해당하는데, 인삼 10근을 1包로 하여 8포라 하였다. 『萬機要覽』, 財用編 5, 「燕行八包」와 「公用」 등의 조항을 참조.

162) 『承政院日記』1797冊, 正祖 22년 9월 27일(丁亥). "民始曰, 本監官方赴燕, 故監中所用書冊儀器, 使之覓來, 而在前如此時, 必使之準包入去, 以爲周旋之地矣. 今番亦依此例, 準包以給之意, 分付使行灣府, 何如."

163) 『承政院日記』1809冊, 正祖 23년 5월 30일(丁亥). "(鄭)民始曰, 今春冬至使行回還時, 本監監生李鼎德, 購得本監所用方書二百餘卷來納, 書冊貿納監生與譯官, 自本監請賞, 乃是前例, 監生中鄭忠殷·金宗信兩人, 亦納律曆淵源三帙, 非但冊是巨帙, 亦多效勞於本監者 ……."

같이 관상감에서 소용되는 다양한 방서를 이번 사행에 참여하는 삼력관을 통해 구입해 와야 한다고 하면서, 이제조(二提調)인 서호수의 견해를 거론하였다. 그에 따르면 서호수가 구입해야 한다고 한 책은 아래와 같았다.

> 율력연원(律曆淵源)·협기변방서(協紀辨方書)·시용통서(時用通書)·화산비결(華山祕訣)·금쇄현관(金鎖玄關)·인갑기부(鱗甲奇符)·만화선금일사(萬化仙禽一查)·사칠풍우가(四七風雨歌)·황극만물수(皇極萬物數)·고금경비연서(古今鏡祕演書)·무후성금(武侯星金)·복서전서(卜筮全書)

서호수는 이 책들을 구입할 때 다른 책들이 섞여서 전래되지 않도록 사행과 의주부에 엄히 신칙해야 한다고 주장하였다.[164] 『율력연원』을 제외한 나머지 책들은 대체로 명과학 내지 복서(卜筮)에 관계되는 책이라고 할 수 있다. 정조 21년(1797)년 11월에 이시수(李時秀, 1745~1821)의 건의에 따라 관상감 명과학의 식년(式年) 시취(試取)의 액수를 늘리고, 시강의 책자 가운데 『서자평(徐子平)』과 『범위수(範圍數)』를 제외하고 『원천강(袁天綱)』과 정조 19년(1795)에 새로 편찬한 『협길통의(協吉通義)』[165]로 변경하는 조치를 취했다.[166] 정조 23년에 청에서 구입해 온 방서들은 이와 같은 조치의 연장선에서 확보하고자 한 명과학 분야의 책이었을 것으로 추측된다.

---

164) 『承政院日記』1798冊, 正祖 22년 10월 12일(壬寅). "民始曰, 本監行用各樣方書, 今番使行時, 不得不使入去三曆官貿來, 而二提調徐浩修, 以爲律曆淵源·協紀辨方書·時用通書·華山祕訣·金鎖玄關·鱗甲奇符·萬化仙禽一查·四七風雨歌·皇極萬物數·古今鏡祕演書·武侯星金·卜筮全書, 當爲貿來云. 此書貿來時, 不無他書混同出來之慮, 關飭使行及灣府, 詳細考閱, 本監貿來書冊外, 俾無他書之混同貿來事, 嚴飭, 何如. 上曰, 依爲之."
165) 『正祖實錄』卷42, 正祖 19년 3월 16일(丁卯), 53ㄴ(46책, 567쪽).
166) 『承政院日記』1783冊, 正祖 21년 11월 12일(丁丑) ; 『正祖實錄』卷47, 正祖 21년 11월 12일(丁丑), 44ㄱ(47책, 54쪽).

5) 정조 대 천문역산학 개혁의 정치사상적 함의

「관상감이정절목」에서 볼 수 있듯이 정조나 서호수는 당대의 천문역산학이 처한 상황에 대해 비판적이었다. 정조는 「천문책」(1789년)의 말미에서 후대 천문역산학의 중요한 단서는 「요전(堯典)」한 편의 내용에서 벗어나지 않는다고 전제하고, 성인(聖人)이 세상을 다스리던 옛날에는 일반인들까지 역상(曆象)에 대해서 그 대략적 내용을 익히지 않음이 없었는데, 오늘날의 문인(文人)·학사(學士)들은 역상에 몽매하다는 점을 지적하였다.167) 다음으로 천문학을 담당한 관상감의 관원들이 구문(舊聞)에 구애되어 경장(更張)을 꺼리면서, '영축유복(盈縮留伏)'이나 '교식능력(交食凌歷)'168)의 계산에서 한결같이 중국의 제도만을 이용하고 변통하지 않는 문제를 거론하였다. 정조는 이것을 '인습의 폐단'으로 지적하였다.169) 보다 구체적으로 합삭(合朔) 시각을 결정하는 데 동서의 가감법을 알지 못하여 날짜[干支晦朔]에 착오가 발생한다는 것, 중성(中星)을 결정하는 데 세차(歲差)의 추이를 알지 못하여 오경(五更)의 율분(率分)이 어긋난다

---

167) 『弘齋全書』卷50, 策問, 「天文閣臣承旨應製」, 25ㄴ~26ㄱ(263책, 272쪽). "則凡後人之握數縱橫, 制器測候, 爭鎡銖而較秒忽者, 悉不外於堯典一篇 …… 烏虖, 近世之文人學士, 自謂硏九經通三才, 而一涉曆象, 茫然以爲越人之章甫者, 斯可以知所愧矣."

168) 타원 궤도를 운동하는 천체는 천구상을 운행할 때 속도의 빠르고 느림이 있다 [Kepler 제2법칙]. 이것이 盈縮이다. 지구에서 볼 때 외행성의 시운동은 '順行[서→동]-留(일시 정지)-逆行(=退行 : 동→서])-留'와 같은 복잡한 운동을 한다. 留는 순행에서 역행으로, 또는 역행에서 순행으로 바뀔 때 일시 정지하는 구간을 가리킨다. 伏은 행성이 슴의 위치를 전후해서 보이지 않는 현상이다. 交食은 日月蝕을 뜻한다. 凌歷에서 凌은 凌犯=掩犯을 뜻하는 것으로 보이는데, 掩은 한 천체가 다른 천체는 가리는 현상을, 犯은 한 천체가 다른 천체에 근접하는 현상을 가리킨다.

169) 『弘齋全書』卷50, 策問, 「天文閣臣承旨應製」, 26ㄱ(263책, 272쪽). "雖然天度之流行旣健, 人心之智思有限, 而臺官泥於舊聞, 當事憚於更張, 盈縮留伏, 交食凌歷, 一用中制, 無所通變, 則因襲之弊, 馴致孤陋, 固其勢也."

는 것, 분침(氛祲)을 점치는 데 착오가 많고, 전리(躔離=日躔·月離)의 계산이 정밀하지 못하다는 것 등이 지적되었다.170) 정조는 이러한 작금의 현실이 대방가(大方家 : 식견이 높고 대도를 꿰뚫어 아는 사람)의 비웃음을 살만하고, '무신지화(撫辰之化)'171)에 겸연쩍은 일이라고 판단하였다. 따라서 그는 현재의 잘못을 바로잡아 「요전」으로 대표되는 옛 성인의 고법을 회복하기 위한[矯今反古] 방도가 무엇인지를 하문했던 것이다.172)

이와 같은 정조의 문제의식이 관상감의 체질을 개선하기 위한 「관상감 이정절목」의 제정으로 이어졌던 것으로 보인다. 「이정절목」의 내용은 서호수가 구상하여 정조와 협의를 통해서 결정했으리라 추측된다. 민종현(閔鍾顯, 1735~1798)이 『국조역상고』의 서문에서 "상서(尙書) 서공(徐公 : 서호수)이 상의 명령을 받들어 제조(提調)가 되어 개연히 수거(修擧 : 침체되거나 폐기된 것을 손질하여 회복함)를 자기의 임무로 삼아 절목(節目)을 만들어서[撰成], 강습하는 자로 하여금 권면하게 하였다."173)라고 한 것은 「관상감이정절목」을 만든 책임자가 서호수였음을 알려준다.

그러나 「관상감이정절목」이 만들어진 이후에도 상황은 신속하게 개선되지 않았다. 그것을 보여주는 대표적 사건이 정조 19년(1795)의 청력(淸曆)과 향력(鄕曆)의 현망(弦望)의 시각 차이였다.174) 당시 관상감의 보고에

---

170) 『弘齋全書』卷50, 策問, 「天文閣臣承旨應製」, 25ㄴ~26ㄱ(263책, 272쪽). "於是乎, 合朔之時刻, 不知東西加減, 而干支晦朔, 并歸差誤. 中星之子午, 不知歲差推移, 而五更率分, 亦且乖戾. 以至氛祲之占驗多錯, 躔離之推步皆疎."

171) 『書經』, 虞書, 皐陶謨. "百工惟時, 撫于五辰, 庶績其凝." 여기에서 撫는 따른다는 뜻[順]이고, 五辰은 사계절[四時]을 가리킨다. '撫于五辰'은 백공이 때에 따라 모든 공이 이루어짐을 뜻하는 말이다.

172) 『弘齋全書』卷50, 策問, 「天文閣臣承旨應製」, 26ㄴ(263책, 272쪽). "取識於大方之家, 而有歎於撫辰之化, 玆豈非予一人不能導率之由耶. 其矯今反古, 允釐咸熙之續, 將何道以求之."

173) 『國朝曆象考』序, 「國朝曆象考序」(閔鍾顯), 1ㄴ(338쪽). "尙書徐公承上命爲提調, 慨然以修擧爲己策, 撰成節目, 俾講習者有勸."

접한 정조는 24기의 절후(節候) 분각(分刻)이 북경과 다른 것은 동서편도(東西偏度)에 따른 지속(遲速)의 차이 때문이므로 문제가 없지만, 현망의 시진(時辰)이 어긋난 것은 그 이유를 알 수 없다고 하면서 관상감의 추보에 문제가 있었을 터이니 역관(曆官)들을 엄히 문초해서 초기(草記)를 올리라고 하였다.175)

당시 청력에는 7월 보름이 자초(子初) 초각(初刻) 12분 30초, 12월 하현이 인정(寅正) 3각 30초였는데, 향력에서는 각각 자초 초각 13분, 인정 3각 1분으로 30초의 차이가 있었다. 관상감의 초기에 따르면 시진을 계산하는 방법은 60초를 1분으로 하고, 추보할 때 절후나 현망의 시각이 30초 이상일 경우에는 60초가 차지 않더라도 1분으로 계산하는 것이 당시 관상감에서 준용하는 내규였다고 한다.176) 요컨대 12분 30초를 13분으로, 3각 30초를 3각 1분으로 계산했다는 것이었다.

이에 대해 정조는 마땅한 사람을 제학으로 써야만 관상감의 관원과 생도들이 추보할 때 삼가고 조심하게 되는데, 관상감의 초기를 보니

---

174) 이 사건은 『정조실록』의 정조 19년 11월 29일과 11월 30일에 기록되어 있는데 [『正祖實錄』 卷43, 正祖 19년 11월 29일(丙子), 68ㄴ(46책, 618쪽) ; 『正祖實錄』 卷43, 正祖 19년 11월 30일(丁丑), 68ㄴ~69ㄱ(46책, 618~619쪽)], 『승정원일기』 와 비교해 보면 약간의 출입이 있다. 여기에서는 『승정원일기』의 내용을 중심으로 서술하였다.

175) 『承政院日記』 1756冊, 正祖 19년 11월 29일(丙子). "觀象監啓目, 來丙辰年淸書考準, 九月十六日戊午下, 療病淸有無是白乎乃, 此等相左, 元非迫係, 自前迨並書, 今亦依此施行, 何如. 判付啓, 依允爲旀, 二十四氣節候分刻與北京, 自有差速差遲之別, 而弦望時辰之無端相左, 必有推步之未盡照察, 嚴飭曆官, 査考後, 草記爲良如敎."

176) 『承政院日記』 1756冊, 正祖 19년 11월 30일(丁丑). "李晉秀, 以觀象監領事提調意啓曰, 弦望時辰之無端相左, 必有推步之未盡照察, 嚴飭曆官, 査考後, 草記事, 命下矣. 聚會諸曆官, 更加細推, 終未能査出其差誤之端, 誠甚可駭, 而大抵時辰之法, 六十秒爲一分, 而推步之際, 節候弦望, 若値三十秒以上, 則雖未滿六十秒, 亦以一分計之者, 卽是本監遵用之規也. 今此七月望, 値於夜子初初刻十二分三十秒, 十二月下弦, 値於寅正三刻三十秒, 故依例計用一分云. 我國曆法, 皆倣彼法, 而較之皇書, 旣有相左, 則當該曆官, 不可無警, 自本監從重施罰, 何如."

현망 시각의 차이는 전적으로 관상감 관원들이 상세하게 살피지 못했기 때문이라고 질책하면서, 제조 정호인(鄭好仁)을 교체하고 전망단자(前望單子 : 이전에 올렸던 후보자 명단)를 들어 '구임수거(久任修擧)'의 터전을 삼는 것이 좋겠다고 하였다. 정조의 의도는 천문역산학에 정통한 인물을 관상감 제조에 임명하고, 그로 하여금 오랫동안 유임하면서 관상감의 체질을 개선하게 하고자 했던 것이다. 이에 따라 임명된 인물이 서호수였다.177) 서호수는 정조 초년부터 여러 차례 관상감 제조에 임명된 바 있는데, 이때 정조의 특지(特旨)로 관상감 제조에 제수된178) 이후로는 서거할 때[1799년 1월 10일]179)까지 그 직책을 유지하면서 관상감의 개혁을 이끌었던 것으로 보인다.

서호수는 이듬해인 정조 20년(1796) 역관 성주덕과 김영 등에게 여러 책에 수록되어 있는 조선왕조의 제도와 문물[典章]을 수집해서 『국조역상고』를 편찬하였다. 이는 정조의 특지에 보답하기 위한 것이었고, 동시에 본인이 오래전부터 생각해 왔던 사업이기도 했다.180) 민종현은 『국조역상고』의 서문에서 경천(敬天)을 가법(家法)으로 삼는 조선왕조에서 천문역산학의 원활한 운용을 위해서는 "반드시 사람을 잘 선택해서 그를 관리에

177) 『承政院日記』1756冊, 正祖 19년 11월 30일(丁丑). "傳曰, 大抵提學得人, 然後監官監生輩, 小心於推步. 觀此草記, 雖日一分之遲速, 弦望時辰之差異, 專田[由의 오기 - 인용자 주]於渠輩不能詳審之致. 提調鄭好仁許遞, 前望單子入之, 以爲久任修擧之地, 可也"; "觀象監提調前望單子入之, 徐浩修落點."

178) 『正祖實錄』卷43, 正祖 19년 11월 30일(丁丑), 69ㄱ(46책, 619쪽). "仍特除徐浩修爲觀象監提調.";『國朝曆象考』序,「國朝曆象考序」(徐浩修), 2ㄴ(344쪽). "乙卯冬, 猥承提擧雲觀之特旨 ……."

179) 『楓石全集』, 金華知非集, 卷第6,「本生先考文敏公墓表」(288책, 421쪽). "公生以英宗丙辰九月二十五日, 卒以正宗己未正月十日, 享年六十四."

180) 『國朝曆象考』序,「國朝曆象考序」(徐浩修), 2ㄴ(344쪽). "乙卯冬, 猥承提擧雲觀之特旨, 自念空疎, 蔑以報稱, 遂因宿所耿耿者, 使曆官成周悳·金泳等, 裒輯本朝典章諸書所載, 編爲五目 ……."

임명하고, 의기를 제작하여 그 천상(天象)을 고찰해야" 한다고 했다.[181] 택인(擇人)과 의기 제작의 문제를 천문역산학의 당면 과제로 요약한 것이었다. 이와 같은 개혁의 방향은 「천문책」의 대책을 작성한 사람들이 제시한 각종 견해를 수렴한 것이기도 했다. 일찍이 이가환은 천문역산학의 개혁 방안으로 정역상지본(正曆象之本), 수역상지기(修曆象之器), 양역상지재(養曆象之才)를 거론한 바 있으며, 이서구는 '득인임직(得人任職)'을 주장하였기 때문이다.[182]

유교·주자학을 국정교학으로 삼는 조선왕조에서 '경천근민(敬天勤民)'은 요순 이래로 군주의 도리[君人之道]였고, 국가 운영의 핵심 가치였다. 숙종 이래로 경근(敬勤=敬天勤民)은 조선왕조의 '가법(家法)'으로 간주되었다.[183] 그런데 경천(애민)을 조선왕조의 가법으로 분명하게 규정한 대표적 인물은 영조였다.[184] 그는 자신의 이러한 주장이 숙종의 마음을 계승한 것이라고 강조하곤 했다.[185] 이와 관련해서 『서운관지』에 수록되

---

181) 『國朝曆象考』序, 「國朝曆象考序」(閔鍾顯), 1ㄱ(337쪽). "授時齊政, 聖人事也, 然必擇人而任之官, 立器以考其象, 然後歲功成而庶徵應. …… 後世以星曆爲小技, 特不講焉爾. 惟我朝以敬天爲家法 ……."

182) 구만옥, 「조선후기 천문역산학의 개혁 방안 : 정조의 천문책에 대한 대책을 중심으로」, 『한국과학사학회지』 제28권 제2호, 韓國科學史學會, 2006 참조.

183) 『承政院日記』 1236冊, 英祖 40년 11월 19일(丙寅). "李基德啓曰 …… 而第伏念古昔聖帝明王致治, 惟於敬天勤民, 此堯·舜三代所以天眷於上, 民樂於下者也. 臣伏覩肅廟寶鑑, 凡四十年, 盛德弘功, 卓越唐虞之郅隆, 而其要道則克敬克勤而已, 敬勤二字, 卽殿下家法也."

184) 『英祖實錄』 卷65, 英祖 23년 6월 7일(丙寅), 28ㄱ(43책, 249쪽). "嗚呼. 敬天二字, 卽我朝家法, 而涼德莫能體行."

185) 영조 32년(1756) 7월에 司諫 李翼元(1711~1776)이 올린 상소문에는 다음과 같은 구절이 등장한다. 『承政院日記』 1133冊, 英祖 32년 7월 5일(庚午[辛未]). "噫, 敬天愛民, 卽我朝列聖之授受心法, 三百年雍熙之治, 實基此四字功用. 洪惟我肅廟, 承列聖之位, 體列聖之心, 敬畏之誠, 憂勤之念, 四紀如一日 …… 臣愚死罪, 竊覸我邸下英睿之姿, 得自天聰, 敬勤之治, 作爲家法, 自承代理之後, 夙宵警惕, 而倿志之治, 猶未食實, 天或以災沴, 警告我邸下, 民則以捐瘠, 憂勞我邸下. …… 邸下每於朝書之際, 擊讀一篇, 一日二日, 念玆在玆. 若遇敬天之事, 則必曰, 余之心, 能遵乎大朝所以體肅廟敬天之心歟. 若遇愛

어 있는 숙종의 다음과 같은 고사에 주목할 필요가 있다.

갑오년[숙종 40년, 1714] 여름에 오랫동안 가물었다. 상이 조용히
조섭(調攝)하는[靜攝 : 몸과 마음을 안정하게 양생하는] 중에도 이를 매우
근심하여 자주 기후[天候]를 살피면서 이르기를 "하늘이 만약 비를 내리
면 내 병이 낫겠다."고 하였다. 어느 날 밤에 몸소 향을 피우고 묵묵히
기도하였는데, 이튿날 비가 흡족하게 내렸다.186)

『서운관지』에서는 이 자료의 출처를 『국조보감』으로 밝히고 있는데,
실제로 『국조보감』의 내용을 검토해 보면 이는 다음과 같은 두 개의
자료를 편집한 것임을 알 수 있다.

① 40년 봄 3월. 이때 오랫동안 가뭄이 들어, 상이 조용히 조섭하는
   중에도 농사[民事]를 매우 염려하였다. 초7일 저녁에 몸소 향을 피우
   고 묵묵히 기도를 올렸는데, 이튿날 비가 흡족하게 내렸다. 상이
   매우 기뻐하여 어제시(御製詩)를 해창위(海昌尉) 오태주(吳泰周)에게
   내렸는데, <그 시에> 이르기를 …….187)
② 여름 4월. 이때 오랫동안 가뭄이 들어 파종할 시기를 넘기게 되었다.
   상이 조용히 조섭하는 중에도 이를 깊이 걱정하여 자주 기후를
   살피면서 이르기를 "하늘이 만약 비를 내리면 내 병이 낫겠다."고

民之事, 則亦必曰, 余之心, 能遵乎大朝所以體肅廟愛民之心歟 …….”
186) 『書雲觀志』卷3, 故事, 46ㄴ(262쪽). “(肅宗)甲午夏, 久旱, 上於靜攝中, 深憂之, 頻視天候
   曰, 天若下雨, 吾病其瘳. 一夕躬自焚香默禱, 翌日雨下周洽.”
187) 『國朝寶鑑』卷55, 肅宗朝 15, 甲午, 1ㄱ(775쪽). “四十年, 春三月, 時久旱, 上靜攝中,
   念民事甚至. 初七日夕, 躬自焚香默禱, 翌日雨下주洽. 上喜甚, 下御製詩于海昌尉吳泰周
   曰 …….”; 『肅宗實錄』卷55, 肅宗 40년 3월 9일(庚戌), 4ㄱ(40책, 528쪽).

하였다. 이날 비가 내리자 상이 매우 기뻐하였다.[188)

이와 같은 고사를 『서운관지』에 수록했던 이유는 조선왕조 역대 국왕들의 경천하는 태도를 중시하였기 때문이다. 영조는 『어제상훈(御製常訓)』의 '경천' 항목에서 숙종이 항상 하늘을 공경했다고 증언한 바 있다.

> 삼가 거함에 예전에 우리 성고(聖考 : 숙종)께서 하늘을 공경하시던 지극한 덕을 고요히 생각하니 이는 『보감(寶鑑=國朝寶鑑)』에 자세히 실려 있으니 지금 어찌 감히 많이 이르리오. 그러나 7년 동안 약 시중을 들면서 나 스스로 직접 가르침을 받았는데, 비록 조용히 조섭하는[靜攝] 가운데 거하여서도 이른 아침부터 밤늦게까지 삼가고 두려워하셨다. …… 아! 건(乾)은 아버지라 부르고 곤(坤)은 어머니라 부른다고 하였다. 인군이 공경할 바는 오직 하늘과 역대의 임금들[祖宗]뿐이다. 공경하지 않을 수 있겠는가, 공경하지 않을 수 있겠는가.[189)

이를 통해 영조는 자신이 숙종의 '삼종혈맥(三宗血脈)'을 이은 정통 계승자로 천명하고, 아울러 경천과 애민을 조선왕조 왕실의 가법으로 규정함으로써 부왕 숙종으로 대표되는 '열성조(列聖朝)'의 정치이념을 계승하고 있음을 강조하고자 했던 것이다. 영조 대 이후 역대 국왕이나 신료들이 '경천'을 조종조의 '가법'으로 규정하는 것은 일종의 수사(修辭)

---

188) 『國朝寶鑑』卷55, 肅宗朝 15, 甲午, 2ㄴ(775쪽). "夏四月, 時久旱, 播種愆期. 上於靜攝中, 深憂之, 頻視天候曰, 天若下雨, 吾病其瘳. 是日雨, 上喜甚."; 『肅宗實錄』卷55, 肅宗 40년 4월 2일(癸酉), 5ㄴ(40책, 528쪽).

189) 『御製常訓』4ㄴ~5ㄴ. "齊居, 靜思昔年我聖考敬天之至德, 此則昭載寶鑑, 今何敢多諭, 而七年侍湯, 予自親炙, 雖居靜攝之中, 夙夜兢業. …… 噫. 乾父坤母. 人君所敬, 惟天暨祖宗而已. 可弗敬也, 可弗敬也哉."

가 되었다.190) 『국조역상고』 서문에서 민종현이 언급했던 내용도 이와 같은 맥락에서 나온 것이었다.

정조는 재위 5년(1781)에 『국조보감』의 편찬을 명하면서 그 목적을 선대왕 영조의 50년 동안의 뛰어난 공적[豊功偉烈]을 드러내기 위함이라고 밝혔다. 구체적으로 "하늘을 공경하고 선조를 받든 정성[敬天奉先之誠]과 지극한 표준(=中正의 道)을 세우고 백성을 긍휼(矜恤)히 여기는 덕[建極恤民之德]"으로 대표되는 성덕(盛德)을 기술하고자 했던 것이다.191) 이는 마치 영조 연간에 『숙묘보감(肅廟寶鑑)』을 편찬할 때 영조가 세 조목의 범례를 내려주면서 그 첫 번째로 "우리 성고(聖考)께서 40여 년간 하늘을 공경하고 백성을 긍휼히 여기며, 정사(政事)에 힘쓰고 간언(諫言)을 받아들이며, 선비를 존중하고 검소함을 숭상하신 성대한 공열(功烈)을 드러내고자 한 것"이라고 언급한 것과 일맥상통한다.192) 가히 '경천의 정치학'이라 할 만하다.

이처럼 양란 이후 조선후기 국왕들은 '경천휼민(敬天恤民)'을 최고의 국정 목표로 삼아 국가를 통치하고 있다는 사실을 드러내 밝히고자 했다. 이를 통해 양란으로 실추된 조선왕조의 정통성과 국왕·왕실의 권위를 확립하고자 하였다. 국왕을 비롯한 위정자들의 이와 같은 정치사상적 입장은 의상 개수를 비롯한 조선후기 천문역산학 정비 사업에도 강하게

---

190) 『承政院日記』1697冊, 正祖 15년 12월 1일(辛丑). "趙尙鎭啓曰 …… 敬天二字, 卽帝王之令節, 我朝之家法也."; 『承政院日記』1836冊, 순조 원년 4월 10일(丙辰). "若夫敬天之誠, 奉先之孝, 愛民之仁, 尤是帝王之盛節, 而是則列聖朝家法也. 惟我英宗大王五十年治化, 曁我先大王二紀間謨烈, 寔在於是."

191) 『正祖實錄』卷12, 正祖 5년 7월 10일(庚戌), 6ㄴ(45책, 252쪽). "命撰國朝寶鑑 …… 上曰, 以寶鑑事, 有下詢者. 先大王五十年豊功偉烈, 史不勝書, 敬天奉先之誠, 建極恤民之德, 塗人耳目, 照暎百代, 雖非寶鑑, 豈不昭布."

192) 『正祖實錄』卷14, 正祖 6년 11월 24일(丁巳), 28ㄱ(45책, 332쪽). "仍命前大提學尹淳兼知春秋館事, 設纂輯廳, 編肅廟寶鑑, 以御筆書下凡例三條. 一曰, 今玆纂集寶鑑之命, 欲彰我聖考四十餘年敬天恤民·勤政從諫·尊儒崇儉之豊功盛烈 ……."

투영되었다. '경천'의 실상을 보여줄 수 있는 대표적이고 실질적 사업이 '흠천역상(欽天曆象)'193)으로 표현되는 천문역산학의 정비였기 때문이다.

---

193) 『承政院日記』398冊, 肅宗 27년 7월 19일(甲辰). "又以觀象監官員, 以領事提調意啓曰, 本監專掌欽天曆象之事."

제7장 결론

　조선왕조는 건국 초부터 유교 정치사상을 이념적 배경으로 각종 천문의기(天文儀器), 즉 '의상(儀象)'을 정비하는 데 심혈을 기울였다. 의상의 제작은 국가적 사업으로 추진되기도 했고, 유자(儒者)들이 개인적 관심의 차원에서 시도하기도 하였으며, 양자가 결합하여 사업을 진행한 적도 있었다. 천문의기 제작의 사상적 배경으로는 '경천근민(敬天勤民)'-또는 '흠약호천(欽若昊天)', '체천행도(體天行道)', '흠숭천도(欽崇天道)1)-이라는 명제가 꾸준히 거론되었다.2) "정치에서 '경천근민'보다 급선무가 없는데, 의상의 기구가 아니면 하늘을 관측하고 때를 살필 수 없기 때문"3)이었다. 천문의기와 유교적 왕도정치사상(王道政治思想)의 상호 관련성을 엿볼 수 있는 대목이다.

---

1) 『書經』, 商書, 仲虺之誥, "嗚呼, 愼厥終, 惟其始, 殖有禮, 覆昏暴, 欽崇天道, 永保天命."
2) 『世宗實錄』卷77, 世宗 19년 4월 15일(甲戌), 7ㄱ(4책, 66쪽) ; 같은 책, 10ㄴ~11ㄱ(4책, 67~68쪽) ; 『孝宗實錄』卷15, 孝宗 6년 12월 4일(甲寅), 32ㄴ(36책, 37쪽) ; 『英祖實錄』卷15, 英祖 4년 2월 18일(己亥), 21ㄱ(42책, 11쪽) 등등 참조.
3) 『明谷集』卷9, 「齊政閣記」, 3ㄱ(154책, 5쪽). "誠以政莫先於敬天勤民, 而苟非儀象之器, 無以觀天而察時也."

따라서 의상의 문제는 천체 관측 기구의 실용성이라는 차원에 국한되지 않았다. 그것은 언제든 형이상학적 논의로 확장될 수 있었다. "세종의 덕(德)이 있은 연후에야 간의대(簡儀臺)와 흠경각(欽敬閣)을 사용할 수 있다."고 주장했던 이종성(李宗城)의 발언에서 그 사실을 확인할 수 있다. 이와 관련해서 다음과 같은 최한기(崔漢綺, 1803~1877)의 발언에 유의할 필요가 있다.

> 의기(儀器)는 역(曆)을 제정하는 근본이고, 역을 제정하는 것은 하늘에 따르는 법칙이다. 이(理)를 밝혀 수(數)를 천명하고, 수를 천명하여 상(象)을 나타내고, 상을 나타내어 의기를 제작하는데, 그것을 수용(須用 : 사용)할 때는[그 수용에 이르러서는] 의기에 말미암아 상을 징험하고, 상에 말미암아 수를 상고하고, 수에 말미암아 이(理)를 깨닫는다. 그러나 이것은 다만 해와 별[日星]의 빛과 그림자[光影]를 가지고 고저(高低)와 원근(遠近)을 나타낼 뿐이다. 천지의 진형(眞形)과 일성(日星)의 궤도에 이르러서는 저절로 영대(靈臺)의 무형의 의기[靈臺無形之儀器]가 있다.[4]

널리 알려진 바와 같이 최한기는 서양의 근대과학 지식을 광범하게 수용해서 자신의 학적 체계를 구축하는 자료로 활용했던 인물이다. 그런데 위의 인용문에서 볼 수 있듯이 그는 실제로 관측에 사용하는 '유형의 의기'보다 '무형의 의기'가 중요하다고 말하고 있다. '유형의 의기'만으로는 천지의 참된 형상에 접근하기 어렵다고 보았기 때문이다. 최한기는

---

4) 『氣測體義』, 推測錄 卷6, 推物測事, 「無形儀器」, 68ㄴ~69ㄱ(一, 218~219쪽 - 영인본 『增補 明南樓叢書』, 동아시아學術院 大東文化硏究院, 2002의 책수와 쪽수. 이하 같음). "儀器爲治歷之本, 治歷爲順天之則. 明理而闡數, 闡數而著象, 著象而制器, 及其須用, 由器而徵象, 由象而考數, 由數而悟理. 只將日星之光影, 以表高低遠近而已. 至於天地眞形, 日星軌道, 自有靈臺無形之儀器."

"의기를 강구하는 자는 모름지기 옛사람이 제작한 바를 가지고 먼저 모범(模範)의 우열을 밝히고, 다음으로 미세한 잘못[毫釐之差謬]을 척결해 가면, 점차로 대상(大象)의 진형(眞形)은 의상으로써 극진하게 할 수 있는 바가 아님을 깨달을 수 있다."[5]라고 분명히 말했다. 물론 그가 강조하고 싶었던 것은 인간의 마음 안에 있는 '무형의 의기', 바로 '추측(推測)의 의기'였다.[6] 천문의기와 형이상학의 관련성은 이렇게 확장될 수도 있었다.

조선왕조 '의상'의 범형(範型)이 만들어진 시기는 세종 대이다. 당시에는 천체 관측에서 가장 기초적인 시간 측정 장치를 비롯하여 천체의 좌표를 측정할 수 있는 위치 측정 장치, 그리고 다양한 관상용 천문의기들이 제작되었다. 앙부일구(仰釜日晷)를 비롯한 각종 해시계, 자격루(自擊漏)로 대표되는 물시계, 주야측후기(晝夜測候器)인 일성정시의(日星定時儀), 대간의(大簡儀)·소간의(小簡儀)와 혼의(渾儀)·혼상(渾象)을 비롯해서 흠경각루(欽敬閣漏)에 이르는 다양한 의기들이 그것이다.

세종 대 천문의기의 제작 과정에서 "의상은 오래 되었다. 요순(堯舜)으로부터 한당(漢唐)에 이르기까지 그것을 귀중하게 여기지 않음이 없었다. 그 글이 경전(經傳)과 사서(史書)에 갖추어져 있으나, 옛날과 시대가 이미 멀어 그 법이 자세하지 않다.", "한·당 이후로 시대마다 각각 의기가 있었으나, 혹은 <그 법을> 얻고, 혹은 <그 법을> 잃어서 갑자기 헤아리기 쉽지 않은데, 오직 원(元)의 곽수경(郭守敬)이 만든 간의(簡儀)·앙의(仰

---

5) 『氣測體義』, 推測錄 卷6, 推物測事, 「無形儀器」, 69ㄴ(一, 219쪽). "講究儀器者, 須將古人所制, 先明模範之優劣, 次抉毫釐之差謬, 漸覺大象之眞形, 非儀象之所能盡也."

6) 『氣測體義』, 推測錄 卷6, 推物測事, 「無形儀器」, 69ㄴ~70ㄱ(一, 219쪽). "是乃推測之儀器也. 刱造儀象者, 先將推測之儀器爲法式, 就用儀象者, 亦將推測之儀器取密合, 方知推測乃儀之活法, 順天之階級也."

儀)·규표(圭表) 등의 의기가 정교하다고 일컬을 만하다."라고 평가했던
사실과 혼의의 경우 오징(吳澄)의 『서찬언(書纂言)』을 참조하였다는 기록,
그리고 세종 대 천문의기 제작 사업의 결과물로 정리된 이순지(李純之)의
『제가역상집(諸家曆象集)』 '의상' 조항을 통해 세종 대 천문의기의 역사적
연원과 그 대략적 구조를 유추해 볼 수 있다. 세종 대의 의기 제작 과정에서
참고했던 서적은 송·원 대에 편찬된 것들이 대부분이며, 실제 의기의
모델은 그 당시 가장 뛰어난 것으로 평가되었던 곽수경의 그것을 비롯하여
한·당 이래로 제작된 역대 천문의기가 참조되었다.

일찍이 서호수(徐浩修)는 세종조에 제작된 의상 가운데 간의, 앙의,
일구(日晷), 성구(星晷) 등의 기구는 비록 곽수경이 그 본래의 제도를 창제한
것이지만 한양의 북극출지(北極出地) 38도를 기준으로 삼아 규환(規環)을
손익(損益)해서 본국의 용도에 합치되도록 하였으며, 이는 모두 세종의
예재(睿裁 : 제왕의 재가)에 따라 이루어진 일이라고 평가한 바 있다.[7]

요컨대 세종조의 의상은 곽수경이 창제한 의기를 원용한 것이기는
하지만 한양의 위도를 기준으로 삼아 제작한 것이고, 각 기구의 부품을
조선의 용도에 맞게 개량함으로써 변용과 창조의 과정을 거쳤다는 사실을
분명히 지적했던 것이다.

세종 대에 그 제도가 완비된 조선왕조의 '의상'은 우여곡절을 거치기는
했지만 조선전기 내내 그 기본 틀이 유지되었다. 세종 대 의상에 대한
전면적 수리가 시도된 것은 중종 대였다. 간의대의 수리가 이루어졌고,
흠경각과 보루각(報漏閣)의 교정 사업이 진행되었으며, 창경궁에 새 보루
각을 건설하기도 했다. 당시 새 보루각 건설 사업의 책임을 맡았던 관료들

---

7) 『國朝曆象考』凡例, 「國朝曆象考凡例」, 2ㄱ~ㄴ(349~350쪽). "—, 國朝儀象, 若簡儀·
   仰儀·日晷·星晷等器, 爰初制度, 雖剏於郭守敬, 而以漢陽北極出地三十八道爲準, 損益規
   環, 求合于本國之用, 皆世宗睿裁也."

은 이 사업의 의미를 '경천근민(敬天勤民)'이라는 치도(治道)와 세종 대의 제작을 후세에 전해주기 위한 '계지술사(繼志述事)'의 일환으로 정리하였다. 이와 함께 중종 대에는 간의, 혼의, 혼상 등 세종조에 제작된 천문의기를 보수하는 한편 여벌[副件] 의기를 만들어 보관하였다.

명종 대에는 규표(圭表)를 수리하였고 혼천의(渾天儀)를 제작하였으며 혼상을 교정하였다. 명종 5년(1550)에는 종묘 앞에 설치된 앙부일구를 교정하였고, 창경궁의 보루각을 개수하였으며, 명종 8년(1553)에는 경복궁 화재로 인해 흠경각이 소실됨에 따라 그 복구사업이 진행되었다. 명종 대의 천문의기 중수 사업에서는 박민헌(朴民獻), 박영(朴詠), 조성(趙晟) 등이 실무를 담당했던 것으로 보인다.

선조 13년(1580)에는 세종 대에 축조되었던 간의대의 개수가 이루어졌다. 건설한 지 100년 이상의 세월이 경과하면서 간의를 안치한 축대인 간의대 자체에도 문제가 생겼고, 간의대를 둘렀던 돌난간은 허물어졌으며, 규표가 기울어지고 간의의 세부 장치에도 문제가 발생했기 때문이다. 당시의 중수 사업을 통해 간의대는 예전의 모습을 회복할 수 있었다. 양대박(梁大樸)은 간의대 중수 사업의 의미를 선조의 '경천근민(敬天勤民)' 하는 태도와 연결하면서, "요순(堯舜)의 마음을 마음으로 삼고, 조종(祖宗)의 마음을 마음으로 삼은 것"이라고 평가했다. 선조의 '경천근민'이 요순 이래 유교 정치사상의 이념을 계승하는 것이고, 동시에 조선왕조 열성조(列聖朝)의 사업을 계승·발전시키는 것이라는 점을 강조했던 것이다.

양란(兩亂)으로 인해 조선전기 의상은 전면적 중수와 개조에 직면하게 되었다. 양란 이후 국왕을 비롯한 조선의 위정자들에게 왕조체제의 재건은 시급한 과제였다. 과학기술 분야의 재건 사업 역시 전후 처리 문제와 유기적 관련성을 갖고 추진되었다. 그것은 크게 두 가지 측면에서 중요했다. 하나는 전후 복구 사업의 일환으로서 파괴된 과학기술의 성과를 복원한다는 현실적·실용적 차원이었고, 다른 하나는 조선왕조 재건의 기념비를 건설해야 한다는 정치적·사상적 필요성이었다.

세종조에 창제된 천문의기의 복원 문제가 전면적으로 대두하게 된 계기는 왜란이었다. 세종 대의 의상과 사각(史閣)에 보관되어 있던 관련 기록들이 전란의 와중에 흔적도 없이 사라졌기 때문이다. 선조 34년(1601) 이항복(李恒福)의 건의에 따라 전란으로 파괴된 각종 의상의 복구가 시작되었다. 이항복은 여러 의상 가운데 물시계[漏器], 간의(簡儀), 혼상(渾象)과 같이 정밀해서 만들기 어려운 것부터 복구하기로 계획하였고, 복구 사업은 '간의도감(簡儀都監)'을 중심으로 추진되었다. 선조 36년(1603) 5월에 마무리된 사업은 여러 가지 여건의 미비로 인해 계획한 만큼의 성과를 거두지 못한 것으로 보인다. 규표, 혼의, 앙부일구, 일성정시의 등의 기구는 제작하지 못했기 때문이다. 당시 이항복은 이 사업의 궁극적 목적을 "성조(聖祖)의 하늘을 본받고 때에 순응하던 뜻[法天順時之意]을 밝히고, 우리 전하께서 선대왕의 뜻과 사업을 계승하려고 노력하는 부지런함[繼志述事之勤]을 이룩함"이라고 하였다. 천문의기가 지니고 있는 정치사상적 의미를 보여주는 의미심장한 발언이라 할 수 있다.

광해군 대에는 궁궐의 재건 사업이 추진되었고, 그 일환으로 과학기기의 복원 사업도 진행되었다. 흠경각의 영건과 보루각의 개수는 그 대표적 사례이다. 그 결과물은 『흠경각영건의궤(欽敬閣營建儀軌)』와 『보루각수개의궤(報漏閣修改儀軌)』로 정리되었으나 현재는 전하지 않는다. 당시 흠경각의 건설과 흠경각루의 교정 사업에서는 박자흥(朴自興)과 이충(李冲)이 중요한 역할을 수행했던 것으로 보이며, 보루각의 개수는 보루각도감(報漏閣都監=報漏閣改修都監)이 담당하였다. 이와 같은 광해군 대 과학 관련 사업은 전란으로 위기에 봉착한 조선왕조의 정통성을 확립하기 위한 시도의 하나로서 주목된다.

왜란으로 인해 경복궁이 소실되었고 궐내에 설치되어 있던 석각(石刻) 천문도인「천상열차분야지도(天象列次分野之圖)」역시 방치된 상태였다. 인조 대에는 이미 경복궁에 석각 천문도가 매몰되어 있다는 사실이 보고되었다. 당시 이것을 발굴하려는 시도가 있었는데, 기존의 천문도 인쇄본이 소진되자 이를 다시 인쇄하기 위한 목적에서 추진된 것으로 보인다. 현종 대에는 천문도의 석각이 시도되었다는 점을 눈여겨볼 필요가 있다. 현종 13년(1672) 8월의 기록에 따르면 당시 관상감(觀象監)에서 천문도의 석각을 추진하고 있었다. 현종 대에 본격적으로 시도된 태조 대 천문도의 복각은 숙종 대에 이르러 가시적 성과를 거두게 되었던 것으로 보인다. 조선후기 석각 천문도의 발굴과 복각 등 일련의 사업은 영조 46년(1770)에 이르러 흠경각을 건설하고 태조 때의 석각 천문도와 숙종조의 복각본을 안치함으로써 일단락되었다.

조선왕조 의상의 복원 사업 가운데 혼천의의 복원과 개조 사업이 특히 주목된다. 이민철(李敏哲)과 송이영(宋以潁)의 그것으로 대표되는 조선후기 혼천의는 과거의 전통을 계승하면서도 시대 변화에 맞추어 변통을 가한 독창적 작품으로 높이 평가되고 있다. 이와 관련해서 최유지(崔攸之)의 혼천의인 '죽원자(竹圓子)'를 눈여겨볼 필요가 있다. 효종 8년(1657) 최유지의 죽원자를 모방한 혼천의가 제작되었다. 이 혼천의는 이후에 몇 가지 문제가 발생해서 현종 5년(1664)에 교정을 요청하는 성균관의 건의가 있었고, 현종 10년(1669)에 이민철과 송이영에 의해 보다 개량된 형태의 혼천의로 개조되었다.

최유지의 죽원자는 몇 가지 특징과 역사적 의미를 지니고 있다. 첫째, 죽원자는 양란 이후 여러 천문의기들이 유실된 상황에서 17세기 중반에 전통적인 수격식 혼천의를 재현했다는 점에서 일단 역사적 의미를 지닌다. 죽원자의 삼신의(三辰儀) 제도와 수격장치 및 시보장치는 세종 대의 혼천의와 자격루에서 모티프를 가져온 것으로 보인다. 둘째, 사유의(四遊儀)을 제거하고 지방(地方=地面)을 설치하는 등 전통적인 혼천의의 일부 구조를 개조하였다. 태양과 달의 운동을 정확하게 나타내기 위해 황도환(黃道環)·백도환(白道環)과 노끈을 이용한 장치를 고안하였고, 달의 위상 변화를 자동적으로 나타내기 위한 장치를 부착하였다. 종래 이와 같은 장치들은 이민철과 송이영의 독창이라고 평가되었는데, 그 몫의 일부분은 최유지의 것으로 돌려야 한다. 셋째, 조선전기 천문의기의 역사적 전통을 계승하여 시보장치를 부착하였다. 12관패(官牌)와 경쇠를 이용한 자동 시보장치는 세종 대 자격루에서 그 기원을 찾을 수 있다. 죽원자에서는 그 상세한 작동의 원리가 생략되어 있지만, 이는 널리 알려진 바와 같이 이민철과 송이영의 혼천의에서 확인되는 바이다. 넷째, 이상의 구조적 특징에서 알 수 있듯이 최유지의 죽원자는 이후 이민철과 송이영의 혼천의로 계승·발전됨으로써 조선전기 혼천의와 17세기 이후 혼천의를 연결하는 매개고리로서 중요한 역할을 담당하였다.

조선후기 의상의 정비는 크게 두 방향으로 추진되었다고 볼 수 있다. 하나는 세종 대 이래 조선왕조 의상의 전통을 회복하는 일이었으니, 경복궁의 간의대와 그 주변에 설치되었다가 전란으로 인해 파괴되거나 유실된 각종 천문의기의 복원 사업이 그것이었다. 다른 하나는 17세기 중엽 이후 본격적으로 도입된 서양 천문역산학을 소화하여 새로운 형태의 천문의기를 제작하는 일이었다. 서양의 천문역산학은 조선후기 천문의기의 제작에 일정한 영향을 끼쳤다. 간평의(簡平儀)와 혼개통헌의(渾蓋通憲儀), 그리고 그 제작의 원리를 설명한 『간평의설(簡平儀說)』과 『혼개통헌도설(渾蓋通憲圖說)』은 조선후기 의상 제작에 새로운 활력과 자극을 제공하였다. 실제의 천체 관측에 여러 가지 불편함을 초래했던 구형 천문의기의 한계를 서양식 평면 의기를 통해 극복하려는 노력이 지속되었다. 관상감을 중심으로 한 국가 주도의 천문역산학 사업에서뿐만 아니라 민간에서도 일부 양반과 중인 기술자들이 서양식 천문의기의 제작을 시도하였고, 그 나름의 성과를 거두었다. 18세기 후반에 이와 같은 새로운 흐름에 적극적으로 참여했던 인물로는 노론(老論)-낙론계(洛論系)의 황윤석(黃胤錫)과 홍대용(洪大容), 소론계(少論系)의 서호수(徐浩修), 근기남인계(近畿南人系)의 이가환(李家煥), 그리고 이들과 활발히 교류하며 최신 정보를 교환했던 정철조(鄭喆祚), 정항령(鄭恒齡) 등을 들 수 있다.

19세기에 들어서도 민간에서 서양식 천문의기를 제작하는 사례가 속출하였다. 서유본(徐有本)과 교유했던 하경우(河慶禹)라는 사람은 삼유의(三游儀)를 제작하였는데, 원판으로 구성된 평면 의기라는 점에서 서양식 천문의기의 영향을 받은 것으로 보인다. 이규경(李圭景)은 『측량전의(測量全義)』에 소개되어 있는 서양식 천문의기인 육환의(六環儀)의 도본을 축소해서 모사하기도 했다. 박규수(朴珪壽)는 지세의(地勢儀)와 평혼의(平渾儀=渾平儀) 같은 천문의기를 제작하였다. 평혼의는 간평의나 혼개통헌의와 마찬가지로 구체의 하늘을 평면에 투영한 서구식 천문의기였다.

이 과정에서 천문역산학 개혁의 일환으로 의상개수론(儀象改修論)이 대두하였다. 그 배후에는 실측(實測)·측량(測量)을 중시하는 일련의 흐름이 자리하고 있었다. 조선후기 의상개수론자들은 기존의 방식에서 벗어나 의기(儀器)와 수학을 중심으로 천문역산학을 탐구하고자 했다. 그들은 천문역산학에서 실측·측량·측험(測驗)의 중요성을 강조했고, 정확한 실측을 위해서는 실용적인 천문의기의 제작이 필요하다고 주장했으며, 그를 위한 기초 학문으로서 수학의 필요성을 역설했다. 이들이 '후출유교(後出愈巧)'의 관점에서 서양의 천문역산학이 전인미발(前人未發)의 경지에 이르렀다고 높이 평가하고 그 이유를 수학[算數]과 의기의 우수성에서 찾았던 이유가 바로 이것이었다. 이가환은 의상개수론(儀象改修論)을 체계적으로 제시한 대표적 논자였다. 그는 신법(新法)을 도입해서 의상을 새롭게 정비할 것을 제안하였고, 그를 위해 '도수지학(度數之學)'의 필요성을 강조했다.

유교·주자학의 주요 경전 가운데 하나이며, 유교 정치사상을 담고 있는 『서경(書經)』에서는 제왕이 제위를 계승한 초기에 해야 할 급선무로 "선기옥형(璿璣玉衡)을 살펴 칠정을 가지런하게 한다[在璿璣玉衡, 以齊七政]."는 과업을 명시하였다. 따라서 유교·주자학을 국정교학(國定敎學)으로 삼고 있는 조선왕조의 국왕과 관인·유자들은 정치적·이념적 정당성의 확보를 위해 선기옥형의 문제에 관심을 갖지 않을 수 없었다.

조선후기 선기옥형에 대한 논의는 크게 두 방향에서 제기되었다. 하나는 선기옥형을 천체 관측 기구의 일종인 혼천의로 파악하는 것이었다. 이 경우 주된 논의는 혼천의의 구체적 구조가 어떻게 되었는가 하는 문제를 중심으로 전개되었다. 천경환(天經環)을 쌍환(雙環)으로 제작하는 이유는 무엇인가, 적도환(赤道環)과 황도환(黃道環)을 천경환의 묘유(卯酉)에 연결한다고 하는 것은 어떤 의미인가, 백도환(白道環)은 어떻게 연결하며, 그 구체적 기능은 무엇인가, 수격(水激) 장치의 구체적 제도는 어떤 것인가, 직거(直距)의 구조와 역할은 무엇인가 등등의 문제가 해명되어야 했다. 실제로 조선후기 학자들은 이러한 문제에 대해 지속적 의문을 제기하였고, 사색과 토론을 통해 그 나름의 해결책을 모색하였다. 이익(李瀷)의 「기형해(璣衡解)」는 그러한 논의를 해결할 수 있는 구체적 방안을 제시했다는 점에서 역사적 의의가 있다.[8]

---

8) 璿璣玉衡의 구조에 대한 탐구는 다시 두 가지 경향으로 구분해 볼 수 있다. 하나는 주자학의 주석에 입각하여 구래의 선기옥형 제도를 복원하고자 하는 흐름이었고, 다른 하나는 조선후기 전래된 서양과학을 수용하여 구래의 선기옥형을 개량하거나 새로운 형태의 천문 관측 기구를 제작하려는 움직임이었다. 李瀷의 「璣衡解」가 전자의 경향을 대변한다면, 17세기 宋以穎의 기계식 혼천의나

선기옥형에 대한 또 다른 논의는 천체 관측 기구라는 기존의 주장에 대한 반론이었다. 그것은 다시 두 가지 경향으로 나누어 볼 수 있는데, 하나는 선기옥형을 북두칠성(北斗七星)으로 보는 전통적 논의를 발전적으로 계승하는 것이었고, 다른 하나는 그것과 다른 독자적 견해를 제시하는 경우였다. 윤휴(尹鑴)나 이형상(李衡祥)의 논의가 전자에 속하는 것이라면, 정약용(丁若鏞)의 논의는 후자에 속하는 것이었다. 그러나 이들의 논의는 기존의 경전 주석학에 의문을 제기하면서 자기 나름의 독자적 견해를 제시했다는 점에서 일맥상통한다고 볼 수 있다. 이들의 논의에 따를 때『서경』의 주석이 달라질 뿐만 아니라, 더 나아가 정치사상에도 일정한 변화를 가져올 수 있었다. 실제로 윤휴나 정약용의 선기옥형에 대한 논의는 그들의 정치사상과 관련하여 살펴볼 필요가 있을 것이다.

숙종 대 이후 영·정조 대에 이르기까지 시헌력(時憲曆)에 대한 이해가 깊어졌고, 그와 함께 정부 차원에서 활발한 천문의기 제작 사업이 추진되었다. 그것은 효종 대 이후 시헌력 체계를 이해하기 위한 일련의 천문역산학 사업과 병행된 서양식 천문의기에 대한 이해와 수용의 과정이었다. 숙종 대 의상 정비 과정에서는 최석정(崔錫鼎)의 역할이 주목된다. 최석정은 천체 관측 기구들이 구비되지 못했음에 주목하여 중국에 사행 가는 관상감 관원에게『의상지(儀象志)』를 구입해 오도록 하였다. 그것은 서양 선교사 남회인(南懷仁 : Ferdinandus Verbiest)이 강희(康熙) 13년(1674)에 편찬한『신제영대의상지(新製靈臺儀象志)』였다. 실제로 관상감 관원인 허원(許遠)이 중국에서『의상지』를 구입해 온 것은 숙종 35년(1709)이었고, 관상감에서는『의상지』의 간행을 추진하였다. 숙종 39년(1713)에 시작된

18세기 이후 19세기에 이르기까지 지속적으로 등장하는 서양 천문의기의 도입 논의─洪大容·朴珪壽·南秉哲 등의 새로운 儀器 제작─는 후자의 경향을 보여주는 것이라고 할 수 있다.

『의상지』와 『의상도(儀象圖)』의 출간 사업은 숙종 40년(1714)에 완료되었다. 숙종 44년(1718)에는 관상감에서 중성의(中星儀)와 간평의(簡平儀)의 제작을 건의하여 재가를 받기도 했다.

영조 8년(1732)에는 혼천의의 수리가 이루어졌다. 그것은 숙종 30년(1704)에 안중태(安重泰)·이시화(李時華) 등이 제작한 부건(副件) 혼천의였다. 영조는 경희궁(慶熙宮)에 규정각(揆政閣)을 지어 혼천의를 안치하였다. 영조 대에는 보루각·흠경각에 대한 보수도 추진되었으며, 경복궁에 방치되어 있던 「천상열차분야지도」를 발굴하여 흠경각이라는 전각을 새로 짓고 그 안에 안치하였다. 이와 함께 서양식 천문도의 모사 작업도 진행되었다. 그 결과물이 유명한 법주사의 신법천문도(新法天文圖 : 보물 제848호 보은 법주사 신법천문도 병풍)이다. 그 모본은 서양 선교사 대진현(戴進賢 : Ignatius Kögler)의 「황도총성도(黃道總星圖)」였다. 영조 42년(1766) 무렵에는 『의상고성(儀象考成)』이 수입되었다. 『의상고성』은 남회인의 『신제영대의상지』를 수정·보완한 것으로, 건륭(乾隆) 9년(1744) 대진현의 주청에 따라 편찬 작업이 시작되어 건륭(乾隆) 17년(1752)에 완성되어 1755년에 출판된 책이었다.

정조 13년(1789)에는 김영(金泳) 등에게 명해 적도경위의(赤道經緯儀)와 지평일구(地平日晷)를 제작해서 진상하게 하고, 여벌을 제작해서 관상감에 비치하였다. 당시 천문의기를 만든 목적은 사도세자의 묘인 영우원(永祐園)을 수원(水原)의 화산(花山)으로 이전하는 문제와 관련이 있었다. 그것은 천원(遷園) 예식을 거행할 때 필요한 정확한 시간 측정[諏日]을 위해 미리 중성(中星)과 경루(更漏 : 물시계)를 바로잡기 위한 작업이었다. 정조 15년(1791)에는 「관상감이정절목(觀象監釐正節目)」이 마련되었다. 서호수는 관상감 제조로서 정조의 명을 받들어 「관상감이정절목」을 만드는 데 주도적 역할을 담당했다. 「관상감이정절목」에 따라 지금까지 3년에 한 차례씩 관상감 관원을 연행 사절에 포함시켜 파견했던 규례를 바꾸어 매년 파견하도록 하였다. 치력(治曆)과 추길(諏吉)을 위해 필요한 중국의 방서(方書)와 의기(儀器)를 수입하고자 했던 것이다.

흠경각(欽敬閣), 제정각(齊政閣), 규정각(揆政閣) 등 천문의기를 보관했던 건물의 명칭에서 확인할 수 있듯이 조선왕조의 천문의기 정비 사업은 전 기간에 걸쳐 강렬한 정치사상적 목적을 배경으로 추진되었다. 그를 통해 국왕을 비롯한 조선왕조의 위정자들은 정확한 시간의 파악이라는 실용적 목적을 달성하고 아울러 조선왕조의 정통성과 국왕의 권위를 대내외에 천명하고자 하였다. 그것은 조선후기 석각 천문도의 발굴과 복각 사업을 통해 확인할 수 있다. 영조는 『동국문헌비고(東國文獻備考)』의 편찬 과정에서 경복궁의 석각 천문도, 창덕궁의 지평일구, 측우기 등 각종 천문의기를 새롭게 주목하였다. 그것은 하늘을 공경한다는 전통적인 유교 정치사상의 천명이면서[敬天] 동시에 조선왕조 열성조의 사업을 계승한다는[法祖] 표방이었다. 영조는 이러한 사업을 통해 국왕으로서의 권위와 정통성을 확립하고자 했다. 이는 영조 대의 정치 환경과 관련하여 이해할 필요가 있다. 영조는 양란 이후의 각종 사회 혼란을 수습하고 조선왕조의 통치 질서를 재정립한 중흥군주(中興君主)로서의 위상을 공고히 하고자 했고, 국왕 중심의 정치운영을 이론과 실제의 측면에서 완결하고자 노력했다. 탕평정치(蕩平政治)의 시도와 그 와중에서 제기된 '존왕론(尊王論)'·'군사론(君師論)', 후세 사왕(嗣王)들에게 통치의 규범을 제시하고자 하는 목적으로 제작한 『상훈(常訓)』,[9] 조선왕조 300년 만에 처음으로 이루어진 초유의 대사업이라고 자부했던 『동국문헌비고』의 편찬은 그 일환이었다.

---

9) 『英祖實錄』 卷61, 英祖 21년 6월 14일(乙卯), 34ㄱ(43책, 184쪽).

유교·주자학을 국정교학으로 삼는 조선왕조에서 '경천근민(敬天勤民)'은 요순 이래로 군주의 도리[君人之道]였고, 국가 운영의 핵심 가치였다. 숙종 이래로 경천근민은 조선왕조의 '가법(家法)'으로 간주되었다. '경천'을 조선왕조의 가법으로 분명하게 규정한 대표적 인물은 영조였다. 그는 자신의 이러한 주장이 숙종의 마음을 계승한 것이라고 강조하곤 했다. 영조 대 이후 역대 국왕이나 신료들이 '경천'을 조종조의 '가법'으로 규정하는 것은 일종의 수사(修辭)가 되었다. 요컨대 양란 이후 조선후기 국왕들은 경천근민을 최고의 국정 목표로 삼아 국가를 통치하고 있다는 사실을 드러내 밝히고자 했다. 이를 통해 양란으로 실추된 조선왕조의 정통성과 국왕·왕실의 권위를 확립하고자 하였다. 국왕을 비롯한 위정자들의 이와 같은 정치사상적 입장은 의상 개수를 비롯한 조선후기 천문역산학 정비 사업에도 강하게 투영되었다.

이 책에서는 대체적으로 18세기를 하한으로 조선후기 의상개수론과 의상 정책의 역사적 의미를 살펴보았다. 상대적으로 19세기 의상개수론의 문제는 심도 있게 다루지 못했다. 널리 알려진 바와 같이 19세기에도 이 주제와 관련해서 깊이 있는 논의를 전개한 학자들이 있다. 『관상지(觀象志)』의 저자인 유희(柳僖), 『의기집설(儀器輯說)』, 『양도의도설(量度儀圖說)』 등 천문의기 관련 저술을 펴낸 남병철(南秉哲), 남병길(南秉吉) 형제, 그리고 남병철 형제와 밀접한 관계를 가지면서 평혼의(平渾儀), 간평의(簡平儀), 지세의(地勢儀) 등을 제작한 박규수(朴珪壽) 등이 그 대표적 인물이다. 이들은 실측 중시의 관점에서 자기 나름의 의기론(儀器論)을 전개하였는가 하면,10) 중국 혼천의의 역사를 정리하고 그 문제점을 해결하기 위해

10) 『方便子遺稿』, 觀象志 下, 實測, 36ㄱ. "推步雖精, 必待實測而有所照驗, 故自古爲歷者, 必致力於儀器."; 具萬玉, 「方便子 柳僖(1773~1837)의 天文曆法論－조선후기 少論

재극권(載極圈)을 고안함으로써 독창적인 혼천의 모델을 제시하기도 했고,[11] 서양식 천문의기의 장점을 채용하는 한편 그것을 창의적으로 개량하여 지세의와 같은 독창적 의기를 직접 제작하기도 하였다.[12] 이들의 의상개수론 역시 19세기 동아시아 과학사의 지평 위에서 재조명할 필요가 있을 것이다.

系 陽明學派 自然學의 一端一」, 『韓國史研究』 113, 韓國史研究會, 2001.

11) 문중양, 「19세기의 사대부 과학자 남병철」, 『계간 과학사상』 33, 범양사, 2000 ; 李魯國, 「19세기 천문관계서적의 서지적 분석一남병철, 병길 형제의 저술을 중심으로一」, 『書誌學硏究』 22, 書誌學會, 2001 ; 이노국, 『19세기 천문수학서적 연구一남병철·남병길 저술을 중심으로一』, 한국학술정보, 2006 ; 김상혁, 「조선 혼천의의 역사와 남병철의 창안」, 『忠北史學』 16, 忠北大學校 史學會, 2006.

12) 金文子, 「朴珪壽の實學一地球儀の製作を中心に一」, 『朝鮮史研究會論文集』 17, 朝鮮史研究會, 1980 ; 孫炯富, 「<闢衛新編評語>와 <地勢儀銘幷序>에 나타난 朴珪壽의 西洋論」, 『歷史學報』 127, 歷史學會, 1990 ; 金明昊, 「朴珪壽의 <地勢儀銘幷序>에 대하여」, 『震檀學報』 82, 震檀學會, 1996 ; 김명호·남문현·김지인, 「南秉哲과 朴珪壽의 天文儀器 製作一『儀器輯說』을 중심으로一」, 『朝鮮時代史學報』 12, 朝鮮時代史學會, 2000.

부록 1:
조선왕조 의상의 창제와 중수 과정 -『增補文獻備考』 등을 중심으로 -

年代	儀器의 종류		
	『增補文獻備考』「象緯考」	『國朝曆象考』	『書雲觀志』
太祖 7년(1398)	更漏		
세종대 世宗 14년(1432) ~ 世宗 20년(1438)	簡儀(大簡儀·小簡儀) 渾儀·渾象 日晷(懸珠·天平·定南·仰釜) 日星定時儀 自擊漏	儀象：大·小簡儀, 日星定時儀, 渾儀·渾象(+正方案, 圭表) 晷漏：懸珠·天平·定南·仰釜日晷, 報漏閣漏, 欽敬閣漏, 行漏	左同
世宗 15년(1433)	新法天文圖	新法天文圖	左同
世宗 24년(1442)	測雨器	測雨器	左同
世祖 12년(1466)	窺衡·印地儀	世祖 13년(1467) 窺衡·印地儀	左同
成宗 22년(1491)	窺標	窺標	左同
成宗 25년(1494)	小簡儀 (領議政 李克培)	小簡儀 (李克培, 安琛, 金應箕, 崔溥 / 李枝榮, 林萬根)	小簡儀 (李克培, 安琛, 金應箕, 崔溥 / 李枝榮, 林萬根)
中宗 20년(1525)	目輪(李純)		
中宗 21년(1526)	重修舊儀象, 更製副件	重修舊儀象, 又製副件	左同
明宗 원년(1546)		簡儀臺 圭表 重修(河世純) *『明宗實錄』河世濬	簡儀臺 圭表 重修(河世濬)
明宗 3년(1548)	渾天儀 → 弘文館에 설치		
明宗 5년(1550)		宗廟洞 仰釜日晷, 欽敬閣 改修	左同
宣祖 34년(1601)	李恒福에게 명해 儀象 제작(漏器·簡儀·渾象 등)	李恒福에게 명해 儀象 重修	左同
孝宗 8년(1657)	璿璣玉衡 제작	渾天儀 제작	璿璣玉衡 제작

顯宗 5년(1664)	宋以穎·李敏哲에게 '測候之器'의 改造를 명	崔維[攸]之 渾天儀의 校正을 요청	崔維[攸]之 渾天儀의 校正을 요청, 宋以穎·李敏哲에게 '測候之器'의 改造를 명
顯宗 10년(1669)	李敏哲·宋以穎의 渾天儀 제작	李敏哲·宋以穎 渾天儀 제작	左同
肅宗 13년(1687)	李敏哲에게 명해 顯宗朝의 渾天儀 重修 → 齊政閣에 안치	李敏哲에게 명해 顯宗朝의 舊渾天儀를 重修 → 齊政閣에 안치	左同 * 李繽이 宋以穎 혼천의(自鳴鍾) 重修
肅宗 30년(1704)	安重泰·李時華가 副件 渾天儀 제작	安重泰·李時華가 副件 渾天儀 제작	左同
肅宗 34년(1708)	湯若望의 赤道南北總星圖		
景宗 3년(1723)	問辰鍾 제작		問辰鍾 제작
英祖 8년(1732)	安重泰 등이 肅宗朝 副件 渾天儀를 重修 → 揆政閣에 안치	安重泰 등이 肅宗朝 副件 渾天儀를 重修 → 揆政閣에 안치	左同
英祖 46년(1770)	欽敬閣에 國初의 石刻天文圖를 보관	欽敬閣에 國初의 石刻天文圖를 보관	石刻天文圖(肅宗朝取印本, 改鑴他石, 置于本監)
〃	弘文館 地平日晷를 觀象監에 옮겨 안치		
〃	測雨器 제작		
正祖 원년(1777)		齊政閣 渾天儀 重修(徐浩修 / 李德星)	左同
正祖 13년(1789)		金泳 등에게 명해 赤道經緯儀, 地平日晷 주조	赤道經緯儀, 地平日晷(金泳 등)

404

부록 2 :
조선왕조 의상의 창제와 중수 과정

年代			儀象의 종류	제작자	典據	비고
王曆	干支	西紀				
태조 7	戊寅	1398	更漏		『太祖實錄』	
세종 14	壬子	1432	簡儀 제작 지시	鄭招·鄭麟趾·李蔵	『世宗實錄』	"宣德七年壬子秋七月"
세종 16	甲寅	1434	新漏(＝報漏閣漏＝自擊漏)		『世宗實錄』	7월 1일
〃	〃	〃	仰釜日晷 설치		『世宗實錄』	10월 2일
〃	〃	〃	小簡儀 제작	李蔵·鄭招·鄭麟趾 등	『世宗實錄』	"今上十六年秋"
세종 19	丁巳	1437	日星定時儀		『世宗實錄』	
세종 20	戊午	1438	欽敬閣	蔣英實	『世宗實錄』	
세종 23	辛酉	1441	측우기 설치 건의(戶曹)		『世宗實錄』	
세종 24	壬戌	1442	測雨器 條例 완성		『世宗實錄』	
세종 27	乙丑	1445	『諸家曆象集』 편찬		『諸家曆象集』	3월
성종 21	庚戌	1490	흠경각 교정 건의		『成宗實錄』	윤9월 6일
성종 24	癸丑	1493	흠경각 보수 완료		『成宗實錄』	5월 10일
연산 11	乙丑	1505	簡儀臺 철거		『燕山君日記』	
중종 21	丙戌	1526	簡儀·渾象 副件 제작		『中宗實錄』	5월
〃	〃	〃	目輪 진상	李純	『中宗實錄』	10월
중종 29	甲午	1534	창경궁 報漏閣 건설 건의		『中宗實錄』	9월 17일
중종 31	丙申	1536	보루각 건설 완료		『中宗實錄』	8월
명종 1	丙午	1546	간의대 圭表 수리	河世濬	『明宗實錄』	
명종 4	己酉	1549	선기옥형(혼천의) 제작		『明宗實錄』	1월
명종 5	庚戌	1550	仰釜日晷 교정, 行漏와 新舊 報漏閣의 籌箭竹·銅浮龜 개조		『明宗實錄』	6월
〃	〃	〃	흠경각 개수		『明宗實錄』	8월
〃	〃	〃	흠경각 欹器 개조		『明宗實錄』	11월

명종 8	癸丑	1553	渾象 교정		『明宗實錄』	5월
명종 9	甲寅	1554	欽敬閣 중수	朴民獻·朴詠·趙晟	『明宗實錄』	4월
선조 13	庚辰	1580	간의대·흠경각 개수		『宣祖實錄』	
倭亂(1592~1598)						
선조 34	辛丑	1601	李恒福의 의상 重建 건의		『白沙集』	
선조 36	癸卯	1603	簡儀都監의 역사 마무리		『宣祖實錄』	5월
광해 5	癸丑	1613	흠경각 영건 사업 시작		『光海君日記』	
〃	〃	〃	보루각 수리 요청 → 報漏閣改修都監		『光海君日記』	8월
광해 8	丙辰	1616	欽敬閣校正廳 업무 시작		『光海君日記』	
胡亂(1627 ; 1636~1637)						
효종 8	丁酉	1657	渾天儀 제작(崔攸之)		『孝宗實錄』	5월
현종 5	甲辰	1664	최유지 혼천의 교정		『顯宗實錄』 『顯宗改修實錄』	3월
현종 10	己酉	1669	혼천의(測候之器) 改造 → 渾天儀水激之制와 自鳴鍾	宋以穎·李敏哲	『顯宗實錄』 『顯宗改修實錄』	
숙종 14	戊辰	1688	현종조 이민철·송이영 혼천의 개수 → 창덕궁 熙政堂 남쪽의 齊政閣에 안치	崔錫鼎·李敏哲·李繽·朴成建 등	『肅宗實錄』 『增補文獻備考』 『明谷集』	숙종 13년 7월~14년 5월
숙종 30	甲申	1704	副件 渾天儀 제작	安重泰·李時華	『肅宗實錄』 『增補文獻備考』	7월
숙종 34	戊子	1708	「西洋乾象圖」 제작		『承政院日記』 『明谷集』	
숙종 44	戊戌	1718	관상감에서 中星儀·簡平儀 제작을 건의		『肅宗實錄』 『承政院日記』	
숙종 40	甲午	1714	『儀象志』·『儀象圖』 출간		『肅宗實錄補闕正誤』	숙종 39년~40년 5월
경종 4	甲辰	1724	問辰鍾 제작		『景宗實錄』	경종 3년~4년
영조 8	壬子	1732	현종조 副件 혼천의[숙종 30년 제작] 修改 →		『英祖實錄』 『承政院日記』	

			경희궁 攝政閣에 안치		『增補文獻備考』	
영조 19	癸亥	1743	신법천문도 모사(보물 제848호 報恩 法住寺 新 法天文圖 屛風)		『承政院日記』	
영조 45	己丑	1769	璿璣玉衡 修補	金兌瑞	『英祖實錄』	
영조 46	庚寅	1770	경복궁의 「天象列次分 野之圖」를 欽敬閣에 보 관		『承政院日記』 『增補文獻備考』	
정조 1	丁酉	1777	齊政閣 혼천의 중수	徐浩修·李德 星·金啓宅	『國朝曆象考』 『書雲觀志』	
정조 13	己酉	1789	赤道經緯儀·地平日晷 제작	金泳	『正祖實錄』 『承政院日記』 『弘齋全書』	

1. 자료

李純之, 『諸家曆象集』

徐浩修, 『國朝曆象考』

成周悳, 『書雲觀志』

『增補文獻備考』

『朝鮮王朝實錄』, 『承政院日記』, 『內閣日曆』

『國朝寶鑑』, 세종대왕기념사업회, 1976.

『(影印標點)韓國文集叢刊』, 民族文化推進會(韓國古典飜譯院).

黃胤錫, 『頤齋亂藁』

南秉哲, 『儀器輯說』

『漢京識略』

朱維錚 主編, 『利瑪竇中文著譯集』, 上海 : 復旦大學出版社, 2001.

홍대용(소재영·조규익·장경남·최인황), 『주해 을병연행록』, 태학사, 1997.

홍대용(정훈식 옮김), 『을병연행록』 1·2, 도서출판 경진, 2012.

張志淵, 『萬國事物紀原歷史』, 亞細亞文化社, 1978(원본은 皇城新聞社, 1909년
간행본) ; 장지연(황재문 옮김), 『만국사물기원역사』, 한겨레출판,
2014.

2. 단행본(연도순)

洪以燮,『朝鮮科學史』, 正音社, 1946.

全相運,『韓國科學技術史』, 正音社, 1975.

이용범,『중세서양과학의 조선전래』, 동국대학교출판부, 1988.

남문현,『한국의 물시계』, 건국대학교출판부, 1995.

남문현,『장영실과 자격루-조선시대 시간측정 역사 복원-』, 서울대학교출판부, 2002.

具萬玉,『朝鮮後期 科學思想史 硏究 Ⅰ-朱子學的 宇宙論의 變動-』, 혜안, 2004.

연세대학교 국학연구원 편,『韓國實學思想硏究 4(科學技術篇)』, 혜안, 2005.

이은희,『칠정산내편의 연구』, 한국학술정보, 2007.

김명호,『환재 박규수 연구』, 창비, 2008.

한국국학진흥원 국학연구실 편,『韓國儒學思想大系』XII(科學技術思想編), 한국국학진흥원, 2009.

김상혁,『송이영의 혼천시계』, 한국학술정보, 2012.

양홍진,『디지털 천상열차분야지도』, 경북대학교출판부, 2014.

강명관,『조선에 온 서양 물건들』, 휴머니스트, 2015.

이용삼 엮음,『조선시대 천문의기 : 천문대·천문관측기기·천문시계, 그 복원을 논하다』, 민속원, 2016.

정기준,『서운관의 천문의기-좌표변환·투영이론적 연구-』, 경인문화사, 2017.

Joseph Needham, Lu Gwei-Djen, John H. Combridge, John S. Major, *The Hall of Heavenly Records : Korean Astronomical Instruments and Clocks 1380-1780*, Cambridge University Press, 1986(조지프 니덤·노계진·존 콤브리지·존 메이저(이성규 옮김),『조선의 서운관』, 살림출판사, 2010).

北京天文館 編,『中國古代天文學成就』, 北京 : 北京科學技術出版社, 1987.

中國社會科學院考古硏究所 編,『中國古代天文文物論集』, 北京 : 文物出版社, 1989.

陳遵嬀,『中國天文學史』6, 台北 : 明文書局, 1990.

張柏春,『明淸測天儀器之歐化』, 沈陽 : 遼寧敎育出版社, 2000.

吳伯婭, 『康雍乾三帝與西學東漸』, 北京 : 宗敎文化出版社, 2002.

陳美東, 『中國科學技術史(天文學卷)』, 北京 : 科學出版社, 2003.

潘鼐 主編, 『中國古天文儀器史』, 太原 : 山西敎育出版社, 2005.

安大玉, 『明末西洋科學東伝史:『天學初函』器編の硏究』, 東京 : 知泉書館, 2007.

吳守賢·全和鈞 主編, 『中國古代天體測量學及天文儀器』, 北京 : 中國科學技術出
版社, 2008.

3. 논문(저자 가나다順)

具萬玉, 「方便子 柳僖(1773~1837)의 天文曆法論－조선후기 少論系 陽明學派
自然學의 一端－」, 『韓國史硏究』 113, 韓國史硏究會, 2001.

구만옥, 「조선왕조의 집권체제와 과학기술정책－조선전기 천문역산학의 정비
과정을 중심으로－」, 『東方學志』 124, 延世大學校 國學硏究院, 2004.

구만옥, 「조선후기 '선기옥형'에 대한 인식의 변화」, 『한국과학사학회지』 제26
권 제2호, 韓國科學史學會, 2004.

구만옥, 「崔攸之(1603~1673)의 竹圓子－17세기 중반 朝鮮의 水激式 渾天儀－」,
『韓國思想史學』 25, 韓國思想史學會, 2005.

구만옥, 「朝鮮後期 天文曆算學의 주요 爭點－正祖의 天文策과 그에 대한 對策을
중심으로－」, 『韓國思想史學』 27, 韓國思想史學會, 2006.

구만옥, 「조선후기 천문역산학의 개혁 방안 : 정조의 천문책에 대한 대책을
중심으로」, 『한국과학사학회지』 제28권 제2호, 韓國科學史學會, 2006.

구만옥, 「다산 정약용의 천문역법론」, 『다산학』 10, 다산학술문화재단, 2007.

구만옥, 「'天象列次分野之圖' 연구의 爭點에 대한 檢討와 提言」, 『東方學志』
140, 延世大學校 國學硏究院, 2007.

구만옥, 「朝鮮後期 '儀象' 改修論의 推移」, 『東方學志』 144, 延世大學校 國學硏
究院, 2008.

구만옥, 「조선후기 천문역산학의 주요 쟁점 : 황윤석(黃胤錫, 1729-1791)의 『이
재난고(頤齋亂藁)』를 중심으로」, 『한국과학사학회지』 제31권 제1호,
韓國科學史學會, 2009.

구만옥, 「頤齋 黃胤錫(1729~1791)의 算學 연구」, 『韓國思想史學』 33, 韓國思想
史學會, 2009.

구만옥, 「마테오 리치(利瑪竇) 이후 서양 수학에 대한 조선 지식인의 반응」, 『韓國實學研究』 20, 韓國實學學會, 2010.

구만옥, 「好古窩 柳徽文(1773~1832)의 璿璣玉衡論」, 『韓國思想史學』 39, 韓國思想史學會, 2011.

구만옥, 「肅宗代(1674-1720) 天文曆算學의 정비」, 『韓國實學研究』 24, 韓國實學學會, 2012.

金明昊, 「朴珪壽의 <地勢儀銘幷序>에 대하여」, 『震檀學報』 82, 震檀學會, 1996.

김명호·남문현·김지인, 「南秉哲과 朴珪壽의 天文儀器 製作-『儀器輯說』을 중심으로-」, 『朝鮮時代史學報』 12, 朝鮮時代史學會, 2000.

金文子, 「朴珪壽の實學-地球儀の製作を中心に-」, 『朝鮮史研究會論文集』 17, 朝鮮史研究會, 1980.

김상혁, 「의기집설의 혼천의 연구」, 충북대학교 대학원 천문우주학과 천문우주학전공 석사학위논문, 2002.

김상혁, 「조선 혼천의의 역사와 남병철의 창안」, 『忠北史學』 16, 忠北大學校 史學會, 2006.

金相赫, 『송이영 혼천시계의 작동 메커니즘에 대한 연구』, 中央大學校 大學院 科學文化學科 遺物科學專攻 博士學位論文, 2007.

김상혁·민병희·안영숙·이용삼, 「조선시대 간의대의 배치와 척도에 대한 추정」, 『천문학논총』 26-3, 한국천문학회, 2011.

김상혁·민병희·이민수·이용삼, 「조선 천체위치측정기기의 구조 혁신-소간의, 일성정시의, 적도경위의를 중심으로-」, 『천문학논총』 27-3, 한국천문학회, 2012.

羅逸星, 「朝鮮時代의 天文儀器 研究-天文圖篇-」, 『東方學志』 42, 延世大學校 國學研究院, 1984.

나일성, 「『천상열차분야지도』와 각석 600주년 기념 복원」, 『東方學志』 93, 延世大學校 國學研究院, 1996.

南文鉉·韓永浩, 「朝鮮地名이 있는 「天象列次分野之圖」 사본」, 『東方學志』 93, 延世大學校 國學研究院, 1996.

南文鉉, 「金墩의 「報漏閣記」에 대하여-自擊漏의 原理와 構造-」, 『韓國史研究』 101, 韓國史研究會, 1998.

412

문중양, 「19세기의 사대부 과학자 남병철」, 『계간 과학사상』 33, 범양사, 2000.

문중양, 「18세기 후반 조선 과학기술의 추이와 성격-정조대 정부 부문의 천문 역산 활동을 중심으로-」, 『역사와현실』 39, 한국역사연구회, 2001.

문중양, 「18세기말 천문역산 전문가의 과학활동과 담론의 역사적 성격-徐浩 修와 李家煥을 중심으로-」, 『東方學志』 121, 延世大學校 國學研究院, 2003.

문중양, 「조선 후기 서양 천문도의 전래와 신·고법 천문도의 절충」, 『한국과학 사학회지』 제26권 제1호, 韓國科學史學會, 2004.

민병희·이기원·안영숙·이용삼, 「조선시대 관상감과 관천대의 위치 변천에 대 한 연구」, 『천문학논총(Publications of the Korean Astronomy Society)』 25-4, 한국천문학회, 2010.

민병희·김상혁·이기원·안영숙·이용삼, 「조선시대 소규표(小圭表)의 개발 역사 와 구조적 특징」, 『천문학논총』 26-3, 한국천문학회, 2011.

민병희·이기원·김상혁·안영숙·이용삼, 「조선전기 대규표의 구조에 대한 연구」, 『천문학논총』 27-2, 한국천문학회, 2012.

박명순, 「天象列次分野之圖에 대한 考察」, 『한국과학사학회지』 제17권 제1호, 韓國科學史學會, 1995.

朴星來, 「世宗代의 天文學 발달」, 『世宗朝文化研究(Ⅰ)』, 博英社, 1982.

朴星來, 「世宗代의 天文學 발달」, 『世宗朝文化研究(Ⅱ)』, 韓國精神文化研究院, 1984.

朴成桓, 「太祖의 石刻天文圖와 肅宗의 石刻天文圖와의 比較」, 『東方學志』 54· 55·56, 延世大學校 國學研究院, 1987.

박창범, 「天象列次分野之圖의 별그림 분석」, 『한국과학사학회지』 제20권 제2 호, 韓國科學史學會, 1998.

孫炯富, 「<關衛新編評語>와 <地勢儀銘幷序>에 나타난 朴珪壽의 西洋論」, 『歷史學報』 127, 歷史學會, 1990.

송희경, 「공자 고사의 시각화-기기도(欹器圖) 연구」, 『東洋古典研究』 62, 동양 고전학회, 2016.

신병주, 「광해군 시기 의궤의 편찬과 그 성격」, 『南冥學研究』 22, 慶尙大學校 南冥學研究所, 2006.

윤용현·기호철, 「세종의 흠경각 건립 의미와 옥루의 구조」, 『民族文化』 49,

한국고전번역원, 2017.

이문규,「천문의기 기술의 동아시아 전파-세종 때의 천문의기 제작을 중심으로-」,『동북아문화연구』47, 동북아시아문화학회, 2016.

李龍範,「法住寺所藏의 新法天文圖說에 對하여-在淸天主敎神父를 通한 西洋天文學의 朝鮮傳來와 그 影響-」,『歷史學報』31, 歷史學會, 1966.

李勇三,「世宗代 簡儀의 構造와 使用法」,『東方學志』93, 延世大學校 國學硏究院, 1996.

이용삼·남문현·김상혁,「남병철의 혼천의 연구 I」,『천문학회지(Journal of the Korean Astronomical Society)』34-1, 한국천문학회, 2001.

이용산·김상혁,「세종시대 창제된 천문관측의기 소간의(小簡儀)」,『한국우주과학회지(Journal of Astronomy and Space Science)』19-3, 한국우주과학회, 2002.

이용삼·정장해·김천휘·김상혁,「조선의 세종시대 규표(圭表)의 원리와 구조」,『한국우주과학회지』23-3, 한국우주과학회, 2006.

이용삼·김상혁·정장해,「동아시아 천문관서의 자동 시보와 타종장치 시스템의 고찰-수운의상대, 자격루, 옥루, 송이영 혼천시계 등을 중심으로-」,『한국우주과학회지』26-3, 한국우주과학회, 2009.

이용삼·양홍진·김상혁,「조선의 8척 규표 복원 연구」,『한국과학사학회지』제33권 제3호, 한국과학사학회, 2011.

이은성,「천상열차분야지도의 분석」,『세종학연구』1, 세종대왕기념사업회, 1986.

이태희,「간평의(簡平儀)에 대하여」,『생활문물연구』11(2003. 12), 국립민속박물관, 2003.

이화선·구사회,「동아시아의 해시계와 문화교류 연구-조선의 <앙부일구(仰釜日晷)>와 원의 <앙의(仰儀)>를 중심으로-」,『문화와 융합』제38권 4호(통권 42집), 한국문화융합학회, 2016.

全相運,「璿璣玉衡(天文時計)에 對하여」,『古文化』2, 1963(전상운,『한국과학사의 새로운 이해』, 연세대학교 출판부, 1998에 재수록).

全相運,「「天象列次分野之圖」刻石이 國寶 제228호로 지정되기까지」,『東方學志』93, 延世大學校 國學硏究院, 1996.

전용훈,「진빙위적인 업적을 남긴 천문역산학자-이순지」,『한국 과학기술 인물12인』, 해나무, 2005.

韓永浩·南文鉉·李秀雄·梁必承,「朝鮮朝의 渾天儀 研究」,『學術誌』(人文·社會
    篇) 39, 건국대학교, 1995.

한영호·남문현,「조선조 중기의 渾天儀 復元 연구」,『한국과학사학회지』제19
    권 제1호, 한국과학사학회, 1997.

韓永浩·李載孝·李文揆·徐文浩·南文鉉,「洪大容의 測管儀 연구」,『歷史學報』
    164, 歷史學會, 1999.

韓永浩·南文鉉·李秀雄,「조선의 천문시계 연구－水激式 渾天時計」,『韓國史研
    究』113, 韓國史研究會, 2001.

韓永浩,「籠水閣 天文時計」,『歷史學報』177, 歷史學會, 2003.

韓永浩,「朝鮮의 新法日晷와 視學의 자취」,『大東文化研究』47, 成均館大學校
    大東文化研究院, 2004.

한영호,「천상열차분야지도(天象列次分野之圖)의 실체 재조명」,『古宮文化』
    1, 國立古宮博物館, 2007.

한영호,「유교왕국 조선의 천문의기」,『韓國儒學思想大系』XII(科學技術思想
    編), 한국국학진흥원, 2009.

W. C. Rufus, "The Celestial Planisphere of King Yi Tai-Jo", *Journal of the Royal
    Asiatic Society, Transactions of the Korea Branch*, 4.3., 1913.

4. 보고서(연도순)

『科學技術文化財調查報告書』2, 文化財管理局, 1986.

文化財管理局 編,『科學技術文化財復元研究報告書』, 文化財管理局, 1989.

羅逸星 외,『在璿璣玉衡以齊七政 : 과학기술문화재 복원 기초조사 및 설계용역
    보고서』, 文化財管理局, 1992.

나일성 외,『세종대왕의 혼상 : 과학 기술 문화재 복원 제작 보고서』, 문화재관리
    국 궁원관리과, 1994.

김상혁 외,『天文을 담은 그릇』, 한국천문연구원, 2013.

찾아보기

418

_A~Z

지은이 **구 만 옥**

연세대학교 이과대학 천문기상학과와 문과대학 사학과를 졸업하고, 같은 대학의 사학과 대학원
에서 조선후기 과학사상사 연구로 박사학위를 받았다. 2004년부터 경희대학교 문과대학 사학과
교수로 재직하고 있다. 조선후기 자연관, 자연인식, 자연학 관련 담론을 탐구하여 조선후기
사상사를 체계화하는 작업에 학문적 관심을 두고 있다.
저서로 『조선후기 과학사상사 연구 I -주자학적 우주론의 변동-』(혜안, 2004), 『영조 대 과학
의 발전』(한국학중앙연구원 출판부, 2015), 『세종시대의 과학기술』(도서출판 들녘, 2016)이
있다.

조선후기 과학사상사 연구 II

조선후기 儀象改修論과 儀象 정책

구 만 옥 지음

초판 1쇄 발행 2019년 6월 25일

펴낸이 오일주
펴낸곳 도서출판 혜안

등록번호 제22-471호
등록일자 1993년 7월 30일

주 소 ⑧ 04052 서울시 마포구 와우산로 35길 3(서교동) 102호
전 화 3141-3711~2
팩 스 3141-3710
이메일 hyeanpub@hanmail.net

ISBN 978-89-8494-632-3 93400

값 32,000 원

이 저서는 2014년 정부(교육부)의 재원으로
한국연구재단의 지원을 받아 수행된 연구임 (NRF-2014S1A6A4027283)